高等院校计算机精品教材

# 新编
# 大学计算机基础

乜艳华　花瑞洁 | 主编

中国青年出版社

## 律师声明

北京市中友律师事务所李苗苗律师代表中国青年出版社郑重声明：本书由著作权人授权中国青年出版社独家出版发行。未经版权所有人和中国青年出版社书面许可，任何组织机构、个人不得以任何形式擅自复制、改编或传播本书全部或部分内容。凡有侵权行为，必须承担法律责任。中国青年出版社将配合版权执法机关大力打击盗印、盗版等任何形式的侵权行为。敬请广大读者协助举报，对经查实的侵权案件给予举报人重奖。

## 侵权举报电话

全国"扫黄打非"工作小组办公室　　中国青年出版社
010-65233456　65212870　　　　　010-50856028
http://www.shdf.gov.cn　　　　　　E-mail: editor@cypmedia.com

## 图书在版编目（CIP）数据

新编大学计算机基础 / 乜艳华, 花瑞洁主编. — 北京：中国青年出版社, 2019.6
ISBN 978-7-5153-5320-3

I.①新… II.①乜… ②花… III.①电子计算机-高等学校-教材 IV.①TP3

中国版本图书馆CIP数据核字（2019）第080417号

### 新编大学计算机基础
乜艳华 花瑞洁 / 主编

| | |
|---|---|
| 出版发行： | 中国青年出版社 |
| 地　　址： | 北京市东四十二条21号 |
| 邮政编码： | 100708 |
| 电　　话： | （010）50856188 / 50856189 |
| 传　　真： | （010）50856111 |
| 企　　划： | 北京中青雄狮数码传媒科技有限公司 |
| 策划编辑： | 张　鹏 |
| 责任编辑： | 张　军 |
| 封面设计： | 乌　兰 |
| 印　　刷： | 湖南天闻新华印务有限公司 |
| 开　　本： | 787×1092　1/16 |
| 印　　张： | 19.5 |
| 版　　次： | 2019年6月北京第1版 |
| 印　　次： | 2019年6月第1次印刷 |
| 书　　号： | ISBN 978-7-5153-5320-3 |
| 定　　价： | 45.00元 |

（附赠独家秘料，含语音视频教学+本书实例文件+PPT电子教学课件等海量实用资源）

本书如有印装质量等问题，请与本社联系
电话：（010）50856188 / 50856189
读者来信：reader@cypmedia.com
如有其他问题请访问我们的网站：www.cypmedia.com

# 前　言
## Preface

随着网络与计算机技术的迅猛发展，计算机的应用已经渗透到我们生活的方方面面，掌握计算机技术现已成为大学生的必备技能。大学计算机基础教育是各高等院校开设范围最广的一门公共基础课，也是培养学生操作技能的重要课程。通过计算机基础课程的学习，在注重实际操作技能和应用能力培养的同时，可以使学生通过实践深化对计算机基础理论的理解，不仅启发学生学习新知识的主动性，培养学生的自主学习能力，激发学生的创新意识，更是要培养学生的计算机思维，从而开拓学生的视野，为其他学科知识的学习做好必要的准备。本书针对计算机初学者的需求，对计算机技术的基础知识、硬件与软件系统的应用、Windows7操作系统的应用、常见办公软件的应用、网络技术的应用、计算机多媒体教学工具的应用以及信息安全基础知识等进行详细地介绍，让学生了解计算机的发展和应用情况，理解计算机的组成、工作原理和系统应用，了解办公自动化的概念、多媒体教学的应用和发展趋势，掌握信息安全的相关知识。本书在内容结构安排上，体现了内容丰富、层次清晰、图文并茂、通俗易懂、易教易学的特点。其中每章思维导图的展示，可以让读者清楚了解各知识点之间的联系，便于对知识进行理解和记忆，从而形成系统的学习和思维习惯。全书共分为10个章节，每章的主要内容介绍如下。

| 章 节 | 内 容 简 介 |
| --- | --- |
| Chapter 01 | 主要对计算机的基础知识进行介绍，包括计算机的分类、发展简史、应用领域以及多媒体技术的应用和发展 |
| Chapter 02 | 主要对计算机硬件的类型和应用进行介绍，包括计算机的组成、计算机的硬件分类和详细应用及计算机系统概述等 |
| Chapter 03 | 主要对计算机应用系统进行详细介绍，包括计算机数制与编码、定点数与浮点数以及指令系统的介绍等 |
| Chapter 04 | 主要对Windows 7操作系统的应用进行介绍，包括Windows7操作系统的概念、Windows7操作系统的功能特点、Windows 7系统的应用、文件与文件夹管理以及任务管理器的应用等 |
| Chapter 05 | 主要对Word文字处理软件的应用进行介绍，包括Microsoft Word 2010的基本操作方法、Microsoft Word 2010表格处理技巧、Microsoft Word 2010图文混排操作、Microsoft Word 2010文档排版与页面设置以及Science Word软件应用等 |
| Chapter 06 | 主要对Excel数据处理软件的应用进行介绍，主要包括Microsoft Excel 2010的基本操作方法、Microsoft Excel 2010的数据处理技巧、Microsoft Excel 2010的图表操作、Microsoft Excel 2010公式与函数的应用、Microsoft Excel 2010数据透视表的应用以及Microsoft Excel 2010数据分析的相关操作 |
| Chapter 07 | 主要对PowerPoint演示文稿处理软件的应用进行介绍，主要包括PowerPoint 2010的概述、PowerPoint 2010的工作界面介绍、PowerPoint 2010的基本操作、幻灯片的外观设置、幻灯片的动画应用以及多媒体对象的应用等 |
| Chapter 08 | 主要对计算机网络的应用进行介绍，包括计算机网络的概念与发展、计算机网络的分类与应用、计算机网络的组成、网络配置与共享以及Internet的概念与应用等 |
| Chapter 09 | 主要对计算机多媒体教学工具的应用进行介绍，主要包括几何画板的应用、Z+Z超级画板的应用、思维导图的应用、AR增强现实技术的应用以及VR虚拟现实技术的应用等 |
| Chapter 10 | 主要对计算机信息安全基础的相关知识进行介绍，主要包括计算机信息安全介绍、计算机病毒与防范、Window系统的安全设置以及网络社会责任与计算机职业道德规范等 |

本书在写作过程中力求谨慎，但因时间和精力有限，不足之处在所难免，敬请广大读者批评指正。

编　者

# 目录 Contents

## Chapter 01
## 计算机基础知识

- 1.1 计算机的分类 ·············································································· 012
- 1.2 计算机的发展简史 ······································································· 013
  - 1.2.1 图灵机与冯·诺依曼式计算机的诞生 ······································ 013
  - 1.2.2 计算机的5个发展阶段 ························································ 014
  - 1.2.3 半导体存储器的发展 ··························································· 015
  - 1.2.4 微处理器的发展 ·································································· 015
  - 1.2.5 计算机的发展 ····································································· 016
- 1.3 计算机的应用领域 ······································································· 017
  - 1.3.1 科学计算 ············································································ 017
  - 1.3.2 信息管理 ············································································ 017
  - 1.3.3 自动控制 ············································································ 017
  - 1.3.4 计算机辅助工程 ·································································· 017
  - 1.3.5 办公自动化 ········································································ 018
  - 1.3.6 人工智能 ············································································ 019
  - 1.3.7 其他应用领域 ····································································· 019
- 1.4 计算机多媒体技术 ······································································· 020
  - 1.4.1 计算机多媒体技术概述 ························································ 020
  - 1.4.2 数字媒体 ············································································ 021
  - 1.4.3 多媒体的要素 ····································································· 021
  - 1.4.4 多媒体的编辑工具 ······························································ 024

# Chapter 02

# 计算机硬件基础

## 2.1 计算机的组成 ··································································································· 026
### 2.1.1 计算机的硬件组成 ······················································································ 026
### 2.1.2 计算机的软件组成 ······················································································ 027

## 2.2 计算机硬件详解 ··························································································· 032
### 2.2.1 中央处理器 ································································································ 032
### 2.2.2 主板 ············································································································ 035
### 2.2.3 存储器 ········································································································ 036
### 2.2.4 显卡 ············································································································ 040
### 2.2.5 声卡 ············································································································ 041
### 2.2.6 总线和接口 ································································································ 042
### 2.2.7 输入/输出设备 ···························································································· 042

## 2.3 计算机系统概述 ··························································································· 047
### 2.3.1 计算机系统的特点 ····················································································· 047
### 2.3.2 计算机系统的分类 ····················································································· 048

[策略技能] ······························································································································· 051

# Chapter 03

# 计算机系统应用

## 3.1 数制与编码 ··································································································· 054
### 3.1.1 数制的基本概念 ························································································· 054
### 3.1.2 二进制系统 ································································································ 055
### 3.1.3 数制间的转换 ···························································································· 057
### 3.1.4 机器数与码制 ···························································································· 061
### 3.1.5 信息的编码 ································································································ 065

## 3.2 定点数和浮点数 ··························································································· 068
### 3.2.1 定点数 ········································································································ 068
### 3.2.2 浮点数 ········································································································ 071

## 3.3 计算机的指令系统 ······················································································· 073
### 3.3.1 指令系统的发展与性能要求 ····································································· 073

3.3.2 指令格式 ········· 074
3.3.3 指令格式举例 ········· 076

**策略技能** ········· 078

# Chapter 04

# Windows 7操作系统

## 4.1 Windows 7操作系统概述 ········· 080
### 4.1.1 操作系统的概念 ········· 080
### 4.1.2 操作系统的功能 ········· 082
### 4.1.3 Windows 7系统简介 ········· 084

## 4.2 Windows 7快速入门 ········· 084
### 4.2.1 Windows 7桌面 ········· 085
### 4.2.2 Windows 7 "开始"菜单 ········· 085
### 4.2.3 Windows 7窗口 ········· 086

## 4.3 管理文件和文件夹 ········· 087
### 4.3.1 文件和文件夹的基本概念 ········· 088
### 4.3.2 文件和文件夹的基本操作 ········· 089

## 4.4 Windows 7任务管理器 ········· 091

# Chapter 05

# Word文字处理软件应用

## 5.1 Microsoft Word 2010的应用 ········· 094
### 5.1.1 Word 2010的基本操作 ········· 094
### 5.1.2 Word 2010表格的编辑和处理 ········· 103
### 5.1.3 图文混排 ········· 108
### 5.1.4 Word 2010图表的应用 ········· 113
### 5.1.5 文档的页面设置 ········· 118
### 5.1.6 文档的排版 ········· 122
### 5.1.7 文档的检查和审阅 ········· 127

## 5.2 Science Word的应用 ········· 132
### 5.2.1 公式的输入 ········· 132

| | 5.2.2 数学图形的绘制 | 133 |
| | 5.2.3 物理图形的绘制 | 136 |
| | 5.2.4 化学实验装置图的绘制 | 136 |
| | 5.2.5 高分子结构式的绘制 | 137 |

5.3 协同办公 ... 138

5.4 案例分析 ... 141

[策略技能] ... 144

# Chapter 06

# Excel电子表格应用

6.1 Excel 2010基本操作 ... 146
    6.1.1 Excel工作界面 ... 146
    6.1.2 数据的输入 ... 151
    6.1.3 设置边框和底纹 ... 156
    6.1.4 打印工作表 ... 159
    6.1.5 分析数据 ... 159

6.2 Excel 2010数据处理 ... 164
    6.2.1 分类汇总 ... 164
    6.2.2 合并计算 ... 168
    6.2.3 条件格式 ... 169

6.3 公式与函数的应用 ... 174
    6.3.1 对数据进行常规计算 ... 175
    6.3.2 对数据进行筛选并汇总 ... 178
    6.3.3 为学生成绩排名 ... 180
    6.3.4 查找学生的指定信息 ... 182
    6.3.5 数组公式的应用 ... 184

6.4 图表的操作 ... 184
    6.4.1 创建柱形图 ... 184
    6.4.2 添加图表元素 ... 185
    6.4.3 图表的美化 ... 187
    6.4.4 迷你图的应用 ... 192

6.5 数据透视表 ... 193

[策略技能] ... 198

# Chapter 07

# PowerPoint演示文稿应用

## 7.1 PowerPoint 2010简介 ······ 200
## 7.2 PowerPoint 2010工作界面 ······ 202
## 7.3 PowerPoint 2010基本操作 ······ 204
 7.3.1 演示文稿的基本操作 ······ 204
 7.3.2 幻灯片的基本操作 ······ 206
 7.3.3 PowerPoint视图方式 ······ 208
## 7.4 幻灯片外观设置 ······ 210
 7.4.1 幻灯片页面设置 ······ 210
 7.4.2 幻灯片背景设置 ······ 211
 7.4.3 幻灯片主题应用 ······ 213
 7.4.4 幻灯片母版应用 ······ 214
## 7.5 幻灯片元素的应用 ······ 219
 7.5.1 文本的应用 ······ 219
 7.5.2 图片的应用 ······ 222
 7.5.3 形状的应用 ······ 226
 7.5.4 表格的应用 ······ 229
 7.5.5 图表的应用 ······ 231
## 7.6 多媒体对象的应用 ······ 232
 7.6.1 插入超链接 ······ 232
 7.6.2 插入音频 ······ 234
 7.6.3 编辑音频 ······ 235
 7.6.4 添加视频 ······ 237
## 7.7 幻灯片动画效果的应用 ······ 238
 7.7.1 幻灯片动画的基本操作 ······ 238
 7.7.2 为幻灯片添加切换效果 ······ 240
## 7.8 演示文稿的放映 ······ 241
 7.8.1 设置放映方式 ······ 241
 7.8.2 自定义放映 ······ 242
 7.8.3 发布演示文稿 ······ 243

# Chapter 08

# 计算机网络及应用

## 8.1 计算机网络概述 — 246
### 8.1.1 计算机网络的定义 — 246
### 8.1.2 计算机网络的发展 — 246
### 8.1.3 计算机网络的分类 — 249
### 8.1.4 计算机网络的功能 — 252
### 8.1.5 计算机网络协议 — 253

## 8.2 计算机网络的组成 — 254
### 8.2.1 网络硬件系统 — 254
### 8.2.2 网络软件系统 — 255

## 8.3 网络配置 — 255
### 8.3.1 网络互联设备 — 255
### 8.3.2 路由器连接设置 — 257

## 8.4 Internet基础 — 259
### 8.4.1 Internet概述 — 259
### 8.4.2 IP地址和域名地址 — 261
### 8.4.3 Internet接入方法 — 263
### 8.4.4 Internet提供的服务 — 264

**策略技能** — 266

# Chapter 09

# 多媒体教学应用

## 9.1 几何画板 — 268
### 9.1.1 几何面板的界面 — 268
### 9.1.2 几何面板的基本操作 — 270
### 9.1.3 创建动态的图形 — 276

## 9.2 Z+Z智能教育平台 — 279
### 9.2.1 Z+Z超级画板的界面 — 279
### 9.2.2 智能画图 — 279
### 9.2.3 函数及图像 — 283

## 9.3 思维导图的应用 ······ 287

- 9.3.1 思维导图简介 ······ 288
- 9.3.2 制作思维导图 ······ 289
- 9.3.3 设计思维导图 ······ 290
- 9.3.4 导出思维导图 ······ 292

## 9.4 VR应用 ······ 293

- 9.4.1 虚拟现实简介 ······ 294
- 9.4.2 虚拟现实的应用场景 ······ 294
- 9.4.3 虚拟现实开发平台 ······ 295

## 9.5 AR应用 ······ 296

- 9.5.1 增强现实技术简介 ······ 296
- 9.5.2 增强现实系统的组成形式 ······ 296
- 9.5.3 增强现实系统的软件平台 ······ 297
- 9.5.4 AR与VR的区别 ······ 298

# Chapter 10

# 信息安全基础

## 10.1 信息安全简介 ······ 300

- 10.1.1 信息安全和信息系统安全 ······ 300
- 10.1.2 计算机犯罪 ······ 301
- 10.1.3 黑客及防御策略 ······ 302
- 10.1.4 防火墙 ······ 303

## 10.2 计算机病毒及防范 ······ 305

- 10.2.1 计算机病毒的定义 ······ 305
- 10.2.2 计算机病毒的分类 ······ 305
- 10.2.3 常用的杀毒软件 ······ 306

## 10.3 Windows 7基本安全设置 ······ 308

- 10.3.1 用户安全设置 ······ 308
- 10.3.2 网络安全设置 ······ 310

## 10.4 网络社会责任与计算机职业道德规范 ······ 311

- 10.4.1 网络社会责任 ······ 311
- 10.4.2 计算机职业道德规范 ······ 312

# Chapter 01 计算机基础知识

在计算机被广泛应用于生产、生活的各个领域的今天，借助计算机这一有效工具，人们不仅可以进行各种复杂繁重的科学计算，还可以进行各种信息处理、工业控制及辅助设计等。本章将对计算机的分类、发展情况、应用领域和多媒体技术应用等内容进行介绍，使读者对计算机的相关基础知识有一个全面了解，为后续知识的学习打下基础。

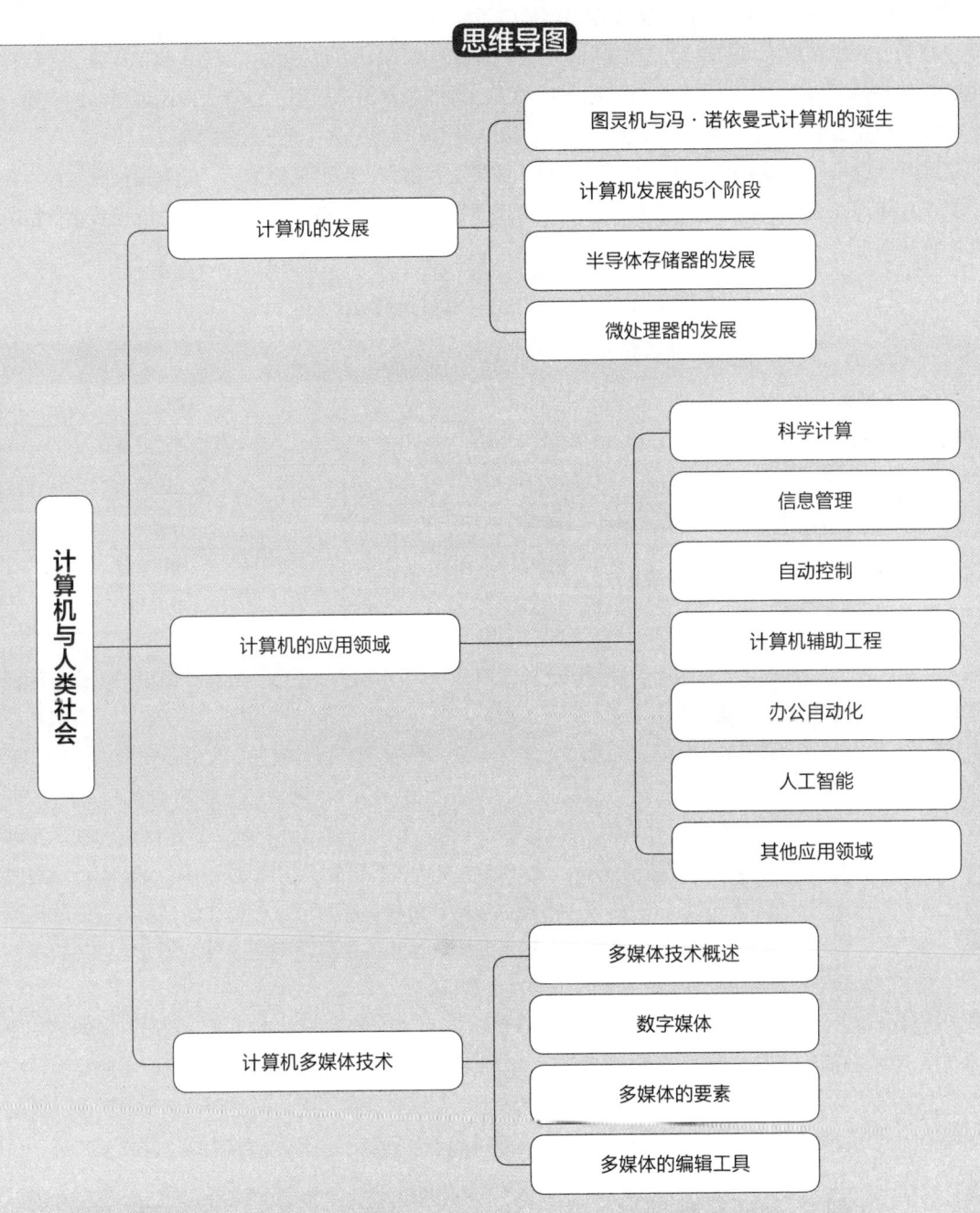

## 1.1 计算机的分类

电子计算机一般分为两大类，一类是电子模拟计算机，另一类是电子数据计算。

电子模拟计算机的"模拟"就是相似的意思，例如计算尺是用长度来标示数值、时钟是用指针在表盘上转动来表示时间，这些都是模拟计算装置。模拟计算机的特点是数值由连续量来表示，运算过程也是连续的。

模拟计算机主要部件的输入量及输出量都是连续变化着的电压、电流等物理量。模拟计算机由若干种作用及数量不同的积分器、加法器、乘法器、函数产生器等部件组成。1975年4月，北京无线电一厂自行设计、研制成功我国第一台大型HMJ200型混合模拟电子计算机。

电子数字计算机是在算盘的基础上发展起来的，是用数字来表示数量的大小。电子数字计算机是以数字形式的量值在机器内部进行运算和存储的电子计算机。数的表示法常采用二进制。由运算器、控制器、存储器、输入和输出设备、输入和输出通道等组成。按主要性能指标分为小型机和微型机。

电子数字计算机以其运算速度快、计算精度高、信息贮存量大、自动化程度高、能逻辑判断等特点而著称。它不仅可用来进行数值计算和数据处理，还可用于自动控制和信息加工。下表列出电子数字计算机与电子模拟计算机的主要区别。

表1-1　电子数字计算机与电子模拟计算机的区别

| 区别内容 | 电子数字计算机 | 电子模拟计算机 |
| --- | --- | --- |
| 精度 | 高 | 低 |
| 计算方式 | 数字计算 | 电压组合和测量值 |
| 控制方式 | 程序控制 | 盘上连线 |
| 数据表达方式 | 数字0和1 | 电压 |
| 数据存储量 | 大 | 小 |
| 逻辑判断能力 | 强 | 无 |

电子模拟计算机由于精度和解题能力都有限，所以其应用范围比较小。电子数字计算机则与模拟计算机不同，它不但运算速度和精度比较强，还近似于人类的"思维过程"来进行工作。电子数字计算机在原子能、核武器、导弹、空间技术、航空、冶金、化工、石油、机械、水利、电力、交通、气象、纺织、卫生等部门获得了广泛的应用。

数字计算机进一步可分为专用计算机和通用计算机两类。专用计算机配有解决特定问题的软件和硬件，适用于某一特定的应用领域，如智能仪表、生产过程控制、军事装备的自动控制等。专用机是最有效、最经济和最快速的计算机，但是它的适应性很差。通用计算机功能齐全、通用性强，具有广泛的用途和适用范围，可以应用于科学计算、数据处理和过程控制等。通用计算机适用性很大，但是牺牲了效率、速度和经济性。人们平常所说的计算机一般都是指通用计算机。

通用计算机可分为超级计算机、大型机、服务器、PC机、单片机和多核机六类，它们区域别在于体积、简易性、功率损耗、性能指标、数据存储容量、指令系统规模和机器的价格等几方面。一般来说，超级计算机主要用于科学，因为其运算速度在每秒亿次以上，数据容量也很大，但是其价格相当昂贵。大型机、服务器、PC机和单片机，它们的结构规模和性能指标是依次递减的。但是随着集成电路迅速发展，单片机和多核机之间的概念也发生了变化，因为今天的单片机可能就是明天的多片机。

## 1.2 计算机的发展简史

计算机科学与技术作为一门学科是在现代计算机出现20年后形成的，是一门发展很快、影响深远的新兴学科。其主要特点是科学性与工程性并重，其形成和发展有力地推进了信息产业和知识经济的迅猛发展。计算机科学与技术研究的是计算机的设计与制造，以及如何利用计算机来获取、表示、存储、处理、控制和传输信息，它强调科学与工程技术的高度融合。计算机科学与技术是一门科学性与技术性并重的学科，是理论与实践紧密结合的学科。

早在20世纪40年代世界上第一台数字电子计算机问世以前，人们就在不断地探索计算与计算装置的原理、结构和实现方法。20世纪40年代，由于电子技术与计算理论取得重大进展，数字电子计算机应运而生，经过50多年的发展，其应用已经遍及世界各地，深入到人类活动的各个领域。计算机为什么那么有用呢？是因为信号在计算机中的传输速度接近于光的速度，计算机就是以这种速度进行每秒成千上万次的运算，巨型机运算速度可达到每秒几十亿次。为了度量它们的速度，我们不得不用毫秒甚至微秒等来表示。

计算机的历史作用可以概括为：开辟了一个新时代——信息时代，孵化了一类新产业——信息产业，创立了一门新学科——计算机科学与技术，形成了一种新文化——计算机文化。以计算机为核心的信息技术作为一种崭新的生产力，正在向社会的各个领域渗透。尤其是在进入信息时代的今天，计算机已经深入到人类社会活动的方方面面，成为许多领域中不可或缺的部分。

计算机科学与技术的划时代意义是为人类提供了"通用智力工具"。有关专家预言：计算机将是继自然语言、数学之后而成为第三位的对人类一生都有很大作用的"通用智力工具"，用还是不用这个工具，对人的智能发挥和发展是大不一样的。

### 1.2.1 图灵机与冯·诺依曼式计算机的诞生

现代电子计算机已经历了半个多世纪的发展，英国科学家艾伦·图灵（Alan Matheson Turing）和美籍匈牙利科学家冯·诺依曼（John Von Neumann）是这个时期的杰出代表。其中，图灵对现代计算机的贡献主要是建立了图灵机的理论模型，发展了"可计算性"理论，并提出了定义机器智能的图灵测试；而冯·诺依曼的主要贡献是确定了现代计算机的基本结构，即冯·诺依曼式的计算机结构。

1936年，英国科学家图灵发表了一篇开创性的论文，论文中图灵提出了著名的"图灵机"设想，它是一种理论模型，由一个控制器、一条无限延伸的带子和一个在带子上左右移动的读写头组成，在一串控制指令的控制下沿着纸带左右移动并读或写，一步一步地改变纸带上的1和0，经过有限步后图灵机停止移动，最后纸带上的内容就是预先设计的计算结果，如下图所示。图灵机的构造思想和运行原理提示了存储程序的原始思想。正是因为有了图灵的理论基础，人们才有可能在20世纪发明了人类有史以来最伟大的发明——计算机。

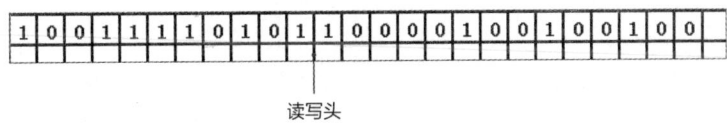

**图灵机示意图**

20世纪40年代，在图灵机提出不到十年，世界上第一台存储程序式通用电子数字计算机诞生了。1946年，宾夕法尼亚大学的John W.Mauchly博士和他的研究生J.Presper Ecker一起研制了称为ENIAC（Electronic Numerical Integrator And Calculator，电子数字积分计算机）的计算机，它被公认为是世界上第一台存储程序式通用电子数字计算机。

1944年8月至1945年6月，美籍匈牙利数学家冯·诺依曼与莫尔学院的科研组合作，提出了一种存储程序的通用电子数字计算机方案EDVAC（Electornic Discret Variable Automatic Computer），后来人们称之为冯·诺依曼式计算机。在冯·诺依曼体系中，程序在执行之前要预先存放到计算机存储器中，要求程序和数据采用二进制数据格式。实际上，冯·诺依曼式计算机是一种能够按照事先存储的程序，自动、高速地对数据进行输入、处理、输出和存储的系统，存储程序和采用二进制是冯·诺依曼式计算机的两大基本特征。

## 1.2.2 计算机的5个发展阶段

世界上第一台电子数字计算机是1946年在美国宾夕法尼亚大学制成的，是一台电子数字积分计算机，用于美国陆军部的弹道研究室。这台计算机一共用了18000多个电子管，重量超过30吨，占地面积167平方米，在1秒钟内可以运行5000次加法运算和500次乘法运算，用现在人的眼光看，这是一台耗资巨大、功能不完善而且笨重的庞然大物，但却是科学史上一次划时代的创新，它奠定了电子计算机的基础。从第一台计算机问世以来，以计算机物理器件的变革作为标志，计算机的发展大致经历了五代的变化。

### 1. 第一代（1946年—1957年）

第一代为电子管计算机时代，计算机硬件使用的主要逻辑元件是电子管，主存储器先采用延迟线，后采用磁鼓、磁芯，外部存储器使用磁带；采用机器语言和汇编语言编写程序，还没有软件的概念。这一时期计算机的主要特点是：硬件系统采用电子管作为开关元件；存储设备小而落后；运算速度仅为每秒几千至几万次；输入输出装置速度很慢；软件系统只有机器语言或汇编语言，即所有的指令与数据都用1和0表示，或用汇编语言的助记码表示。

### 2. 第二代（1958年—1964年）

第二代为晶体管计算机时代，计算机硬件使用的主要逻辑元件是晶体管，主存储器采用磁芯，外部存储器使用磁带和磁盘；引入了变址寄存器和浮点运算硬件；利用I/O处理机提高输入输出能力。

软件方面，自从1958年世界上出现了第一个高级语言，即FORTRAN语言以来，COBOL、ALGOL等一系列高级程序设计语言及其编译程序相继被推出；另一方面，计算机系统开始配置批处理管理程序和子程序库，后期出现了操作系统。这一时期计算机的主要特点是：用晶体管代替电子管，使得计算机体积缩小、成本降低、功能增强、可靠性提高；主存与外存均有改善，普遍采用了磁芯存储器作主存；计算速度为每秒几十万次。此时，计算机已经不仅仅用于军事目的，在科学计算、数据处理、工程设计、实时过程控制等方面也开始使用计算机。

### 3. 第三代（1965年—1970年）

第三代是集成电路（Integrated Circuit IC）计算机时代。此时，计算机硬件已经用集成电路（Integrated Circuit IC）取代了晶体管；半导体存储器淘汰了磁芯存储器，其存储容量大幅度提高；计算机运算速度提高到每秒几百万次；系统软件与应用软件也有很大发展，这一时期软件发展的基本思想是标准化、模块化、通用化和系列化，出现了结构化和模块化程序设计方法；操作系统在规模与复杂性方面发展很快、功能日益完善。

### 4. 第四代（1971年以后）

第四代是大规模和超大规模集成电路计算机时代。这个时期的计算机主要逻辑元件是大规模和超大规模集成电路。内部存储器采用了大容量的半导体存储器，外部存储器采用大容量的软磁盘、硬磁盘，并开始引入光盘。

在软件方面，操作系统不断发展和完善，同时发展了数据库管理系统、通信软件、分布式操作系统以及软件工程标准等。这一时期计算机的主要特点是：许多大型机的技术垂直下移进入微机领域，出现了工作站（Workstation）、微主机（Micromainframe）、超小型机等体积小、功耗低、成本低、性价比高的微型计算机系列；计算速度可达到每秒上亿次至十几亿次；输入输出设备和技术有很大的发展，如光盘、条形码、激光打印机等已经普遍使用；计算机技术与通信技术相结合改变了世界技术经济面貌，广域网、城域网和局域网正把世界紧密联系在一起。

**5. 第五代计算机**

新一代计算机即第五代计算机正处在设想和研制阶段。第五代计算机的研究目标是试图突破冯·诺依曼式计算机的体系结构，使计算机能够具有像人那样的思维、推理和判断能力。也就是说，新一代计算机的主要特征是人工智能，它将具有一些人类智能的属性，例如自然语言理解能力、模式识别能力和推理判断能力等。第五代计算机的目标是把信息采集、存储处理、通信和人工智能结合在一起的计算机系统。

未来的计算机技术将向超高速、超小型、并行处理、智能化方向发展。超高速计算机将采用并行处理技术，使计算机系统同时执行多条指令或同时对多个数据进行处理。计算机也将进入人工智能时代，它将具有感知、思考、判断、学习以及一定的自然语言能力。随着新技术的发展，未来计算机的功能将越来越多，处理速度也将越来越快。

## 1.2.3 半导体存储器的发展

20世纪50~60年代，所有计算机存储器都是由微小的铁磁体环（磁芯）做成，每个磁芯直径约1mm。这些小磁芯处在计算机内用三条细导线穿过网络板上。每个磁芯的一种磁化方向代表1，另一个磁化方向则代表0。磁芯存储器速度相当快，但价格昂贵，体积大，而且读出是破坏性的，因此必须有读出后立即重写数据的电路。且制作工艺复杂，需要手工制作。

1970年，仙童半导体公司生产出了第一个较大容量半导体存储器，一个相当于单个磁芯大小的芯片，包含了256位的存储器。这种芯片是非破坏性的，而且读写速度比磁芯快得多，读出一位只要70纳秒，但是其价格比磁芯要贵。1974年每位半导体存储器的价格低于磁芯。这以后，存储器的价格持续快速下跌，但存储密度却不断增加。这导致了新的机器比之前的机器更小、更快、存储容量更大，价格更便宜。存储器技术与处理器技术的发展一起，在不到10年里改变了计算机的生命力。虽然庞大昂贵的计算机仍然存在，但计算机已经走向了个人电脑时代。

从1970年起，半导体存储器经历了11代：单个芯片1KB、4KB、16KB、64KB、256KB、1MB、4MB、16MB、64MB、256MB和现在的1GB。其中1K=$2^{10}$，1M=$2^{20}$，1G=$2^{30}$。每一代比前一代存储密度提高4倍，而每位价格和存储时间都在下降。

## 1.2.4 微处理器的发展

与存储器芯片一样，处理器芯片的单元密度也在不断增加。随着时间的推移，每块芯片上的单元个数越来越多，因此构建一个计算机处理器所需的芯片越来越少。

1971年Intel公司开发出Intel 4004，这是第一个将CPU的所有元件都放入同一块芯片内的产品，于是，微处理器诞生了。Intel 4004能完成两个四位数相加，通过重复相加能完成乘法。按今天的标准，4004虽然简单，但是它却成为微处理器的能力和功能不断发展的奠基者。

微处理器演变中的另一个主要进步是1972年出现的Intel 8008，这是第一个8位微处理器，它比4004

复杂一倍。

1974年出现了Intel 8080，这是第一个通用微处理器，而4004和8008是为特殊用途而设计的。8080是为通用微机而设计的中央处理器，它与8008一样，都是8位微处理器，但8080更快，有更丰富的指令集和更强的寻址能力。

1978～1981年，Intel、Zilog、Motorola分别推出16位微处理器Intel 8086作为微处理器，于1981年开发成功了IBM PC，IBM PC微机一经上市，就在计算机业界引起了轰动，并迅速在计算机市场中取得了牢固位置。

之后，Intel推出其32位微处理器，PC机的功能越来越强大，可以构成与70年代大、中型计算机相匹敌的计算能力，大有取代之势。Intel公司凭借PC市场的成功也迅速在微处理器的制造上形成其垄断地位，Zilog、Motorola相继放弃了在微处理器上的竞争，在IBM成功地打大了IBM PC之后，美国的其它电脑公司也开始加入到微型计算机的开发中，分别开发出通IBM PC兼容的微型机，在计算机市场中微型计算机竞争空前激烈。

继Intel 8086之后，Intel公司逐步推出了80286、80386、80486、Pentium、Pentium Pro、Pentium MMX、PII以及最新的PIII系列微处理器，AMD公司推出了与Intel指令集兼容的微处理器5×86、K5、K6、K7，Cyrix公司也推出了6×86、M2等高档CPU。

## 1.2.5　计算机的发展

20世纪50年代后期，随着晶体管技术的成熟，各个计算机制造公司开始纷纷淘汰电子管，大量地生产各种型号的晶体管计算机，即第二代电子计算机。1964年，IBM公司成功研制出大型集成电路通用计算机IBM360，拉开了第三代集成电路计算机的序幕，IBM360计算机推出的系列化、通用性和标准化极大地影响了世界各国计算机工业的发展，成为计算机产业发展史上的一个重要里程碑。进入70年代之后，大规模、超大规模的半导体集成电路的发展，使电子计算机在速度上不断地提高，体积不断地缩小、价格逐年地下降，电子计算机发展进入了第四代。随着电子计算机硬件技术进一步成熟，速度越来越快、通用性越来越好的计算机在各个行业被广泛应用。

新一代计算机系统无论在硬件或软件方面都将有很大的改观，它将具有更高级的体系结构，把并行处理与分布处理用于大型信息处理系统；更加完美的人机接口，包括语音、图像、自然语言理解以及交互作用原理；通过重视系统工程的开发与技术交换，缩短研究与实用间的差距；知识工程将集中开发出基于知识的实时系统；基于传感器的系统将为传感器、信号处理以及与控制系统建立一个统一的结构。

近二十年来，新的计算机元器件技术使得计算机在微小型化的同时，性能有了大幅度的提高。同时，计算机系统正在向智能化、集成化、综合化发展，把原有的管理信息系统、决策支持系统、各种计算机辅助系统以及专家系统提高到了一个新的水平。新的网络技术和数据库技术实现了硬件、软件、信息资源更好更快捷地分享，实现了更大范围的信息综合协同处理。多媒体技术的诞生，使得计算机可以处理图、文、声、像等多种形式的信息。

计算机在处理速度、存储容量、网络化以及软件的精巧化方面经过数十年的发展，已经以难以想象的方式渗入科学、商业和文化领域中，而智能工程又将令其从量变转向质的飞跃。在计算机应用领域中，物联网、云计算正在迅速地改变人类社会的生活。

当前，计算机科学与技术学科正在面向经济建设和科技发展，大力发展新技术，研究新理论，在计算机系统的网络化、智能化、自然化以及设计的自动化等方面深入研究。在进入信息化的今天，学习计算机知识，掌握计算机的应用已成为人们的迫切需求。

## 1.3 计算机的应用领域

计算机的出现是人类智力解放之路的里程碑,它在国民经济和社会生活的各个领域有着非常广泛的应用。社会发展到今天进入信息时代,特别是诸多高新技术革命,如生命科学、空间技术、材料科学、能源开发技术等,都与计算机的应用和发展密不可分。可以说计算机已经渗透到人类活动的方方面面,成为不可或缺的工具。计算机对人类科学技术的发展产生了深远的影响,极大地增强了人类认识世界、改造世界的能力。

计算机的应用已经渗透到社会的各个领域,正在改变着人们的工作、学习和生活方式,推动着社会的发展,归纳起来可以分为以下几个方面。

### 1.3.1 科学计算

科学计算也称数值计算。科学计算是微机最早的应用领域,即利用微机来完成科学研究和工程技术提出的数值计算问题。随着现代科学技术的进一步发展,数值计算在现代科学研究中的地位不断提高,在尖端科学领域显得尤为重要。例如工程设计、地震预测、火箭发射、人造卫星轨迹计算、宇宙飞船研究设计、原子能利用、生命科学、材料科学、海洋工程等现代科学技术研究都离不开计算机的精确计算。

在工业、农业以及人类社会的各领域中,计算机的应用都取得了许多重大突破,就连我们每天收听收看的天气预报都离不开计算机的科学计算。

### 1.3.2 信息管理

信息管理是以数据库管理系统为基础,辅助管理者提高决策水平,改善运营策略的微机技术。信息管理包括信息的收集、分类、排序、加工、整理、合并、统计、制表、检索,以及存储、计算、传输等操作。目前,计算机的信息管理应用已经非常普遍,如人事管理、财务管理、图书资料管理、商业数据交流、情报检索、经济管理、办公自动化等都属于这方面的应用。

信息处理已成为当代计算机的主要任务,是现代化管理的基础。据统计,现在全世界计算机用于数据处理的工作量占全部计算机应用的80%以上,提高了工作效率,同时也提高了管理水平。

### 1.3.3 自动控制

计算机自动控制被广泛应用于操作复杂的钢铁、石油、化工、电力、医药、机器制造等工业企业的生产过程中,极大地提高了控制的实时性和准确性,提高了生产效率和产品质量,降低了成本,缩短了生产周期。通过计算机对某一过程的实现进行自动控制,无须人工干预,能够按照人事先预定的目标和预定的状态进行过程控制(亦称实时控制)。过程控制是利用微机实时采集、分析数据,按最优值迅速对控制对象进行自动调节或控制。计算机自动控制还在国防和航空航天工业中起着决定性作用,导弹、人造卫星、宇宙飞船等飞行器的控制都离不开计算机,可以说计算机是现代国防和航空航天领域的神经中枢。

### 1.3.4 计算机辅助工程

一般认为,计算机辅助工程包括计算机辅助设计(Computer-Aided Design,CAD)、计算机辅助制造(Computer-Aided Manufacturing,CAM)、计算机集成制造系统(Computer Integrated Manufacturing System,CIMS)和计算机辅助教育(Computer-Aided Instruction,CAI)等。

### 1. CAD

计算机辅助设计（简称CAD）是利用计算机系统辅助设计人员进行工程或产品设计，以实现最佳设计效果的一种技术。目前CAD技术已经广泛应用于飞机设计、船舶设计、建筑设计、汽车设计、机械设计、大规模集成电路设计等领域，CAD技术也得到各国政府和广大技术人员的高度重视和广泛应用。有些国家已经把CAD和计算机辅助制造（Computer Aided Manufacturing）、计算机辅助测试（Computer Aided Test）及计算机辅助工程（Computer Aided Engineering）组成一个集成系统，使设计、制造、测试和管理有机地组成为一体，形成高度的自动化系统，因此产生了自动化生产线和"无人工厂"。

### 2. CAM

计算机辅助制造（简称CAM）是利用计算机系统进行产品加工控制。在机器制造业中，从对设计文档、工艺流程、生产设备等的管理，到对加工与生产装置的控制和操作，都可以在计算机的辅助下完成。例如，计算机监视系统、计算机过程控制系统和计算机生产计划与作业调度系统等都属于计算机辅助制造的范畴。使用CAM技术可以提高产品质量、降低成本、缩短生产周期，提高生产率和改善劳动条件。将CAD和CAM技术集成，可实现设计产品生产自动化。

### 3. CIMS

CIMS是将计算机技术集成到制造工厂的整个制造全过程中，使企业内的信息流、物流、能量流和人员活动形成一个统一协调的整体。CIMS的对象是制造业，手段是计算机信息技术，实现的关键是集成，集成的核心是数据管理。

### 4. CAI

计算机辅助教学（简称CAI）是利用计算机系统进行课堂教学。它能动态演示实验原理或操作过程，使教学内容生动形象，提高教学质量。CAI涉及的层面覆盖各个教学环节，应用非常广泛，从校园网到Internet、从CAI课件的制作到远程教学、从辅助儿童的智力开发到中小学教学以及大学的教学、从辅助学生自学到辅助教师授课、从计算机辅助实验到学校的教学管理等，都可以在计算机的辅助下进行。

## 1.3.5 办公自动化

办公自动化（Office Automation，OA）是20世纪70年代中期在发达国家迅速发展起来的一门综合性技术。办公自动化是现代信息社会的重要标志之一，涉及系统工程学、行为科学、管理学、人机工程学、社会学等基本理论以及计算机、通信、自动化等支撑技术，属于复杂的大系统科学与工程。一个比较完整的办公自动化系统应该包括信息采集、信息加工、信息传输、信息保存这四个基本环节。其核心任务是为各领域、各层次的办公人员提供所需的信息。

在以往的办公系统中，对于数据的处理工作总是存在很多的弊端，巨大的信息量和复杂的结构，使得办公系统对其处理比较模糊、困难。办公自动化正是基于这个问题提出的，借助先进的计算机技术和办公设备，办公人员通过操作这些设备，运用这些办公技术，将音频、图像、文字、视频等多种形式的信息集中在一起，以某一办公要求为目标，形成基本上人机一体的、综合性的办公系统。通过这种自动化的办公方式，可以提升工作效率，取得最佳的工作效果，如右图所示。

**办公自动化的应用**

办公自动化软件通常由一系列应用软件构成，涉及办公应用的各个方面，包括文字处理、电子表格处理、演示文稿制作、邮件管理、数据管理和网页制作等，熟练掌握它们，可以大大提高办公效率和办公质量。

办公自动化系统从功能上一般可分为三个层次，或者三个子系统，即事务型办公自动化系统、管理型办公自动化系统和决策型办公自动化系统。面对不同层次的使用者，办公自动化会有不同的功能表现和结构组成。

办公自动化核心强调的是办公的便捷与方便，提高效率，所以，作为办公软件应该具备三大特性：易用性、健壮性、开放性。

## 1.3.6 人工智能

人工智能（Artificial Intelligence，简称AI），是指用计算机模拟人类某些智力行为的理论、技术，诸如感知、判断、理解、学习、问题的求解、图像识别等。它是计算机应用新领域，在医疗诊断、模式识别、智能检索、语言翻译、机器人等方面已有显著成效。例如，用计算机模拟人脑的部分功能进行思维学习、推理、联想和决策，使计算机具有一定"思维能力"。

机器人是计算机人工智能的典型例子。机器人的核心是计算机。第一代机器人是机械手；第二代机器人对外界信息能够反馈，有一定的触觉、视觉、听觉；第三代机器人是智能机器人，具有感知和理解周围环境、使用语言、推理、规划和操纵工具的技能，可以模拟人完成某些动作。机器人不怕疲劳，精确度高，适应力强，现已开始用于搬运、喷漆、焊接、装配等工作中。

## 1.3.7 其他应用领域

计算机所具有的强大应用功能，产生了巨大的市场需求，未来计算机性能将向着微型化、网络化、智能化和巨型化的方向发展。随着通信和计算机技术的发展，人们已经有能力把文本、视频、音频、动画、图形和图像等各种"媒体"综合起来，构成一种全新的概念——"多媒体"（Multimedia）。它在医疗、教育、商业、银行、保险、行政管理、军事和出版等领域发展的很快。

计算机网络化彻底改变了人类世界。人们通过互联网进行沟通、交流（OICQ、微博等），实现教育资源共享（文献查阅、远程教育等）、信息查阅共享（百度、谷歌）等，特别是无线网络的出现，极大地提高了人们使用网络的便捷性，未来计算机将进一步向网络化方向发展。

随着网络技术的发展，计算机的应用进一步深入到社会的各行各业，通过高速信息网实现数据与信息的查询、高速通信服务（电子邮件、电视会议、文档传输）、电子教育、电子娱乐、电子购物、远程医疗和会诊、交通信息管理等。

在传统的工业生产中，常使用"模拟"对产品或工程进行分析和设计。20世纪后期，人们尝试利用计算机程序代替实物模型进行模拟实验，并为此开发了一系列通用模拟语言。事实证明，计算机更容易实现仿真环境、器件的模拟，特别是破坏性试验模拟更能突出计算机模拟的优势，从而被科研部门广泛应用，例如模拟核爆炸试验。

除此之外，计算机在电子商务、电子政务等领域的应用也得到了快速地发展。

## 1.4 计算机多媒体技术

多媒体技术是一门迅速发展的综合性信息技术，它把电视的声音和图像功能、印刷业的出版能力、计算机的人机交互能力、互联网的通信技术有机地融于一体，对信息进行加工处理后，再综合地表达出来。多媒体技术极大地改变了人们获取信息的传统方法，符合人们在信息时代的阅读方式。多媒体技术本质上是一种计算机接口技术，它采用图形交互界面、窗口选择操作等，使人机交互能力增强，有利于人与计算机之间的信息交流。

### 1.4.1 计算机多媒体技术概述

"多媒体"一词译自英文Multimedia，目前流行的多媒体概念主要仍是指文字、图形、图像、声音等人的感官能直接感受和理解的多种信息类型。多媒体包括文本、图形、静态图像、声音、动画、视频等基本要素。

多媒体技术是利用计算机将文字、声音、图像、动画、视频等多媒体信息以数字化的方式集成在一起，从而使计算机具有表现、处理、存储多种媒体信息的综合能力。简言之，多媒体技术就是具有集成性、实时性和交互性的计算机综合处理声文图信息的技术。

多媒体信息可以是模拟数据（相对于数字量而言，指的是取值范围连续的变量或者数值），也可以是数字数据。随着计算机多媒体技术的飞速进步，计算机多媒体硬件系统，如多种媒体输入输出设备、数字/模拟信号转换装置、音/视频处理器通信传输设备及接口装置，特别是根据多媒体技术标准研制而成的多媒体信息处理芯片和板卡、光盘驱动等，方便了多媒体信息的数字化处理。

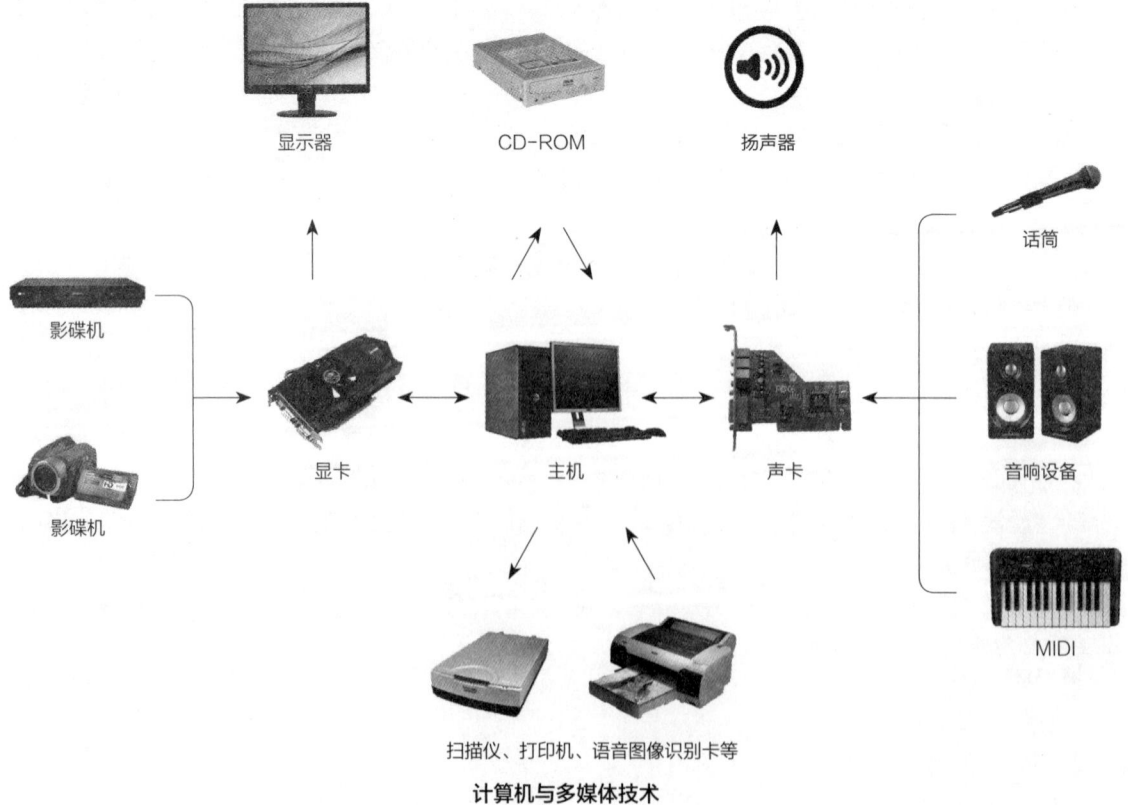

**计算机与多媒体技术**

## 1.4.2 数字媒体

数字媒体（Digital Media）是指以二进制数的形式记录、处理、传播、获取的信息载体，这些载体包括数字化的文字、图形、图像、声音、视频影像和动画等感觉媒体，以及表示这些感觉媒体的表示媒体（编码）等。这二者通称为逻辑媒体，以及存储、传输、显示逻辑媒体的实物媒体。数字媒体信息可以理解为数字化了的多媒体信息。

数字媒体是以数字化的形式存储、处理和传播信息的媒体，以网络为主要传播载体，并具有低成本、易于传播、多样性、互动性和集成性等特点。数字媒体是以信息科学和数学技术为主导，以大众传播理论为依据，以现代艺术为指导，将信息传播技术应用到文化、艺术、商业、教育和管理领域的科学与艺术高度融合的综合交叉学科。

数字媒体技术是实现数字媒体（感觉媒体）的表示、记录、存储、编辑处理、传输、显示、检索和管理等各个环节的软硬件技术，一般分为数字媒体创建技术、数字媒体存储技术、数字媒体应用技术、数字媒体管理技术等。数字媒体可按不同的分类方法分成很多种类。

按时间属性分，数字媒体可以分成静止媒体（Still）和连续媒体（Continues Media）。静止媒体是指内容不会随着时间而变化的数字媒体，比如文本和图片。而连续媒体是指内容随着时间而变化的数字媒体，比如音频和视频。

按来源属性分，数字媒体可以分为自然媒体（Natural Media）和合成媒体（Synthetic Media）。其中自然媒体是指客观世界存在的景物、声音等，经过专门的设备进行数字化和编码处理之后得到的数字媒体。比如数码相机拍的照片、数字摄影机拍的影像、MP3数字音乐、数字电影电视等。合成媒体指的是以计算机为工具，采用特定符号、语言或算法表示的，由计算机生成（合成）的文本、音乐、语音、图像和动画等，比如用3D制作软件制作出来的动画角色。

按组成元素来分，数字媒体则可以分为单一媒体（Single Media）和多媒体（Multi Media）。单一媒体就是指单一信息载体组成的载体；而多媒体则是指多种信息载体的表现形式和传递方式。

## 1.4.3 多媒体的要素

多媒体的媒体元素主要有文本、图形、图像、声音、动画和视频等。多媒体信息通过计算机处理可以生成下述的多种类型及格式的文件。

### 1. 文本文件

文本（Text）由字符型数据（数字、字母、符号、汉字等）组成，文本信息的数字化主要是对文本信息在计算机中的表示进行统一的二进制编码。字符信息可以采用键盘人工输入；也可以采用扫描仪输入后，由OCR（光学字符识别）软件进行字符识别；或采用语音输入后由计算机自动转换为文本等方式。文本信息可供人们反复阅读、从容理解，不受时间、空间的限制。文本是一连串人们能理解的字符，是最基本的人机沟通媒体。

文本文件主要可以分为以下几类。

- **TXT记事本文档：** 只保存文字的ASCII码，没有任何格式化编码。
- **DOC文本文档：** 包含文字及格式化编码，但需要使用特定软件打开及导出。
- **PDF（Portable Document Format）文档：** 除了能描述版面外，还具有交互功能（如超级链接、交互式表单等）、页面随机存取及字体仿真描述等特性，而且具有跨平台的优点。因此，PDF既适合印刷出版，也适合电子出版。

- **超文本（Hypertext）：** 用超文本技术开发的多媒体软件更接近学习者联想的特点，符合学习者的身心特点。超文本的开发工作量远远超过线性文本的开发，用一般的程序设计语言或文字处理程序是很难做到的，要做到超文本的随意跳转，最好用面向对象的程序设计语言或专用的多媒体创作工具，如Visual Basic、Director、Tool Book等。

## 2. 图片文件

图片包括图形（Graphic）和图像（Still Image）两种。图形指的是从点、线、面到三维空间的黑白或彩色几何图，也称矢量图（Vector Graphic）。矢量图的特点在于图像文件小，而且图像的放大和缩小均不会影响图像的质量，但难以表现色彩层次丰富的逼真图像效果。标志图形在缩放到不同大小时必须保留清晰的线条，因此矢量图形是表现标志图形的最佳选择。一般所说的图像不是指动态图像，而指的是静态图像，静态图像是一个矩阵，其元素代表空间的一个点，称之为像素点（Pixel），这种图像也称位图。位图可以模仿照片的真实效果，具有表现力强、细腻、层次多和细节多等优点，缺点是在缩放时会产生失真。

图形的颜色是指颜色产生的方式以及在图形中识别的方法。例如，RGB（Red Green Blue）方式常用于计算机显示屏，可提供24位全彩颜色；CMYK方式常用于彩色打印及出版业，可提供高达32位色彩；索引颜色（Indexed Colour）生成的文件占用空间小，节省内存，统计图像的颜色，将相近的颜色合并，定义为256种颜色，建立颜色表，并给每种颜色赋予一个索引，索引颜色方式多用于多媒体制作中。灰度（Gray Scale）方式将灰度由不同比例的黑色和白色调和而成，8位灰度图形内的每个像素其值以0（黑色）～255（白色）来表示，灰度方式多用于黑白照片中。

图像文件有很多通用的标准存储格式，如BMP、JPG、PNG、GIF、TIF等，这些图像文件格式标准是开放和免费的，这使得图像在计算机中的存储、处理、传输、交换和使用都极为方便，以上图像格式也可以相互转换。

下面对几种常见的图片文件的格式进行介绍，具体如下。

- **BMP（Bit Map）格式：** BMP（位图）是Windows操作系统中最常用的图像文件格式，有压缩和非压缩两类。
- **JPEG（Joint Photographic Experts Group）格式：** 文件后缀名为".Jpg"或".Jpeg"，支持8位和24位色彩的压缩位图格式，适合在网络上传输。由于JPEG图片格式优异的性能，所以应用非常广泛，也是互联网上的主流图像格式。
- **PNG格式：** PNG（流式网络图形）文件采用无损压缩算法，它的压缩比高于GIF文件，支持图形透明。PNG是一种点阵图像文件，网页中有很多图片都是这种格式，是一种新兴的网络图形格式。
- **GIF（Graphics Interchange Format）格式：** GIF是一种压缩图像存储格式，采用无损LZW压缩方法，压缩比较高，文件很小。GIF文件格式支持透明背景图像，适用于多种操作系统，网上很多小动画都是GIF格式。
- **TIF（Tag Image File Format）格式：** TIF是一种工业标准图像格式，也是图像文件格式中最复杂的一种。TIF文件存储的图像质量非常高，但占用空间大，该图像文件大小是GIF图像的3倍，是JPEG图像的10倍。

## 3. 动画文件

动画（Animation）是多幅按一定频率连续播放的静态图像。动画利用了人类眼睛的"视觉暂留效应"。人在看物体时，画面在人脑中大约要停留1/24秒，如果每秒有24幅或者更多画面进入大脑，那么人们在来不及忘记前一副画面时，就看到了后一幅，形成了连续的影像，这就是动画的形成原理。通过动画可以把抽象的内容形象化，使许多难以理解的教学内容变得生动、有趣，合理使用动画可以达到事半功倍的效果。

计算机动画是指采用图形与图像的处理技术，借助于编程或动画制作软件生成一系列的景物画面，其中当前帧是前一帧的部分修改。计算机动画可以分为二维动画和三维动画。二维动画指的是平面上的画面，例如纸张、照片和计算机屏幕显示的画面，无论立体感多强，终究是在二维空间上模拟三维空间效果。三维动画是采用计算机模拟真实的三维空间，在计算机中构成三维的几何造型，并赋给它表面颜色、纹理，然后设计三维物体的运动、变形，设计对物体的照明灯光、灯光强度、位置及移动，最后生成一系列可供动态实时播放的连续的图像技术。

动画文件的格式主要分为以下几类。

- **SWF（Shock Wave Flash）格式：** 是Macromedia公司动画设计软件Flash的专用格式，是一种支持矢量和点阵图形的动画文件格式。SWF格式的动画文件可以嵌入到网页中，也可以单独成页，或以OLE对象的方式出现在其他多媒体创作软件中。SWF格式的文件可以用Adobe Flash Player打开，浏览器必须安装Adobe Flash Player插件。
- **GIF（Graphics Interchange Format）格式：** GIF采用LZW格式压缩，压缩比较高，文件容量小，便于存储和传输，因此适合在不同的平台上进行图像文件的传播和互换。但GIF格式只能显示256色。

### 4. 音频文件

物体在空气中振动时会发出连续的声波，大脑对声波的感知就是声音，也称为音频（Audio）信号。自然声音是连续变化的模拟量，例如对着话筒讲话时，话筒根据周围空气压力的不同变化，输出连续变化的电压值。这种变化的电压值是对讲话声音的模拟，称为模拟音频。在每个固定时间间隔内对模拟音频信号截取一个振幅值，并用给定字长的二进制数表示，可将连续的模拟音频信号转换成离散的数字音频信号。截取模拟信号振幅值的过程称为采样，所得到的振幅值为采样值。采样值以二进制形式表示称为量化编码。对一个模拟音频采样量化完成后，得到一个数字音频文件，以上工作可由计算机中的声卡或者音频处理芯片完成。

音频文件可以分为波形文件（如WAV、MP3音乐）和音乐文件（如手机MIDI音乐）两大类，由于它们对自然声音记录方式的不同，文件大小与音频效果相差很大，波形文件通过录入设备录制原始声音，直接记录了真实声音的二进制采样数据，通常文件较大。

音频文件的格式主要可以分为以下几类。

- **WAV格式：** WAV文件是微软公司和IBM公司共同开发的PC标准音频格式，具有很高的品质。WAV格式也称波形声音文件，支持许多压缩算法，支持多种音频位数、采样频率和声道，采用44.1kHz的采样频率，16位量化位数。WAV格式是以减少数据流量但保持音质的方法来达到更高的压缩率目的，其压缩率一般可以达到1:18。
- **MP3格式：** MP3是一种符合MPEG-1音频压缩第3层标准的文件。MP3格式能够以高音质、低采样率对数字音频文件进行压缩。一首50MB的WAV格式歌曲用MP3压缩后，只需4MB左右的存储空间，而音质与CD差不多。MP3音频是互联网的主流音频格式。
- **WMA格式：** WMA是微软公司开发的一种音频文件格式。在低比特率时（如48kbps），相同音质的WMA文件比MP3小了许多，这就是WMA格式的优势。
- **MIDI（Musical Instrument Digital Interface）格式：** 又称乐器数字接口，是数字音乐/电子合成器的统一国际标准。

- **RA、RM、RAM格式：** 它们是Realnetworks公司开发的一种流式音频文件格式，主要用在低速率的互联网上实时传输音频信息。

### 5. 视频文件

视频是多媒体的重要组成部分，是人们容易接受的信息媒体。视频文件是由一连串附有音轨的顺序帧（Frame）组成。这些帧在显示器上迅速顺序出现，利用眼睛的视觉残留特性，产生活动影响的效果。视频的画面大小称为"分辨率"。数字视频以像素为度量单位。标清电视分辨率为720/704/640×480i60（NTSC）或768/720×576i50（PAL/SECAM）。新的高清电视（HDTV）分辨率可达1920×1080p60，即每条水平扫描线有1920个像素，每个画面有1080条扫描线，播放速度为每秒60张画面。

视频文件的格式主要可以分为以下几类。

- **AVI（Audio Video Interactive）格式：** 该格式是把视频和音频编码混合在一起储存。这种视频格式的优点是图像质量高，可以跨多个平台使用，缺点是文件体积过于庞大，且压缩标准不统一。
- **RM/RMVB格式：** 即Real Video或者称Real Media，是由Real Networks开发，通常只能容纳Real Video和Real Audio编码的媒体。Real Video出色的压缩效率和支持流式播放的特征，使得Real Video在网络上占有不错的市场份额。
- **ASF（Advanced Streaming Format）格式：** 即高级流格式，是微软公司为了和Real Player竞争而发展出来的一种可以直接在网上观看视频节目的文件压缩格式。ASF格式使用了MPEG4的压缩算法，压缩率和图像的质量都很不错。
- **WMV格式：** WMV是微软公司开发的一组数字视频编解码格式的通称，它是AFS的升级延伸，在同等视频质量下，WMV格式的体积非常小，因此很适合在网上播放和传输。
- **MOV格式：** 是美国苹果公司开发的一种视频格式，默认的播放器是苹果的Quick Time Player。MOV格式具有较高的压缩比率和较完美的视频清晰等特点，但是其最大的特点是跨平台性，即不仅能够支持MacOS，同样也能支持Windows系列。Quick Time可储存的内容相当丰富，除了视频、音频以外，还可支援图片、文字（文本字幕）等。

## 1.4.4 多媒体的编辑工具

多媒体产品的制作首先要对图像、动画、声音、视频等素材进行制作，然后进行素材综合，形成显示画面以及控制功能等。多媒体素材制作过程中需要熟悉和掌握文字、图形图像、声音、动画、视频等编辑软件。多媒体应用软件的创作工具（Authoring Tools）是用来帮助应用开发人员提高开发工作效率，它们大体上都是一些应用程序生成器，可将多种媒体素材按照超文本节点和链接结构的形式进行组织，形成多媒体应用系统。常见的多媒体编辑工具有以下五大类。

- **文字编辑软件：** 记事本、写字板、Word、WPS等。
- **图形图像处理软件：** Photoshop、CorelDRAW、Freehand等。
- **动画制作软件：** Flash、3ds Max、Maya等。
- **音频处理软件：** Cakewalk Sonar、Audition（Cool Edit）、GoldWave等。
- **视频处理软件：** Ulead Media Studio、Adobe Premiere、After Effects等。

# Chapter 02 计算机硬件基础

　　一个完整的计算机系统由硬件系统和软件系统两部分组成，计算机硬件系统结构包括运算器、存储器、控制器、输入设备和输出设备。本章除了对计算机硬件进行详细介绍，如中央处理器、主板、存储器、显卡、声卡以及输入/输出设备等，还介绍计算软件的组成以及计算机系统的特点和分类。

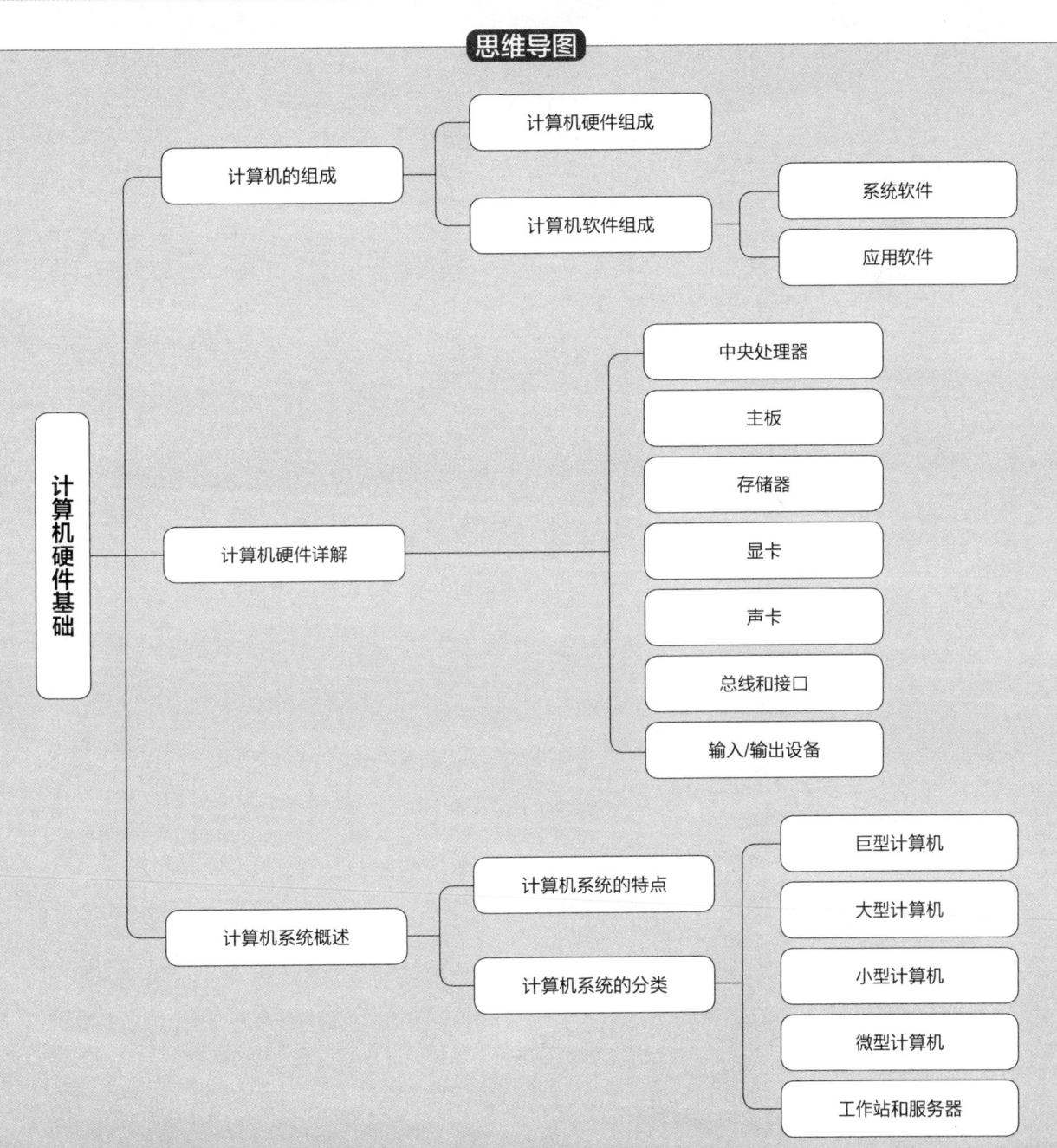

## 2.1 计算机的组成

一个完整的计算机系统是由硬件系统和软件系统两部分组成的。计算机硬件系统是电子、机械和光电元件等各种物理设备的总称,主要包括计算机和外部设备两部分,硬件系统是计算完成各项工作的物质基础。计算机软件系统是在计算硬件设备上运行、管理和维护计算机的各类程序和文档的总称。硬件系统是软件系统建立和依托的基础,软件系统是计算机系统的灵魂。

仅由硬件组成,没有安装任何软件的计算机通常称之为"裸机","裸机"只能识别由0和1数字信号组成的机器代码,不能供用户直接使用,用户也不能使用"裸机"达到运行、管理程序和文档的操作。由此可见,没有硬件对软件的物质支持,软件的功能再强大也是无从谈起的,应将计算系统当做一个整体来看,既要包括硬件系统,还要包括软件系统,二者缺一不可,也是不可分割的。只有将硬件系统和软件系统相互结合,才能充分发挥电子计算机系统的各种功能。

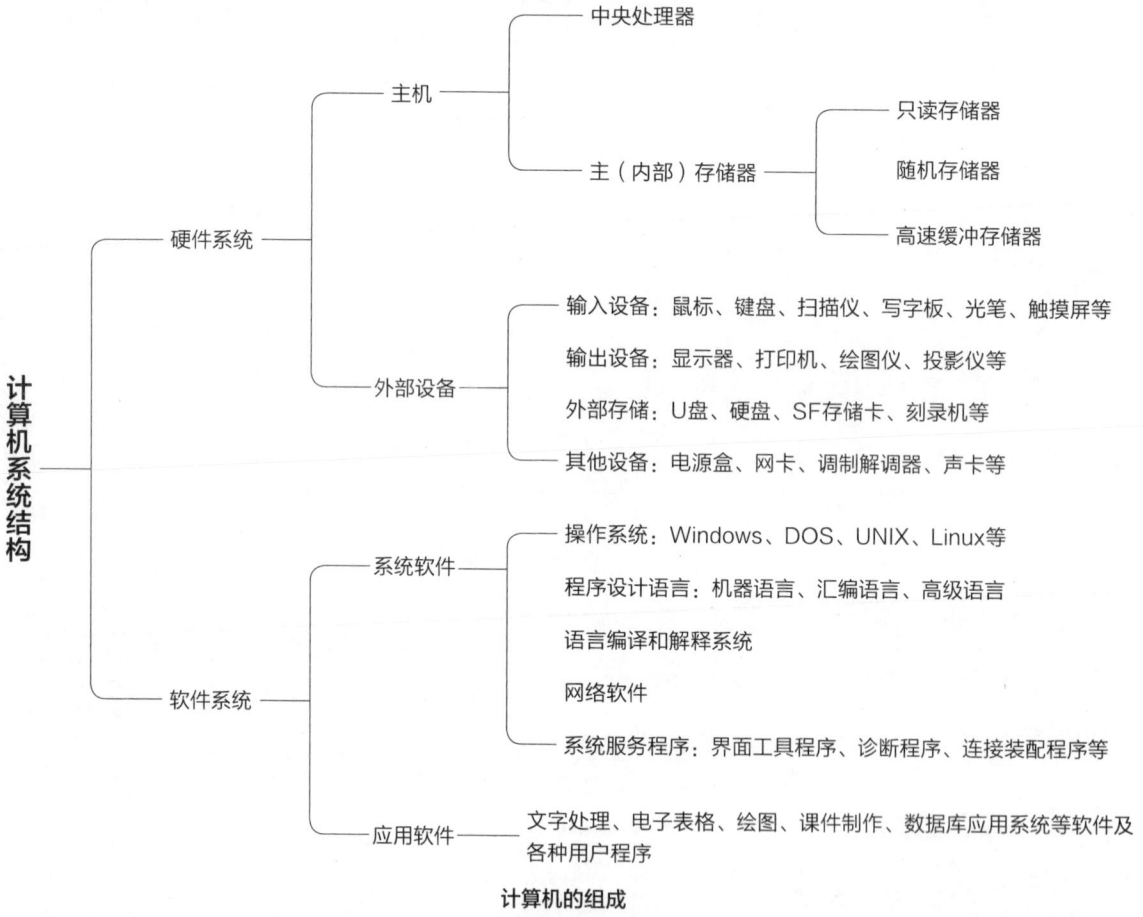

计算机的组成

### 2.1.1 计算机的硬件组成

现代计算机的工作原理是由美籍匈牙利科学家冯·诺依曼于1946年提出程序存储的思想,并成功地将其运用在计算机的设计中,根据这一原理的计算机称为冯·诺依曼计算机。冯·诺依曼提出程序存储式电子数字自动计算机的方案,并确定了计算机硬件系统结构的5个基本部分:运算器、存储器、控制器、输入设备和输出设备。该原理对计算机的发展和影响比较大,从第一代到现在,计算机的发展一直没有突破这种冯·诺依曼的体系结构。尽管计算制造技术已经发生了巨大的变化，就其硬件的组成结构和工作原理而言，大多数计算机仍建立在冯·诺依曼提出的存储程序基础之上。冯·诺依曼确定的计算机硬件的5个部分也称之为计算的五大功能部件，其系统结构如下图所示。

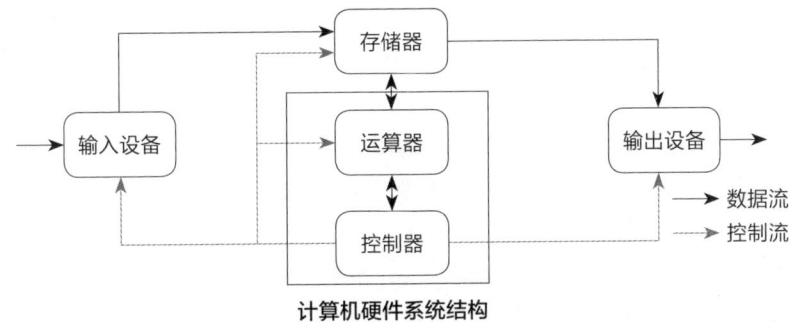

计算机硬件系统结构

具有冯·诺依曼系统结构的计算机，在CPU和主存之间只有一条每次只能交换一个字的数据通路，因此无论CPU和主存的吞吐率有多高，无论主存容量有多大，只能按照顺序处理和交换数据。这一不足之处被称为冯·诺依曼瓶颈，这一瓶颈会随着软件系统复制性和开发成本的提高而使整个系统的性能明显下降，这种矛盾会随着计算应用领域的扩大而愈来愈突出。

## 2.1.2 计算机的软件组成

计算机软件系统是指计算机在运行的各种程序、数据及相关的文档资料。按功能分，计算机软件系统通常被分为系统软件和应用软件两大类。计算机系统软件能保证计算机按照用户的意愿正常运行，满足用户使用计算机的各种需求，帮助用户管理计算机和维护资源执行用户命令、控制系统调度等任务。从广义来讲，计算机的软件是指系统中的程序以及开发、使用和维护程序所需的所有文档集合。

系统软件的数量相对较小，大部分软件是应用软件。软件可以分为商业软件与共享软件，其中商业软件的功能很强大，售后服务好，但是软件收费也很高；共享软件基本都是免费的或收取少量的费用，一般来说也不会提供售后服务。

**1. 系统软件**

系统软件是指控制计算机的运行、管理计算机的各种资源，并为应用软件提供支持和服务的一类软件。系统软件居于计算机系统中最接近计算机硬件的一层，与应用软件无关。计算机只有在系统软件的支持下，用户才能运行各种应用软件，并且为用户提供开发应用系统的平台。在早期的计算机中是没有系统软件的，只能用机器指令编制二进制代码来管理和使用计算机，因此只有经过专门训练的人员才能使用计算机。系统软件的出现解决了这一困境，使用户只需使用简单的语言和符号等就可以编制程序，并能使用程序在计算的硬件系统上运行。系统软件可以使系统的各种资源得到合理的调度和利用，能监视和维护系统的运行状态，帮助用户调试程序等，因此它大大减轻了用户管理计算机的负担。

系统软件通常分为操作系统、程序设计语言、网络服务和数据库系统等。

（1）操作系统

在系统软件中，操作系统（Operating System，OS）是负责直接控制和管理硬件的系统软件，也是最基本、最重要的系统软件。操作系统可以让计算机系统的所有软硬件资源协调一致、有条不紊地工作。操作系统的功能通常包括处理器管理、存储管理、文件管理、设备管理和作业管理等。当多个软件同时运行时，操作系统还负责规划和优化系统资源，将系统资源分配给各软件。操作系统一般可分为批处理操作系统、分时操作系统、实时操作系统、网络操作系统、分布式操作系统等。目前常用的操作系统有DOS、

Linux、Unix、Windows、OS/2等。

（2）网络服务

操作系统中自带一些小型的网络服务功能，对于大型的网络服务，必须由专业软件提供。网格服务程序提供大型的网络后台服务，主要用于网络服务提供商和企业网络管理人员。用户在利用网格进行工作或娱乐时，就是通过这些软件来服务的，如提供邮件服务的软件有Notes/Domino、Qmail等。

（3）系统服务程序

系统服务程序用于完成一些与管理计算机系统资源及文件有关的任务，如诊断程序。诊断程序用于对计算机系统硬件的检测，能对CPU、内存、显示器等性能和故障进行检测。

（4）程序设计语言

程序设计语言是用来编写程序的语言，它是人与计算机交换信息的工具。程序设计语言一般可分为机器语言、汇编语言和高级语言3类。

1）机器语言

机器语言（Machine Language）是以二进制代码（0、1）表示的指令集合，是计算机唯一能直接识别和执行的语言。用机器语言编写的程序，称为机器语言程序，它是一种低级的语言，不便于记忆、阅读和书写。机器语言的优点是占用内存少、执行速度快，缺点是难编写、难阅读、难修改、难移植，所以通常情况我们不用机器语言直接编写程序。

2）汇编语言

汇编语言（Assemble Language）是一种面向机器的程序设计语言，它是为特定的计算或计算机系列设计的。汇编语言是用便于记忆的符号形式表示出来的一种语言，所以也被称为符号诗文。每条汇编语言的指令就对应一条机器语言的代码，所以不同型号的计算机系统一般对应不同的汇编语言。采用汇编语言编制的程序称为汇编语言程序，其相对于机器语言程序易阅读、易修改。

汇编语言的指令一般分为硬指令、伪指令和宏指令三类。硬指令是和机器语言一一对应的汇编指令；伪指令是因汇编语言需要而设立的，不能像硬指令那样对机器指令；宏指令是用硬指令和伪指令定义的可在程序中使用的指令。

机器语言和汇编语言都是面向机器的语言，一般称之为低级语言。这两种语言对机器的依赖性大，所编程序通用性差，而且很难掌握。

3）高级语言

高级程序设计语言中的数据通常用十进制来表示，用一种比较接近于自然语言的英文字符串来表示，比较符合人们惯用的自然语言和数学表达式。使用高级设计语言编写的程序便于阅读、修改及调试，而且移植性强。高级语言现在已经成为目前普遍使用的从结构化程序设计语言到广泛使用的面向对象程序设计语言。高级语言具有较大的通用性，使用高级语言编写的程序能应用在不同的计算机系统上。下面介绍几种常用的高级语言。

a. BASIC（Beginner's All-purpose Symbolic Instruction Code的缩写）语言是由Dartmouth学院John G. Kemeny与Thomas E. Kurtz两位教授于20世纪60年代中期所创。BASIC语言因简单、易学的基本特性，很快地就普遍流行起来，几乎所有小型、微型和家用电脑，甚至部分大型电脑，都有提供使用者以此种语言撰写程序。至今BASIC语言已有很多高级版本，如Visual Basic。

b. C语言是一门通用计算机编程语言，广泛应用于底层开发。C语言的设计目标是提供一种能以简易的方式编译、处理低级存储器、产生少量的机器码以及不需要任何运行环境支持便能运行的编程语言。C语言程序简练、功能强，适用于系统软件、数值计算、数据处理等，现在最常用的Visual C++是面向对象的程序设计语言。

c. Java语言是一门面向对象编程语言，不仅吸收了C++语言的各种优点，还摒弃了C++里难以理解的多继承、指针等概念，因此Java语言具有功能强大和简单易用两个特征，Java语言最大的特色在于"一次编写，处处运行"。Java语言具有简单性、面向对象、分布式、健壮性、安全性、平台独立与可移植性、多线程、动态性等特点。Java语言可以编写桌面应用程序、Web应用程序、分布式系统和嵌入式系统应用程序等。Java语言编写程序要依靠一个虚拟机才能运行。

（5）语言处理程序

使用汇编语言和高级语言编写的程序被称为"源程序"，不能被计算机直接理解和执行，必须通过一个翻译过程才能转换为计算机能识别的机器语言程序。这种翻译也是由程序实现的，不同的语言有不同的翻译程序，我们把这些翻译程序统称为语言处理程序。语言处理程序通常有汇编程序、编译程序和解释程序三种。

1）汇编程序

汇编程序是把汇编语言编写的程序翻译成与之等价的机器语言程序的翻译程序。汇编程序输入的是用汇编语言编写的源程序，输出的是用机器语言表示的目标程序。用于翻译的程序称之为汇编程序，变换后得到的机器语言称为目标程序，其翻译过程称为汇编，如下图所示。

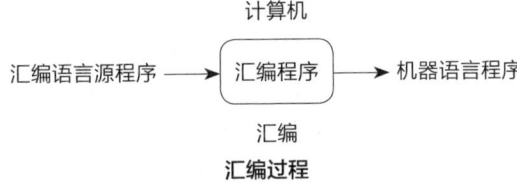

**汇编过程**

2）编译程序

如果需要将高级语言编写的程序翻译成计算能识别的二进制机器指令，通常需要两种翻译方式，第一种为"编译"，第二种为"解释"，相应的语言处理程序称为编译程序和解释程序。

编译程序可以将高级语言源程序翻译成等价的目标程序，然后再执行此目标程序。大部分高级语言都是采用编译程序进行翻译的，C语言就是其中之一。编译程序的编译过程如下图所示。

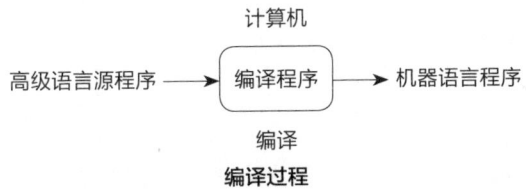

**编译过程**

3）解释程序

解释程序在词法、语法和语义分析方面与编译程序的工作原理基本相同，但在运行用户程序时，它直接执行源程序或源程序的内部形式(中间代码)。因此，解释程序并不产生目标程序，这是它和编译程序的主要区别。解释程序的优点是易于实现人机对话，能及时帮助用户发现错误和改正错误；但其效率低，耗时多，如BASIC语言就是采用解释程序进行处理的。

解释程序的工作过程：首先，由总控程序执行初始准备工作，设置工作初态。然后，从源程序中取一个语句，并进行语法检查，如果语法有错，则输出错误信息；否则，根据所确定的语句类型转去执行相应的执行子程序。返回后检查解释工作是否完成，如果未完成，则继续解释下一语句；否则，进行必要的善后处理工作。

## 2. 应用软件

应用软件是为了完成某项特定任务或特殊目的而开发的软件，可以是一个特定程序，也可以是一组功能紧密协作的软件集合。应用软件是基于系统软件工作的,因此不面向最基础的硬件,只根据系统软件提供的各种资源进行运作。

应用软件可分为两大类,一类是针对某个应用领域的具体问题而开发的程序,具有很强的实用性和专业性。这些软件可以由计算机专业公司开发,也可以由企业人员开发。由于该类软件的开发,使得计算机在各个领域日益发展,如今已经渗透到各个行业中。

另一类是大型专业软件公司开发的通用软件,这类软件的功能非常强大,适用性也很好,因此应用很广泛。下面介绍常用的通用软件。

(1)办公自动化软件

办公软件是指在办公应用中使用的各种软件,该类软件的用途主要包括文字处理、表格数据处理、演示文稿制作等。在这类软件中最常用的办公软件就是微软公司的Office系列软件,除此之外还包括金山WPS、永中Office等。

文字处理软件主要将文字输入到计算机中,并存储在存储器中,用户在软件中还可以对文字进行修改、编辑等操作,还可以将其打印出来。目前最常用的文字处理软件包括WPS和Microsoft Word等,下左图为Microsoft Word 2010的工作界面。

表格处理软件用于处理各种表格数据,可以根据用户需求自动生成各式各样的表格。用户可以在表格中输入数据,也可导入数据库中数据,还可以根据函数公式完成复杂的表格计算。目前最常用的表格处理软件是Microsoft Excel,下右图为Microsoft Excel 2010的工作界面。

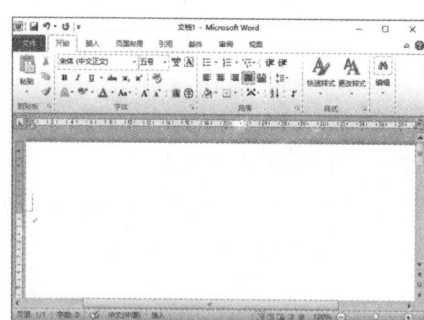
Microsoft Word 2010工作界面

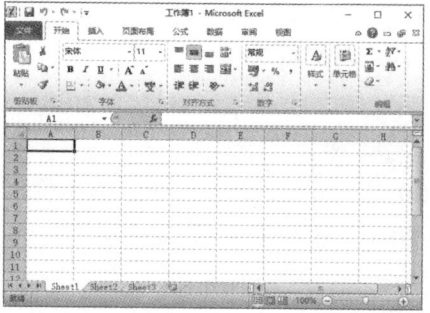
Microsoft Excel 2010工作界面

(2)网络软件

网络软件是指支持数据通信和各种网络活动的软件。随着互联网技术的普及和发展,产生了越来越多的网络软件,如各种网络通信软件、下载/上传软件、网页浏览软件等。

常见的网络通信软件包括QQ、微信、支付宝、各类邮箱以及视频通话软件等;常见的下载和上传软件包括迅雷、百度网盘、LeapFTP等;常见的网页浏览软件包括Internet Explorer、Mozilla Firefox、360安全浏览器、QQ浏览器等,如下图所示。

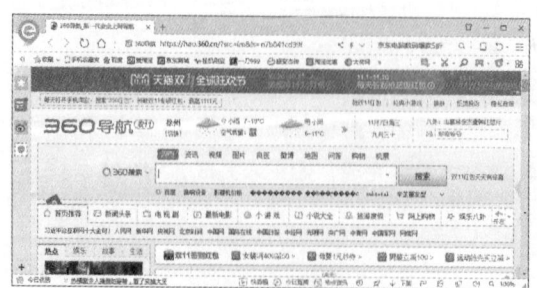
360安全浏览器

（3）安全防护软件

安全软件是一种可以对病毒、木马等一切已知的对计算机有危害的程序代码进行清除的程序工具。安全软件也是辅助用户管理电脑安全的软件程序，安全软件的好坏决定了杀毒的质量，通过VB100以及微软WINDOWS验证的杀毒软件才是安全软件领域的最好选择。

杀毒软件又叫反病毒软件，如G Data（德国）、腾讯电脑管家、百度杀毒、卡巴斯基安全部队、小红伞、瑞星杀毒软件、金山毒霸、Microsoft Security Essentials、诺顿和360杀毒等。

辅助安全软件主要是清理垃圾、修复漏洞、防木马的软件，比如百度卫士、金山卫士、瑞星安全助手、腾讯电脑管家、360安全卫士等等，如下图所示。

反流氓软件主要是清理流氓软件、保护系统安全的功能，如百度卫士、恶意软件清理助手、超级兔子、Windows清理助手等等。

加密软件主要是通过对数据文件进行加密，防止外泄，从而确保信息资产的安全。加密软件按照实现的方法可划分为被动加密和主动加密。目前市面上的驱动层透明加密技术成为了最可靠、最安全的加密技术，代表厂商有广东南方信息安全产业基地。

360安全卫士

（4）图形图像处理软件

图形图像处理软件是浏览、编辑、制作和管理各种图形图像文档的软件，包括各种专业设计师开发的图像处理软件，如Photoshoop等，如下左图所示。也包括捕捉桌面图像的输入软件，如HyperSnap等，如下右图所示。

Photoshop CC 2018界面

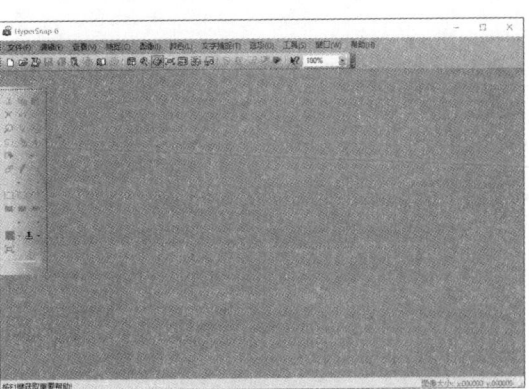

HyperSnap界面

随着数据相机和智能手机的普及，图形图像处理技术的发展也是日新月异，现在出现很多傻瓜式图像处理软件，如Photoshop Lightroom、光影魔术手、美图秀秀等。

除了上述介绍的应用软件外，还有很多其他应用软件，如多媒体应用软件（Windows MediaPlayer等）、企业专用软件（用友财务管理软件等）、系统工具软件（WinRAR、优化大师等）和行业软件（CAD等）。

## 2.2 计算机硬件详解

计算机硬件（Computer Hardware）是指计算机系统中由电子、机械和光电元件等组成的各种物理装置的总称。这些物理装置按系统结构的要求构成一个有机整体，为计算机软件运行提供物质基础。简言之，计算机硬件的功能是输入并存储程序和数据，然后执行程序，把数据加工成可以利用的形式。

### 2.2.1 中央处理器

计算机硬件从外观来看，包括主机箱、键盘和显示器；从逻辑功能上看，可分为控制器、运算器、存储器、输入设备和输出设备，一般将运算器和控制器称为中央处理器。中央处理器（Central Processing Unit）也叫CPU，它的功能主要是解释计算指令以及处理计算软件中的数据。

中央处理器主要包括运算器（算术逻辑运算单元，ALU，Arithmetic Logic Unit）和高速缓冲存储器（Cache）及实现它们之间联系的数据（Data）、控制及状态的总线（Bus）。它与内部存储器（Memory）和输入/输出（I/O）设备合称为电子计算机三大核心部件。

中央处理器是计算机系统中重要的组成部分，同时还是整个计算机系统的控制中心，它严格按照规定的脉冲频率工作，一般来说频率越高，CPU工作速度越快，能够处理的数据量越大，功能也越强大。在CPU技术和市场上，英特尔公司一直是领头羊，目前市场英特尔CPU最高为酷睿i9 9代系列，其CPU主频为3.6GHz、核心数量为八核心。AMD公司是目前唯一能与英特尔抗衡的厂商，它的CPU产品主要为Athlon系列。目前市场上常用的CPU包括英特尔的Pentium（奔腾）、Core（酷睿）、酷睿i3、酷睿i5、酷睿i7等，常用的AMD包括速龙系列、A4系列、A6系列、A8系列、A10系列、FX系列、Ryzen 3系列、Ryzen 5系列、Ryzen 7系列等。

**1. CPU的发展**

计算机的发展主要表现在核心部件的发展上，即中央处理器的发展，每当一款新型的微处理器出现时，就会带动计算机系统的其他部件的相应发展，以及外围设备的不断改进以及新设备的不断出现等。CPU的发展主要划分为以下6个阶段。

（1）第1阶段

第1阶段（1971–1973年）是4位和8位低档微处理器时代，通常称为第1代，其典型产品是Intel 4004和Intel 8008微处理器和分别由它们组成的MCS-4和MCS-8微机。其基本特点是采用PMOS工艺，集成度低（4000个晶体管/片），系统结构和指令系统都比较简单，主要采用机器语言或简单的汇编语言，指令数目较少（20多条指令），基本指令周期为20~50μs，用于简单的控制场合。

（2）第2阶段

第2阶段（1974–1977年）是8位中高档微处理器时代，通常称为第2代，其典型产品是Intel 8080/8085、Motorola公司、Zilog公司的Z80等。它们的特点是采用NMOS工艺，集成度提高约4倍，运算速度提高约10-15倍（基本指令执行时间为1-2μs）。指令系统比较完善，具有典型的计算机体系结构和中断、DMA等控制功能。软件方面除了汇编语言外，还有BASIC、FORTRAN等高级语言和相应的解释程序和编译程序，在后期还出现了操作系统。

（3）第3阶段

第3阶段（1978—1984年）是16位微处理器时代，通常称为第3代，其典型产品是Intel公司的8086/8088、Motorola公司的M68000和Zilog公司的Z8000等微处理器。这一阶段的特点是采用HMOS工艺，集成度（20000-70000晶体管/片）和运算速度（基本指令执行时间是0.5μs）都比第2代提高了一个数量级。指令系统更加丰富、完善，采用多级中断、多种寻址方式、段式存储机构、硬件乘除部件，并配置了软件系统。

（4）第4阶段

第4阶段（1985—1992年）是32位微处理器时代，又称为第4代。其典型产品是Intel公司的80386/80486和Motorola公司的M69030/68040等。这一阶段的特点是采用HMOS或CMOS工艺，集成度高达100万个晶体管/片，具有32位地址线和32位数据总线。每秒钟可完成600万条指令（Million Instructions Per Second，MIPS）。

（5）第5阶段

第5阶段（1993-2005年）是奔腾（Pentium）系列微处理器时代，通常称为第5代。这一阶段的典型产品是Intel公司的奔腾系列芯片及与之兼容的AMD的K6、K7系列微处理器芯片。内部采用了超标量指令流水线结构，并具有相互独立的指令和数据高速缓存。

（6）第6阶段

第6阶段（2005年至今）是酷睿（Core）系列微处理器时代，通常称为第6代。"酷睿"是一款领先节能的新型微架构，设计的出发点是提供卓然出众的性能和能效，提高每瓦特性能，也就是所谓的能效比。早期的酷睿是基于笔记本处理器的。

2010年6月，Intel再次发布革命性的处理器——第二代Core i3/i5/i7。第二代Core i3/i5/i7隶属于第二代智能酷睿家族，全部基于全新的Sandy Bridge微架构，相比第一代产品主要带来五点重要革新：1、采用全新32nm的Sandy Bridge微架构，更低功耗、更强性能。2、内置高性能GPU（核芯显卡），视频编码、图形性能更强。 3、睿频加速技术2.0，更智能、更高效能。4、引入全新环形架构，带来更高带宽与更低延迟。5、全新的AVX、AES指令集，加强浮点运算与加密解密运算。

### 2. CPU的组成

CPU外观形状看上去是一个矩形块状物，中间凸起部分是CPU核心部分封装的金属壳，在金属封装壳内部是一片硅晶片，被称为CPU核心。在这块硅晶片上密布着千万的晶体管，它们相互配合、协调工作，完成各种复杂的运算和操作。在CPU的金属封装壳周围是基板，它将CPU内部的信号引接到CPU针脚上。CPU的正反面如下图所示。

CPU的外观

### 3. CPU的性能参数

CPU是计算机的控制中心，其性能在很大程度上决定计算机的性能，而CPU的性能主要体现在其运行程序的速度上。CPU发展到今天，由于制造技术越来越先进，其集成度越来越高，内部的晶体管数达到几百万个。影响CPU工作速度主要有主频、外频、倍频、接口、缓存、多媒体指令集、制造工艺、电压、封装形式、整数单元和浮点单元等。

（1）主频

在电子技术中，脉冲信号是一个按一定电压幅度、一定时间间隔连续发出的脉冲信号。脉冲信号之间的时间间隔称为周期，而将在单位时间（如1秒）内所产生的脉冲个数称为频率。频率是描述周期性循环信号在单位时间内所出现的脉冲数量多少的计量名称，频率的标准计量单位是Hz（赫）。

主频也叫时钟频率，单位是兆赫（MHz）或千兆赫（GHz），用来表示CPU的运算、处理数据的速度。通常，主频越高，CPU处理数据的速度就越快。其中1GHz=1000MHz，1MHz=1000kHz，1kHz=1000Hz。CPU的主频表示在CPU内数字脉冲信号震荡的速度，与CPU实际的运算能力并没有直接关系。主频和实际的运算速度存在一定的关系，CPU的运算速度还要看CPU的流水线各方面的性能指标（缓存、指令集、CPU的位数等等）。由于主频并不直接代表运算速度，所以在一定情况下，很可能会出现主频较高的CPU实际运算速度较低的现象。

（2）外频

外频是CPU乃至整个计算机系统的基准频率，单位是MHz（兆赫兹）。CPU的外频，通常为系统总线的工作频率（系统时钟频率），CPU与周边设备传输数据的频率，具体是指CPU到芯片组之间的总线速度。外频是CPU与主板之间同步运行的速度，而且绝大部分电脑系统中外频也是内存与主板之间同步运行的速度，在这种方式下，可以理解为CPU的外频直接与内存相连通，实现两者间的同步运行状态。

（3）倍频系数

倍频系数是指CPU主频与外频之间的相对比例关系，倍频系数=主频/外频。在相同的外频下，倍频越高CPU的频率也越高。但实际上，在相同外频的前提下，高倍频的CPU本身意义并不大。这是因为CPU与系统之间数据传输速度是有限的，一味追求高倍频而得到高主频的CPU就会出现明显的"瓶颈"效应，即CPU从系统中得到数据的极限速度不能够满足CPU运算的速度。

（4）总线频率

前端总线（FSB)是将CPU连接到北桥芯片的总线。前端总线频率直接影响CPU与内存直接数据的交换速度。由于数据传输最大带宽取决于所有同时传输的数据的宽度和传输频率，即数据传输量＝（总线频率×数据带宽）/8，数据传输最大带宽取决于所有同时传输的数据的宽度和传输频率。

（5）缓存

缓存大小也是CPU的重要指标之一，而且缓存的结构和大小对CPU速度的影响非常大，CPU内缓存的运行频率极高，一般是和处理器同频运作，工作效率远远大于系统内存和硬盘。实际工作时，CPU往往需要重复读取同样的数据块，而缓存容量的增大，可以大幅度提升CPU内部读取数据的命中率，而不用再到内存或者硬盘上寻找，以此提高系统性能。

L1 Cache（一级缓存）是CPU第一层高速缓存，分为数据缓存和指令缓存。内置的L1高速缓存的容量和结构对CPU的性能影响较大，不过高速缓冲存储器均由静态RAM组成，结构较复杂，在CPU管芯面积不能太大的情况下，L1级高速缓存的容量不可能做得太大。

L2 Cache（二级缓存）是CPU的第二层高速缓存，分内部和外部两种芯片。内部的芯片二级缓存运行速度与主频相同，而外部的二级缓存则只有主频的一半。L2高速缓存容量也会影响CPU的性能，原则是越大越好。

L3 Cache(三级缓存)，分为两种，早期的是外置，现在都是内置。应用L3缓存可以进一步降低内存延迟，同时提升大数据量计算时处理器的性能。降低内存延迟和提升大数据量计算能力对游戏很有帮助。

## 2.2.2 主板

主板是计算机中重要的部件，计算性能是否能够充分发挥、计算硬件功能是否足够以及硬件之间的兼容性，都取决于主板的设计。主板与CPU的关系很密切，每次CPU的重大升级，必然导致主板的换代。

主板（Motherboard, Mainboard, 简称Mobo），又称主机板、系统板、逻辑板、母板、底板等，是构成复杂电子系统，例如电子计算机的中心或者主电路板。主板能提供一系列接合点，供处理器、显卡、声效卡、硬盘、存储器、对外设备等设备接合。它们通常直接插入有关插槽，或用线路连接。

主板结构分为AT、Baby-AT、ATX、Micro ATX、LPX、NLX、Flex ATX、EATX、WATX以及BTX等结构。其中，AT和Baby-AT是多年前的老主板结构，已经淘汰；而LPX、NLX、Flex ATX则是ATX的变种，多见于国外的品牌机，国内尚不多见；EATX和WATX则多用于服务器/工作站主板；ATX是市场上最常见的主板结构，扩展插槽较多，PCI插槽数量在4-6个，大多数主板都采用此结构；Micro ATX又称Mini ATX，是ATX结构的简化版，就是常说的"小板"，扩展插槽较少，PCI插槽数量在3个或3个以下，多用于品牌机并配备小型机箱；而BTX则是英特尔制定的最新一代主板结构，但尚未流行便被放弃，继续使用ATX。下图为目前市场上比较流行的ATX主板组成图。

主板上最重要的构成组件是芯片组（Chipset）。芯片组（Chipset）是主板的核心组成部分，几乎决定了主板的功能，进而影响到整个电脑系统性能的发挥。按照在主板上排列位置的不同，通常分为北桥芯片和南桥芯片。北桥芯片提供对CPU的类型和主频、内存的类型和最大容量、ISA/PCI/AGP插槽、ECC纠错等支持。南桥芯片则提供对KBC（键盘控制器）、RTC（实时时钟控制器）、USB（通用串行总线）、Ultra DMA/33（66）EIDE数据传输方式和ACPI（高级能源管理）等的支持。其中北桥芯片起着主导性的作用，也称为主桥（Host Bridge）。

**ATX主板组成图**

## 2.2.3 存储器

存储器（Memory）是一种用于存储信息的仪器，常用于计算机中的数据储存。计算机工作时所需的所有数据都被存储在存储器中，包含原始数据、计算过程中所产生数据、计算所需程序以及计算最终结果数据等。

存储器采用具有两种稳定状态的物理器件来存储信息，这些器件被称为记忆元件。在计算机中采用只有两个数码0和1的二进制来表示数据，日常作用的十进制必须转换成等值的二进制数才能存入存储器中。根据用途，存储器可分为内存和外存两种；根据读写功能，存储器可分为随机读写存储器（RAM）和只读存储器（ROM）；根据存储方式，存储器可分为顺序存储器和随机存储器。

在介绍内部存储器和外部存储器之前，下面我们先对存储器的相关术语进行简述。

- 位（Bit）：存放一位二进制数，即0或1，是数据的最小表示单位。
- 字节（Byte）：8个二进制位为一个字节。为了便于衡量存储器的大小，统一以字节为单位。存储器的容量一般用KB、MB、GB、TB来表示，它们之间的关系为：1KB=1024B，1MB=1024KB，1GB=1024MB，1TB=1024GB。
- 地址：整个存储器被分为若干个存储单元，每个存储单元可以存放数据或程序代码。为了有效地存取该单元内的信息，每个单元必须有唯一的编号来标识，这个编号就是存储器的地址。
- 存储单元：一般应具有存储数据和读写数据的功能，以8位二进制作为一个存储单元，也就是一个字节。每个单元有一个地址，是一个整数编码，可以表示为二进制整数。

**1. 内存**

内存又称主存，是CPU能直接寻址的存储空间，由半导体器件制成。内存是计算机中重要的部件之一，它是与CPU进行沟通的桥梁。计算机中所有程序都是在内存中进行的，因此内存的性能对计算机的影响非常大。内存的作用是用于暂时存放CPU中的运算数据，以及与硬盘等外部存储器交换的数据。只要计算机在运行中，CPU就会把需要运算的数据调到内存中进行运算，运算完成后CPU再将结果传送出来，内存的运行也决定了计算机的稳定运行。

内存中有大量的存储单元，每个存储单元可存放1位二进制数据，8个存储单元称为一个字节，内存容量是指存储单元中的字节数。

内存主频和CPU主频一样，习惯上被用来表示内存的速度，它代表着该内存所能达到的最高工作频率。内存主频是以MHz（兆赫）为单位来计量的。内存主频越高，在一定程度上代表着内存所能达到的速度越快。内存主频决定着该内存最高能在什么样的频率正常工作。

内存作为电脑中重要的配件之一，其容量的大小能够直接关系到整个系统的性能。因此，内存容量已经越来越受到消费者的关注，尤其在目前Win7操作系统已经开始取代XP操作系统之后，对于最新的Win7和Win10操作系统，多数消费者都认为大容量能让其内存评分得到提升。

内存采用半导体存储器，可分为随机存储器（RAM）和只读存储器（ROM）。随机存储又分为静态随机存储器（SRAM）和动态随机存取存储器（DRAM）。

（1）随机存储器

随机存储器可随时根据需要读出数据，也可随时重新写入新的数据。随机存储器是计算机对信息进行操作的工作区域，在工作时用来存放用户的程序和数据，也可存放临时调用的系统程序。因此，其存储容量越大，速度越快，性能就越好。

静态随机存储器存储单元电路工作状态稳定，速度快，不需要刷新，只要不掉电，数据不会丢失。静态随机存储器一般只应用在CPU内部作为高速缓存（Cache）。

动态随机存取存储器中存储的信息是以电荷形式保存在集成电路的小电容中，由于电容的漏电，因此数据容易丢失。为了保证数据不丢失，必须对DRAM进行定时刷新。动态随机存取存储器中的SDRAM（同步动态随机存储器）是自Intel奔腾以来，微型计算机系统普遍使用的内存形式。之后出的DDR SDRAM（双倍速率同步动态随机存储器）是在SDRAM内存基础上发展而来的，仍然沿用SDRAM生产体系。DDR2内存是在DDR内存技术的基础上加以改进的第二代产品，DDR2内存的传输速度更快，每个时钟能以4倍于外部总线的速度读写数据，并能以4倍于内部控制总线的速度运行，且耗电量更低，散热性能更优良。2009年DDR3内存逐渐开始流行，它具有更高的运行效能与更低的电压。2011年1月4日，三星电子完成史上第一条DDR4内存，它在同样内核频率下理论速度是DDR3的两倍，更可靠的传输规范，数据可靠性进一步提升；工作电压降为1.2V，更节能。目前市场上主流的内存为DDR4代，如下图所示。

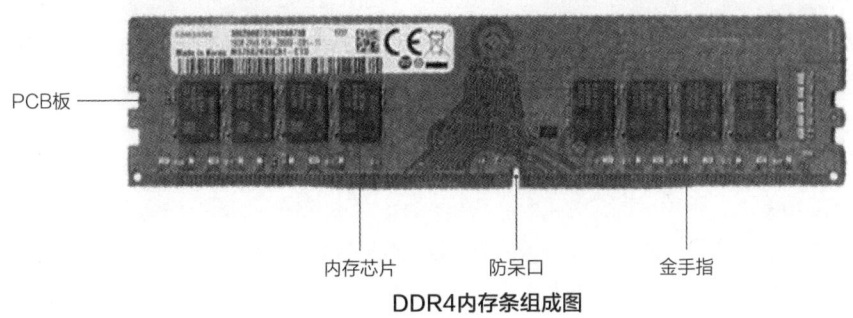

DDR4内存条组成图

（2）只读存储器

只读存储器（ROM）所存数据一般是装入整机前事先写好的，整机工作过程中只能读出，而不像随机存储器那样能快速、方便地加以改写。ROM所存数据稳定，断电后所存数据也不会改变；其结构较简单，读出较方便，因而常用于存储各种固定程序和数据。

只读存储器只能一次写入数据，多次读出数据。计算机主板上的只读存储器用于保存系统引导程序、自检程序等。目前在计算机中常用的ROM存储器为Flash Memory（闪存），这种存储器可在不加电的情况下长期保存数据，又能对数据进行快速擦除和重写。

### 2. 硬磁盘存储器

硬磁盘存储器简称硬盘（Hard Disk），由于它存储容量大、数据存取方便、价格便宜等优点，目前已经成为保存用户数据重要的外部存储设备。硬盘由若干个硬盘片组成，硬盘片由表面涂有磁性材料的铝合金构成。衡量硬盘的常用指标有尺寸、容量、转速、硬盘自带Cache的容量、接口类型和数据传输速率等。

硬盘的尺寸包括3.5英寸、2.5英寸、1.8英寸、1.3英寸、1.0英寸和0.85英寸。其中3.5英寸是专门应用于台式计算机系统，2.5英寸用于笔记本电脑、一体机和移动硬盘。1.8英寸用于超薄笔记本电脑、移动硬盘以及苹果播放器。1.3英寸是三星独有的技术，仅用于三星移动硬盘。1.0英寸由IBM公司开发，广泛用于单反数码相机。0.85英寸是日立独有技术，已用于日立的一款硬盘手机，前Rio公司的几款MP3播放器也采用了这种硬盘。下左图为3.5英寸台式机硬盘。

移动硬盘（Mobile Hard Disk）则是以硬盘为存储介质，再加上外壳和电路板共三大部分组成，下右图是移动硬盘示例图。

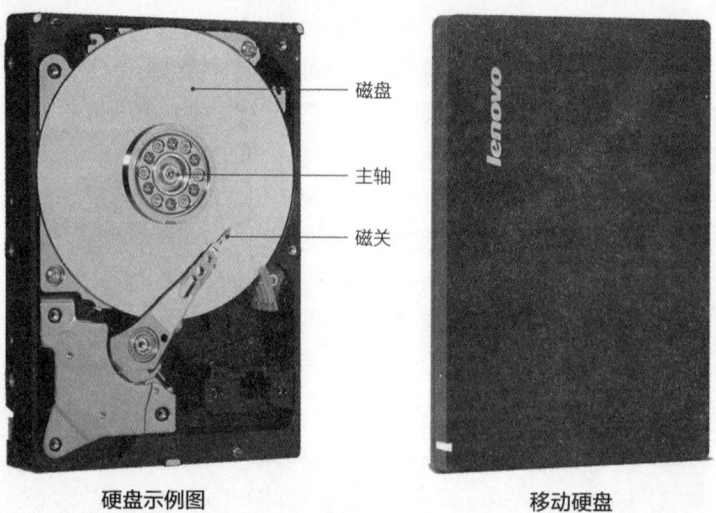

硬盘示例图　　　　　　　　移动硬盘

硬盘接口是硬盘与主机系统间的连接部件，作用是在硬盘缓存和主机内存之间传输数据。不同的硬盘接口决定着硬盘与计算机之间的连接速度，在整个系统中，硬盘接口的优劣直接影响着程序运行快慢和系统性能好坏。从整体的角度上，硬盘接口分为IDE、SATA、SCSI、SAS和光纤通道五种。IDE接口硬盘多用于家用产品中，也部分应用于服务器；SCSI接口的硬盘则主要应用于服务器市场；而光纤通道只用于高端服务器上，价格昂贵；SATA主要应用于家用市场，有SATA、SATAⅡ、SATAⅢ，是现在的主流。下图为SCSI接口和SATA接口。

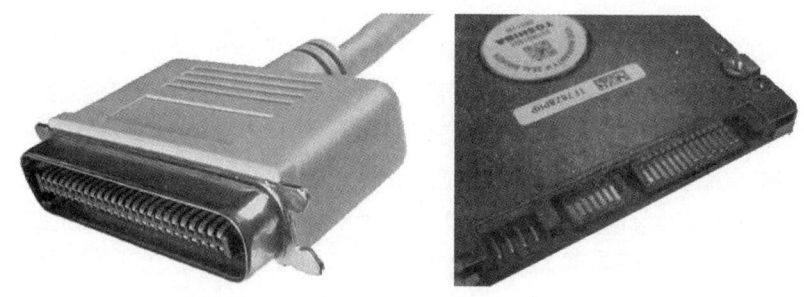

SCSI和SATA接口

### 3. 光盘存储器

光盘存储器是指利用光学原理存取信息的存储器，其基本工作原理是利用激光改变一个存储单元的性质，而性质状态的变化可以表示存储的数据，识别性质状态的变化就可以读出存储的数据。

20世纪70年代初期，荷兰飞利浦（Philips）公司的研究人员开始研究利用激光来记录和重放信息，并于1972年9月向全世界展示了长时间播放电视节目的光盘系统Laser. Vision，而该系统于六年后正式投放市场。从此，激光记录技术开始迅速发展起来，它的诞生为数字媒体技术与艺术的发展起到重要的作用，正如纸张的发明对文字记载的作用一样重要。

根据光盘结构，光盘主要分为CD、DVD、蓝光光盘等几种类型，这几种类型的光盘在结构上有所区别，但主要结构原理是一致的。下左图是光盘示例图。

常见的CD光盘非常薄，只有1.2mm厚，但却包括了很多内容。CD光盘主要分为五层，其中包括基板、记录层、反射层、保护层、印刷层等。基板是各功能性结构（如沟槽等）的载体，其使用的材料是聚碳酸酯（PC），冲击韧性极好、使用温度范围大、尺寸稳定性好、耐候性、无毒性。记录层是烧录时刻录信号的地方，其主要的工作原理是在基板上涂抹专用的有机染料，以供激光记录信息。反射层是反射光驱激光光束的区域，借反射的激光光束读取光盘片中的资料。其材料为纯度99.99%的纯银金属。保护层是用来保护光盘中的反射层及染料层，防止信号被破坏，材料为光固化丙烯酸类物质。印刷层是印刷盘片的客户标识、容量等相关资讯的地方，就是光盘的背面。

光驱由激光头、电路系统、光驱传动系统、光头寻道定位系统和控制电路等组成，如下右图所示。激光头是光驱的关键部件，光驱利用激光头产生激光扫描光盘盘面，从而读出0和1的数据。

CD光盘示例图　　　　　　　　　光驱

### 4. 闪速存储器

闪速存储器（Flash Memory）是一种新型的EEPROM可移存储设备。闪速存储器在不断的发展过程中形成了多种多样的闪存，有计算机使用的U盘（优盘）、数码相机、MP3、MP4和智能手机上用的CF卡、SD卡、TF卡、SM卡和MS卡等。它们携带方便，容量和价格比较适中，数据存储可靠性强，因此使用很普及，广泛应用于广大计算机和IT技术。

常见的闪速存储器为U盘，它是采用快闪存储器为存储介质，通过USB接口与计算机交换数据的可移动存储设备。U盘具有即插即用的功能，使用者只需将其插入USB接口，计算机会自动检测到U盘设备。目前U盘的存储容量可达到512G，下左图为金士顿骇客U盘，容量为512G。

CF卡（Compact Flash）最初是一种用于便携式电子设备的数据存储设备。作为一种存储设备，它革命性地使用了闪存，于1994年首次由SanDisk公司生产并制定了相关规范。当前，它的物理格式已经被多种设备所采用。

SD存储卡是一种基于半导体快闪记忆器的新一代记忆设备，由于体积小、数据传输速度快、可热插拔等优良的特性，被广泛地应用于便携式装置上，例如数码相机、个人数码助理（外语缩写PDA）和多媒体播放器等。SD卡是由日本松下、东芝及美国SanDisk公司在1999年共同研制完成的。SD卡是具有大容量、高性能、安全等特点的多功能存储卡。下右图为金士顿128G SD卡。

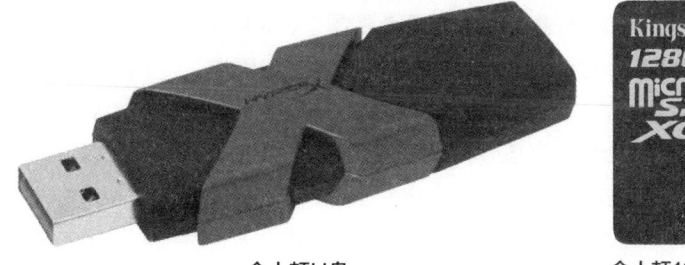

金士顿U盘　　　　　　　　金士顿128G SD卡

TF卡又称Micro SD，是由Motorola与SanDisk共同研发的，于2004年推出。TF卡是一种超小型的卡，约是SD卡的1/4，相当于手指甲盖的大小，是目前市场上最小的存储卡。TF卡也可以以转接器的形式接驳于SD卡槽中使用。TF卡主要用于手机中，目前开始用于GPS设备、便携式音乐播放器和一些快闪存储器中。

SM（Smart Media）卡是微储存卡的一种，跟SD卡差不多。由东芝公司在1995年11月发布的Flash Memory存贮卡，三星公司在1996年购买了生产和销售许可，这两家公司成为主要的SM卡厂商。SM卡为节省成本，存储卡上只有闪存模块和接口，并没有控制芯片，使用该卡时必须自带控制机构，因此其兼容性比较差，目前SM卡已经被淘汰。

MS卡也称为记忆棒，是由日本索尼公司最先研发出来的移动存储媒体。记忆棒用在索尼的PSP、PSX系列游戏机、数码相机、数码摄像机、索爱的手机以及笔记本上，用于存储数据，相当于计算机的硬盘。下左图为索尼MS存储卡。

固态硬盘是近年来迅速崛起的一种外部存储器。固态硬盘是用固态电子存储芯片阵列而制成的硬盘，由控制单元和存储单元（FLASH芯片、DRAM芯片）组成。固态硬盘在接口的规范和定义、功能及使用方法上与普通硬盘完全相同，在产品外形和尺寸上也完全与普通硬盘一致。

固态硬盘的存储介质分为两种，一种是采用闪存（FLASH芯片）作为存储介质，另外一种是采用DRAM作为存储介质。下右图为联想SSD固态硬盘。

索尼MS存储卡

联想SSD固态硬盘

### 2.2.4 显卡

显卡（Video card，Graphics card）又称显示适配器，是计算机最基本配置，也是最重要的配件之一。显卡作为电脑主机里的一个重要组成部分，是电脑进行数模信号转换的设备，承担输出显示图形的任务。显卡接在电脑主板上，它将电脑的数字信号转换成模拟信号让显示器显示出来，同时显卡还有图像处理能力，可协助CPU工作，提高整体的运行速度。对于从事专业图形设计的人来说显卡非常重要。

为了快速地处理数据，显卡芯片中集成了数百万个晶体管。而且显卡上使用的显存早就使用DDR2存储器，比奔腾4CPU使用这种内存还要早。为了与CPU的处理速度同步，显卡得到了很快的发展。

显卡通常分为核芯显卡、集成显卡和独立显卡3种。

核芯显卡是Intel产品新一代图形处理核心，和以往的显卡设计不同，Intel凭借其在处理器制程上的先进工艺以及新的架构设计，将图形核心与处理核心整合在同一块基板上，构成一颗完整的处理器。智能处理器架构这种设计上的整合大大缩减了处理核心、图形核心、内存及内存控制器间的数据周转时间，有效提升处理效能并大幅降低芯片组整体功耗，有助于缩小核心组件的尺寸，为笔记本、一体机等产品的设计提供了更大选择空间。

集成显卡是将显示芯片、显存及其相关电路都集成在主板上，与其融为一体的元件；集成显卡的显示芯片有单独的，但大部分都集成在主板的北桥芯片中。一些主板集成的显卡也在主板上单独安装了显存，但其容量较小，集成显卡的显示效果与处理性能相对较弱，不能对显卡进行硬件升级，但可以通过CMOS调节频率或刷入新BIOS文件实现软件升级来挖掘显示芯片的潜能。

独立显卡是指将显示芯片、显存及其相关电路单独做在一块电路板上，自成一体而作为一块独立的板卡存在，它需占用主板的扩展插槽（ISA、PCI、AGP或PCI-E）。下图为华硕游戏独立显卡 PH-GTX1050TI-4G凤凰版。

华硕的独立显卡

## 2.2.5 声卡

声卡是多媒体技术中最基本的组成部分，是实现声波/数字信号相互转换的一种硬件。声卡的基本功能是把来自话筒、磁带、光盘的原始声音信号加以转换，输出到耳机、扬声器、扩音机、录音机等声响设备，或通过音乐设备数字接口（MIDI）使乐器发出美妙的声音。下图为创新Audigy 5 专业网络K歌高清音乐游戏主播内置A5声卡7.1声道。

声卡从话筒中获取声音模拟信号，通过模数转换器（ADC）将声波振幅信号采样转换成一串数字信号，存储到计算机中。重放时，这些数字信号送到数模转换器（DAC），以同样的采样速度还原为模拟波形，放大后送到扬声器发声，这一技术称为脉冲编码调制技术（PCM）。

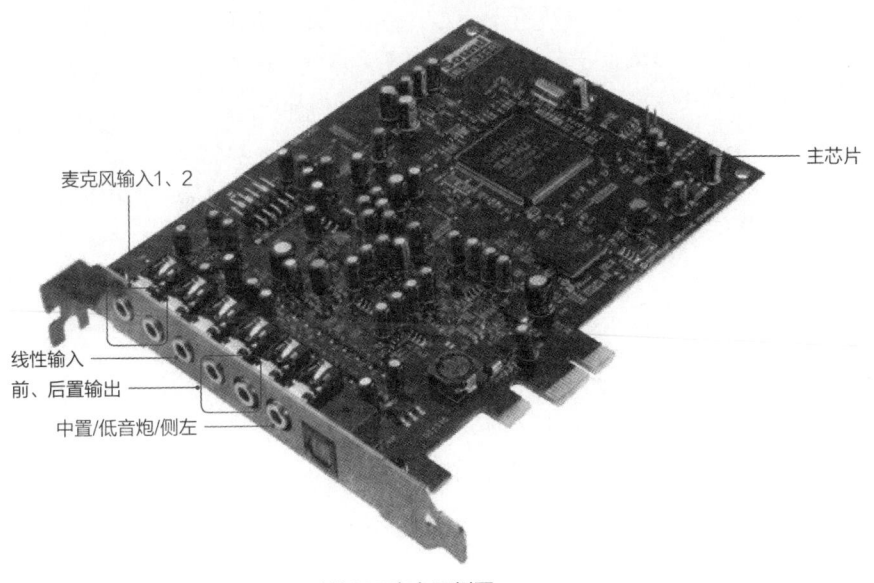

创新A5声卡示例图

## 2.2.6 总线和接口

**1. 总线**

总线（Bus）是计算机各种功能部件之间传送信息的公共通信干线，它是由导线组成的传输线束。总线由多条信号线路组成，每条信号线路可以传输一个二进制的0或1数据，如32位的PCI总线就意味插有32根数据通信线路，可以同时传输32位二进制信号。按照计算机所传输的信息种类，计算机的总线可以划分为数据总线、地址总线和控制总线，分别用来传输数据、数据地址和控制信号。

总线的性能可以通过总线宽度和总线频率来描述，总线宽度为一次并行传输的二进制位数。计算机中总线的宽度有8位、16位、32位、64位等。总线频率则用来描述总线的速度，常见的总线频率有33MHz、66MHz、100MHz、133MHz、200MHz、400MHz、800MHz、1066MHz等。

主板上有7大总线，分别为前端总线FSB、内存总线MB、Hub总线IHA、图形接口总线AGP、外部设备总线PCI、通用串行总线USB、少针脚总线LPC。

前端总线FSB由主板上的线路组成，没有插座。CPU就是通过前端总线（FSB）连接到北桥芯片，进而通过北桥芯片和内存、显卡交换数据。前端总线是CPU和外界交换数据的最主要通道，因此前端总线的数据传输能力对计算机整体性能作用很大，如果没足够快的前端总线，再强的CPU也不能明显提高计算机的整体速度。数据传输最大带宽取决于所有同时传输的数据的宽度和传输频率，即数据带宽=（总线频率×数据位宽）÷8。

内存总线MB负责北桥芯片与内存条之间的通信与数据传输，总线宽度为64位，数据传输频率为200/266/400/533MHz或更高。

PCI总线插座一般有3-5个，主要用于安装一些功能扩展卡，如声卡、网卡、电视卡、视频卡等。PCI总线宽度为32位，工作频率为33MHz。

USB总线是一个通用串行总线，一般在主板后部，支持热拔。

**2. I/O接口**

I/O接口是主机与被控对象进行信息交换的纽带。主机通过I/O 接口与外部设备进行数据交换。目前，绝大部分I/O 接口电路都是可编程的，即它们的工作方式可由程序进行控制。

I/O接口包括硬件电路和软件编程两部分。硬件电路包括基本逻辑电路、端口译码电路和供选电路等；软件编程包括初始化程序段、传送方式处理程序段、主控程序段、程序终止与退出程序段及辅助程序段等。

现如今计算机的外部设备多种多样，而系统总线上的数据都是二进制数据，而且外部设备与CPU的处理速度相差不大，所以需要在系统总线与I/O设备之间设置接口，来进行数据缓冲、速度匹配和数据转换工作。从数据传送的方式看，接口可分为串行接口和并行接口两类。串行接口和外部设备之间的数据按位进行传送，而接口和主机之间则是以字节或字为单位进行传送。并行接口和外部设备之间的信息交换是按字节或字进行传送，其特点是多个数据位同时传送，具有较高的数据传送速度。

主板连接计算机中各种设备，其配置的接口相当复杂，主要接口有：PS/2键鼠接口、eSATA硬盘接口、VGA和DVI集成显示接口、COM串行接口、LPT并行打印机接口、Line Out音箱接口、话筒接口、网线接口等。

## 2.2.7 输入/输出设备

**1. 输入设备**

输入设备是向计算机输入数据和信息的设备，是计算机与用户或其他设备通信的桥梁。输入设备是人或外部与计算机进行交互的一种装置，用于把原始数据和处理这些数据的程序输入到计算机中。常见的输入设备有键盘、鼠标、摄像头、扫描仪、光笔、手写输入板、游戏杆和语音输入装置等。

（1）键盘

键盘是用户与计算机进行交流的主要工具，是计算机输入数据的主要设备。键盘由按键、键盘架、编码器、键盘接口和相应控制程序等部分组成。目前计算机主要使用的是104/107键标准键盘，键盘的每个键代表一种或两种打印字符或控制功能。根据按键结构，键盘可分为机械式、电容式和薄膜式。目前一般为电容式键盘，它是基于电容式开关的键盘，原理是通过按键改变电极间的距离产生电容量的变化，暂时形成震荡脉冲允许通过的条件。

根据键盘按键的功能可划分为4个区：主键盘区、编辑控制键区、功能键区和副键盘区。主键盘区共有61个按键，包括符号键（22个）、字母键（26个）、控制键（13个）。编辑控制键区共有10个按键，主要用于控制光标的移动。功能键区共有16个按键，位于键盘的上方。副键盘区共有17个按键，是为提高数字输入的速度而增设的，由主键盘和编辑控制键区中最常用的键组成。下图为104键盘布局图。

**键盘布局**

107键盘比104键盘多"睡眠"、"唤醒"、"开/关机"3个电源管理方面的按钮，用于快速开关计算机或让计算机快速进入/退出休眠模式。

键盘上除了英文字母、数字和方向键外，还包括英文缩写的按键，下面通过表格形式介绍其含义。

表2-1 常用键功能

| 按键 | 功能 |
| --- | --- |
| Back Space | 每按一次该按键，将删除光标左边的一个字符，主要用来清除当前行输错的字符 |
| Shift | 要输入大字字母或"双符"键上部的符号时按此键 |
| Ctrl | 此键与其他键配合使用，可以完成相应的功能 |
| Esc | 按此键后屏幕上显示"\"且光标下移一行，原来行中命令作废 |
| Tab | 每按一次 Tab 键，光标将向右移动一个制表位（一般 8 个字符）的位置，主要用于制表时控制光标移动 |
| 空格键 | 每按一次空格键即输入一个空格字符 |
| Enter | 按此键后光标移至下一行行首 |
| Alt | 与其他键组合成特殊功能键或复合控制键 |
| Print Screen | 用于把屏幕当前显示的内容全部打印出来 |

（2）鼠标

鼠标（Mouse）也称为鼠标器，是一种手持式屏幕坐标定位设备，它是为适应菜单操作的软件和图形处理环境而出现的一种输入设备，因外形似老鼠而得名，它是1964年由加州大学伯克利分校博士道格拉斯·恩格尔巴特（Douglas Engelbart）发明的。利用鼠标可以方便地将光标在显示器屏幕上移动到指定的位置，比用键盘上的方向键移动光标方便得多，而且可以通过单（双）击鼠标，选取光标所指定的内容。下左图为鼠标示例图。

在现今流行的Windows图形操作系统环境下，应用鼠标器更方便快捷。常用的鼠标器有两种，一种是机械式的，另一种是光电式的。传统的光电鼠标有一光电控测器，需要在专门的反光板上移动才能使用。反光板上有精细的网格作为坐标，当鼠标移动时，光电检测器根据移动的网格数据转换成相应的电信号，传给计算机来完成光标的移动。目前，光电鼠标借助内置的处理器而且具备强大的功能，不再需要专用的反光板，在普通桌面即可正常使用。

鼠标可分为有线与无线两类。无线鼠标是指无线缆直接连接到主机的鼠标，采用无线技术与计算机通信，从而摆脱电线的束缚。无线鼠标通常采用无线通信方式，包括蓝牙、Wi-Fi（IEEE 802.11）、Infrared（IrDA）、ZigBee（IEEE 802.15.4）等多个无线技术标准。

（3）扫描输入设备

光学标记阅读机是一种用光电原理读取纸上标记的输入设备，常用的有条码读入器和计算机自动评卷记分的输入设备等。图形（图像）扫描仪是利用光电扫描将图形（图像）转换成像素数据输入到计算机中的输入设备。

扫描仪可以将照片、图片、图形输入到计算机中，并转换成图像文件存储于硬盘，一般通过USB接口与主机相连。下右图为扫描仪示例图。

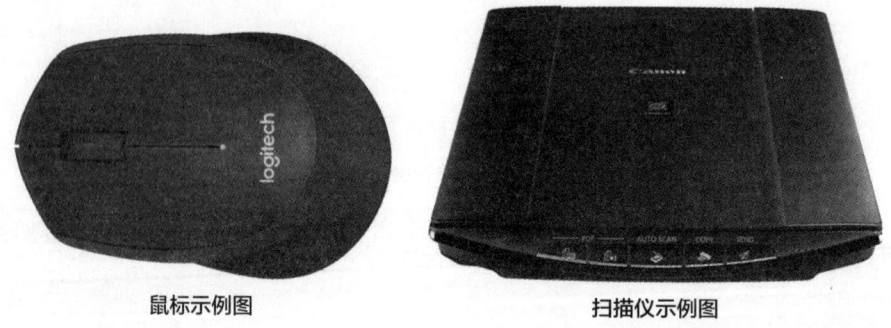

鼠标示例图　　　　　　扫描仪示例图

扫描仪的主要技术参数有分辨率、扫描幅面和扫描速度，其中分辨率是用每英寸的检测点数据表示，其单位是dpi。

### 2. 输出设备

输出设备（Output Device）是计算机硬件系统的终端设备，用于接收计算机数据的输出显示、打印、声音、控制外围设备操作等。输出设备是把各种计算结果数据或信息以数字、字符、图像、声音等形式表现出来，常见的有显示器、打印机、绘图仪、影像输出系统、语音输出系统、磁记录设备等。

（1）显示器

显示器（Display）又称监视器，是实现人机对话的主要工具，它既可以显示键盘输入的命令或数据，也可以显示计算机数据处理的结果。

根据制造材料的不同，显示器可分为：阴极射线管显示器（CRT）、等离子显示器（PDP）、液晶显示器（LCD）和发光二极管（LED）等。

1）阴极射线管显示器（CRT）

CRT是一种使用阴极射线管（Cathode Ray Tube）的显示器，阴极射线管主要有五部分组成：电子枪（Electron Gun）、偏转线圈（Deflection coils）、荫罩（Shadow mask）、荧光粉层（Phosphor）及玻璃外壳。CRT显示器的彩色显像管拥有3个电子枪，采用红、绿和蓝磷光组成三合一磷光体，它们排成与电子枪相同的形状。CRT纯平显示器具有可视角度大、无坏点、色彩还原度高、色度均匀、可调节的多分辨率模式、响应时间极短等LCD显示器难以超过的优点。目前市场上大多数应用领域CRT显示器都被淘汰。下左图为CRT显示器示例图。

2）液晶显示器（LCD）

LCD显示器的液晶显示屏技术最初用于笔记本式计算机，其内部有很多液晶粒子，它们有规律地排列成一定的形状，并且它们的每一面的颜色都不同，分为红色、绿色、蓝色。这三原色能还原成任意的其他颜色，当显示器收到电脑显示数据的时候会控制每个液晶粒子转动到不同颜色的面，来组合成不同的颜色和图像。下右图为LCD显示器示例图。

CRT显示器示例图

LCD显示器示例图

3）发光二极管显示器（LED）

发光二极管显示器（LED）是一种通过控制半导体发光二极管的显示方式，用来显示文字、图形、图像、动画、行情、视频、录像信号等各种信息的显示屏幕。与LCD显示器相比，LED在亮度、功耗、可视角度和刷新速率等方面都更具优势。LED的功耗约为LCD的1/10，有些LED显示屏的单个元素反应速度为LCD的1000倍，在强光下也能看清楚。右图为LED显示器示例图。

分辨率是显示器的主要指标，它是指单位面积显示像素的数量。分辨率越高，像素越密，显示效果越好。以分辨率1920×1080为例，它表明显示器在水平方向上能显示1920个像素，在垂直方向上能显示1080个像素，即整个屏幕能显示1920×1080个像素。

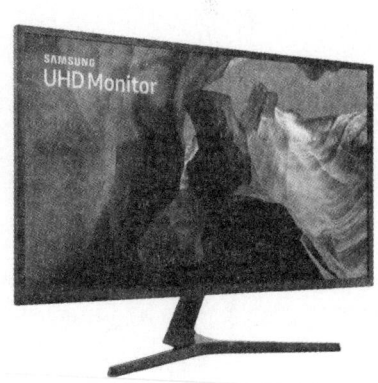
LED显示器示例图

显示器必须配置显示适配器才能构成完整的显示系统。显示适配器又称为显示卡或显卡，它将计算机的微处理器与显示器设置连接在一起，并能实施通信的一种I/O接口。

（2）打印机

打印机是计算机中非常重要的输出设备之一，它产生输出硬拷贝，将输出的结果打印在纸张上。打印机的种类和型号很多，根据打印机工作原理可分为击打式打印机和非击打式打印机。目前常用的针式打印机属于击打式打印机，喷墨打印机和激光打印机属于非击打式打印机。非击打式打印机的分辨率高，打印的速度非常快。

1）针式打印机

针式打印机打印的字符和图形是以点阵的形式构成的，它的打印头由若干根打印针和驱动电磁铁组成。针式打印机在打印机历史的很长一段时间上曾经占有着重要的地位，从9针到24针，目前使用较多的是具有24针的针式打印机。针式打印机极低的打印成本和很好的易用性以及单据打印的特殊用途是分不开的。当然，很低的打印质量、很大的工作噪声也是它无法适应高质量、高速度的商用打印需要的根结，所以现在只有在银行、超市等用于票单打印的很少的地方还可以看见它的踪迹。下左图为一款针式打印机示例图。

针式打印机的耗材为色带。针式打印机色带分宽带和窄带。部分色带可以单独更换，部分色带须连色带架一起更换。用户可以根据需要，更换不同颜色的色带。下右图为针式打印机耗材色带示例图。

**针式打印机示例图**

**色带示例图**

2）喷墨打印机

喷墨打印机是直接将墨水通过精细的喷头喷到纸面来产生图像。有的喷墨打印机有三个或四个打印喷头，以便打印黄、品红、青、黑四色；有的是共用一个喷头，分四色喷印。

喷墨打印机在打印图像时，需要进行一系列的繁杂程序。当打印机喷头快速扫过打印纸时，它上面的无数喷嘴就会喷出无数的小墨滴，从而组成图像中的像素。打印机头上，一般都有48个或48个以上的独立喷嘴喷出各种不同颜色的墨水。一般来说，喷嘴越多，打印速度越快。

喷墨打印机的体积小、重量轻、操作简单、噪声小、打印质量高，但对纸张要求高、墨水消耗大。下左图为喷墨打印机示例图。

喷墨打印机使用的耗材为墨水和一体式墨盒。喷墨打印机根据打印色不同，有4种颜色、5种颜色或6种颜色等几种。打印机墨水一般可以单独更换其中一种颜色的墨水，而不必像早年的喷墨打印机，只要其中一种颜色的墨水用完了，就须要连同余下的颜色一起换掉，造成浪费。有些打印机喷嘴和墨盒是一体的，更换墨盒时，连同墨盒底部的喷嘴也一同被换下来，这种墨盒的成本比较贵，好处是这种打印机不会出现喷嘴堵塞的问题，如果堵塞的话，换掉墨盒后，打印机还能用，打印质量可以保持精美。下右图为喷墨打印机耗材墨水的示例图。

**喷墨打印机示例图**

**耗材墨水示例图**

3）激光打印机

激光打印机则是高科技发展的一种新产物，也是有望代替喷墨打印机的一种机型，分为黑白和彩色两种，它为我们提供了更高质量、更快速、更低成本的打印方式，属于非击打式打印机，如下左图所示。激光打印机是将激光扫描技术和电子照相技术相结合的打印输出设备，由激光扫描系统、电子照相系统和控制系统3部分组成。激光打印机的基本工作原理是由计算机传来的二进制数据信息，通过视频控制器转换成视频信号，再由视频接口/控制系统把视频信号转换为激光驱动信号，然后由激光扫描系统产生载有字符信息的激光束，最后是由电子照相系统使激光束成像并转印到纸上。激光打印机可以聚焦成很细的光点，所以能输出分辨率很高的图形。使用激光打印机打印象形字质量高、字符光滑美观、打印速度快、噪声小，但是价格稍微有点高。

激光打印机使用的耗材为墨粉、硒鼓。有些激光打印机的墨粉和硒鼓是可以分离的，墨粉用完后，可以方便地填充墨粉，然后继续使用，直到硒鼓老化更换；有些激光打印机墨粉和硒鼓是一体的，墨粉用完后，硒鼓要弃掉，造成一定的浪费，下右图为硒鼓示例图。

激光打印机示例图

硒鼓示例图

4）打印机的主要技术指标

打印速度是指在使用A4打印纸打印各色碳粉覆盖率为5%情况下引擎的打印速度，即打印机每分钟打印输出的纸张页数，单位为ppm（页/分钟）。目前激光打印机打印速度可以达到10-35ppm。

打印分辨率是指在打印输出时横向和纵向两个方向上每英寸最多能打印的点数，通常以dpi（点/英寸）表示。打印分辨率决定了打印机的输出质量，分辨率越高，其反映出来可显示的像素个数也就越多，可呈现出更多的信息和更清晰的图像。目前一般激光打印机的打印分辨率为600×600dpi以上。对于文本打印，600dpi已经达到相当出色的质量；对于照片打印，一般需要1200dpi以上的分辨率才能达到较好的效果。

最大打印尺寸一般为A4（21cm×29cm）和A3（29cm×42cm）两种规格。

## 2.3 计算机系统概述

计算机系统指用于数据库管理的计算机硬软件及网络系统。数据库系统需要大容量的主存以存放和运行操作系统、数据库管理系统程序、应用程序以及数据库、目录、系统缓冲区等，而辅存则需要大容量的直接存取设备。

### 2.3.1 计算机系统的特点

计算机作为一种通用的信息处理工具，具有很强的存储能力、极高的处理速度和精准的计算能力，这也是计算机具有很强的生命力并得以飞速发展的原因。

### 1. 快速的运算能力

电子计算机的工作是基于电子脉冲电路原理，由电子线路构成其各个功能部件，其中电场的传播扮演主要角色。电磁场传播的速度是非常快的，目前计算机系统的运算速度已经达到每秒万亿次，其中巨型计算机可以达到每秒亿亿次以上，微型计算机也可以达到每秒亿次以上。如果一个人在一秒钟内能运算一次，那么普通微型计算机一小时的工作量，就够一个人无休止地工作100多年。

### 2. 很高的计算精确度

尖端科学技术需要高度精确的计算，计算机的计算精确度在理论上是不受限制的，普通计算机有十几位甚至有几十位有效数字，计算精度可由千分之几到百万分之几，这是其他任何计算工具所不能达到的。现代计算机可以提供多种表示数据的能力，以满足对各种计算精确度的要求，一般在科学和工程计算中对精确度要求特别准确，如在数学上利用计算机可以计算出精确小数点后200万位的值。

### 3. 超强的记忆能力

计算机中有很多存储单元，主要用于记忆信息，内部记忆能力是电子计算机和其他计算工具的重要区别。随着计算机具备海量存储，信息的保存时间也更长，有的甚至达到几十年。现代计算机的存储容量也很大，内存可以达到几十G的字节，其中硬盘和外部存储也达到太(T)字节，1T=1024G。随着计算机存储容量的不断扩大，存储载体也越来越多样化，如光盘、移动硬盘等。

### 4. 复杂的逻辑判断能力

思维能力本质上是一种逻辑判断能力，也可以说是因果关系分析能力。计算机不仅能进行算术运算，还能把参加运算的数据、程序以及中间结果和最后结果保存起来，计算机可以存储的各种信息通过编码技术使其可参与算术运算和逻辑运算。借助于逻辑运算，可以让计算机做出逻辑判断，分析命题是否成立，并可根据命题成立与否采取相应的对策。布尔代数是建立计算机的逻辑基础，或者说计算机就是一个逻辑机。计算机的逻辑判断能力也是计算机智能化必备的基本条件。如果计算机不具备逻辑判断能力，也就不能称之为计算机了。

### 5. 具有自动控制能力

计算机的操作是受人控制的，但由于计算机具有内部存储能力，可以将人们事先编好的指令输入到计算机存储起来，在计算机开始工作以后，从存储单元中依次读取指令，用来控制计算机的操作，从而使人们可以不必干预计算机的工作，实现操作的自动化，这种工作方式称为程序控制方式。

### 6. 广泛的应用领域

在第一章中介绍计算的应用领域，可见几乎是人类所涉及的领域都有不同程度地应用计算机，并发挥它应有的作用。这种应用领域广泛也是其他工具所不能媲美的。

### 7. 强大的网络功能

多个计算机系统能超越地理界限，借助通信网络，共享远程信息与软件资源。计算机联网后会使很多信息快速分享，从而节省很多环节的成本。

## 2.3.2 计算机系统的分类

计算机系统分类的方法有很多种，如按其内部逻辑结构进行分类，可分为单处理机、多处理机、16位机、32位机或64位计算机等；按计算的功能划分，分为专用计算机和通用计算机两大类，专用计算机配有解决特定问题的软件和硬件，适用于特殊的领域，如智能仪表、军事装备等。也可以按照计算机的综合性能指标分类，可将计算机分为巨型计算机、大型计算机、小型计算机、微型计算机、工作站和服务器，其中综合性能指标主要从运算速度、存储容量、输入输出能力、软件配置等方面分析。

### 1. 巨型计算机

巨型计算机（Super Computer）也称为超级计算机，采用大规模并行处理的体系结构。巨型计算机由数以百计、千计甚至万计的CPU共同完成系统软件和应用软件运行任务，有极强的运算处理能力，速度达到每秒数百万亿次以上。巨型计算机主要应用于复杂的科学计算、军事、科研、气象、石油勘探、飞机设计模拟、生物信息处理等领域。2004年6月，我国曙光计算机公司研制成功"曙光4000A"巨型计算机，它包含2560个处理器，内存总容量为4.2TB，磁盘总容量为20TB，运算速度达到每秒8万亿次，在2005年11月全球巨型计算机500强排行榜中居第42位。"天河二号"是由国防科学技术大学研制的超级计算机系统，以峰值计算速度每秒5.49亿亿次、持续计算速度每秒3.39亿亿次双精度浮点运算的优异性能位居榜首，成为2013年全球最快超级计算机。2014年11月17日公布的全球超级计算机500强榜单中，中国"天河二号"以比第二名美国"泰坦"快近一倍的速度连续第四次获得冠军。

### 2. 大型计算机

大型计算机（Main-frame）是运算速度快、存储容量大、通信联网功能完善、可靠性高、安全性好、有丰富的系统软件和应用软件的计算机。大型计算机的运算速度和存储容量仅次于巨型计算，但是它的运算速度可以达到每秒钟数亿条指令以上。大型计算机通常含有4、8、16、32甚至更多的CPU，一般用于为企业或政府的数据提供集中的存储、管理和处理，承担主服务器（企业级服务器）的功能，在信息系统中起着核心作用。大型机体系结构的最大好处是无与伦比的I/O处理能力。虽然大型机处理器并不总是拥有领先优势，但是它们的I/O体系结构使它们能处理好几个PC服务器放在一起才能处理的数据。大型机的另一些特点包括它们的大尺寸和使用液体冷却处理器阵列。在使用大量中心化处理的组织中，它们仍有着重要的地位。

### 3. 小型计算机

小型计算机（Minicomputer）的运算速度和存储容量略低于巨型计算机和大型计算机，但是正因为它规模小、结构简单、成本低、制造周期短、维护容易，所以用途比较广泛。由于小型计算机与终端及各种外部设备连接比较容易，所以主要用于科学计算、数据处理等领域。小型计算机是属于硬件系统比较小，但功能却不少的微型计算机，方便用户日常的携带和使用。

### 4. 微型计算机

微型计算机（Microcomputer）分为台式机和便携式计算机（通常指笔记本）两大类。微型计算机以其体积小、灵活性好、价格便宜、使用方便、可靠性强等优势很快普及社会的各个领域，真正成为人们信息处理的工具。把微型计算机集成在一个芯片上即构成单片微型计算机。由微型计算机配以相应的外围设备（如打印机）及其他专用电路、电源、面板、机架以及足够的软件构成的系统叫做微型计算机系统，也就是通常说的电脑。微型计算机的发展通常以微处理器芯片CPU的发展为基点。当一种新型CPU研制成功，一年之内，相应的软硬件配套产品就会推出，进而使微型计算机系统的性能得到进一步完善，这样只需两三年的时间就会形成一代新的微型计算机产品。

## 5. 工作站

工作站（Workstation）配有大容量主存，具有高速运算能力、很强的图形处理功能以及较强的网络通信能力，是一种高端的通用微型计算机。工作站具备强大的数据处理能力，有直观地便于人机交换信息的用户接口，可以与计算机网络相连，在更大范围内互通信息，共享资源。常见的工作站有计算机辅助设计（CAD）工作站（或称工程工作站）、办公自动化（OA）工作站、图像处理工作站等，不同任务的工作站有不同的硬件和软件配置。工作站根据软、硬件平台的不同，一般分为基于RISC（精简指令系统）架构的UNIX系统工作站和基于Windows、Intel的PC工作站。UNIX工作站是一种高性能的专业工作站，具有强大的处理器和优化的内存、I/O、图形子系统，使用专有的处理器、内存以及图形等硬件系统，Win 7旗舰版操作系统和UNIX系统，针对特定硬件平台的应用软件，彼此互不兼容。

## 6. 服务器

服务器（Server）是一种在网络环境下为多个用户提供服务的共享设备，可分为文件服务器、数据库服务器、应用程序服务器、Web服务器等，例如各个网站、网络中心的网络服务器等。服务器的构成包括处理器、硬盘、内存、系统总线等，和通用的计算机架构类似，但是由于需要提供高可靠的服务，因此在处理能力、稳定性、可靠性、安全性、可扩展性、可管理性等方面要求较高。按照体系架构来区分，服务器主要分为两类，分别为非x86服务器和x86服务器。按应用层次划分，可分为入门级服务器、工作组级服务器、部门级服务器和企业级服务器。

# 策略技能

计算机的应用已经进入社会生活的方方面面,根据个人或企业的用途不同,对计算机的硬件要求也不同,因此为了提高人们对计算机的认识,大家应当学习如何选购和配置不同规格需求的计算机。用户在选购各硬件时,首先根据所学的知识了解各部件的性能指标,然后再进行计算机组装。

首先,用户在当地的计算机卖场了解不同价位的计算机,整理不同规格计算机的详细配置,并了解其兼容性。然后尝试配置一套家用3000元左右、方便日后升级的计算机。

**Step 01** 整理计算机硬件报价单。
**Step 02** 在网上查询CPU、主板等主要配件的参数,注意是否兼容。
**Step 03** 在电子市场或网上购买对应的硬件。
**Step 04** 然后按照配置表(如表2-2所示)写出书面结果。
**Step 05** 动手将计算机各配件进行组装。
**Step 06** 最后通电测试,然后安装操作系统和应用软件。

表2-2 配置表

| 序号 | 配件名称 | 品牌型号 | 单价 | 数量 | 功能介绍 |
| --- | --- | --- | --- | --- | --- |
| 1 | CPU | | | | |
| 2 | 主板 | | | | |
| 3 | 内存 | | | | |
| 4 | 显示卡 | | | | |
| 5 | 显示器 | | | | |
| 6 | 硬盘 | | | | |
| 7 | 机箱 | | | | |
| 8 | 电源 | | | | |
| 9 | 键鼠 | | | | |
| 总价 | | | | | |

# Chapter 03 计算机系统应用

通过上一章内容的学习,相信读者对计算机硬件和软件系统有了深刻的认识,那么接下来将学习关于计算系统应用的相关知识,如数制与编码、定点数和浮点数以及计算的指令系统。本章内容比上一章要抽象,主要涉及到数制(二进制、八进制、十进制和十六进制)的概念和转换、机器数及运算、定点和浮点的概述和运算,最后学习指令的发展和指令的格式。

## 思维导图

# 3.1 数制与编码

前面学习了计算机系统组成的基本知识,而人与计算机进行信息交换通常使用程序设计语言,其中机器语言是机器指令序列,是一串0和1组成的二进制编码。那么如果要了解计算机是如何将我们发出的信息转换成数字编码,在此之前必须了解并掌握各种数制相互之间的转换,本节主要介绍数制和编码的相关知识,其中涉及到各种进位计数制。

## 3.1.1 数制的基本概念

数制也称计数制,是用一组固定的符号和统一的规则来表示数值的方法,一般可分为进位计数制和非进位计数制。

非进位计数制数码表示的数值大小与它在数中的位置无关,目前非进位计数制使用较少,例如罗马数据。进位计数制是将数字符号按序排列成数位,并遵照某种由低位到高位进位的方法进行计数来表示数值的方式,称作进位计数制。比如,我们常用的是十进位计数制(简称十进制),就是按照"逢十进一"的原则进行计数的。进位计数制的表示主要包含三个基本要素:数位、基数和位权。

- **数位:** 表示数码在一个数中所处的位置。
- **数码:** 用不同的数字符号来表示一种数制的数值,这组数字符号称为"数码",例如,十进制的数码是0、1、2、3、4、5、6、7、8、9;二进制的数码是0、1。
- **基数:** 进位制的基数,就是在该进位制中可能用到的数码个数。例如,十进位计数制中,每个数位上可能使用的数码为0、1、2、3、4、5、6、7、8、9十个数码,即其基数为10;二进位计数制中,其数码为0、1,其基数为2。也就是说,在基数为B的进位计数制中,其数码包括0、1、2…B-1,进位的规律是"逢B进一",被称为B进位计数制。
- **位权:** 指一个固定值,是指在某种进位计数制中,每个数位上的数码所代表的数值的大小,等于在这个数位上的数码乘上一个固定的数值,这个固定的数值就是这种进位计数制中该数位上的位权(简单地说就是位数的次幂)。例如,十进制的位权是10的整数次幂,其中个位的位权是$10^0$,十位的位权是$10^1$,以此类推,十进制2345中每个数字表示的值是不同的,2表示$2\times10^3$,3表示$3\times10^2$,4表示$4\times10^1$,5表示$5\times10^0$,其中$10^3$、$10^2$、$10^1$、$10^0$分别是2、3、4、5的位权。

进位计数法是一种计数的方法,表示数时,仅用一位数码往往不够用,必须用进位计数的方法组成多位数码。常见的进位计数法有十进制数、二进制数、十六进制数、八进制数等。十进制数是人们在日常生活中最常使用的,而在计算机中通常使用二进制数、八进制数和十六进制数。

### 1. 二进位计数制

二进位计数制简称二进制,有两个不同的数码符号:0、1。每个数码符号根据它在这个数中所处的位置(数位),按"逢二进一"来决定其实际数值,即各数位的位权是以2为底的幂次方。二进制由18世纪德国数理哲学大师莱布尼兹发现。当前的计算机系统使用的基本上是二进制系统。

如二进制数$(1001.01)_2$可以表示为:

$(1001.01)_2 = 1\times2^3 + 0\times2^2 + 0\times2^1 + 1\times2^0 + 0\times2^{-1} + 1\times2^{-2}$

### 2. 八进位计数制

八进位计数制简称八进制,是一种以8为基数的计数法,有8个不同数码符号0、1、2、3、4、5、6、7,进位规律是"逢八进一",各数位的位权是以8为底的幂。

如八进制数（230.52）$_8$可以表示为：

（230.52）8=2×8$^2$+3×8$^1$+0×8$^0$+5×8$^{-1}$+2×8$^{-2}$

### 3. 十进位计数制

十进位计数制简称十进制，有十个不同的数码符号0、1、2、3、4、5、6、7、8、9。每个数码符号根据它在这个数中所处的位置（数位），按"逢十进一"来决定其实际数值，即各数位的位权是以10为底的幂次方。

### 4. 十六进位计数制

十六进位计数制简称十六进制，有十六个不同的数码符号0、1、2、3、4、5、6、7、8、9、A、B、C、D、E、F。每个数码符号根据它在这个数中所处的位置（数位），按"逢十六进一"来决定其实际数值，即各数位的位权是以16为底的幂次方。

如十六进制数（6A2E.B3）$_{16}$可以表示为：

（6A2E.B3）$_{16}$=6×16$^3$+A×16$^2$+2×16$^1$+E×16$^0$+B×16$^{-1}$+3×16$^{-2}$

根据以上介绍的4种进制，可以将它们的特点概括为：每一种计数制都有一个固定的基数，每一个数位可取基数中的不同数值；每一种计数制都有自己的位权，并且遵循"逢基数进一"的原则。根据进制数及其特点，可以将其扩展到一般形式，一个R进制数，基数为R，用0、1、…R-1总共R个数字符号来表示，进位规则为逢R进一，各位的位权是以R为底的幂，此时一个R进制数据可以表示为：

（N）$_R$=K$_n$×R$^n$+K$_{n-1}$×R$^{n-1}$+…+K$_1$×R$^1$+K$_0$×R$^0$+K$_{-1}$×R$^{-1}$+K$_{-2}$×R$^{-2}$+…+K$_{-m}$×R$^{-m}$

下面通过表3-1来展示各种常用进位计数制及其数码、基数和位权之间的关系。

表3-1 常用进位计数制及其数码、基数和位权

| 数制 | 数码 | 基数 | 位权 | | | | | | | | |
|---|---|---|---|---|---|---|---|---|---|---|---|
| | | | $a_n$ | $a_{n-1}$ | … | $a_1$ | $a_0$ | . | $a_{-1}$ | $a_{-2}$ | … | $a_{-m}$ |
| 二进制 | 0,1 | 2 | $2^n$ | $2^{n-1}$ | … | $2^1$ | $2^0$ | | $2^{-1}$ | $2^{-2}$ | … | $2^{-m}$ |
| 八进制 | 0,1,2,3,4,5,6,7 | 8 | $8^n$ | $8^{n-1}$ | … | $8^1$ | $8^0$ | | $8^{-1}$ | $8^{-2}$ | … | $8^{-m}$ |
| 十进制 | 0,1,2,3,4,5,6,7,8,9 | 10 | $10^n$ | $10^{n-1}$ | … | $10^1$ | $10^0$ | | $10^{-1}$ | $10^{-2}$ | … | $10^{-m}$ |
| 十六进制 | 0,1,2,3,4,5,6,7,8,9,A,B,C,D,E,F | 16 | $16^n$ | $16^{n-1}$ | … | $16^1$ | $16^0$ | | $16^{-1}$ | $16^{-2}$ | … | $16^{-m}$ |

在计算机中，通常用数字后添加一个字母表示该数的进位计数制。十进制数用D（Decimal）或d表示，二进制数用B（Binary）或b表示，八进制数用O（Octal）或o表示，十六进制数用H（Hexadicimal）或h表示。因为十进制是最常用的表示方式，所以十进制数后面的D或d可以省略。在书写时也可以通过添加下标（X）$_{下标}$的方式表示不同的进位制，例如（1001.01）$_2$表示二进制，也可以写成1001.01B或者1001.01b；（526.36）$_{10}$表示十进制，也可以写成526.36D、526.36d或者526.36；十六进制数（6A2E.B3）$_{16}$也可以写成6A2E.B3H、6A2E.B3h。

## 3.1.2 二进制系统

计算机最基本的功能是对数据进行计算和加工处理，这些数据可以是数值、字符、图形、图像或声音等。在计算机内不管是什么样的数据都可以通过二进制的编辑形式来表示。在计算机中采用二进制的原因

是它具有以下几点特征。

### 1. 可行性

计算机内部是由集成电路这种电子部件构成的，电路只可以表示两种状态，即通电、断电，因为这个特性，计算机内部只能处理二进制。二进制只有0和1两个状态，且状态分明，工作可靠，抗干扰能力强。

### 2. 简易性

二进制的运算法则少，运算简单，使计算机运算器的硬件结构大大简化。例如，十进制的乘法口诀表有45条公式，而二进制只有4条规则，二进制的运算规则如下。

加法规则：0+0=0　　0+1=1
　　　　　1+0=1　　1+1=10（0进位为1）

**【例3-1】** 计算 $(1001)_2$ 和 $(11)_2$ 两个二进制数之和。

$$\begin{array}{r} 1001 \\ +\phantom{00}11 \\ \hline 1100 \end{array}$$

（1 1 ——→ 逢二进一）

减法规则：0－0=0　　1－0=1
　　　　　1－1=0　　0－1=1（向高位借1）

**【例3-2】** 计算 $(1001)_2$ 和 $(11)_2$ 两个二进制数之差。

（1 1 ——→ 向高位借1）

$$\begin{array}{r} 1001 \\ -\phantom{00}11 \\ \hline 110 \end{array}$$

乘法规则：0×0=0　　1×0=0
　　　　　0×1=0　　1×1=1

**【例3-3】** 计算 $(1001)_2$ 和 $(101)_2$ 两个二进制数的乘积。

$$\begin{array}{r} 1001 \\ \times\phantom{00}101 \\ \hline 1001 \\ 0000\phantom{0} \\ 1001\phantom{00} \\ \hline 101101 \end{array}$$

除法规则：0÷1=0　　1÷1=1

用户在计算二进制的加减法时，一定要联系十进制数的加、减法运算方法，因为二进制和十进制的运算原理是一样的。在十进制数的加法中，进1仍就当1，在二进制数中也是进1当1。在十进制数减法中向高位借1当10，在二进制数中就是借1当2。而被借的数仍然只是减少了1，这与十进制数一样。

把二进制数中的0和1全部当成是十进制数中的0和1即可。根据十进制数中的乘法运算知道，任何数与0相乘所得的积均为0，这一点同样适用于二进制数的乘法运算。只有1与1相乘才等于1。

### 3. 逻辑性

逻辑变量之间的运算称为逻辑运算。二进制数1和0在逻辑上可以代表"真"与"假"、"是"与"否"、"有"与"无",在逻辑运算中可以使用逻辑代数这一数学工具。

逻辑运算主要包括三种基本运算:逻辑加法(又称"或"运算)、逻辑乘法(又称"与"运算)和逻辑否定(又称"非"运算),其他复杂的逻辑关系都可以由这三个基本逻辑关系组合而成。

**(1)逻辑加法**

逻辑加法通常用符号"+"或"∨"来表示,其运算规则如下:

0+0=0　　0∨0=0
0+1=1　　0∨1=1
1+0=1　　1∨0=1
1+1=1　　1∨1=1

其中"+"和"∨"表示或运算,读作"或"。0表示逻辑值的假,1表示逻辑值的真,由规则可见两个逻辑变量进行或运算时,只有一个为"真",则逻辑运算的结果就为"真"。

**(2)逻辑乘法**

逻辑乘法通常用符号"×"、"∧"或"·"来表示,其运算规则如下:

0×0=0　　0∧0=0　　0·0=0
0×1=0　　0∧1=0　　0·1=0
1×0=0　　1∧0=0　　1·0=0
1×1=1　　1∧1=1和"·"表示与运算,读作"与"。由规则可见,只有当两个逻辑变量都为真时,逻辑运算的结果才为"真";只要有一个为"假",则运算结果为"假"。

**(3)逻辑否定**

逻辑非运算又称逻辑否运算,其运算规则为:

0=1　"非"0等于1
1=0　"非"1等于0

除了上述介绍的3种逻辑运算外,还包括"异或"运算,也称为"半加"运算。异或运算通常用符号"⊕"表示,其运算规则为:

0⊕0=0　　0同0异或,结果为0
0⊕1=1　　0同1异或,结果为1
1⊕0=1　　1同0异或,结果为1
1⊕1=0　　1同1异或,结果为0

由规则可见仅当两个逻辑变量不同时,逻辑运算的结果为1,否则逻辑运算结果为0。

二进制数据的缺点是书写长,不便于记忆和阅读。因此,人们常采用八进制数据和十六进制数,这两种数据不但容易书写和阅读,便于记忆,而且有二进制数据的特点,十分容易将它们转换成二进制数。

## 3.1.3 数制间的转换

人们习惯采用十进制数,计算机采用的是二进制数,书时又多采用八进制或十六进制数。因此,必然产生各种进位计数制之间的相互转换。

下面首先以图表的形式介绍二进制、八进制、十进制和十六进制之间的转换方法,如下图所示。

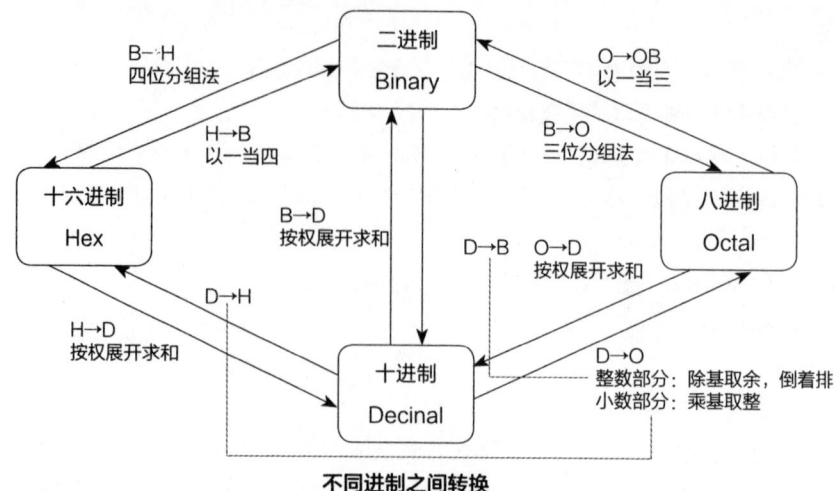

图 不同进制之间转换

下面以表格的方式展示计数制数值对照表，如表3-2所示。

表3-2 常用计数制数值对照表

| 十进制 | 二进制 | 八进制 | 十六进制 | 十进制 | 二进制 | 八进制 | 十六进制 |
| --- | --- | --- | --- | --- | --- | --- | --- |
| 0 | 0 | 0 | 0 | 9 | 1001 | 11 | 9 |
| 1 | 1 | 1 | 1 | 10 | 1010 | 12 | A |
| 2 | 10 | 2 | 2 | 11 | 1011 | 13 | B |
| 3 | 11 | 3 | 3 | 12 | 1100 | 14 | C |
| 4 | 100 | 4 | 4 | 13 | 1101 | 15 | D |
| 5 | 101 | 5 | 5 | 14 | 1110 | 16 | E |
| 6 | 110 | 6 | 6 | 15 | 1111 | 17 | F |
| 7 | 111 | 7 | 7 | 16 | 10000 | 20 | 10 |
| 8 | 1000 | 10 | 8 | … | … | … | … |

### 1. 非十进制数和十进制数之间的转换

非十进制数指的是二进制数、八进制数和十六进制数，下面将分别介绍将非十进制数转换为十进制数、十进制数转换为非十进制的方法。

（1）非十进制数转换为十进制数

将非十进制数的各位数码与它们的权重相乘，再把乘积相加，就得到了一个十进制数，这种方法称为按权展开相加法。简单来说，就是将二进制数、八进制数、十六进制数按权展开求和，所得的结果就是十进制数。

【例3-4】将 $(11001.101)_2$、$(24.13)_8$ 和 $(2B5.6)_{16}$ 三种不同进制数转换成十进制数。

$(11001.101)_2 = 11001.101B$
$= 1 \times 2^4 + 1 \times 2^3 + 0 \times 2^2 + 0 \times 2^1 + 1 \times 2^0 + 1 \times 2^{-1} + 0 \times 2^{-2} + 1 \times 2^{-3}$
$= 16 + 8 + 0 + 0 + 1 + 0.5 + 0 + 0.125$
$= (25.625)_{10} = 25.625D$

$(24.13)_8 = 24.13O$
$\qquad = 2 \times 8^1 + 4 \times 8^0 + 1 \times 8^{-1} + 3 \times 8^{-2}$
$\qquad = 16 + 4 + 0.125 + 0.046875$
$\qquad = (20.171875)_{10}$
$\qquad = 20.171875D$

$(2B5.6)_{16} = 2B5.6H$
$\qquad = 2 \times 16^2 + B \times 16^1 + 5 \times 16^0 + 6 \times 16^{-1}$
$\qquad = 512 + 176 + 5 + 0.375$
$\qquad = 693.375$

（2）十进制数转换成非十进制数

十进制数转换为二进制数、八进制数和十六进制数时，可将十进制数分成整数与小数两部分转换，再将两次结果合并。

对十进制数的整数部分转换为非十进制数时，采用除基取余法，就是整数部分除基取余，最先取得的余数为数的最低位，最后取得的余数为数的最高位，商为0时结束。

十进制数的小数部分采用乘基取整法，就是将小数部分乘基取整，最先得到的整数为数的最高位，最后取得的整数为数的最低位，乘积为0（或满足精度要求）时结束。

【例3-5】将十进制数123.6875转换为二进制数。

整数部分转换过程

```
除基        取余
 2 | 123     1      ↑低位
   2 | 61    1
     2 | 30  0
       2 | 15 1
         2 | 7  1
           2 | 3  1
             2 | 1  1
               0    1      ↑高位
```

所以，十进制数整数部分$123 = (1111011)_2$

小数部分转换过程

```
    乘基         取整
    0.6875                ↑高位
  ×     2
    1.3750        1
    0.3750
  ×     2
    0.7500        0
  ×     2
    1.5000        1
    0.5000
  ×     2
    1.0000        1       ↓低位
```

所示，十进制数小数部分0.6875=（0.1011）$_2$

十进制数123.6875=（1111011.1011）$_2$

学习了十进制数转换成二进制的方法后，将十进制数转换成八进制数和十六进制数的方法都一样，只是整数部分需要除以8取余或除以16取余，小数部分同需乘以8取整数或乘以16取整。当计算小数部分时，常会遇到乘以基数时是无限的，此时可以根据需要保留小数位数，如保留小数点后4位即可。

### 2. 非十进制数之间的转换

非十进制数之间存在特殊的关系：$2^3=8$、$2^4=16$，也就是说一位八进制数相当于3位二进制数，一位十六进制数相当于4位二进制数。在学习二进制数、八进制数和十六进制数之间转换方法前先通过表格的形式了解它们之间的关系，如表3-3所示。

表3-3　非十进制之间的关系

| 二进制 | 八进制 | 二进制 | 十六进制 | 二进制 | 十六进制 |
| --- | --- | --- | --- | --- | --- |
| 000 | 0 | 0000 | 0 | 1000 | 8 |
| 001 | 1 | 0001 | 1 | 1001 | 9 |
| 010 | 2 | 0010 | 2 | 1010 | A |
| 011 | 3 | 0011 | 3 | 1011 | B |
| 100 | 4 | 0100 | 4 | 1100 | C |
| 101 | 5 | 0101 | 5 | 1101 | D |
| 110 | 6 | 0110 | 6 | 1110 | E |
| 111 | 7 | 0111 | 7 | 1111 | F |

（1）二进制数转换为八进制数

二进制数转换成八进制数的方法是从小数点开始，整数部分向左、小数部分向右，每3位为一组用一位八进制数的数字表示，不足3位的要用0补足3位，然后根据表3-3中二进制和八进制对应的数将每3位二进制数转换为八进制数即可。

【例3-6】将二进制数（1101001100.01100011）$_2$转换为八进制数。

```
      1101001100 . 01100011
001 101 001 100 . 011 000 110
 ↓   ↓   ↓   ↓    ↓   ↓   ↓
 1   5   1   4    3   0   6
```

转换结果：（1101001100.01100011）$_2$=（1514.306）$_8$。

（2）二进制数转换为十六进制数

二进制数转换成十六进制数的方法是从小数点位置开始，向左或向右每四位二进制划分一组（不足四位数可补0），然后将每一组二进制数所对应的十六进制数码就是转换后的结果。

【例3-7】将二进制数（1101001100.01100011）$_2$转换为十六进制数

```
     1101001100 . 01100011
0011 0100 1100 . 0110 0011
  ↓    ↓    ↓     ↓    ↓
  1    5    4     3    6
```

转换结果：（1101001100.01100011）$_2$=（34C.63）$_{16}$。

（3）八进制数转换为二进制数

八进制转换成二进制数的方法与将二进制数转换成八进制数相反，将每位八进制数展开为等值的3位二进制数即可。

**【例3-8】** 将八进制数（357.62）$_8$转换为二进制数。

$$3 \quad 5 \quad 7 \quad . \quad 6 \quad 2$$
$$\downarrow \quad \downarrow \quad \downarrow \quad \quad \downarrow \quad \downarrow$$
$$011 \quad 101 \quad 111 \quad \quad 110 \quad 110$$

转换结果：（357.62）$_8$=（11101111.11001）$_2$

将八进制数转换为二进制数据后，其高位最左侧的0和低位最右侧的0可以省略。

（4）十六进制数转换为二进制数

十六进制转换成二进制数的方法与将二进制数转换成十六进制数相反，将每位十六进制数展开为等值的4位二进制数即可。

**【例3-9】** 将十六进制数（357B.62C）$_{16}$转换为二进制数。

$$3 \quad 5 \quad 7 \quad B \quad . \quad 6 \quad 2 \quad C$$
$$\downarrow \quad \downarrow \quad \downarrow \quad \downarrow \quad \quad \downarrow \quad \downarrow \quad \downarrow$$
$$0011 \quad 0101 \quad 0111 \quad 1011 \quad \quad 0110 \quad 0010 \quad 1100$$

转换结果：（357B.62C）$_{16}$=（11010101111011.0110001011）$_2$

在转换为二进制数后，同样最左侧和最右侧的0可以省略。

## 3.1.4 机器数与码制

数值数据除了大小、整数和小数之分外，还有正负之分。在计算机中，带符号数的符号可以和其数值数字一样用二进制代码来表示。通常情况下将一个二进制数的最高位定义为符号位，最高位为1时表示负号，为0时表示正号，其余的数表示数值。这种在计算机内连符号一起数字化的数据称为"机器数"，而在机器外由正负符号表示的数据称为真值。在计算机内，机器数有3种表示方法，分别为原码、反码和补码。

**1. 原码**

原码的表示法是用0表示正号，用1表示负号，有效值部分用二进制的绝对值表示。下面以n表示字长的有效位。

原码整数：

$$[X]_{原}=\begin{cases} X & 2^{n-1}-1 \geq X \geq 0 \\ 2^{n-1}-X=2^{n-1}+|X| & 0 \geq X \geq -(2^{n-1}-1) \end{cases}$$

或中$[X]_{原}$是机器数，X是真值。

例如：X=+1001101，则$[X]_{原}$=001001101

X=-1001101，则$[X]_{原}$=101001101

原码整数的表示范围，$[+0]_{原}$=00000000；$[-0]_{原}$=10000000，则最大值为$2^{n-1}-1$，最小值为$-(2^{n-1}-1)$，其中数的个数为$2^{n-1}-1$。

若二进制的位数分别为8、16，其表示的最大值和最小值以及表示的数的个数分别为：当为8位时，最大值为127，最小值为-127，数的个数为255；当为16位时，最大值为32767，最小值为-32767，数的个数为65535。

原码小数：

$$[X]_原 = \begin{cases} X & 1-2^{-(n-1)} \geq X \geq 0 \\ 2^{n-1}-X=2^{n-1}+|X| & 0 \geq X \geq -(1-2^{-(n-1)}) \end{cases}$$

或中$[X]_原$是机器数，X是真值。

例如：X=+0.1001101，则$[X]_原$=0.1001101
　　　X=-0.1001101，则$[X]_原$=1.1001101

原码小数的表示范围，$[+0]_原$=0.0000000；$[-0]_原$=1.0000000，则最大值为$1-2^{-(n-1)}$，最小值为$-(1-2^{-(n-1)})$，其中数的个数为$2^{n-1}-1$。

若二进制的小数位数分别为8、16，其表示的最大值和最小值以及表示的数的个数分别为：当为8位时，最大值为127/128，最小值为-127/128，数的个数为255；当为16位时最大值为32767/32768，最小值为-32767/32768，数的个数为65535。

对于0，原码中有"+0"和"-0"两种，所以0有两种表示形式。

$$[+0]_原 = 0000\cdots0$$
$$[-0]_原 = 1000\cdots0$$

原码表示法简单易懂，与其真值的转换也极为简单，在计算机中常用来实现乘法和除法运算，因为其加减法运算很复杂。这是因为当两数相加时，如果是同号则数值相加，符号不变；如果是异号，则要进行减法，这时必须比较两个数哪个绝对值大，才决定减数和被减数。由于原码加减运算很不方便，为了解决这一矛盾，引用了反码和补码表示法。

**2. 补码**

在学习补码之前，先了解模的概念，模表示计量器具的容量，或称为模数。4位字长的机器表示的二进制整数为0000~1111共16种状态，模为$16=2^4$。

下面以钟表为例说明模的含义，时钟是以12进制进行计数循环的，即以12为模。在时钟上，时针加上（正拨）12的整数位或减去（反拨）12的整数位，时针的位置不变。14点钟在舍去模12后，成为（下午）2点钟（14=14-12=2）。从0点出发逆时针拨10格即减去10小时，也可看成从0点出发顺时针拨2格（加上2小时），即2点（0-10=-10=-10+12=2）。因此，在模12的前提下，-10可映射为+2。

用数学公式表示为：

$$-10=+2 \quad (\text{mod } 12)$$

mod 12表示12为模数，当数值大于12时，如上面提到的14：14=12+2，则等式中的12就是模数，这个模被丢掉的数值。

从上面的例子可以得到一个启示，就是负数用补码表示时，可以把减法转化为加法运算。这样在计算机中实现就比较简单了。

在补码表示法中，正数与原码和反码相同，负数符号位为1，数值部分则是将原码数值部分按位取反后，再在最后一位加1形成。

补码整数：

$$[X]_{补}=\begin{cases}X & 2^{n-1}-1\geq X\geq 0\\ 2^n-X=2^n+|X| & 0\geq X\geq -2^{n-1}\end{cases}$$

例如：X=+1001101，则$[X]_{补}$=01001101
　　　X=-1001101，则$[X]_{补}$=10110001

补码小数：

$$[X]_{补}=\begin{cases}X & 1-2^{-(n-1)}\geq X\geq 0\\ 2+X=2-|X| & 0\geq X\geq -1\end{cases}$$

例如：X=+0.1001101，则$[X]_{补}$=0.1001101
　　　X=-0.1001101，则$[X]_{补}$=1.0110001

用补码表示0有唯一的形式：

$$[+0]_{补}=[-0]_{补}=00000000$$

在介绍了补码的含义后，下面介绍补码的加减运算：

$[X]_{补}=2^n+x$　　　(mod $2^n$)

$[x+y]_{补}=[x]_{补}+[y]_{补}$

公式中的x、y可以为正数也可以为负数。

【例3-10】在8位二进制整数系统中，当x=-3、y=-7，用补码求x+y、x-y的值。

$[x]_{补}=[-00000011]_{补}$=11111101
$[y]_{补}=[-00000111]_{补}$=11111001　　　$[-y]_{补}=[+00000111]_{补}$=00000111

```
     1111 1101
  +  1111 1001
  ─────────────
   1 1111 0110  ←── [x+y]补
   │
   └──→ 模1×2⁸，需要自然丢失
```

所以x+y=(-00001010)₂=(-12)₈=-10

```
     1111 1101
  +  0000 0111
  ─────────────
   1 0000 0100  ←── [x+y]补
   │
   └──→ 模1×2⁸，需要自然丢失
```

所以x-y=(00000100)₂=(4)₈=4

从上述补码加减运算中也同样可以看出，在计算机中用补码表示带号数优点明显，带符号数和无符号数的加法和减法运算可用同一加法器完成，而且结果都是正确的。

### 3. 反码

在反码表示法中，正数与原码相同；负数符号位为1，数值部分则是将原码数值部分按位取（及原码为1，反码为0；原码为0，反码为1）形成。

反码整数：

$$[X]_{反} = \begin{cases} X & 2^{n-1} \geq X \geq 0 \\ (2^n - 1) + X & 0 \geq X \geq -2^{n-1} \end{cases}$$

例如：x=+0110010，则$[X]_{反}$=00110010；
x=-0110010，则$[X]_{反}$=11001101。

反码小数：

$$[X]_{反} = \begin{cases} X & 2^{n-1} \geq X \geq 0 \\ (2 - 2^{-(n-1)}) + X & 0 \geq X \geq -(1 - 2^{-(n-1)}) \end{cases}$$

例如：x=+0.0110010，则$[X]_{反}$=0.0110010；
x=-0.0110010，则$[X]_{反}$=1.1001101。

在反码表示中，0也有两种表示形式：

$[+0]_{反}$=0 0000000    $[-0]_{反}$=1 1111111

反码表示法的优点是加减法统一，只需计算加法即可。但该表示法的缺点是，运算时会引起循环进位，这样即占用机器计算时间，也给机器设计带来麻烦。

学习了机器数的几种表示方法后，下面以表格形式展示8位二进制整数编码的各种表示方法，以供学习，如表3-4所示。

表3-4  8位二进制整数编码和各种表示方法

| 二进制数编码 | 对应十进制真值 | | | |
|---|---|---|---|---|
| | 无符号数 | 原码 | 补码 | 反码 |
| 0000 0000 | 0 | +0 | +0 | +0 |
| 0000 0001 | 1 | +1 | +1 | +1 |
| 0000 0010 | 2 | +2 | +2 | +2 |
| ... | ... | ... | ... | ... |
| 0111 1110 | 126 | +126 | +126 | +126 |
| 0111 1111 | 127 | +127 | +127 | +127 |
| 1000 0000 | 128 | −0 | −128 | −127 |
| 1000 0001 | 129 | −1 | −127 | −1276 |
| ... | ... | ... | ... | ... |
| 1111 1110 | 254 | −126 | −2 | −1 |
| 1111 1111 | 255 | −127 | −1 | −0 |

## 3.1.5 信息的编码

编码是信息从一种形式或格式转换为另一种形式的过程,也称为计算机编程语言的代码,简称编码。也就是用预先规定的方法将文字、数字或其它对象编成数码,或将信息、数据转换成规定的电脉冲信号。数据的类型有很多种,如数字、文字、表格、声音、图形等,计算机是不能直接处理这些数据的,需要对其进行编码,编码时需要考虑数据的特性和便于计算机的存储和处理。下面介绍几种常见的信息编码。

### 1. BCD码

在计算机中,数值型数据的表示主要有两种形式,一种是二进制数,如有符号整数、无符号整数、定点数等;另一种就是将十进制数用二进制编码表示,也就是BCD编码。十进制和二进制转换在上一节中介绍了。

BCD编码就是将十进制数的每一位数字分别用二进制的形式表示。具体地说,就是用四位二进制数来表示一位十进制数字。这种编码既具有二进制的形式,又具有十进制数的特点。第四位二进制编码中有六种代码是不用的,如8421BCD码不用1010~1111、2421BCD码中不用0101~1010。下面以表格形式列举常见8421BCD码和十进制数之间的关系,如表3-5所示。

表3-5 十进制数与8421BCD码之间关系

| 十进制 | BCD码 | 十进制 | BCD码 |
|---|---|---|---|
| 0 | 0000 | 10 | 00010000 |
| 1 | 0001 | 11 | 00010001 |
| 2 | 0010 | 12 | 00010010 |
| 3 | 0011 | 13 | 00010011 |
| 4 | 0100 | 14 | 00010100 |
| 5 | 0101 | 15 | 00010101 |
| 6 | 0110 | 16 | 00010110 |
| 7 | 0111 | 17 | 00010111 |
| 8 | 1000 | 18 | 00011000 |
| 9 | 1001 | … | … |

从表格中可以看出8421BCD码与二进制数是不同的。两位十进制数的BCD编码是用8位二进制码并列表示的,便是这8位数并不是二进制数。如十进制数27的8421BCD码是00100111,而二进制数$(00100111)_2 = 2^5+2^2+2^1+2^0 = (39)_{10}$。

BCD码也可以进行加减法运算。

【例3-11】用8421BCD码计算6+7、13-9。

```
    0000 0110
  + 0000 0111
  ─────────────
    0000 1101  ←── 非法BCD码
  + 0000 0110  ←── 加6调整
  ─────────────
    0001 0011
```

所以6+7=13的BCD码为00010011。

```
  0001 0011
- 0000 1001
  ─────────
  0000 1010  ← 非法BCD码
- 0000 0110  ← 减6调整
  ─────────
  0000 0100
```

所以13-9=13的BCD码为00000100。

从以上案例可见，如果两个对应位BCD数相加的结果向高位无进位，且结果小于或等于9，则该位不需要修正；如果得到的结果大于9而小于16，则该位需要加6修正。如果两个对应位BCD数相加的结果向高位有进位（结果大于或等于16），则该位需要进行加6修正。

### 2. 西文字符编码

现代计算机不仅处理数值领域的问题，而且处理大量非数值领域的问题。这样一来必然要引入文字、字母和某些专用符号。在计算机中要为每个字符指定一个确定的编码，作为识别与使用这些字符的依据。字符包括西文字符和中文字符。

下面以ASCII码为例介绍西文字符的编码。

目前国际上普遍采用的一种字符系统是七单位的IRA码，其美国版称为ASCII码（American Standard Code for Information Interchange，美国信息交换标准代码）。ASCII码是基于拉丁字母的一套电脑编码系统，主要用于显示现代英语和其他西欧语言。它是现今最通用的单字节编码系统，并等同于国际标准ISO/IEC 646。

标准的ASCII码是用七位二进制编码，它可以表示$2^7$即128个字符，它们的对应关系如表3-6所示。表中编码符号的排列次序为$b_7b_6b_5b_4b_3b_2b_1b_0$，其中$b_7$恒为0，表中未给出，$b_6b_5b_4$表示高位部分，$b_3b_2b_1b_0$表示低位部分。

表3-6  ASCII字符编码表

| $b_3b_2b_1b_0$ 位 | $b_6b_5b_4$ 位 | | | | | | | |
|---|---|---|---|---|---|---|---|---|
| | 000 | 001 | 010 | 011 | 100 | 101 | 110 | 111 |
| 0000 | NUL | DLE | SP | 0 | @ | P | 、 | p |
| 0001 | SOH | DC1 | ! | 1 | A | Q | a | q |
| 0010 | STX | DC2 | " | 2 | B | R | b | r |
| 0011 | ETX | DC3 | # | 3 | C | S | c | s |
| 0100 | EOT | DC4 | $ | 4 | D | T | d | t |
| 0101 | ENQ | NAK | % | 5 | E | U | e | u |
| 0110 | ACK | SYN | & | 6 | F | V | f | v |
| 0111 | BEL | ETB | ' | 7 | G | W | g | w |
| 1000 | BS | CAN | ( | 8 | H | X | h | x |
| 1001 | HT | EM | ) | 9 | I | Y | i | y |

（续表）

| b3b2b1b0 位 | b6b5b4 位 | | | | | | | |
|---|---|---|---|---|---|---|---|---|
| | 000 | 001 | 010 | 011 | 100 | 101 | 110 | 111 |
| 1010 | LF | SUB | * | : | J | Z | j | z |
| 1011 | VT | ESC | + | ; | K | [ | k | { |
| 1100 | FF | FS | ' | < | L | \ | l | \| |
| 1101 | CR | GS | - | = | M | ] | m | } |
| 1110 | SO | RS | . | > | N | # | n | ~ |
| 1111 | SI | US | / | ? | O | $ | o | DEL |

### 3. 汉字编码

在计算机中，一个汉字通常用两个字节的编码表示，我国制定了"中华人民共和国国家标准信息交换汉字编码字符集(基本集GB2312—1980)"，简称国标码，是计算机进行汉字信息处理和汉字信息交换的标准编码。计算机在处理汉字时，要进行一系列的汉字编码及转换，即需要经过汉字输入码、汉字机内码、汉字字形码的转换。

（1）汉字输入码

在计算机系统中使用汉字时，首先要解决如何把汉字输入到计算机内。为了能直接使用西文标准键盘把汉字输入到计算机，就必须为汉字设计相应的输入编码方法。

目前汉字输入编码法的研究和发展迅速，已有几百种汉字输入编码法，常用的输入法大致分为拼音编码和字形编码两类。

- **拼音编码**：拼音编码主要是以汉语拼音为基础的编码方案，凡是掌握汉语拼音的人，不需要训练和记忆，即可使用。但汉字同音字太多，输入重码率很高，因此按拼音输入后还必须进行同音字选择，影响输入速度。
- **字形编码**：字形编码主要是以汉字的形状为基础的编码。汉字总数虽多，但都是由一笔一画组成，全部汉字的部件和笔划是有限的。因此，把汉字的笔划部件用字母或数字进行编码，按笔划书写的顺序依次输入，就能表示一个汉字。字形编码的代表有五笔字形法和郑码输入法等。

（2）汉字国标码

在GB2312-80中规定了信息交换常用的6763个汉字和682个非汉字图形符号的代码，共有7445个代码。其中汉字又按其使用频度、组词能力以及用途大小分成一级常用汉字3755个、二级常用汉字3008个。

根据国标GB2312-80编码规定，所有的国标汉字与符号组成一个94×94的矩阵，实际上是构成一个二维数组。每一行称为一"区"，区号为01~94；每一列称为一"位"，位号也是01~94，一区包含94位。其中，非汉字图形符号置于第1~15区，一级汉字置于第16~55区，二级汉字置于第56~87区，88~94区为自定义汉字区。

（3）汉字机内码

汉字机内码是汉字在设备或信息处理系统内部最基本的表示形式，是在设备和信息处理系统内部存储、处理、传输汉字时采用的编码，也称为汉字内部码或汉字内码。

一个国标码占两个字节，每个字节最高位为0；英文字符的机内代码是七位ASCII码，每个字节最高位也为0。为了在计算机内部能够区分是汉字编码还是ASCII码，将国标码的每个字节的最高位由0变为1，变换后的国标码就是汉字机内码。

一个汉字不管采用哪种输入法输入，都是操作者向计算机输入汉字的手段，而在计算机内部它都是以汉字机内码表示的。

（4）汉字字形码

汉字经过计算机处理后，如要显示或打印出来，必须把汉字的机内码转换成人们可以阅读的方块字形式。这是以点阵表示的汉字字形代码，是汉字的输出形式。

根据汉字输出的要求不同，点阵的多少也不同。简易型的汉字为16×16点阵；提高型汉字为24×24点阵、32×32点阵、64×64点阵，甚至还更高96×96点阵、128×128点阵、256×256点阵等。一个汉字方块中行数和列数越多，描绘的汉字越细腻，但占用的存储空间也越大，字模读取速度就越慢。如16×16点阵的每个汉字的字形码需要点用32B（16×16÷8=32）。

# 3.2 定点数和浮点数

在计算机中，通常是用定点数来表示整数和纯小数，分别称为定点整数和定点小数。对于既有整数部分又有小数部分的数，一般用浮点数表示。

## 3.2.1 定点数

在定点数中，当小数点的位置固定在数值位最低位的右边时，就表示一个整数。其中小数点并不单独占1个二进制位，而是默认在最低位的右边。

**1. 定点数表示法**

定点数表示法也称为定点格式，在计算机中通常采用两种简单的约定，将小数点的位置固定在数据的最高位之前，或者是固定在最低位之后。

定点小数是纯小数，约定的小数点位置在符号位之后，也就是有效数值部分最高位之前。如数据x的形式为$x=x_0x_1x_2\cdots x_n$，其中$x_0$为符号位，$x_1 \sim x_n$是数值的有效部分，也称为尾数，$x_1$为最高有效位。在计算机中的表示形式为：

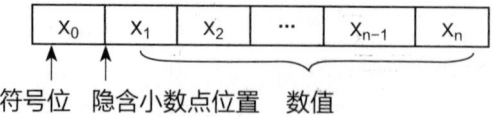

一般来说，如果最末位$x_n=1$，前面各位都为0时，则数据绝对值是最小的，为$|x|min=2^{-n}$；如果各位均为1，则数的绝对值最大，为$|x|max=1-2^{-n}$。由此可知定点小数的表示范围是：

$$2^{-n} \leqslant |x| \leqslant 1-2^{-n}$$

定点整数也就是纯整数，约定小数点位置在有次数部分最低位之后，如数据x的形式为$x=x_0x_1x_2\cdots x_n$，其中$x_0$为符号位，$x_1 \sim x_n$是尾数，$x_n$为最低有效位。在计算机中的表示形式为：

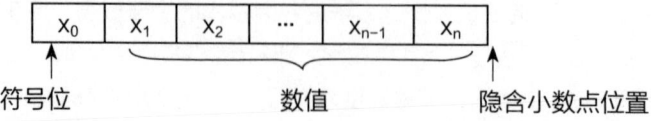

定点整数的表示范围是：$1 \leq |x| \leq 2^n - 1$

当数据小于定点数能表示的最小值时，计算机将它们作0处理，称为下溢；大于定点数能表示的最大值时，计算机将无法表示，称为上溢。上溢和下溢统称为溢出。

### 2. 定点乘除法运算

在3.1.4节中介绍过原码、反码和补码的相关加减运算，本节将介绍原码的乘法和除法运算。下面将介绍原定点乘法的典型运算方法。

（1）定点乘法运算

我们将主要介绍两种定点乘法运算方法，即原码并行乘法和直接补码并行乘法。下面将以原码并行乘法为例，介绍定点乘法运算的操作方法。

在采用原码并行乘法进行定点乘法运算时，有两种方法，分别为人工算法与机器算法的同异性和不带符号的阵列乘法器。

1）人工算法与机器算法的同异性

在定点计算机中，两个原码表示的数相乘的运算规则是，乘积的符号位由两数的符号位按异或运算得到，而乘积的数值部分则是两个正数相乘之积。

设n位被乘数和乘数用定点小数表示

被乘数 $[x]_原 = x_f.x_{n-1}x_{n-2}\cdots x_1x_0$

乘数 $[y]_原 = y_f.y_{n-1}y_{n-2}\cdots y_1y_0$

则两数的乘积 $[x]_原 = (x_f \oplus y_f) + (x_{n-1}x_{n-2}\cdots x_1x_0)(y_f.y_{n-1}y_{n-2}\cdots y_1y_0)$

或中的xf表示被乘数符号，yf表示乘数的符号。

乘积符号的运算法则是，同号相乘为正，异号相乘为负。由于被乘数和乘数的符号组合有四种情况（$x_fy_f=00$，01，10，11），所以积的符号可按"异或"运算得到。

例如，设x=1101，y=1001，下面计算其乘积。

```
            1 1 0 1
        ×   1 0 0 1
        ─────────────
            1 1 0 1
            0 0 0 0
          0 0 0 0
     +  1 1 0 1
        ─────────────
        1 1 1 0 1 0 1
```

X和Y的乘积为1110101。

从上述乘法运算可见与十进制的乘法相似，此处不再介绍乘法的操作过程。如果被乘数和乘数用定点小数表示，其运算方法都一样。

2）不带符号的阵列乘法器

设有两个不带符号的二进制整数：

$A = a_{m-1}a_{m-2}\cdots a_1a_0$

$B = b_{n-1}b_{n-2}\cdots b_1b_0$

在二进制乘法中，被乘数A与乘数B相乘，产生m+n位乘积P：

$P = p_{m+n-1}p_{m+n-2}\cdots p_1p_0$

实现这个乘法过程所需要的操作和人们的习惯方法非常类似：

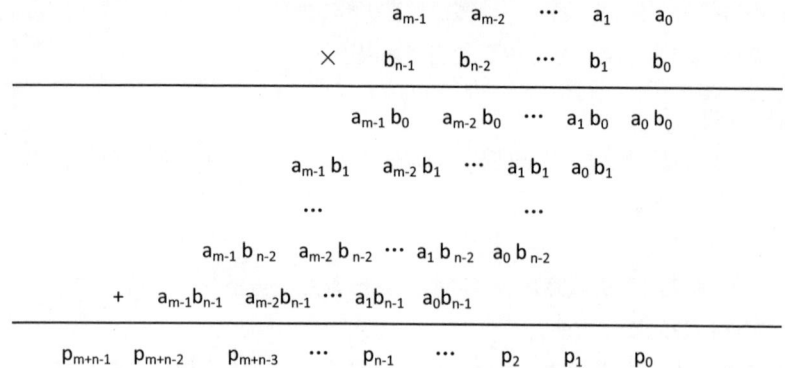

上述过程说明了在m位乘以n位不带符号整数的阵列乘法中加法-移位操作的被加数矩阵。每一个部分乘积项aibj叫做一个被加数。这m×n个被加数 { aibj | 0≤i≤m-1和0≤j≤n-1 } 可以用m×n个与门并行地产生，如下图所示。

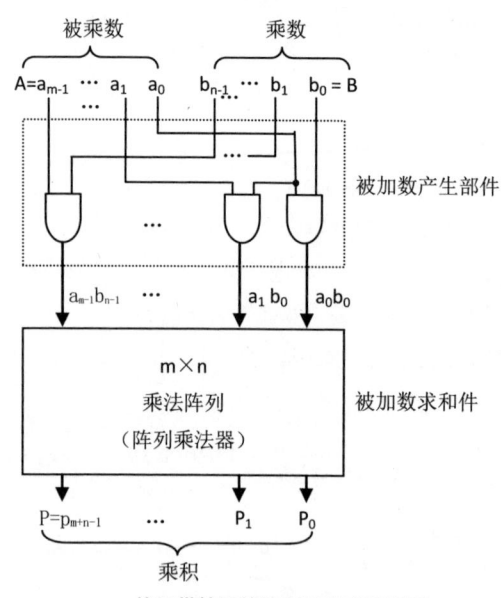

**m×n位不带符号的阵列乘法器逻辑图**

（2）定点除法运算

首先介绍原码除法算法原理，两个原码表示的数相除尽，商的符号由两数的符号按位相加求得，商的数值部分由两数的数值部分相除求得。

设有n位定点小数

被除数x的原码为$[x]_{原}=x_f.x_{n-1}\cdots x_1x_0$

除数$[y]_{原}=y_f.y_{n-1}\cdots y_1y_0$

则有商q=x/y，其原码为：

$[q]_{原}=(x_f \oplus y_f)+(0.x_{n-1}\cdots x_1x_0/0.y_{n-1}\cdots y_1y_0)$

商的符号运算$q_f=x_f \oplus y_f$与原码乘法一样，用模2求和得到。商的数值部分的运算实质上是两个正数求商的运算。根据我们所熟知的十进制除法运算方法，很容易得到二进制数的除法运算方法。

下面再介绍并行除法器的相关知识。可控加法/减法单元和阵列乘法器相似，阵列除法器也是一种并行运算部件，采用大规模集成电路制造。阵列除法器有多种形式，如不恢复余数阵列除法器和补码阵列除法器等。下面以不恢复余数阵列除法器为例介绍这类除法器的组成原理。

先介绍可控加法/减法单元，它将用于并行除法逻辑阵列中，有四个输出端和四个输入端。当输入线P=0时，CAS作加法运算；当P=1时，CAS作减法运算，如下图所示。

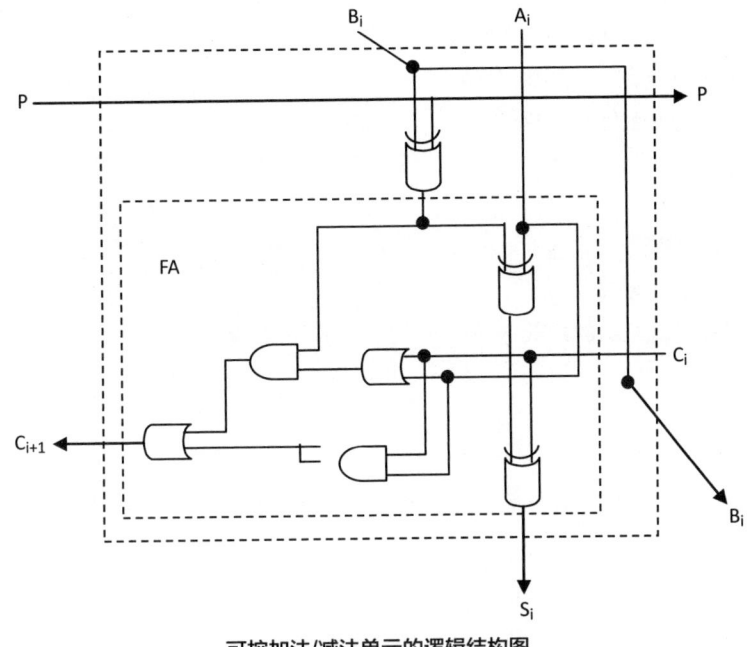

**可控加法/减法单元的逻辑结构图**

## 3.2.2 浮点数

浮点数是指小数点位置可以变动的数。为了增大数值表示范围，防止溢出，采用浮点数表示法。浮点表示法类似于十进制中的科学计数法。例如，十进制数254.56可以表示为$2.5456 \times 10^2$、$25.456 \times 10^1$、$25456 \times 10^{-2}$等多种形式。

在计算机中，一个浮点数由阶码和尾数两部分组成，其机内表示形式如下图所示。

| 阶符 | 阶码 | 数符 | 尾数 |
| --- | --- | --- | --- |

**浮点数的表示形式**

阶码用来指示尾数中的小数点应当向左或向右移动的位数，用定点整数表示，其位数表示浮点数的范围。尾数表示数值的有效部分，一般用补码或原码定点小数表示，尾数的位数表示浮点数的精度。阶符表示阶码的符号位，数符表示尾数的符号位，阶符和数符各占一位。

### 1. 浮点加法、减法运算

假设浮点数的阶码和尾数均用补码表示，在浮点加减运算时，为便于浮点数尾数的规格化处理和浮点数的溢出判断，阶码和尾数均采用双符号位表示。

设有两个浮点数x和y，它们分别为：

$x = 2^{E_x} \cdot M_x$

$y = 2^{E_y} \cdot M_y$

两个浮点数进行加法和减法的运算规则是：

$$x \pm y = (M_x 2^{E_x - E_y} \pm M_y)2^{E_y} \quad E_x \leq E_y$$

其中，$E_x$、$E_y$分别为x、y的阶码，$M_x$、$M_y$分别为x、y的尾数。完成浮点加减运算的操作过程大体分为四步：0操作数的检查；比较阶码大小并完成对阶；尾数进行加或减运算；结果规格化并进行舍入处理。

**2. 浮点乘法、除法运算**

在浮点乘除运算时，为便于浮点数判断溢出和尾数进行阵列乘除运算，假设浮点数的阶码采用双符号位补码表示，尾数采用单符号补码或原码表示。

设有两个浮点数x和y，它们分别为：

$x = 2^{E_x} \cdot M_x$

$y = 2^{E_y} \cdot M_y$

浮点乘法的运算规则是：

$x \times y = 2^{(E_x + E_y)} \cdot (M_x \times M_y)$

可见乘积的尾数是相乘两数的尾数之积，乘积的阶码是相乘两数的阶码之和。当然，这里也有规格化与舍入等步骤。

浮点除法的运算规则是：

$x \div y = 2^{(E_x + E_y)} \cdot (M_x \div M_y)$

可见商的尾数是相除两数的尾数之商，商的阶码是相除两数的阶码之差。当然，也有规格化与舍入等步骤。

表示浮点乘法的流程图，如下图所示。

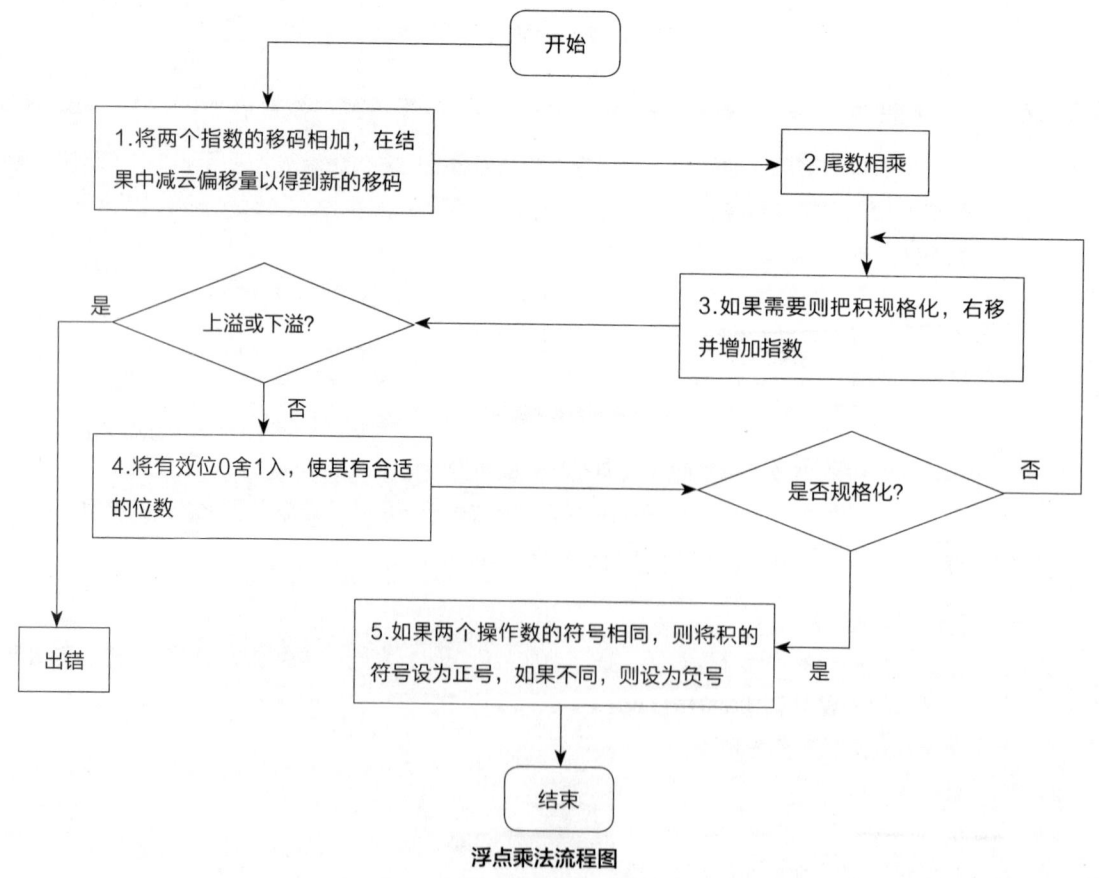

**浮点乘法流程图**

## 3.3 计算机的指令系统

计算机的基本原理是存储程序和程序控制。预先要把指挥计算机如何进行操作的指令序列（称为程序）和原始数据通过输入设备输送到计算机内存贮器中。程序与数据一样存贮，按程序编排的顺序，一步一步地取出指令，自动地完成指令规定的操作是计算机最基本的工作原理。

### 3.3.1 指令系统的发展与性能要求

计算机的程序是由一系列指令组成的，指令就是要计算机执行某种操作的命令。

从计算机组成的层次结构来说，计算机的指令有微指令、机器指令和宏指令之分。微指令就是微程序级的命令，它属于硬件；宏指令是由若干条机器指令组成的软件指令，它属于软件；机器指令（指令）介于微指令与宏指令之间，每条指令可完成一个独立的算术运算或逻辑运算，机器指令也是CPU唯一能接收的命令。

本节所讨论的是机器指令。一台计算机中所有机器指令的集合，是表征一台计算机性能的重要因素，其格式与功能不仅直接影响到机器的硬件结构，也直接影响到系统软件，影响机器的适用范围。

**1. 计算机指令系统的发展过程**

20世纪50年代，由于受器件限制，计算机的硬件结构比较简单，所支持的指令系统只有定点加减、逻辑运算、数据传送、转移等十几至几十条指令。

到了60年代后期，随着集成电路的出现，硬件功能不断增强，指令也越来越丰富，增加了乘除运算、浮点运算、十进制运算、字符串处理等指令，指令数目多达一二百条，寻址方式也趋于多样化。

随着集成电路的发展和计算机应用领域不断扩大，在60年代后期开始出现系列计算机，其指基本指令系统相同、基本体系结构相同的一系列计算机。一个系列往往有多种型号，它们在结构和性能上有所差异。同一系列的各机种有共同的指令级，而且新推出的机种指令系统一定包含所有旧机种的全部指令，旧机种上运行的各种软件可以不加任何修改便可在新机种上运行，大大减少了软件开发费用。

70年代末期，大多数计算机的指令系统多达几百条，我们称这些计算机为复杂指令系统计算机，简称为CISC。但是如此庞大的指令系统难以保证正确性，不易调试维护，造成硬件资源浪费。为此人们又提出了便于VLSI技术实现的精简指令系统计算机（RISC）。

**2. 指令系统的性能要求**

指令系统的性能决定了计算机的基本功能，它的设计直接关系到计算机的硬件结构和用户的需要。指令的设计是计算机系统设计中一个核心问题，一个完善的指令系统应满足以下四方面的要求：

- **完备性**：用汇编语言编写各种程序时，指令系统直接提供的指令足够使用，而不必用软件来实现。完备性要求指令系统丰富、功能齐全、使用方便。
- **有效性**：利用该指令系统所编写的程序能够高效率地运行。高效率主要表现在程序占据存储空间小、执行速度快。一般来说，一个功能更强、更完善的指令系统，必定有更好的有效性。
- **规整性**：包括指令系统的对称性、匀齐性以及指令格式和数据格式的一致性。
- **对称性**：指在指令系统中所有的寄存器和存储器单元都可同等对待，所有的指令都可使用各种寻址方式。
- **匀齐性**：是指一种操作性质的指令可以支持各种数据类型。

- **指令格式和数据格式的一致性**：是指指令长度和数据长度有一定的关系，以方便处理和存取。
- **兼容性**：系列机各机种之间具有相同的基本结构和共同的基本指令集，因而指令系统是兼容的，即各机种上基本软件可以通用。但由于不同机种推出的时间不同，在结构和性能上有差异，做到所有软件都完全兼容是不可能的，只能做到"向上兼容"，即低档机上运行的软件可以在高档机上运行。

## 3.3.2 指令格式

指令格式是指令用二进制代码表示的结构形式。一条指令一般提供两方面的信息：一是指明操作的性质，即要求计算机做何操作，有关的代码称为操作码；二是给出与操作数有关的信息，如直接给出操作数本身或是指明操作数的来源、运算结果放在何处以及下一条指令从何处取得等。操作码字段表示指令的操作特性与性能，而地址码字段通常指定参与操作的操作数的地址。因此，一个指令的结构可用以下形状表示。

| 操作码字段OP | 地址码字段AD |
|---|---|

### 1. 操作码

指令系统的每一条指令都有一个操作码。指令的操作码OP表示该指令应进行什么性质的操作，如进行加法、减法、乘法、除法等。不同的指令用操作码字段的不同编码来表示，每一种编码代表一种指令。组成操作码字段的位数一般取决于计算机指令系统的规模。指令系统包含的指令越多，其操作码的位数越多，例如，一个指令系统只有8条指令，则有3位操作码就够了；若有32条指令，那么就需要5位操作码。一般来说，一个包含n位的操作码最多能够表示2n条指令。

### 2. 地址码

根据一条指令中有几个操作数地址，可将该指令称为几操作数指令或几地址指令。一般的操作数有被操作数、操作数及操作结果这三种数，因而就形成了三地址指令格式，这也是早期计算机指令的基本格式。在三地址指令的基础上，后来又发展成二地址格式、一地址格式和零地址格式。各种不同操作数的指令格式如下图所示。

| 三地址指令 | OP码 | $A_1$ | $A_2$ | $A_3$ |
|---|---|---|---|---|
| 二地址指令 | OP码 | $A_1$ | | $A_2$ |
| 一地址指令 | OP码 | A | | |
| 零地址指令 | OP码 | | | |

指令格式

（1）零地址指令指令字中只有操作码，而没有地址码，例如，停机指令就不需要地址码，因为停机操作不需要操作数。

（2）一地址指令常称为单操作数指令，只有一个地址码，它指定一个操作数，另一个操作数地址是隐含的。通常这种指令以运算器中累加寄存器AC中的数据为被操作数，指令字的地址码字段所指明的数为操作数，操作结果又放回累加寄存器AC中。而累加寄存器中原来的数随即被冲掉，其数学含义为：

$$(AC)\ OP\ (A) \rightarrow AC$$

其中OP表示操作性质，如加、减、乘、除等；（AC）表示累加寄存器AC中的数；（A）表示内存中地址为A的存储单元中的数或运算器中地址为A的通用寄存器中的数；→表示把操作（运算）结果传送到指定的地方。需要注意，地址码字段A指明的是操作数的地址，而不是操作数本身。

（3）二地址指令常称为双操作数指令，它的两个地址码字段分别指明参与操作的两个数在内存中或运算器中通用寄存器的地址，A1作存放操作结果的地址，其数学含义为：

$$(A_1) \ OP \ (A_2) \rightarrow A_1$$

（4）三地址指令字中有三个操作数地址，分别为$A_1$、$A_2$和$A_3$，其数学含义为：

$$(A_1) \ OP \ (A_2) \rightarrow A_3$$

式中，A1为被操作数地址，也称源操作数地址；A2为操作数地址，也称终点操作数地址；A3为存放结果的地址。同样，$A_1$、$A_2$和$A_3$可以是内存中的单元地址，也可以是运算器中通用寄存器的地址。

### 3. 指令字长度

一个指令字中包含二进制代码的位数，称为指令字长度。机器字长是计算机能直接处理的二进制数据的位数，它决定了计算机的运算精度。单字长指令是指令字长等于机器字长度的指令；半字长指令是指令字长等于半个机器字长度的指令；双字长指令是指令字长等于两个机器字长度的指令；多字长指令是指令字长等于几个机器字长度的指令。

使用多字长指令，目的在于提供足够的地址位来解决访问内存任何单元的寻址问题。其主要缺点是必须两次或多次访问内存才能取出一整条指令，降低了CPU的运算速度，又占用了更多的存储空间。等长指令字结构指的是各种指令字长度是相等的。这种指令字结构简单，且指令字长度是不变的。变长指令字结构指的是各种指令字长度随指令功能而异。结构灵活，能充分利用指令长度，但指令的控制较复杂。

### 4. 指令助记符

由于硬件只能识别1和0，所以采用二进制操作码是必要的，但是我们用二进制来书写程序却非常麻烦。为了便于书写和阅读程序，每条指令通常用3个或4个英文缩写字母来表示。这种缩写码叫做指令助记符。例如，假定指令系统吸7条指令，所以操作码只需3位二进制，如表3-7所示。

表3-7 典型指令助记符

| 典型指令 | 二进制操作码 | 指令助记符 |
| --- | --- | --- |
| 加法 | 001 | ADD |
| 减法 | 010 | SUB |
| 传送 | 011 | MOV |
| 跳转 | 100 | JMP |
| 转子 | 101 | JSR |
| 存数 | 110 | STO |
| 取数 | 111 | LAD |

由于指令助记符提示了每条指令的意义，因此比较容易记忆，书写起来比较方便，阅读程序容易理解。例如，一条传送指令，可以用助记符MOV来代表操作码011。

但是需要注意，在不同的计算机中，指令助记符的规定是不一样的。因此，指令助记符还必须转换成与它们相对应的二进制码。这种转换借助汇编程序可以自动完成。

### 3.3.3 指令格式举例

学习了指令的相关知识后，本节将根据不同的年代介绍不同的指令格式，如8位微型计算机的指令格式、MIPS R4000指令格式等。

#### 1. 8位微型计算机的指令格式

早期的8位微型机字长只有8位，指令结构通常采用可变字长形式，包含单字长、双字长、三字长指令等多种。指令格式如下图所示。

```
单字长指令：  | 操作码 |

双字长指令：  | 操作码 | 操作数地址 |

三字长指令：  | 操作码 | 操作数地址1 | 操作数地址2 |
```

**8位微型计算机的指令格式**

单字长指令只有操作码，没有操作数地址。双字长指令或三字长指令包含操作码和地址码。由于内存按键字节编址，所以单字长指令每执行一条指令后，指令地址加1。而双字长指令或三字长指令在执行时，必须从内存连续读出两个字节或三个字节代码，所以，指令地址要加2或加3，可见多字长的指令格式不利于提高机器速度。

#### 2. MIPS R4000指令格式

MIPS R4000是80年代后期推出的RISC计算系统，字长为32位，字节寻址。它的指令格式简单，指令数量少，通用寄存器有32个。其算术指令格式如下：

| 6位 | 5位 | 5位 | 5位 | 5位 | 6位 | |
|---|---|---|---|---|---|---|
| op | rs | rt | rd | shamt | funct | R型 |

下面介绍指令格式中各个字段的含义：

- op字段表示操作码，指定一条指令的基本操作。
- rs字段表示指定第1个源操作数寄存器，最多有32个寄存器。
- rt字段表示指定第2个源操作数寄存器，最多有32个寄存器。
- rd字段表示指定存放操作结果的目的数寄存器，最多有32个寄存器。
- shamt字段表示移位值，用于移位指令。
- funct字段表示函数码，指定R型指令的特定操作。

保持指令格式基本一致可以降低硬件复杂程度。例如，R型和I型格式的前3个字段长度相等，并且名称也一样；I型格式的第四个字段和R型后三个字段的长度相等。

指令格式由第一个字段的值来区分：每种格式的第一个字段（op）都被分配了一套不同的值，因此计算机硬件可以根据op来确定指令的后半部分是三个字段（R型）不是一个字段（I型）。表3-8给出了MIPS指令的每一个字段的值（十进制）。

**表3-8 MIPS指令的字段值**

| 指令 | add（加） | sub（减） | 立即数加 | lw（取字） | sw（存字） |
|---|---|---|---|---|---|
| 格式 | R | R | I | I | I |

（续表）

| 指令 | add（加） | sub（减） | 立即数加 | lw（取字） | sw（存字） |
|---|---|---|---|---|---|
| op | 0 | 0 | 8 | 35 | 43 |
| rs | reg | reg | reg | reg | reg |
| rt | reg | reg | reg | reg | reg |
| rd | reg | reg | – | – | – |
| shamt | 0 | 0 | – | – | – |
| funct | 32 | 34 | – | – | – |
| 常数或地址 | – | – | 常数 | address | address |

表中，reg表示0~31之间的一个寄存器号，address表示一个16位地址，而-表示该格式中该字段没有出现。

### 3. ARM的指令格式

ARM是字长为32位的嵌入式处理机，它具有世界最流行的指令集。下面是ARM指令集的一种指令格式。

| cond | F | I | opcode | S | Rn | Rd | operand2 |
|---|---|---|---|---|---|---|---|
| 4位 | 2位 | 1位 | 4位 | 1位 | 4位 | 4位 | 12位 |

各字段的含义如下：

- cond表示指明条件，该字段涉及条件转移指令。
- F说明指令类型，当需要时该字段允许设置不同的指令。
- I指明立即数，如果I=0，第2个源操作数在寄存器中；如果I=1，第2个源操作数是12位的立即数。
- opcode指明指令的基本操作，称为操作码。
- S设置状态，该字段涉及条件转移指令。
- Rn指明源寄存器地址（4位），共16个寄存器。
- Rd指明目标寄存器地址（4位），共16个寄存器。
- operand2指明第2个源操作数。

### 4. Pentium指令格式

Pentium机的指令字长度是可变的：从1字节到12字节，还可以带前缀。Pentium机的非固定长度的指令格式是典型的CICS结构特征，一是为了与它的前身80486保持兼容，二是希望能给编译程序写作者以更多灵活的编程支持。

指令本身由操作码字段、Mod-R/M字段、SIB字段、位移量字段以及立即数字段组成。除操作码字段外，其他四个字段都是可选字段。

# 策略技能

本章学习了定点乘法运算的方法，为了进一步巩固所学的知识，下面以案例的形式介绍原码阵列乘法器和补码阵列乘法器的计算方法。

设x=+12，y=-15，用带求补器的原码阵列乘法器计算x×y的乘积，并用十进制数乘法进行验证。

**解**：设最高位为符号位，输入数据为原码

$[x]_{原}$=01100，　$[y]_{原}$=11111

因符号位单独考虑，算前求补器输出后

|x|=1100，　|y|=1111

$$
\begin{array}{r}
1100 \\
\times\ 1111 \\
\hline
1100 \\
1100\phantom{0} \\
1100\phantom{00} \\
+\ 1100\phantom{000} \\
\hline
10110100
\end{array}
$$

符号位运算器输出为10110100，加上乘积符号位1，得$[x×y]_{原}$=110110100

换算成二进制数值为x×y=（-10110100）$_2$=（-180）$_{10}$

通十进制数乘法进行验证：12×（-15）=-180

设x=-12，y=-15，用带求补器的补码阵列乘法器计算x×y的乘积，并用十进制数乘法进行验证。

**解**：设最高位为符号位，输入数据为原码

$[x]_{补}$=10011，　$[y]_{补}$=10001

因符号位单独考虑，尾数部分算前求补器输出为

|x|=1100，　|y|=1111

$$
\begin{array}{r}
1100 \\
\times\ 1111 \\
\hline
1100 \\
1100\phantom{0} \\
1100\phantom{00} \\
+\ 1100\phantom{000} \\
\hline
10110100
\end{array}
$$

符号位运算：1⊕1=0

算后求补器输出为10110100，加上乘积符号位0，得到补码乘积值为

$[x×y]_{补}$=010110100

补码的二进制数真值为x×y=（10110100）$_2$=（180）$_{10}$

通十进制数乘法进行验证：（-12）×（-15）=180

# Chapter 04 Windows 7操作系统

操作系统是计算机系统中最基本的系统软件，用于控制和管理计算机系统中各种硬件和软件资源，合理协调计算机工作流程，从而提高计算机资源的使用效率。目前使用最为广泛的为微软开发的Windows 7操作系统，它继承了Windows Vista和Windows XP的优秀特性，并在此基础上进行全面更新，支持更多的应用程序和硬件需求。

## 思维导图

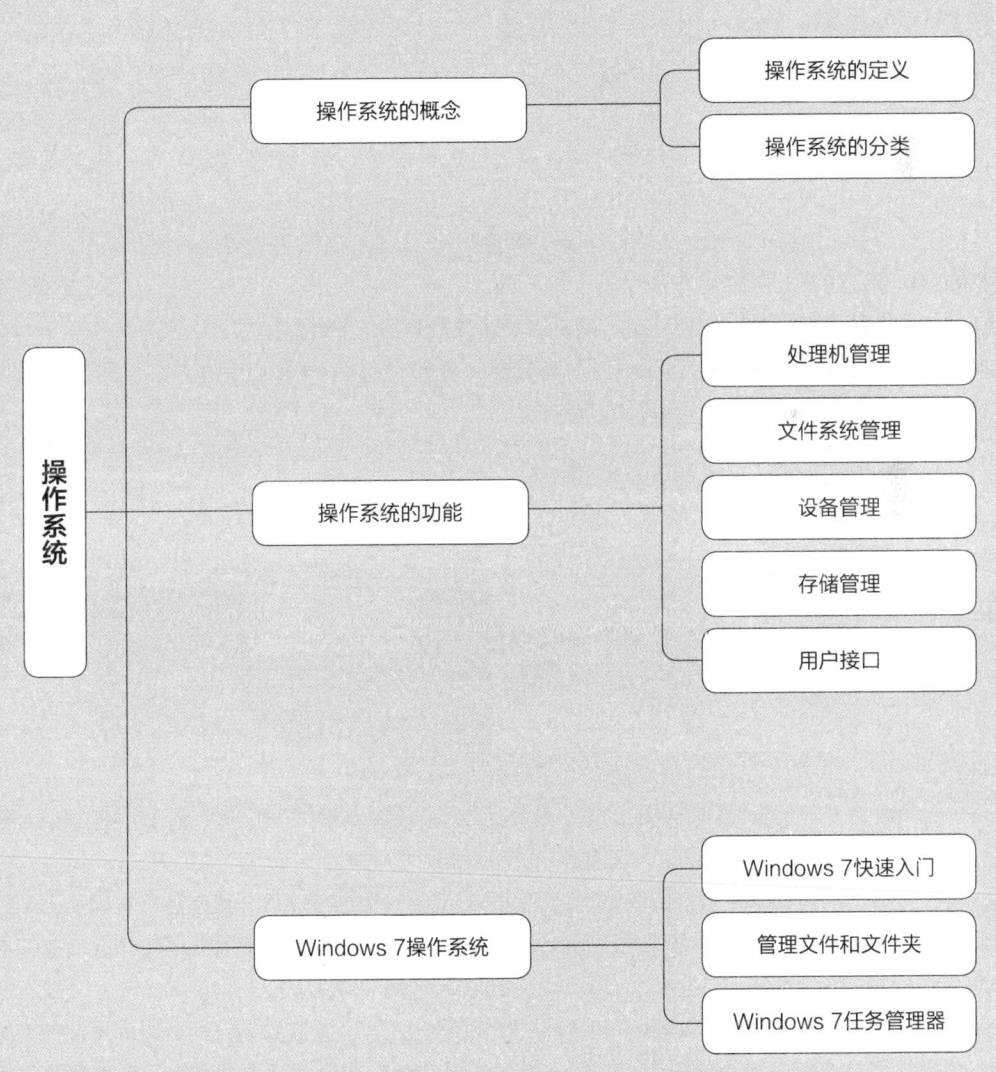

## 4.1　Windows 7操作系统概述

Windows 7是微软Windows操作系统中最主流的版本，是继Windows Vista之后最重要的一次升级。Windows 7操作系统使计算机变得更简单，人性化的功能、丰富的个性化以及多个可选的版本，将给用户带来全新的体验。

### 4.1.1　操作系统的概念

操作系统（Operating System）是配置在计算机硬件上的第一层软件，是对硬件系统的首次扩充。操作系统是最重要的计算系统软件，计算机发展至今，从微型机到高性能计算机，无一例外都配置了一种或多种操作系统。

**1. 操作系统的定义**

操作系统是计算系统中最基本的系统软件，它是一些程序模块的集合，这些程序模块控制和管理计算机系统中的各种硬件和软件资源，合理地组织计算机的工作流程，并为用户提供一个与计算机进行交互的接口。

计算机系统包括硬件和软件，硬件是指可以看得见的物理设备和器件的总称，如中央处理器、存储器、输入/输出设备等；软件包括系统软件和应用软件。为了使计算机系统中的这些硬件资源和软件资源能协调一致地工作，就必须有一种软件统一管理和调度这些资源，这种软件就是操作系统。

没有安装软件的计算机被称为"裸机"，而裸机无法进行任何的工作，不能从键盘、鼠标接收信息和操作命令，也不能在显示器上显示任何信息。裸机处于计算机系统的最底层，它的上面是操作系统，其他的系统软件和应用软件在操作系统之上，其中操作系统在计算机系统中处于核心地位，如下图所示。

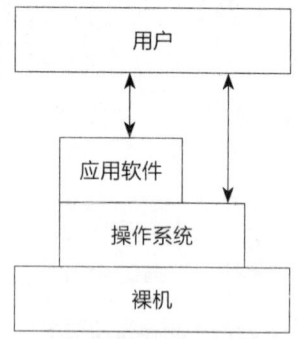

**计算机系统之间的关系**

从用户的角度来说，配有操作系统的计算机在使用时不需要了解更多有关硬件和软件的细节，且功能更强大，使用起来灵活方便、安全可靠，从而提高了用户的工作效率。

操作系统是由一系列具有控制和管理功能的子程序组成的大型系统软件，直接运行在裸机上，只有在操作系统的支持下，才可以运行其他软件。因此，从应用的角度来看，操作系统是计算机软件的核心和基础。

操作系统主要是调度、分配和管理所有的硬件设备和软件系统，使其协调运行，以满足用户实际操作的需求。因此操作系统的任务主要有两点，第一是管理好计算机的全部软硬件资源，提高计算机的利用率；第二是担任用户与计算机之间的接口，使用户通过操作系统提供的命令或菜单方便地使用计算机。

### 2. 操作系统的分类

随着计算机技术及其应用的日益发展，操作系统也逐渐发展起来，现已成为计算机系统中的核心软件。目前操作系统多种多样，功能也相差很大，能够适应各种不同的应用环境和各种不同的硬件配置。

对操作系统进行严格的分类是困难的，按用户使用的操作环境和功能特征的不同，可分为3种基本类型，即批处理系统、分时系统和实时系统。随着计算机体系结构的发展，又出现了嵌入式操作系统、分布式操作系统和网络操作系统。

（1）批处理操作系统

批处理操作系统（Batch Processing System）的特征是"批量"处理，其主要特点是：

- 用户可以脱机使用计算机，操作方便。
- 成批处理，提高了CPU的利用率。
- 多道程序运行。

批处理操作系统的缺点是无交互性，即用户一旦将程序提交给系统，就失去了对它的控制能力，使户感到不方便。

（2）分时操作系统

分时操作系统（Time Sharing Operating System）是指多用户通过终端共享一台主机CPU的工作方式。分时操作系统的工作原理是将CPU的时间划分为时间片，轮流接收和处理各个用户从终端输入的命令。如果用户的某个处理要求时间较长，分配的一个时间片不够用，它只能暂停，等待下一次轮到时再继续运行。分时操作系统的主要特点是：

- 交互性。
- 独占性。
- 多个用户同时使用。

（3）实时操作系统

实时操作系统（Real Time Operating System）是实时控制系统和实时处理系统的统称。实时操作系统可以分成实时控制系统和实时信息系统两类。实时控制系统主要应用于生产过程的自动控制等，实时信息处理系统主要应用于票务预定管理、银行或商店数据处理的情报检索等领域。实时操作系统的主要特点是：

- 及时性。
- 可靠性。
- 安全性。
- 整体性。

（4）嵌入式操作系统

嵌入式操作系统（Embedded Operating System）是指运行在嵌入式系统环境中，对整个嵌入式系统以及操作、控制和各种部件装置等资源进行统一协调、调度和控制的操作系统。嵌入式操作系统主要应用于制造工业、过程控制、通信、仪器、仪表、汽车、军事装备等领域。嵌入式操作系统的主要特点是：

- 有效管理复杂的系统资源。
- 系统实时的高效性。
- 硬件的相关依赖性。
- 应用的专用性。

（5）网络操作系统

网络操作系统（Network Operating System）是基于计算机网络的操作系统，它的功能包括网络管理、通信、安全、资源共享和各种网络应用。网络操作系统主要特点是：
- 计算机网络是一个互连的计算机系统的群体。
- 网络上的每台计算机有自己的操作系统。
- 系统互连通过通信设施来实现。
- 系统通过通信设施执行信息交换、资源共享、互操作和协作处理，实现多种应用要求。

（6）分布式操作系统

分布式操作系统（Distributed Operating System）是指通过网络将大量计算机连接在一起，以获取极高的运算能力、广泛的数据共享和实现分散资源管理等功能为目的的一种操作系统。分布式操作系统是将物理上分布的具有自治功能的计算机连起来，形成一个具有强大功能的系统。分布式系统的基础是网络，但同网络又是有区别的。在分布式系统中，用户通过系统界面实现所需要的操作和使用系统资源，不必了解操作在哪台计算机上执行或使用哪台计算机的资源，即系统对用户是透明的。但在计算网络中，在一台计算机的用户如果使用另一台计算机上的资源，则必须明确是哪台计算机。

## 4.1.2 操作系统的功能

操作系统的职能是管理和控制计算机系统中的硬件和软件资源，合理地组织计算机工作流程，并为用户提供一个良好的工作环境和友好的接口。从资源管理和用户接口的观点来看，操作系统具有处理机管理、存储管理、设备管理、文件管理和提供用户接口的功能。

**1. 处理机管理**

处理机管理的目的是要合理地安排每个进程占用CPU的时间，以保证多个作业能顺利完成并且尽量提高CPU的效率，使用户等待时间最少。操作系统对处理机管理策略不同，提供作业处理方式也就不同，如批处理方式、分时处理方式和实时处理方式。

如何有效地利用处理机资源，如何在多个请求处理机的进程中选择取舍，这就是进程调度要解决的问题。在操作系统中负责进程调度的程序被称为进程调度程序。进度调度可以记录系统中所有进程的情况，包括进程名、进程状态、进程优先级和进程资源要求等信息，并根据既定的调度算法，确定将CPU分配给就绪队列中的某个进程。

**2. 存储器管理**

存储器管理的主要工作是对内存进行合理分配、有效保护和扩充。

（1）内存分配

内存分配的主要任务是为第一道程序分配内存空间，从而提高存储器的利用率，以减少不可用的内存空间，允许正在运行的程序申请附加的内存空间，以适应程序和数据动态增长的需要。

（2）存储保护

系统中有多个程序在运行，存储保护是要保证一道程序在执行的过程中不会有意或无意地破坏另一道程序，保证用户程序不会破坏系统程序等。

（3）内存扩充

在计算系统中，操作系统使用硬盘空间模拟内存，为用户提供了一个比实际内存大得多的虚拟内存空间。虚拟内存在Windows中又称为页面文件。

下面介绍在Windows 7操作系统中查看计算机虚拟内存的方法。在桌面上右击"计算机"图标，在快捷菜单中选择"属性"命令。在打开窗口的"控制面板主页"选项区域中单击"高级系统设置"超链接，打开"系统属性"对话框,切换至"高级"选项卡,单击"性能"选项区域中的"设置"按钮。打开"性能选项"对话框,切换至"高级"选项卡,在"虚拟内存"选项区域中查看总分页文件的大小,如右图所示。

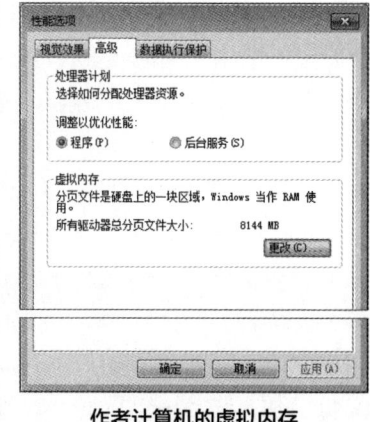

作者计算机的虚拟内存

### 3. 文件系统管理

文件系统管理负责文件的存取和对文件进行管理,包括管理文件的目录,为文件分配存储空间,执行用户提出的给文件命名、更名、存取等要求。

在计算机中,任何一个文件都有文件名,文件名是存取文件的依据。一般情况下,文件名分为文件主名和扩展名两部分。文件主名应用有意义的词汇或数字命名,文件的扩展名表示文件的类型,Windows中常见的文件扩展名及其表示意义如表4-1所示。

表4-1 文件扩展名

| 文件类型 | 扩展名 | 说明 |
| --- | --- | --- |
| 可执行程序 | EXE、COM | 可执行程序文件 |
| 源程序文件 | C、CPP、BAS、ASM | 程序设计语言的源程序文件 |
| 目标文件 | OBJ | 源程序文件经编译后产生的目标文件 |
| 批处理文件 | BAT | 将一批系统操作命令存储在一起,可供用户连续执行 |
| MS Office 文档文件 | DOC、SLS、PPT | MS Office 中 Word、Excel、PowerPoint 创建的文档 |
| 图像文件 | BMP、JPG、GIF | 图像文件,不同的扩展名表示不同格式的图像文件 |
| 流媒体文件 | WMV、RM、QT | 能通过 Internet 播放的流式媒体文件,不需要下载整个文件就可播放 |
| 压缩文件 | ZIP、RAR | 压缩文件 |
| 音频文件 | WAV、MP3、MID | 声音文件,不同的扩展名表示不同格式的音频文件 |
| 网页文件 | HTML、ASP | 前者是静态的,后者是动态的 |

### 4. 设备管理

计算机一般都配置了很多外部设备,它们的功能和操作方式都不一样,操作系统的设备管理就是负责对设备进行有效的管理,设备管理主要解决以下两个问题。

(1)设备分配

计算机配置多种外部设备时,设备管理的任务就是根据一定的分配策略,把通道、控制器和输入输出设备分配给请求输入输出操作的程序,并启动设备完成实际的输入输出操作。

(2)设备独立性

输入输出设备种类很多,使用方法各不相同,设备管理为用户提供一个良好的界面,而不必了解具体的设备特性,以使用户能方便、灵活地使用这些设备。

### 5. 用户接口

计算机用户与计算机的交流是通过操作系统的用户接口完成的,操作系统为用户提供的接口有两种,一是操作界面，操作系统为用户提供各种操作命令，用户可以利用这些操作命令来组织作业的工作流程和控制作业的运行，这是命令组的；二是操作系统的功能服务界面，操作系统为用户提供一组系统功能调用，用户可以在源程序中使用这些系统功能调用请求操作系统服务，这是程序级的。

### 4.1.3 Windows 7系统简介

　　Microsoft Windows是美国微软公司研发的一套操作系统，问世于1985年，起初仅仅是Microsoft-DOS模拟环境，后续的系统版本由于微软不断地更新升级，成为人们最喜爱的操作系统。Windows采用了图形化模式GUI，比从前的DOS需要键入指令使用的方式更为人性化。随着电脑硬件和软件的不断升级，微软的Windows也在不断升级，从架构的16位、16+32位混合版（Windows9x）、32位再到64位，系统版本从最初的Windows 1.0 到大家熟知的Windows 95、Windows 98、Windows ME、Windows 2000、Windows 2003、Windows XP、Windows Vista、Windows 7、Windows 8、Windows 8.1、Windows 10和 Windows Server服务器企业级操作系统，不断持续更新，微软一直在致力于Windows操作系统的开发和完善。现在最新的正式版本是Windows 10。

　　Windows 7是微软于2009年发布的，开始支持触控技术的Windows桌面操作系统，其内核版本号为NT6.1。在Windows 7中，集成了DirectX 11和Internet Explorer 8。DirectX 11作为3D图形接口，不仅支持未来的DX11硬件，还向下兼容当前的DirectX 10和10.1硬件。DirectX 11增加了新的计算Shader技术，可以允许GPU从事更多的通用计算工作，而不仅仅是3D运算，这可以鼓励开发人员更好地将GPU作为并行处理器使用。Windows 7还具有超级任务栏，提升了界面的美观性和多任务切换的使用体验。通过开机时间的缩短、硬盘传输速度的提高等一系列性能改进，Windows 7的系统要求并不低于Windows Vista，不过当时的硬件已经很强大了。

　　在为计算机安装Windows 7操作系统之前，需要确认计算机的硬件是否满足Windows 7的要求。按照微软官方建议，Windows 7操作系统的硬件需求主要有以下几个方面：

- **处理器：**1GHz 或更高级别的32位或64位处理器；
- **内存：**1GB 内存（32 位）或 2GB 内存（64 位）；
- **硬盘：**16GB 可用硬盘空间（32 位）或 20GB 可用硬盘空间（64 位）；
- **显卡：**支持DirectX9且显存容量为128MB；
- **显示器：**分辨率至少在1024*768像素。

　　由此可见Windows 7操作系统对计算机硬件的要求并不是很高，如果用户想使计算机更流畅，可以适当采用更高配置的电脑，否则会导致Windows 7的运行效果不如Windows XP。

　　Windows 7的软件需求，主要是指对硬盘文件的要求，安装Windows 7操作系统的硬盘分区必须保证有16GB以上的可用空间，最好能够提供40GB的可用空间进行分区安装系统。在安装Windows 7系统时，硬盘分区必须采用NTFS文件格式，否则安装过程中将出现错误提示而导致无法正常安装。

## 4.2 Windows 7快速入门

　　前一小节介绍了操作系统的相关知识，本节将对Windows 7操作系统的基本操作进行介绍，如Windows 7的桌面、"开始"菜单以及Windows 7的窗口。

## 4.2.1 Windows 7桌面

当打开安装Windows 7操作系统的计算机时，打开的桌面即为Windows 7的桌面。用户可以根据需要将常用的项目创建快捷方式放在桌面上，并按照个人的习惯进行排列，如下图所示。

Windows 7桌面

Windows 7桌面由背景、桌面图标和任务栏组成，其中任务栏中又包括"开始"菜单按钮、快速启动栏和通知区域等。

### 1. 桌面图标

桌面图标分为系统图标、快捷图标、文件夹、文件图标等。每个图标都由图案和名称两部分组成，用户如果需要应用某程序或打开某项目，只需要在桌面双击对应的图标即可。如需要启动腾讯QQ，则直接双击图标，然后在打开的窗口中输入帐号和密码，再单击"登录"按钮即可。

在桌面的左上角，"计算机"、"网络"、"回收站"等都属于系统图标。"计算机"图标用于管理计算机资源，如系统资料、安装程序、用户制作的文件等。

快捷图标通常是用户自己创建的图标，在图标左下角有一个箭头的标志，如"腾讯QQ"、"微信"等图标，双击这些图标即可启动相应的程序。

### 2. 任务栏

在Windows 7系统中，任务栏位于桌面的最下方。在任务栏的最左侧为"开始"菜单按钮，单击该按钮，则弹出相应的菜单命令，只需选择即可启用对应的应用程序。

当打开一个窗口或启动某个程序时，任务按钮区将显示一个任务按钮，当光标移至图标上时将显示该窗口的标题，单击即可切换到对应的程序窗口。通知区域位于任务栏右侧，包括时间、扬声器、Internet访问以及打开的某些应用程序图标，如QQ、Internet Explorer、输入法等。

## 4.2.2 Windows 7"开始"菜单

在Windows 7桌面上单击左下角的"开始"菜单按钮，即可打开"开始"菜单，如下图所示。"开始"菜单包括5个组成部分，分别为搜索框、程序短列表、用户图标、常用管理工具和电源按钮。

"开始"菜单

在"开始"菜单中,选择程序短列表中任意程序,即可打开对应的程序。选择常用管理工具中的任意工具,即可打开对应的窗口,如选择"控制面板"选项,则打开"控制面板"窗口,如下图所示。如果用户对该区域中管理工具不是很熟悉,可以将光标移至其图标上,此时将自动出现提示框,会对该程序进行简单介绍。

"控制面板"窗口

## 4.2.3 Windows 7窗口

在使用Windows 7操作系统时,经常需要打开对应的窗口,如需要在计算机的硬盘中创建文件时,首先要打开"计算机"的窗口,即在桌面中双击"计算机"图标,如下图所示。

"计算机"窗口

计算机窗口主要由标题栏、地址栏、菜单栏、工具栏、搜索栏、任务窗格和状态栏组成。其中标题栏位于窗口最上方,在右侧有最小化、最大化和关闭按钮。

地址栏显示当前文件的路径,在Windows 7系统中是以带链接功能的图标显示的,单击地址栏右侧下三角按钮,在列表中显示历史记录地址。

菜单栏位于地址栏的下方,包括"文件"、"编辑"、"查看"、"工具"、"帮助"菜单,单击对应的菜单按钮,在列表中显示该菜单的命令,如单击"编辑"菜单按钮,如下左图所示。

工具栏列出了常用的命令,并以按钮的形式显示,单击对应的按钮或右侧下三角按钮,即可进行相应的操作。如单击"组织"下三角按钮,在打开的下拉列表中选择相应的选项,即可执行对应的操作,如下右图所示。

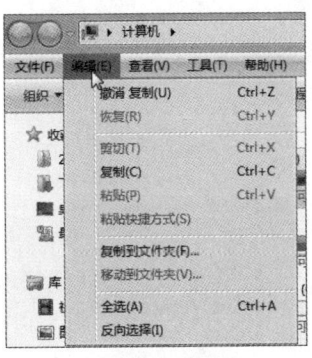
"编辑"菜单

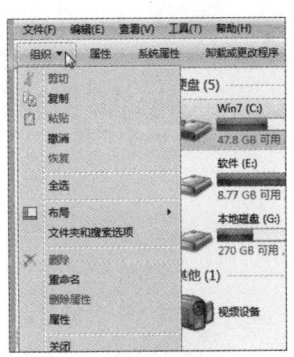
"组织"列表

任务窗格位于窗口的左侧,其中包括"收藏夹"、"库"、"计算机"、"网络"。状态栏位于窗口的最下方,用于显示提示信息和当前工作状态。

## 4.3 管理文件和文件夹

计算机系统中所有的程序和数据都是以文件的形式存放在计算机硬盘、U盘等外存储器上的,如Word文档、PPT演示文稿、可执行的程序等都是以文件的形式存储在计算机中。本节将介绍文件和文件夹基本概念、基本操作以及资源管理器的相关知识。

## 4.3.1 文件和文件夹的基本概念

在计算机中，根据文件的不同属性可以将文件分类保存在文件夹中，从而保证所有的工作可以不条不紊地进行。下面先介绍文件和文件夹的基本概念。

### 1. 文件

文件是一个在逻辑上具有完整意义的一组相关信息的有序集合，如Word文档、图片、PPT演示文稿和音视频等都是文件。文件以图标的形式表示，而且每个文件都一个文件名，文件名是用户存取文件的依据，如下左图所示。

文件图标是文件类型的直观显示形式，同一类型的文件通常具有相同的文件图标，文件名则是文件的身份标识。文件名由文件主名和扩展名组成，中间用"."分隔开，例如一个文件的名称是"枫树.jpg"，"枫树"是文件主名，jpg是扩展名。

在计算机中为文件命名是为了区分不同的文件，但是命名必须遵循一定的规则：

- 文件名称与文件内容相对应，通过文件名称可以大概了解文件的内容。组成文件名的字符可以是英文字母、中文、数字、下划线等。
- 文件夹的名称最多不能超过260个字符，其中存储文件完整路径的字符个数也包含在字符数量值中。
- 在同一个文件夹中不能有相同名称的文件夹或相同文件主名和扩展名的文件，可以包含相同文件主名不同扩展名的文件。Windows 7系统中保留了用户给文件命名时采用英文字母的大小写格式，但是不能利用大小写来区分文件名，如Oksa.doc和oksa.doc表示同一个文件。

文件除了文件名外，还有文件的大小、所有者信息等，这些信息都属于文件属性。如果需查看某文件的属性，只需要右击该文件，在快捷菜单中选择"属性"命令，即可打开该文件的属性对话框，如下右图所示。

在文件对应的属性对话框的"常规"选项卡中，显示了文件类型、存储位置、大小等信息。在"属性"选项区域中勾选"只读"复选框，可以将文件设置为只读属性，即不能修改或删除文件，从而有效地保护文件；若勾选"隐藏"复选框，可以将文件设置为隐藏属性，即一般情况下是不显示出来的。如果设置了显示隐藏文件，则显示出的隐藏文件或文件夹是浅色的。

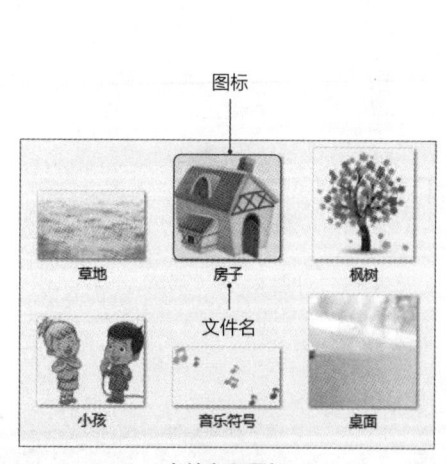
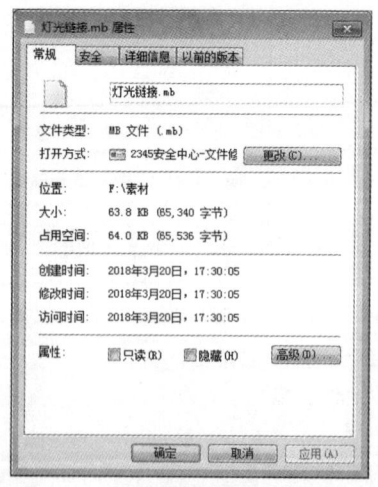

文件名和图标　　　　　　　　　　文件属性对话框

### 2. 文件夹

在计算机中，为了便于管理文件，需要将文件进行分类并保存在不同的逻辑组中，这些逻辑组就是文件夹。通过文件夹分类保存，可以方便文件的查找。

文件夹也是以文件夹图标和文件夹名称组成的，其中文件夹命名的规则和文件命名规则相同，此处不再描述。文件夹不但可以保存文件，还可以存放其他文件夹，文件夹中包含的文件夹被称为"子文件夹"。

在资源管理器中选中某个文件或文件夹时，即可在窗口的状态栏区域查看详细的信息，如下图所示。如果双击某个文件或文件夹，即可打开并进行操作。

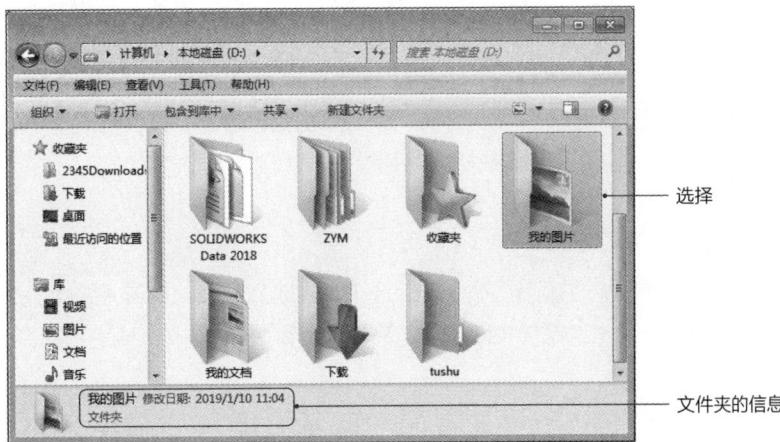

**查看文件夹信息**

### 4.3.2 文件和文件夹的基本操作

Windows 7操作系统秉承了Windows所见即所得的风格，对文件或文件夹的操作也是如此。对于文件或文件夹的操作包括创建、选定、复制、移动、删除、保存、保护等。

**1. 创建文件或文件夹**

在使用计算机创建数据时，经常需要创建文件或文件夹，在Windows 7操作系统中主要有两种方法创建文件或文件夹。

第一种方法是右键快捷菜单法，首先打开需要存储创建的文件或文件夹的位置，在空白处右击，在快捷菜单中选择"新建"命令，在子菜单中选择需要创建的文件程序或文件夹，如下左图所示。在计算机中安装Office应用程序后，则在"新建"子菜单中显示相关的组件，如Word、Excel、PowerPoint等。

第二种方法可以通过在资源管理器中单击"文件"菜单按钮，在列表中选择"新建"命令，然后在子菜单中选择相应的文件或文件夹选项，即可创建空白的文件或文件夹，如下右图所示。

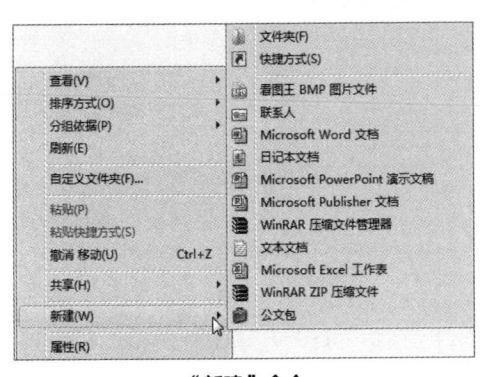

**"新建"命令**

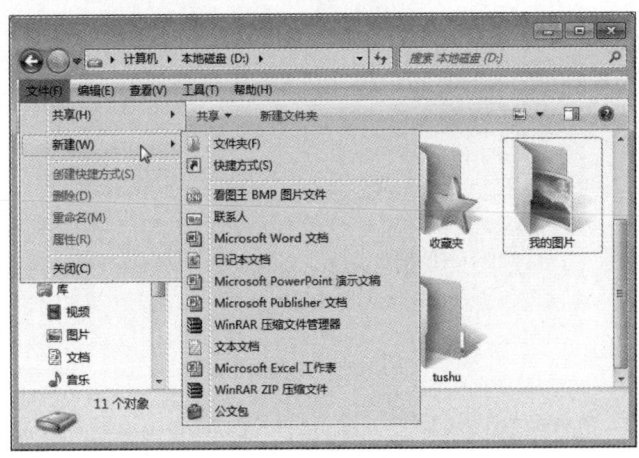

**"文件"菜单**

在创建文件时，用户也可以在应用程序中新建文件，如新建Excel工作簿，则打开Excel应用程序，单击"文件"标签，选择"新建"选项，再选择"空白工作簿"选项即可新建一个空白工作簿。

**2. 复制文件或文件夹**

复制和粘贴操作也是文件或文件夹最常用的操作之一，在Windows 7资源管理器中可以实现多种方法进行操作。

（1）右键菜单法

用户首先选中需要复制的文件或文件夹，然后单击鼠标右键，在快捷菜单中选择"复制"命令。然后再选择目标驱动器或文件夹，再次单击鼠标右键，在快捷菜单中选择"粘贴"命令，即可完成文件或文件夹的复制操作。

（2）菜单操作法

用户可以使用菜单栏中"编辑"命令，即选中文件或文件夹，单击"编辑"按钮，在列表中选择"复制"命令。再选中目标驱动器或文件夹，再次单击"编辑"按钮，在列表中选择"粘贴"命令。

（3）快捷键法

用户也可以使用快捷键快速进行复制粘贴操作，选择文件或文件夹后，按下Ctrl+C组合键进行复制，再选择目标文件夹，按下Ctrl+V组合键进行粘贴。

**3. 保护文件或文件夹**

用户可以对需要保护的文件或文件夹进行加密保护，Windows 7的加密文件系统（EFS）是NTFS文件系统所独有的一种安全特性。使用EFS加密过程中将随机生成文件加密密钥，只有授权用户才可以访问查看。

**Step 01** 加密文件或文件夹。打开资源管理器，选中需要加密的文件或文件夹并右击，在快捷菜单中选择"属性"命令，在打开的对应属性对话框的"常规"选项卡中单击"高级"按钮。打开"高级属性"对话框，在"压缩或加密属性"选项区域中勾选"加密内容以便保护数据"复选框，如下左图所示。然后逐个单击"确定"按钮，即可完成加密文件或文件夹操作。

**Step 02** 备份文件或文件夹。加密文件或文件夹后，单击任务栏通知区域的加密图标，在弹出的"加密文件系统"面板中选择"现在备份（推荐）"选项，如下右图所示。

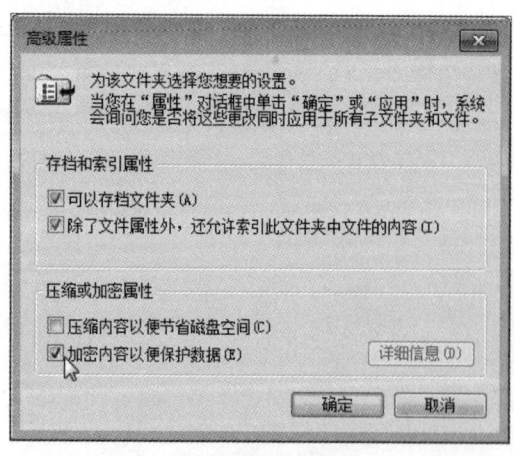

"高级属性"对话框

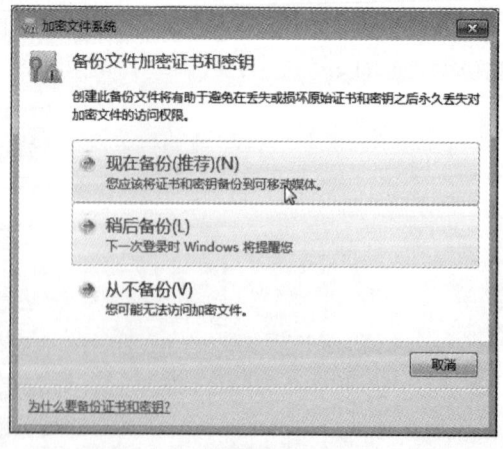

备份文件

**Step 03** 设置密码。在弹出的"证书导出向导"对话框中根据提示进行操作，当操作至第3步，需要输入密码，并确认密码，此处输入的密码是123456❶，然后再单击"下一步"按钮❷，如下左图所示。

**Step 04** 完成证书导出。在"要导出的文件"界面的"文件名"文本框中输入文件的名称,再单击"下一步"按钮。进入"正在完成证书导出向导"界面,可以查看文件加密密钥导出的信息,单击"完成"按钮即可,如下右图所示。

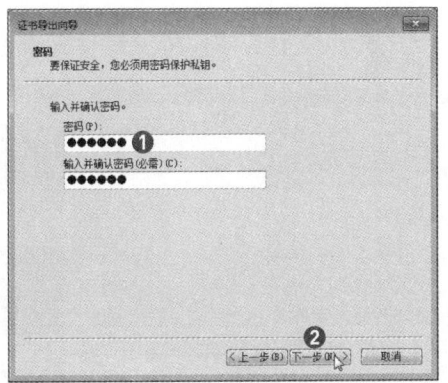
输入密码

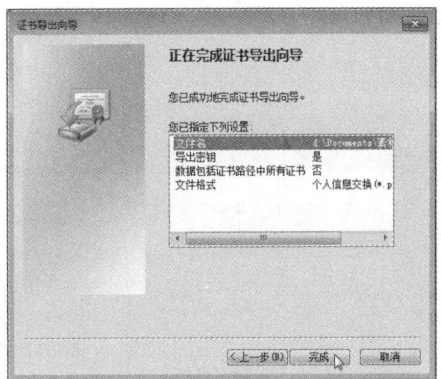
完成证书导出

## 4.4 Windows 7任务管理器

用户通过"Windows 7任务管理器"窗口可以查看计算机当前正在运行的程序、进程和服务,从而很好地监视计算机的性能或关闭没有响应的程序。

要在Windows 7系统中打开任务管理器,则在任务栏空白区域右击,在快捷菜单中选择"启支任务管理器"命令或者按Ctrl+Alt+Delete组合键,即可打开"Windows任务管理器"窗口。在该窗口中包含6个选项卡,可以查看应用程序、进程、服务、性能、联网等。

- **"应用程序"选项卡:** 在"应用程序"选项卡中,用户可以查看到当前计算机正在运行的所有应用程序,也可以切换或结束某个进程,如下左图所示。
- **"进程"选项卡:** 在"进程"选项卡中,显示了计算机中所有用户正在使用的程序进程,包括系统进程,如下中图所示。显示不同应用程序的名称、用户名、CPU、内存等相关信息。如果需要结束某进程,选中该进程然后单击"结束进程"按钮即可。
- **"服务"选项卡:** 在"服务"选项卡中,显示了计算机中正在运行的服务,在状态栏中显示该服务的运行状态,如下右图所示。用户可以右击某服务,在快捷菜单中选择相应的选项,即可停止或启用服务。

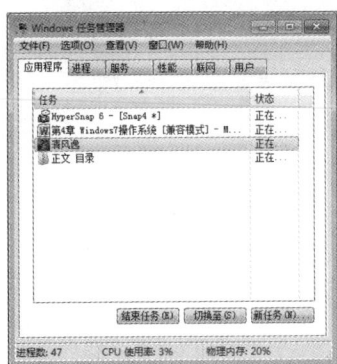
"应用程序"选项卡

"进程"选项卡

"服务"选项卡

- **"性能"选项卡**：在"性能"选项卡中，显示了计算机当前CPU和内存的使用情况，如下左图所示。单击"资源监视器"按钮，即可打开"资源监视器"窗口，用户可以进一步查看CPU、内存、磁盘和网络的工作情况，如下右图所示。

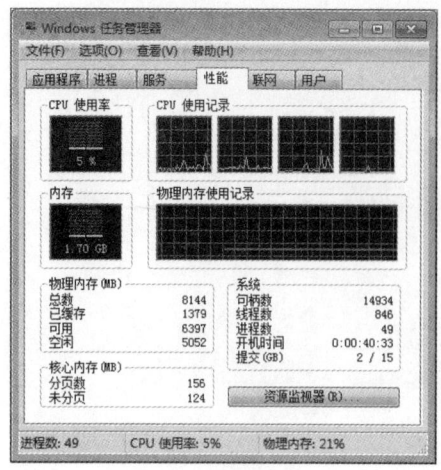

"性能"选项卡

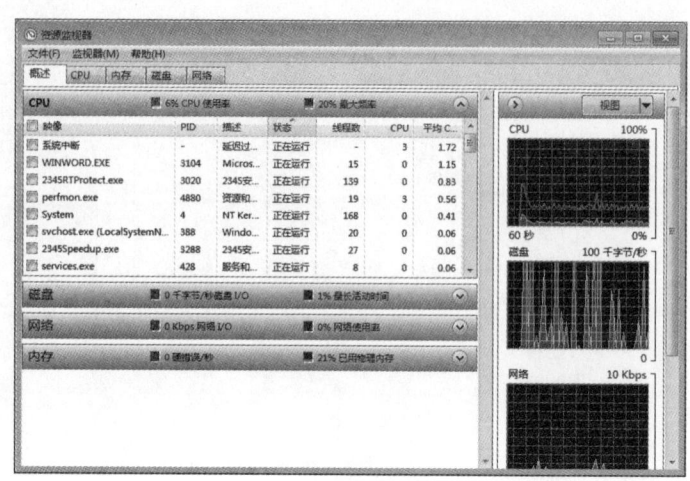

"资源监视器"窗口

- **"联网"选项卡**：在"联网"选项卡中，用户可以查看网络的相关信息，如网络的连接方式、适配器的名称、网络使用率、线路速度和状态等信息，如下左图所示。
- **"用户"选项卡**：在"用户"选项卡中，显示了当前登录至计算机的所有用户，选中某用户，可以单击"断开"或"注销"按钮，即可断开与用户的连接或注销该用户，如下右图所示。如果选择连接到本地计算机的其他用户，单击"发送消息"按钮，即可向该用户发送消息。

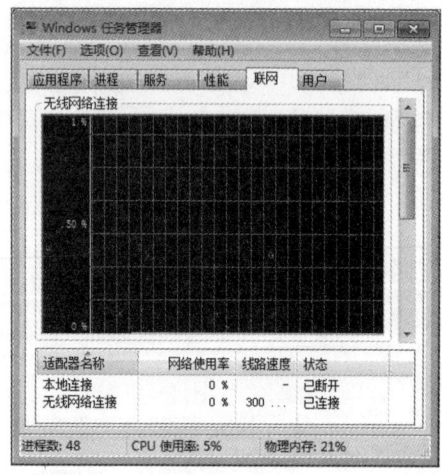

"联网"选项卡

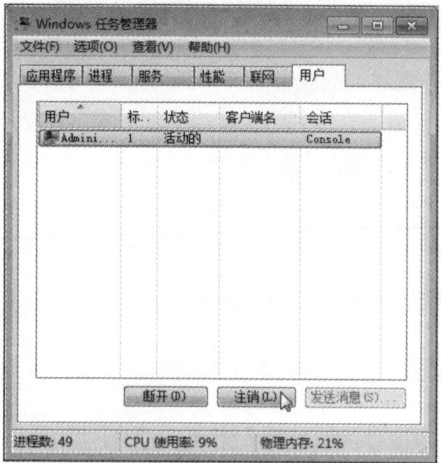

"用户"选项卡

# Chapter 05 Word文字处理软件应用

在办公自动化中,文字处理软件是工作和生活中使用最多的软件之一,主要用于对各类文稿进行排版等。本章主要介绍Microsoft Word 2010版本软件的文字处理功能,如表格编辑、图文混排、图表的应用、页面设置、文档的排版、文档的检查和审阅等。除此之外还介绍Science Word在课件中的应用,如编写数学公式、几何图形、物理电路图和化学反应方程式等。最后介绍WPS Word中协同办公的相关知识。

## 思维导图

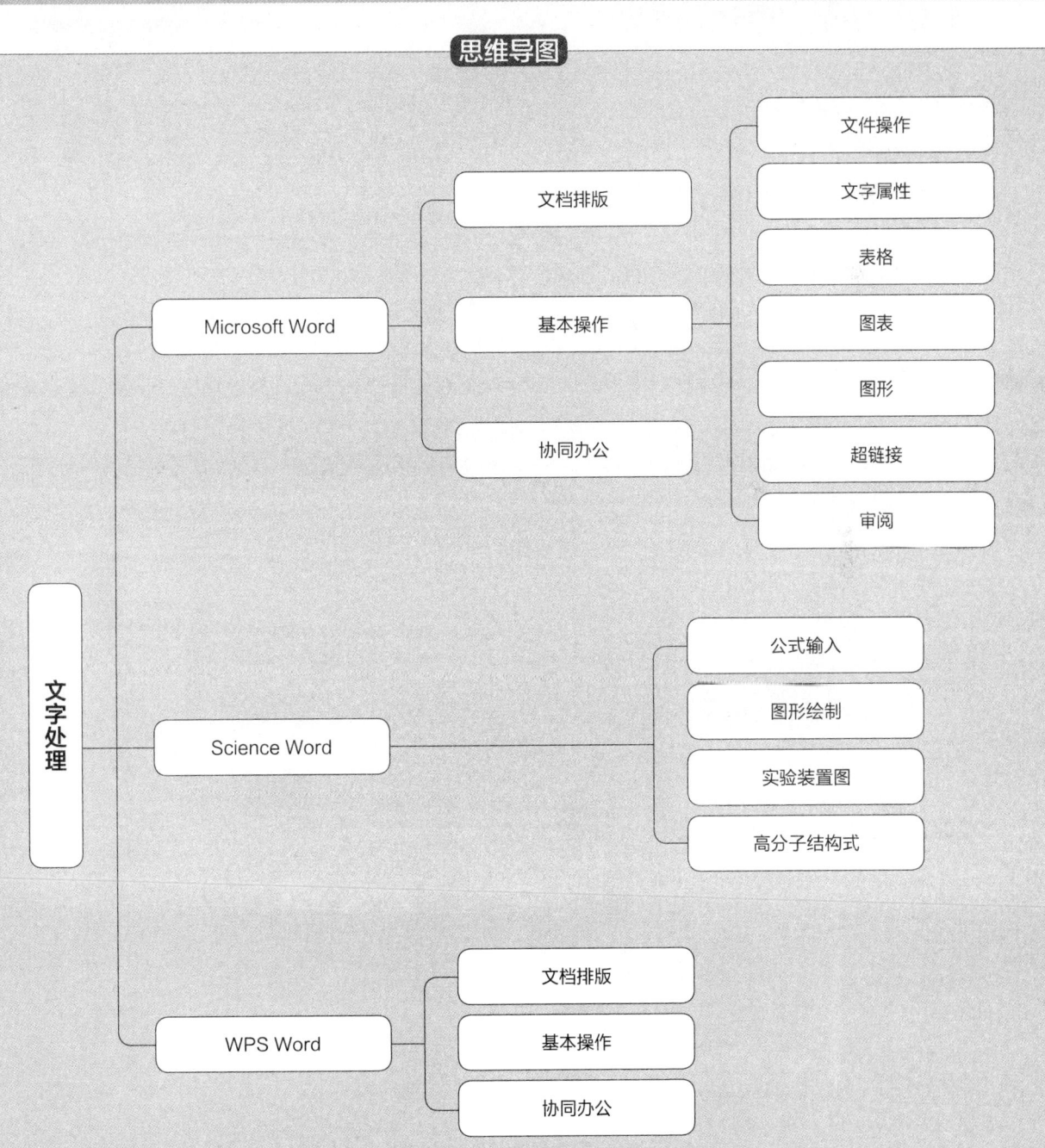

## 5.1 Microsoft Word 2010的应用

文字处理软件是办公软件的一种,主要用于将文字输入到计算机中,并进行存储、编辑、排版等,还可以对图形图像进行处理或编排数学公式等,最后再显示或打印出来。早期的文字处理软件以文字为主,现代的文字处理软件可以集文字、表格、图形于一体。

常用的中文文字处理软件主要有Microsoft Word、金山公司的WPS等。本节以Microsoft Word 2010为例,介绍文字处理的相关操作。

### 5.1.1 Word 2010的基本操作

打开Word 2010后,用户可以进行相关的基本操作,如输入文字信息、修改文字、设置文本属性、设置段落格式等,从而制作出符合要求的文档。本节将以制作"凝望秋天,思绪飘飞"短篇散文为例,介绍Word的基本操作。

**1. 新建文档**

单击桌面左下角"开始"按钮,在列表中选择Microsoft Office>Microsoft Word 2010命令,即可启动Word应用程序,创建一个名称为"文档1"的空白文档,如下图所示。

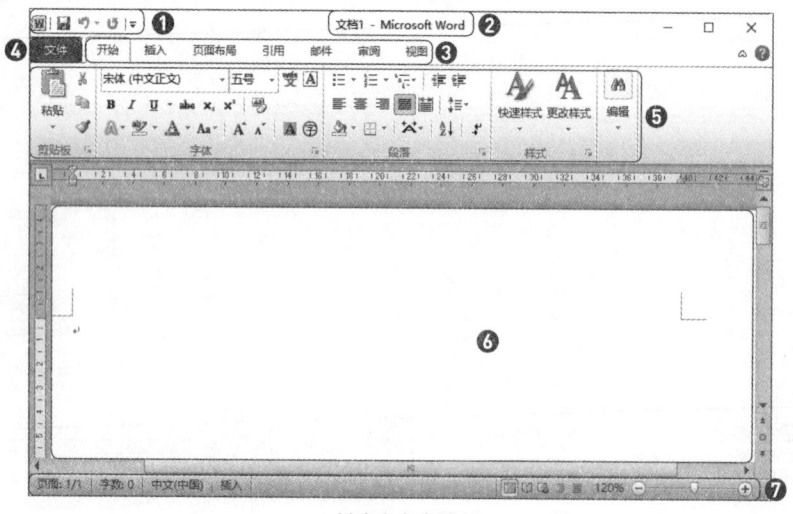

创建空白文档

■ **提示:** 如果用户在桌面上创建Word的快捷方式,则双击该图标即可创建空白文档。如果需要打开已有Word文档,只需要双击或者右击该文档,在快捷菜单中选择"打开"命令即可。

❶快速访问工具栏:快速访问工具栏位于标题栏左侧,包含了一组独立于当前显示的功能区之上的按钮,默认的快速访问工具栏中包含"保存"、"撤销"、"恢复"等按钮。

❷标题栏:位于快速访问工具栏右侧,主要显示当前文档的名称。

❸功能选项卡:默认包含"开始"、"插入"、"页面布局"、"引用"、"邮件"、"审阅"、"视图"选项卡,切换到不同的选项卡,在功能区中显示相应的功能按钮。

❹"文件"选项卡:在该选项卡下主要包括"保存"、"另存为"、"打开"、"关闭"、"打印"等选项,方便用户对Word进行相关控制与设置。

❺功能区：在功能选项卡中切换不同选项时，功能区显示该选项卡中各种按钮组件，若选项组的右下角显示 按钮，则单击该按钮会打开相应的对话框。

❻文档编辑区：该区域用于输入或显示文本内容及样式。

❼状态栏：用于显示当前文档的编辑状态（如页码、字数、修改、语言等）、设置页面显示方式或调整页面显示比例等。

### 2. 输入文字

Word文档创建后，用户可以在文档编辑区中输入文字。在编辑区左上角有一个闪烁的竖条，被称为插入点。插入点在输入、编辑文本时起到很重要的作用，因为插入点确定操作的位置。若要对文本内容进行样式设置，则必须先确定插入点是否在需要修改样式的文本处。

用户切换至适合自己的输入法后，即可输入文本，当输入的文本到达编辑区最右侧时系统会自动换行。在每个段落结束需要开始下一段落时可以强制换行，此时按Enter键即可换至下一行，同时表示该段落结束。

在Word中包含两种文本编辑模式，分别为插入模式和改写模式。通常情况下为插入模式，此时文本直接在插入点处显示，插入点右侧的文本向右移动。在改写模式下，新输入的文本会覆盖右侧的文本，即当输入1个文字时，则插入点右侧1个文字被覆盖。用户可以单击状态栏中"改写"或"插入"字样，也可以按Insert键，即可在插入模式和改写模式之间快速切换。

因为本篇短文面向小学生，有些陌生的文字还需要添加注音，首先选中需要添加注音的文字，如选中"凝望"文本❶，然后切换至"开始"选项卡❷，单击"字体"选项组中"拼音指南"按钮❸，如下左图所示。打开"拼音指南"对话框，在"拼音文字"选项区域中显示选中文字的拼音和声调，设置"字体"为"隶书"、"偏移量"为2磅、"字号"为7磅❹，在"预览"区域可以查看设置的效果，单击"确定"按钮，如下右图所示。

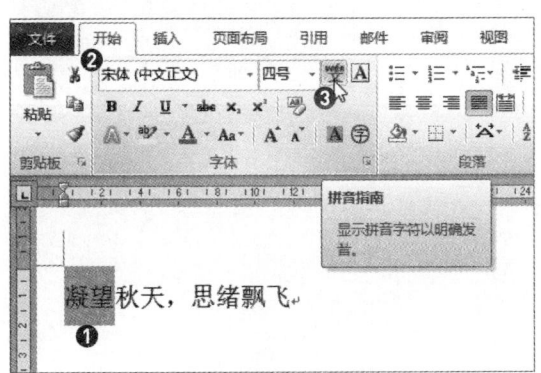

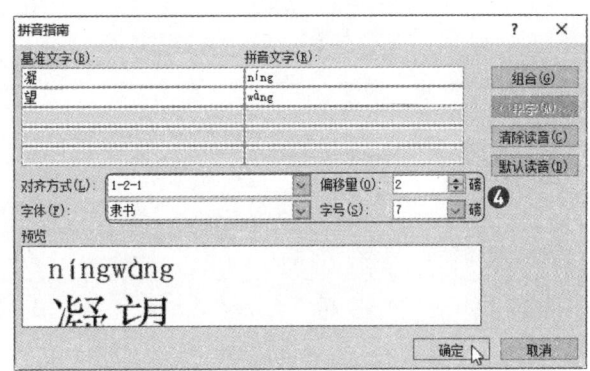

单击"拼音指南"按钮　　　　　　　　　　　　　　"拼音指南"对话框

操作完成后，即可在"凝望"文本的上方插入拼音，如右图所示。用户也可以在"拼音文字"区域中修改拼音，即选中对应的拼音然后直接输入即可。

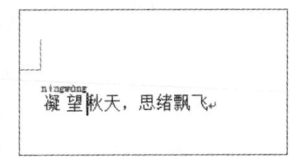

在文档中输入文本时，经常会遇到某些特殊的符号使用键盘是无法输入的，此时可以通过插入符号的方法完成。首先将光标定位在需要插入特殊符号的位置❶，然后切换至"插入"选项卡❷，单击"符号"选项组中"符号"下三角按钮❸，在列表中选择"其他符号"选项❹，如下左图所示。打开"符号"对话框，在"符号"选项卡中选择合适的符号❺，单击"插入"按钮❻，如下右图所示。

查看添加拼音的效果

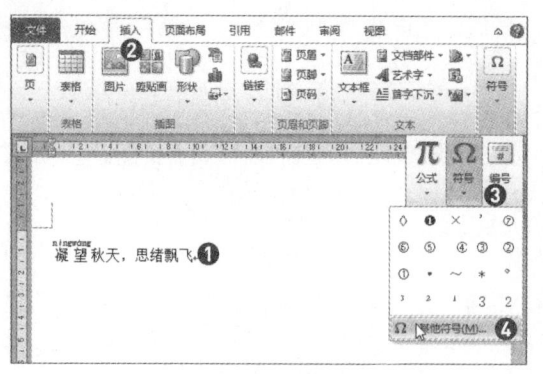
选择"其他符号"选项

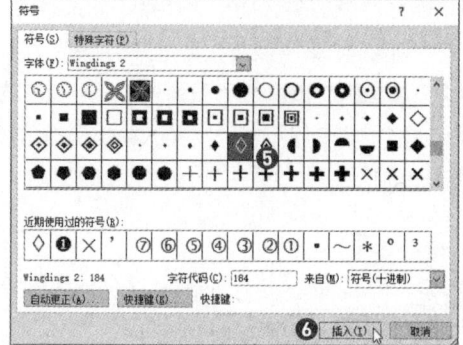
"符号"对话框

单击一次"插入"按钮,即可在插入点插入选中的符号一次。插入两个菱形符号后,关闭"符号"对话框,在两个符号之间输入"节选"文本,如下图所示。

查看插入符号的效果

**提示:** 在文档中对文本进行操作时,首先要做的事情就是移动插入点。我们可以通过鼠标移动,也可能使用键盘上的光标控制键和组合键进行移动。下面以表格的形式介绍具体操作和功能,如表5-1所示。

表5-1 常见快捷键功能

| 快捷键 | 功能 | 快捷键 | 功能 |
| --- | --- | --- | --- |
| 左箭头 | 左移一个字符 | End | 移至行尾 |
| 右箭头 | 右移一个字符 | Home | 移至行首 |
| 上箭头 | 上移一个字符 | Alt+Ctrl+PageUP | 移到窗口顶端 |
| 下箭头 | 下移一个字符 | Alt+Ctrl+PageDown | 移到窗口结尾 |
| Ctrl+左箭头 | 左移一个单词 | PageUP | 上移一屏 |
| Ctrl+右箭头 | 右移一个单词 | PageDown | 下移一屏 |
| Ctrl+上箭头 | 上移一段 | Ctrl+PageUP | 移至上一页 |
| Ctrl+下箭头 | 下移一段 | Ctrl+PageDown | 移至下一页 |
| Tab | 表格中右移一个单元格 | Ctrl+Enter | 移至文档结尾 |
| Shift+Tab | 表格中左移一个单元格 | Ctrl+Home | 移至文档开关 |
| Shift+F5 | 移至前一处修订或上一次关闭文档时插入点的位置 | | |

### 3. 修改文字

如果需要添加或修改文字,则首先选定被修改的文本,然后才能执行修改、删除等操作,或进行复制、移动、查找文本等操作。

(1)选定文本

在对文本进行编辑之前,必须要选中文本。选定的文本会显示浅蓝色的底纹,通常我们使用鼠标选择文本。

如果需要选定单个文字时，将光标移到该文字的左侧或右侧，按住鼠标左键向右或向左拖曳至文字的另一侧即可。如果需要选择某个词组时，直接双击该词组即可。如果需要选择整段文字，则在该段任意位置连续单击鼠标左键3次，即可选择整段文字。如果需要选择某行文本时，将光标移至该行的左侧，变为形状时单击，即可选中该行，如果双击鼠标左键可以选择该段文字，如果三击鼠标左键则可以选择整篇文本。

在选择文本时，还可以配合快捷键使用，如Ctrl、Shift或Alt键。当按住Ctrl键时单击，可选择插入点所在的整句。使用Ctrl键时，可以选择不连续的文本，首先选择某处文本，然后按住Ctrl键再选择其他文本，如下左图所示。如果需要选择大段文字，可以结合Shift键使用，首先在需要选定内容的起始位置单击，通过移动滚动条至内容结尾，按住Shift键并单击，即可选择从起始位置至结尾之间的所有文本。我们在选择文本时都是按行逐一选择的，如果需要按垂直方向选择文本，需要结合Alt键进行选择，首先按住Alt键，然后在需要选择的文本处按下鼠标左键，向下拖曳至合适位置，释放鼠标左键即可，如下右图所示。

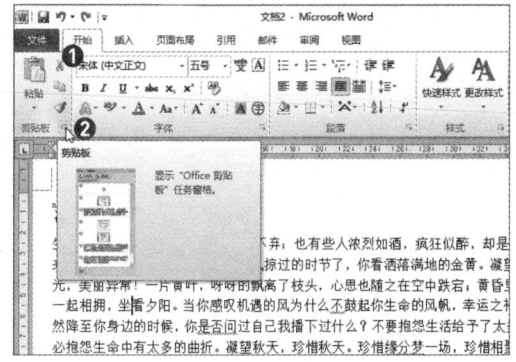
选择不连续文本

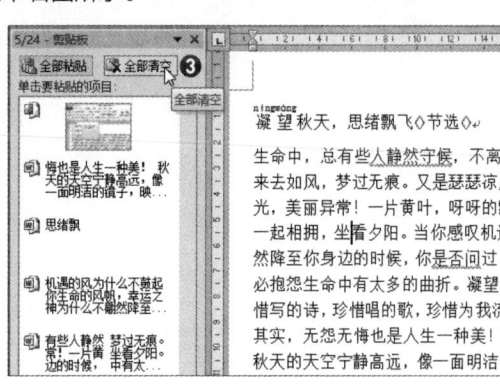
垂直选定文本

（2）删除文本

首先将光标定位在需要删除的文本处，若按Backspace键，则可以删除插入点左侧的一个字符；若按Ctrl+Backspace组合键，则可以删除插入点左侧的一个单词；若按Delete键，则可以删除插入点右侧一个字符；若按Ctrl+Delete组合键，则可以删除插入点右侧一个单词。选择文本后，按Delete键即可删除整个选中的文本。

（3）复制和移动文本

在Office内存中提供一块存储区域，主要用于存放Office的对象，这块存储区域就是"Office剪贴板"。对文本进行复制、移动等编辑操作时，首先要选定文本，然后再通过剪贴板进行文本的复制、移动。Office 2010的剪贴板最多可以容纳24项内容，当用户使用剪贴板超过24项时，将会出现一条信息，询问是否要放弃Office剪贴板上的第一项内容并将新内容添加到剪贴板的尾部。

如果用户需要查看剪贴板上的信息，则切换至"开始"选项卡❶，单击"剪贴板"选项组的对话框启动器按钮❷，如下左图所示。Office剪贴板上的内容将一直保持，如果需要清除Office剪贴板上的全部内容，则单击剪贴板工具栏上的"全部清空"按钮❸，如下右图所示。

单击对话框启动器按钮　　　　　　单击"全部清空"按钮

1）复制文本

首先选定需要复制的文本❶，单击"剪贴板"选项组中的"复制"按钮❷，如下左图所示。用户也可以右击选中的文本，在快捷菜单中选择"复制"命令，或者按Ctrl+C组合键，复制选中的文本，将文本放在剪贴板上。然后确定需要将文本复制的位置❸，再单击"剪贴板"选项组中的"粘贴"按钮，或者单击"粘贴"下三角按钮，在列表中选择合适的选项❹，如下右图所示。用户也可以右击，在快捷菜单的"粘贴选项"区域中选择合适命令，或者按Ctrl+V组合键进行粘贴。

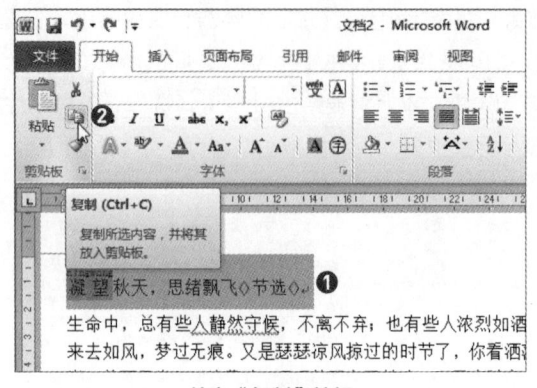

单击"复制"按钮　　　　　　　　　　　　　粘贴文本

利用剪贴板可以一次粘贴多个项目，首先根据上述方法对多个文本或图形图像进行复制，将其放在剪贴板上，然后在需要粘贴的文档中打开剪贴板工具栏，定位到需要粘贴的位置，在剪贴板工具栏中依次单击相应的项目即可。如果需要将剪贴板中所有项目进行粘贴，则单击"全部粘贴"按钮。

2）移动文本

用户可以根据复制文本的方法对文本进行移动，只需要将执行"复制"的操作改为"剪切"即可，即在"剪贴板"选项组中单击"剪切"按钮、在快捷菜单中选择"剪切"命令或者按Ctrl+X组合键。

用户也可以通过拖曳文本的方法移动文本，首先选择需要移动的文本，然后将光标移到选定的文本上，按住鼠标左键不放并拖曳，此时显示虚的竖线，表示将该文本移动的位置，确定位置后释放鼠标左键即可。如果在移动过程中按住Ctrl键，可以将选中文本复制后再移动到指定的位置。

3）查找和替换文本

在Word中可以对文本执行查找和替换操作。若要在文档中查找所有的"秋天"文本，则切换至"开始"选项卡，单击"编辑"选项组中的"查找"按钮，或者按Ctrl+F组合键，如下左图所示。在文档的左侧将打开"导航"窗格，在文本框中输入"秋天"文本，即可在"导航"窗格中显示包含"秋天"文本所在的段落，并且"秋天"文本加粗显示，同时在文档中所有"秋天"文本以黄色底纹突出显示，如下右图所示。

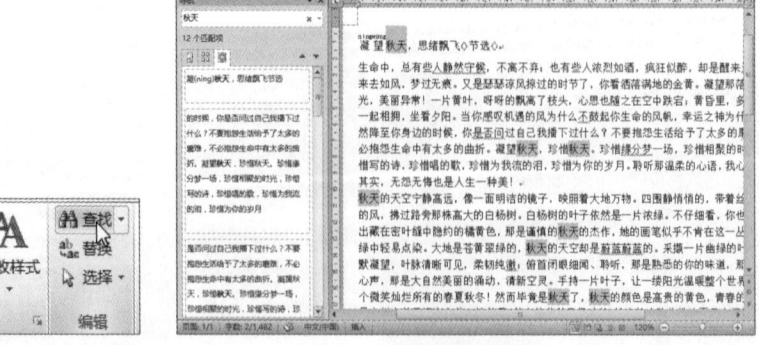

单击"查找"按钮　　　　　　　　　　　　　查看查找的效果

如果用户需要替换某文本,可以在"开始"选项卡下的"编辑"选项组中单击"替换"按钮,打开"查找和替换"对话框。如果需要进行更多条件的查找替换,可以单击"更多"按钮,对话框如下图所示。在"搜索选项"选项区域中可以设置更详细的条件,如区分大小写、使用通配符、设置格式或特殊格式等。

在进行查找替换时,还可以使用通配符,Word中的通配符包括?和*两种,两种通配符均在英文状态下输入。其中?表示一个字符,*表示任意个字符。例如,使用"w?d"进行查找,可以查找到"wad";若使用"w*d"进行查找,可以查找到"wad"、"word"、"wand"等。

"查找和替换"对话框

### 4. 设置文本格式

在Word 2010中输入的文本默认为宋体、五号字,用户可以对文本的格式进行设置,如设置字体、字号、颜色、底纹等。

选择文档的标题文本❶,切换至"开始"选项卡,在"字体"选项组中设置字体为"华文新魏"、字号为三号、字体颜色为深红色❷,在"段落"选项组中单击"居中"按钮❸,如下左图所示。根据相同的方法,对正文文本进行设置,字体为"华文楷体"、字号为五号,如下右图所示。

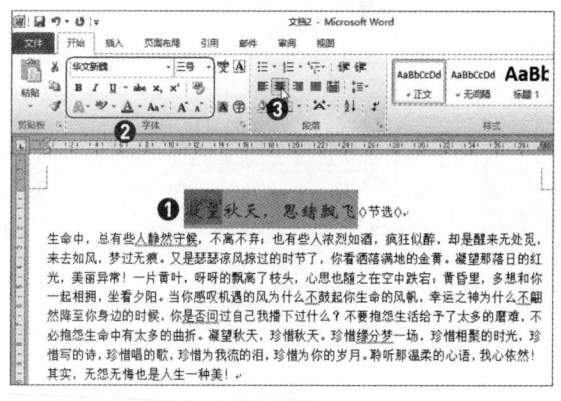

设置标题格式　　　　　　　　　　设置正文格式

上述方法是常用的设置文本格式的方法,用户还可以通过"字体"对话框对选中文本进行详细设置。选择需要设置格式的文本,切换至"开始"选项卡,单击"字体"选项组对话框启动器按钮,打开"字体"对话框,在"字体"选项卡中可以设置文字的字体、字形、字号、颜色、下划线、着重号、删除线等,如下左图所示。也可以单击对话框下方"文字效果"按钮,打开"设置文本效果格式"对话框,设置文本填充、文本边框、轮廓样式、阴影、映像、发光和柔化边缘以及三维格式等效果。选择不同效果时,在右侧面板中设置对应的参数即可,如下右图所示。

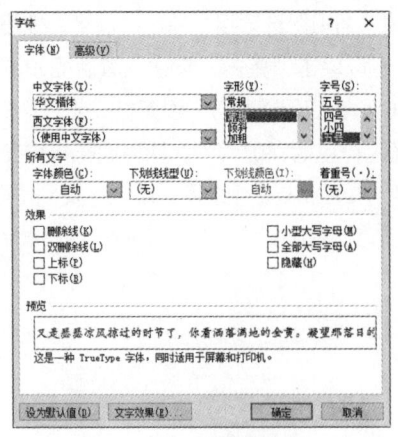

"字体"对话框　　　　　　　　　　　　　"设置文本效果格式"对话框

### 5. 设置段落格式

在Word文档中输入文本后，为了满足阅读的习惯还需要设置段落第一行文字空两个字符、段落之间的距离适当增加。首先选择文档的正文部分❶，切换至"开始"选项卡，单击"段落"选项组的对话框启动器按钮❷，如下左图所示。打开"段落"对话框，在"缩进和间距"选项卡的"缩进"选项区域设置"特殊格式"为"首行缩进"，磅值保持默认设置的2字符❸，在"间距"选项区域中设置"段前"为0.5行，"段后"为1行❹，单击"确定"按钮❺，如下右图所示。然后根据相同的方法，设置文档标题段前和段后距离均为1行。

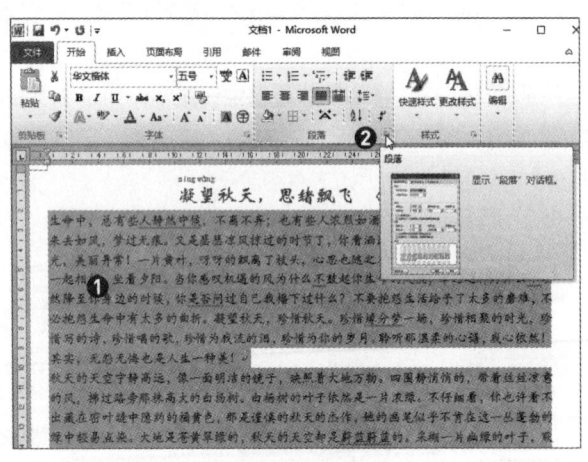
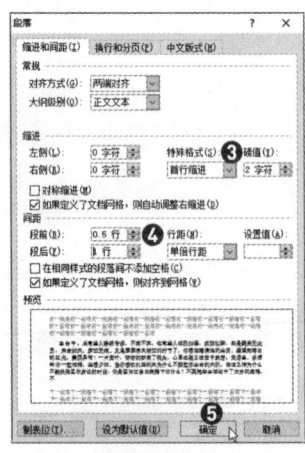

启动"段落"对话框　　　　　　　　　　　　设置段落格式

**提示：** 在"段落"对话框的"缩进"选项区域中包含首行缩进、悬挂缩进、左缩进和右缩进几种缩进方式，下面介绍各种缩进方式的含义。
- 首行缩进：将选中文本每段的首行向内移动指定的距离，其他行不变。
- 悬挂缩进：将除首行外的所有行进行缩进。
- 左缩进和右缩进：将段落中所有行的左边或右边向内移动指定的距离。

用户也可以根据需要设置段落的行距，行距是决定段落中各行之间的间距。默认情况下行距为单倍行距，该间距可以容纳相应行中的最大字体，外加一小段额外的间距。在"段落"对话框的"间距"选项区域中单击"行距"下三角按钮，在列表中可以选择预设的行距选项，也可以在右侧"设置值"数值框中输入相应的行距值。

### 6. 首字下沉

选中正文第一段中的"生命"文本❶，切换至"插入"选项卡，单击"文本"选项组中"首字下沉"下三角按钮，在列表中选择"首字下沉选项"选项❷，如下左图所示。打开"首字下沉"对话框，在"位置"选项区域中选择"下沉"选项❸，设置"字体"为"华文行楷"❹，下沉行数保持原始的3行，距正文的值设置为0.5厘米❺，单击"确定"按钮，如下右图所示。

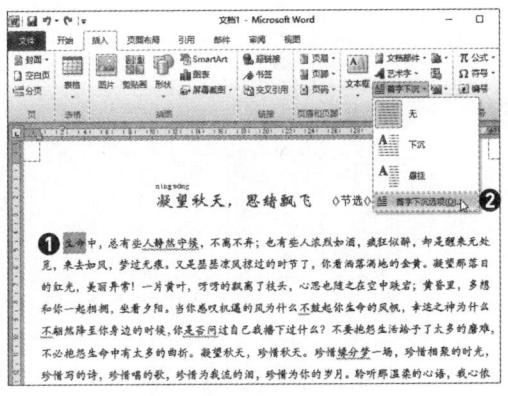
选择"首字下沉选项"选项

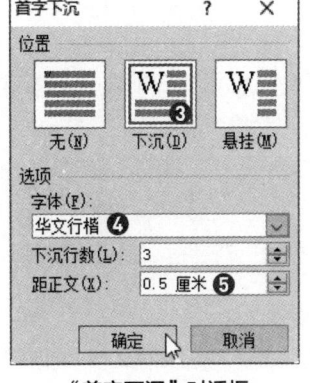
"首字下沉"对话框

设置完成后，可见选中文字占3行大小，字体也改变了，如下图所示。如果在"首字下沉"列表中选择"下沉"选项，则选中的文字直接下沉3行，文字的格式与原格式一样。

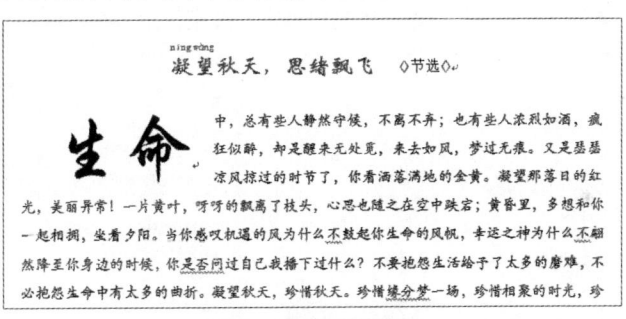
查看设置首字下沉的效果

### 7. 设置分栏

选中需要分栏的段落，切换至"页面布局"选项卡，单击"分栏"下三角按钮，在列表中选择"更多分栏"选项，打开"分栏"对话框，选择"两栏"选项❶，设置间距为2字符❷，单击"确定"按钮，如下左图所示。即可将选中的文本分两栏显示，如下右图所示。

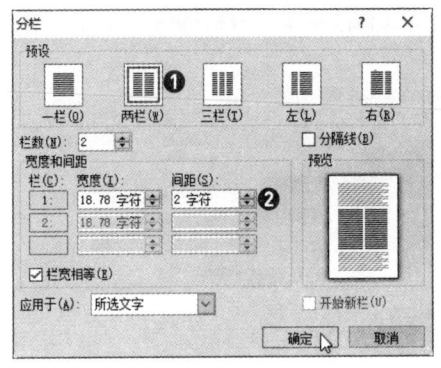
"分栏"对话框

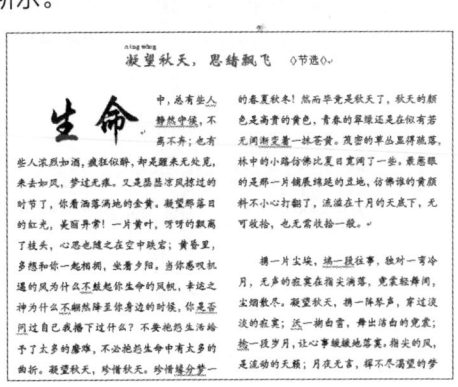
查看效果

### 8. 保存文档

文档创建完成后，必须将其保存到硬盘中才能长期保存，Word 2010的文件名扩展名为"docx"。本案例是新建的文档，当单击"保存"按钮时，会弹出"另存为"对话框，如右图所示。然后设置文档的保存位置，在"文件名"文本框中输入文档的名称，单击"保存"按钮。

如果打开的是已经存在的文档，修改后若单击"保存"按钮，则会将修改后的文档覆盖原文档。如果将已经存在的文档另存在其他位置或其他名称时，可以单击"文件"标签，在列表中选择"另存为"选项，即可打开"另存为"对话框，最后设置保存即可。

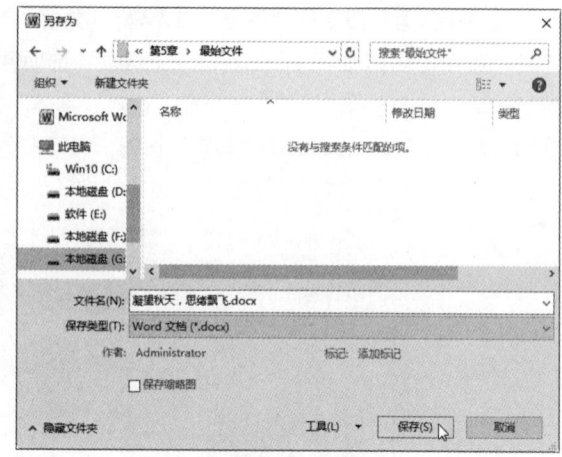

"另存为"对话框

### 9. 保护文档

文档创建完成后，可以为文档添加打开密码和修改密码以对文档进行保存，还可以为不同浏览者设置不同的权限密码。

在"另存为"对话框中设置保存路径和文件名后，单击"工具"下三角按钮❶，在列表中选择"常规选项"选项❷，如下左图所示。打开"常规选项"对话框，在"打开文件时的密码"数值框中输入111❸，在"修改文件时的密码"数值框中输入123❹，单击"确定"按钮，如下右图所示。

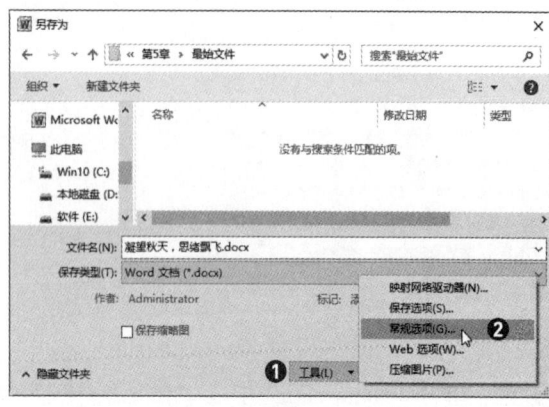

选择"常规选项"选项

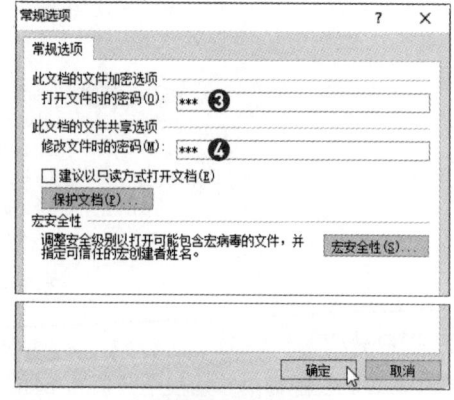

"常规选项"对话框

打开"确认密码"对话框，在"请再次键入打开文件时的密码"数值框中输入设置的打开密码111❶，单击"确定"按钮，如下左图所示。在打开的对话框中再输入修改密码123❷，单击"确定"按钮，如下右图所示。

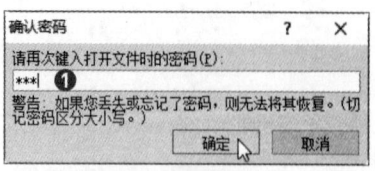

确认打开密码

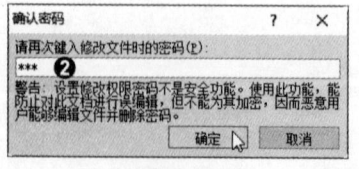

确认修改密码

密码设置完成后，关闭该文档，然后在保存文档的文件夹中双击文档图标，打开"密码"对话框，在"请键入打开文件所需的密码"数值框中输入打开密码❶，单击"确定"按钮，如下左图所示。此时并没有打开该文档，还需要在打开的对话框输入修改密码，单击"确定"按钮打开该文档。如没有授权修改密码，则只能单击"只读"按钮❷，如下右图所示。此时文档以只读方式打开，在文件名称右侧显示"只读"文本，对文档修改后，用户只能另存为，不能保存原文档。

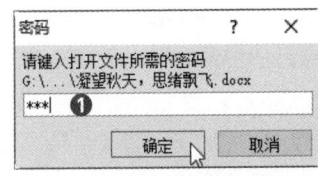
输入打开密码

单击"只读"按钮

## 5.1.2 Word 2010表格的编辑和处理

使用Word可以制作简单的表格，适当使用表格可以更规范、清晰地展示数据。还可以设置表格的格式或应用表格样式，进一步美化文档。如果表格中有数据，还可以通过公式对数据进行计算操作。

某学校教导老师统计2019年上学期本班学生参加业余活动的人数，现在需要制作一份表格进行统计分析，还需要对数据进行求和。

**1. 新建文档并设计标题**

新建空白文档，然后输入"2019年上学期业余活动统计表"文本，在"字体"选项组中设置文本的字体为"华文新魏"、字号为小三，单击"加粗"按钮，然后在"页面布局"选项卡的"段落"选项组中设置段前和段后为0.5行。最后将文档保存起来，命名为"2019年上学期业余活动统计表.docx"。

**2. 插入表格**

按Enter键将光标移至下一行，切换至"插入"选项卡❶，单击"表格"选项组中"表格"下三角按钮❷，在列表中选择"插入表格"选项❸，如右图所示。

在"表格"下拉列表中还可以选择"绘制表格"选项，此时光标变为铅笔形状，在编辑区拖曳绘制表格的外边框，然后再绘制表格的内边框即可。

打开"插入表格"对话框，在"表格尺寸"选项区域中设置"列数"为5、"行数"为10，单击"确定"按钮，如下左图所示。在插入点处即可插入5列10行的表格，列宽是平均分配的，如下右图所示。

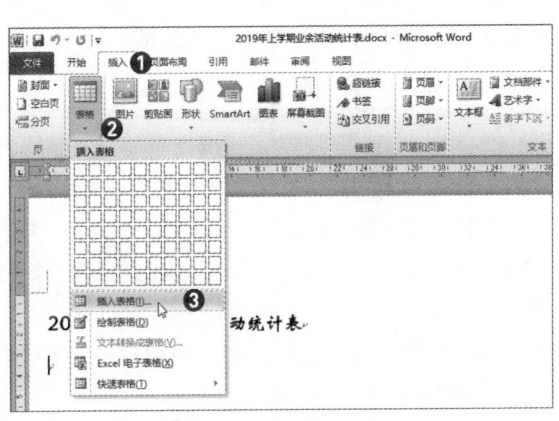
选择"插入表格"选项

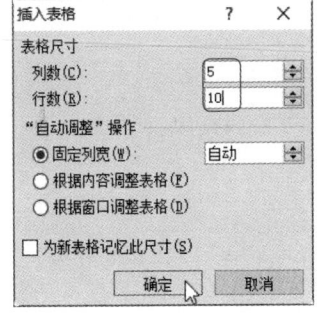
"插入表格"对话框

插入表格的效果

## 3. 设置表格的列宽和行高

表格创建完成后，默认行高为0.46厘米，列宽是根据页面大小平均分布的。当然还需要根据在单元格中输入的数据进一步调整列宽和行高，用户可以通过手动调整或在功能区进行精确调整。

将光标移至左侧第2条竖线上，此时光标变为 ╫ 形状，然后按住鼠标左键向左进行拖曳❶，此时会出现虚的竖线，用户可以通过它判断拖曳后位置，拖曳至合适的位置后释放鼠标左键，即可完成第一列的调整，如下左图所示。然后根据相同的方法调整其他列的宽度。

选择第2行至第9行❷，切换至"表格工具-布局"选项卡，在"单元格大小"选项组中的"表格行高"数值框中输入0.6厘米❸，如下右图所示。根据相同的方法设置第1行和第10行的行高为1厘米。

调整列宽　　　　　　　　　　调整行高

除了上述介绍的调整列宽和行高的方法外，还可以设置自动调整行高或列宽。先选择需要调整的行或列，切换至"表格工具-布局"选项卡，在"单元格大小"选项组中单击"自动调整"下三角按钮，在列表中选择"根据内容自动调整表格"选项即可。

## 4. 合并单元格

用户可以根据制作表格的需要，将多个连续的单元格合并成一个大的单元格。选择第10行左侧3个单元格❶，切换至"表格工具-布局"选项卡，单击"合并"选项组中的"合并单元格"按钮❷即可，如右图所示。

用户也可右击选中的单元格，然后在快捷菜单中选择"合并单元格"命令即可。

单击"合并单元格"按钮

■ **提示：** 对单元格进行拆分操作，就是将一个单元格拆分成多个单元格。选择需要拆分的单元格，切换至"表格工具-布局"选项卡，单击"合并"选项组中"拆分单元格"按钮，打开"拆分单元格"对话框，设置需要将单元格拆分的列数和行数❶，单击"确定"按钮即可❷，如右图所示。

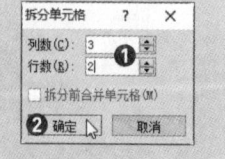

"拆分单元格"对话框

## 5. 输入并编辑文字

下面介绍如何在表格的单元格内输入相应的文字信息，并设置文字的格式。首先单击表格左上角的 ⊕

图标，全选表格，切换至"表格工具-布局"选项卡，单击"对齐方式"选项组中的"水平居中"按钮，即可将所有文字居中显示，如下图所示。

**输入并编辑文字的效果**

### 6. 计算数据

在Word中可以通过函数对数据进行计算，如在本案例中需要对次数和报名人数分别进行求和。选择举办次数列中第10个单元格❶，切换至"表格工具-布局"选项卡，单击"数据"选项组中的"公式"按钮❷，如下左图所示。打开"公式"对话框，在"公式"文本框中显示SUM函数公式，保持不变单击"确定"按钮，如下右图所示。

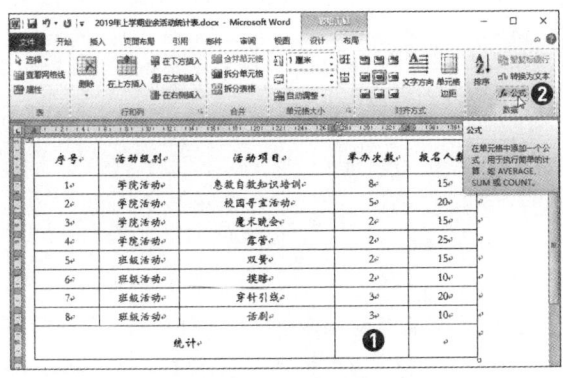
**单击"公式"按钮**

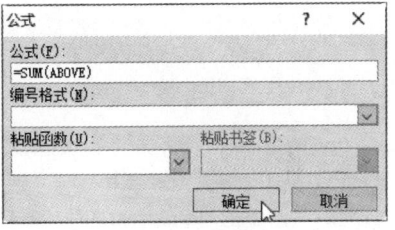
**"公式"对话框**

可见在选中的单元格中显示举办次数之和，用户可以根据相同的方法计算出报名人数之和，如下图所示。也可以选中单元格后按F4功能键，因为F4功能键主要功能是重复执行上一步的操作。

**查看计算结果**

> **提示**：在Word中除了对数据进行求和运算外，还可以计算平均值、统计个数、最大值、最小值、乘积等。在"公式"对话框，单击"粘贴函数"下三角按钮，在列表中选择相应的函数，即可在"公式"文本框中显示函数，然后对参数进行修改。

### 7. 设置表格的线型

创建表格后，其内边框和外边框均为统一的线条，为了表格美观，用户可以为边框设置不同的线型。选择整个表格❶，切换至"表格工具-设计"选项卡，在"绘图边框"选项组中单击"笔样式"下三角按钮，在列表中选择双线型❷，再单击"笔颜色"下三角按钮，在列表中选择紫色❸，如下左图所示。然后单击"表格样式"选项组中"边框"下三角按钮，在列表中选择"外侧框线"选项，即可为外边框应用设置的线型，如下右图所示。

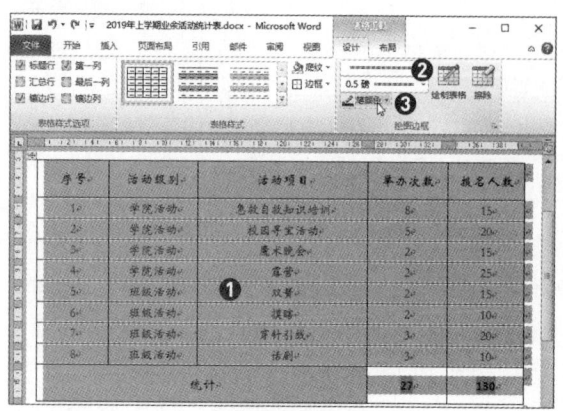

设置边框线型　　　　　　　　　　　设置外边框格式

> **提示：**若要删除单元格或表格中的内容，可以先选中需要删除内容的单元格、行或列，直接按Delete键即可。如果需要删除单元格或表格中的行列，可以先选择单元格或行列，单击鼠标右键，在快捷菜单中选择"删除单元格"、"删除行"或"删除列"命令即可。
> 如果需要向表格中添加行或列，选定插入行或列的位置并右击，在快捷菜单中选择"插入"命令，在子菜单中选择相应的子命令即可。如果在最后一行插入一行，将光标定位在最后一行最右侧，按Enter键即可。

### 8. 应用表格样式

Word 2010中内置了多种表格样式，用户可以根据需要直接套用表格样式，即可快速美化表格。选中表格任意位置，切换至"表格工具-设计"选项卡，单击"表格样式"选项组中"其他"按钮❶，如下左图所示。在打开的表格样式列表中选择合适的样式❷，如下右图所示。

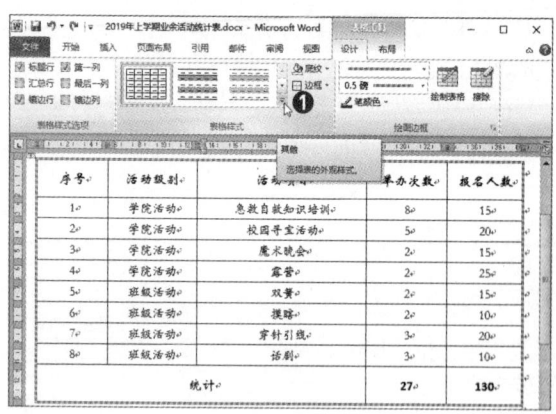 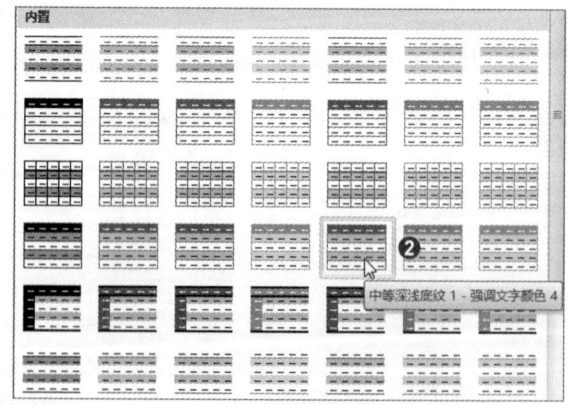

单击"其他"按钮　　　　　　　　　　选择表格样式

返回文档中，可见表格应用了设置的样式，如下图所示。从效果可见，之前设置的表格格式在应用表格样式后都不存在了。

查看应用样式后的效果

**提示：** 用户如果对应用的表格样式不满意，可以对其进行修改。再次切换至"表格工具-设计"选项卡，单击"表格样式"选项组中的"其他"按钮，在列表中选择"修改表格样式"选项，打开"修改样式"对话框，如右图所示。在"名称"文本框中输入样式的名称，然后单击"将格式应用于"下三角按钮，在列表中选择需要修改的表格元素，如标题行、汇总行、首列等，然后再设置其格式，也可以单击"格式"下三角按钮，在列表中选择需要设置格式的选项，在打开的对话框中设置格式，单击"确定"按钮即可。然后在"其他"列表的"自定义"区域选择自定义的表格样式即可。

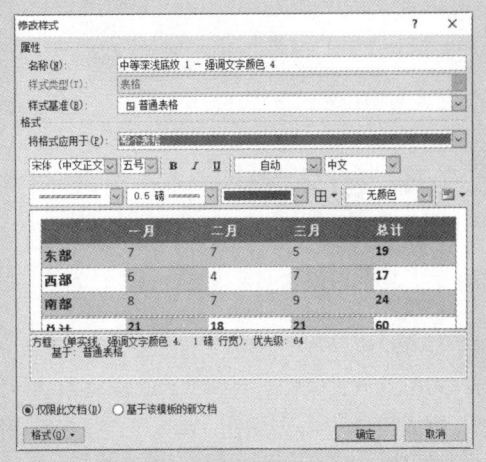

"修改样式"对话框

### 9. 对数据进行排序

在Word的表格中也可以对数据进行排序，如按照升序或降序排列。在本案例中将按报名人数的升序排列表格。表格的最后一行包括统计数据，在对数据进行排序时不需要将其也介入，所以选择除最后一行的所有数据，包括标题❶。切换至"表格工具 布局"选项卡，单击"数据"选项组的"排序"按钮❷，如下左图所示。打开"排序"对话框，单击"主要关键字"右侧下三角按钮，在列表中选择"报名人数"选项❸，保持右侧"升序"单选按钮为选中状态❹，在"列表"选项区域中选中"有标题行"单选按钮❺，单击"确定"按钮，如下右图所示。

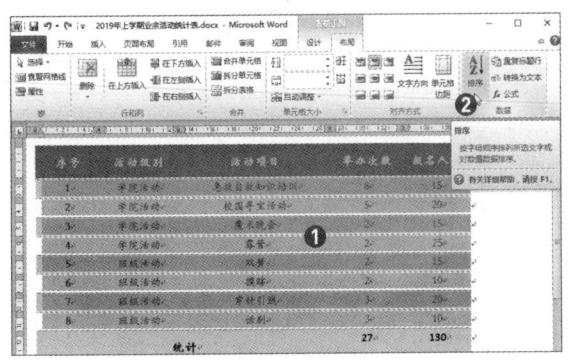

单击"排序"按钮

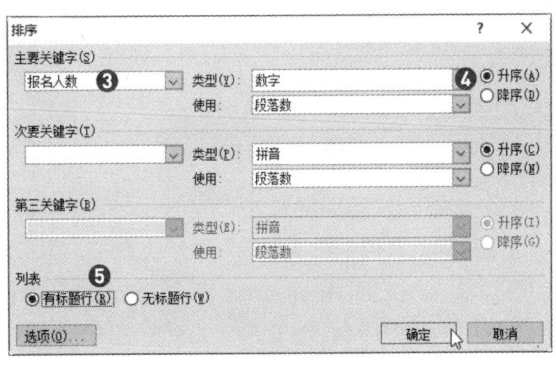

"排序"对话框

返回文档中，可见表格按照"报名人数"升序排列，然后对序号按顺序输入。至此，2019年上学期业余活动统计表制作完成，效果如下图所示。

| 序号 | 活动级别 | 活动项目 | 举办次数 | 报名人数 |
|---|---|---|---|---|
| | | 2019年上学期业余活动统计表 | | |
| 1 | 班级活动 | 模距 | 2 | 10 |
| 2 | 班级活动 | 话剧 | 3 | 10 |
| 3 | 学院活动 | 急救自救知识培训 | 8 | 15 |
| 4 | 学院活动 | 魔术晚会 | 2 | 15 |
| 5 | 班级活动 | 双簧 | 2 | 15 |
| 6 | 学院活动 | 校园寻宝活动 | 5 | 20 |
| 7 | 班级活动 | 穿针引线 | 3 | 20 |
| 8 | 学院活动 | 露营 | 2 | 25 |
| | | 统计 | 27 | 130 |

**查看表格的最终效果**

## 5.1.3 图文混排

一篇图文并茂的文档，不仅看起来生动形象、充满活力，还可以起到美化文档的作用。在Word中插入图片后，用户可以对图片进行处理，使其更符合要求，也可以插入艺术文字使标题更加具有艺术感。

### 1. 插入图片

为了进一步美化"凝望秋天，思绪飘飞"文档，用户可以在文档中适当添加图片。首先打开"凝望秋天，思绪飘飞.docx"文档，将光标定位在需要插入图片的位置❶，切换至"插入"选项卡，单击"插图"选项组中"图片"按钮❷，如下左图所示。打开"插入图片"对话框，选择合适的图片，如"秋色.jpg"❸，单击"插入"按钮❹，如下右图所示。即可将选中图片插入到文档中。

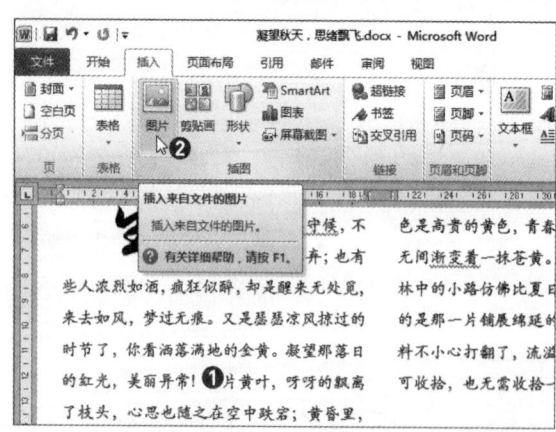
单击"图片"按钮

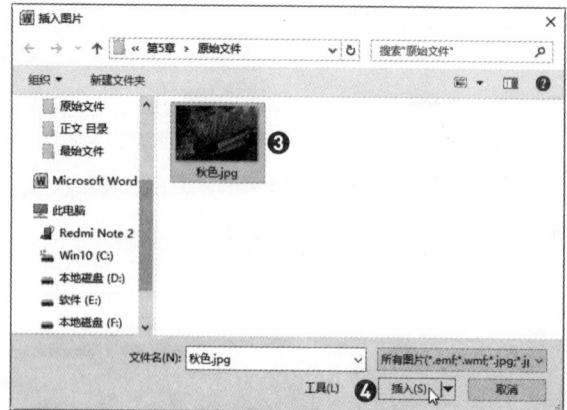
插入选中的图片

### 2. 设置图片的环绕方式

图片插入文档中默认为嵌入型环绕方式，用户可以根据需要设置图片的环绕方式。在文档中选择插入的图片❶，切换至"图片工具-格式"选项卡，单击"排列"选项组中的"自动换行"按钮，在下拉列表中选择"四周型环绕"选项❷，如下左图所示。将光标移至图片右上角的控制点上，按住鼠标左键进行拖曳，适当缩小图片，可见文字围绕着图片显示，如下右图所示。

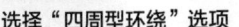

选择"四周型环绕"选项　　　　　　　　　　　缩小图片并查看效果

**提示**：除了上述介绍设置图片的环绕方式外，用户还可以通过快捷菜单或对话框进行设置。在对话框中可以精确设置环绕的相关参数。

**1. 通过快捷菜单设置环绕方式**

选中图片并右击，在快捷菜单中选择"自动换行"命令，在子菜单中选择相应的环绕方式，选项和"自动换行"列表中选项一样，包含嵌入型、四周型环绕、紧密型环绕、穿越型环绕、上下型环绕、衬于文字下方和衬于文字上方等。

**2. 通过对话框设置环绕方式**

在"自动换行"列表中选择"其他布局选项"选项，打开"布局"对话框，在"文字环绕"选项卡的"环绕方式"选项区域中选择环绕方式，在"自动换行"和"距正文"选项区域中设置相关参数即可，如下图所示。

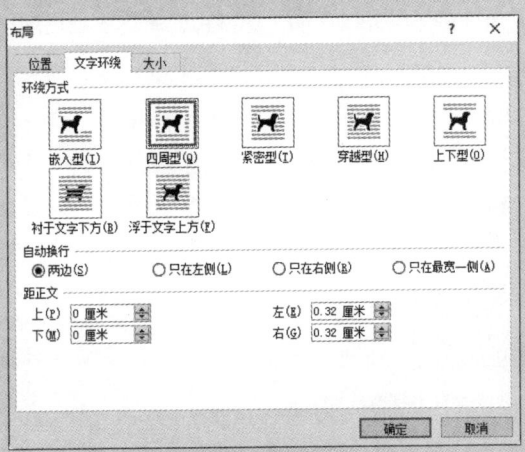

"布局"对话框

**3. 选择衬于文字下方的图片**

若将图片设置为衬于文字下方，当光标移至图片上时可见只能选择上方的文字。如果需要对图片进行编辑操作，该如何选择图片呢？首先在"开始"选项卡中单击"编辑"选项组的"选择"下三角按钮❶，在列表中选择"选择对象"选项❷，如下图所示。将光标移至图片上方时，光标显示向4个方向的箭头，单击鼠标左键即可选中图片。

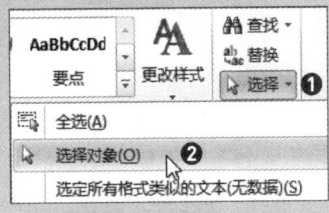

选择"选择对象"选项

### 3. 调整图片

为了使用图片突出秋天的感觉，还需要进行适当调整。选择插入的图片，切换至"图片工具-格式"选项卡，单击"调整"选项组中"更正"下三角按钮❶，在列表中选择"亮度：+20% 对比度0%（正常）"选项❷，可见图片整体提亮了，如下左图所示。单击"调整"选项组中"颜色"下三角按钮，在列表的"颜色饱和度"选项区域中选择"饱和度：200%"选项❸，然后在"色调"选项区域中选择"色调：7200K"选项❹，如下右图所示。

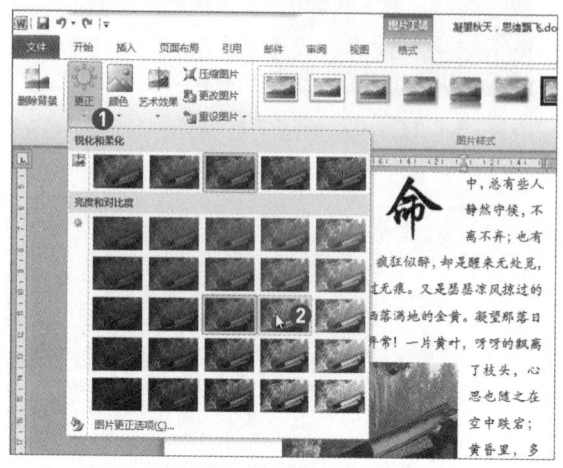

设置图片亮度和对比度　　　　　　　设置图片颜色

对图片调整完成后，可见图片整体明亮度增加，色温和色调均适当增加，使图片更具有秋天的韵味，效果如下图所示。

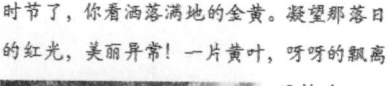

查看调整图片后的效果

> **提示：** 在调整图片后，用户可以恢复图片的效果。选择图片，切换至"图片工具-格式"选项卡，单击"重设图片"下三角按钮，在列表中包含"重设图片"和"重设图片和大小"两个选项，如右图所示。"重设图片"选项可以恢复图片至原始的效果；"重设图片和大小"选项可以恢复图片至原始效果，并且恢复至插入图片时的大小。

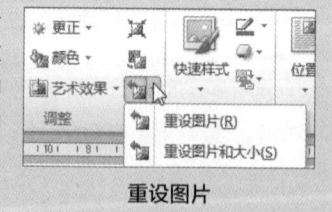

重设图片

### 4. 应用图片样式

选择图片，切换至"图片工具-格式"选项卡，单击"图片样式"选项组的"其他"按钮，在列表中选择合适的样式❶，可见图片应用了选中的样式，如下左图所示。用户还可以根据需要进一步设置，在"图片样式"选项组中单击"图片边框"下三角按钮，在列表中选择"无边框"选项❷，如下右图所示。

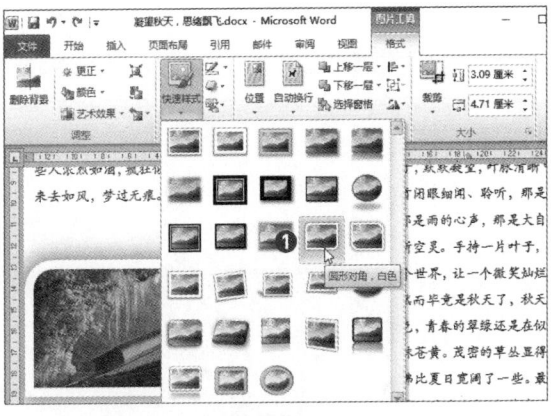
应用图片样式

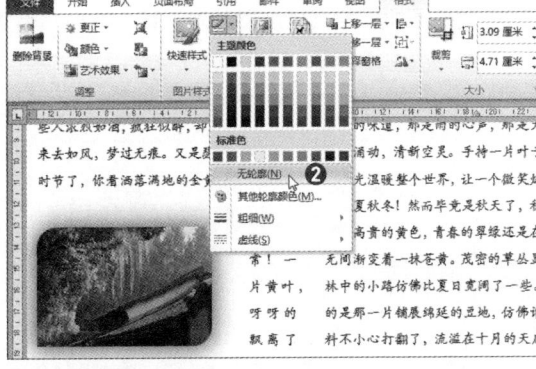
设置无边框

可见图已经没有边框了，应用的该样式还有阴影效果，再单击"图片样式"选项组的"图片效果"下三角按钮，在列表中选择"阴影>无阴影"选项，即可清除阴影效果。下面介绍为图片添加发光效果的方法。再次单击"图片效果"下三角按钮❶，在列表中选择"发光"选项，在子列表中选择合适的发光变体选项❷，如下左图所示。操作完成后，在图片的周围有蓝色的发光效果。再次单击"图片效果"下三角按钮，在列表中选择"发光>发光选项"选项，打开"设置形状格式"对话框，在"发光"选项区域中设置发光颜色为黄色、大小为6磅、透明度为40%❸，在"柔化边缘"选项区域中设置大小为1磅❹，单击"关闭"按钮，如下右图所示。

添加发光效果　　　　　　　　　　设置发光参数

操作完成后，可见图片应用了发光效果，此时图片与文字之间的距离太大，然后设置图片的环绕方式为"紧密型环绕"，效果如下图所示。

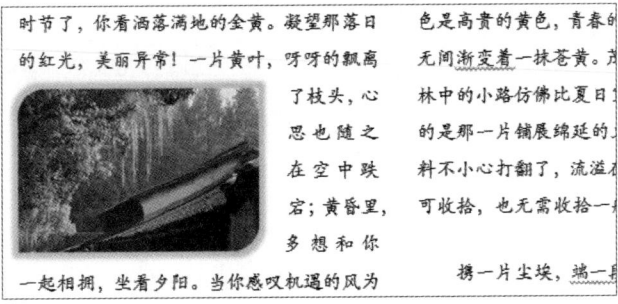
查看应用图片样式后的效果

### 5. 插入艺术字

下面介绍如何为文档添加艺术字作为标题,首先切换至"插入"选项卡,单击"文本"选项组的"艺术字"下三角按钮❶,在列表中选择合适的艺术字❷,如下左图所示。此时在编辑区插入了艺术字文本框,清除文本框内文字,然后再输入标题文字❸,如下右图所示。

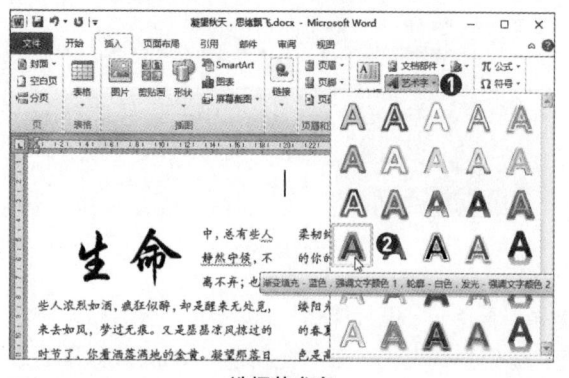

选择艺术字　　　　　　　　　　　　　　输入标题文字

**提示:** 用户也可以将已有的文字转换为艺术字:选择文字,单击"文本"选项组中"艺术字"下三角按钮,在列表中选择合适的艺术字样式即可。

### 6. 编辑艺术字

选择艺术字,切换至"开始"选项卡,在"字体"选项组中设置字体为"华文行楷"、字号为小二❶,如下左图所示。保持艺术字为选中状态,切换至"绘图工具-格式"选项卡,单击"艺术字样式"选项组中"文本填充"下三角按钮❷,在下拉列表中选择橙色选项❸,如下右图所示。

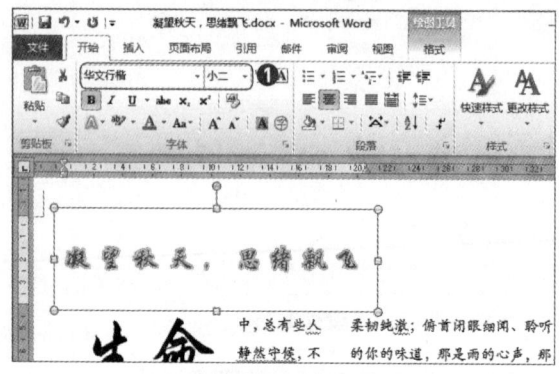
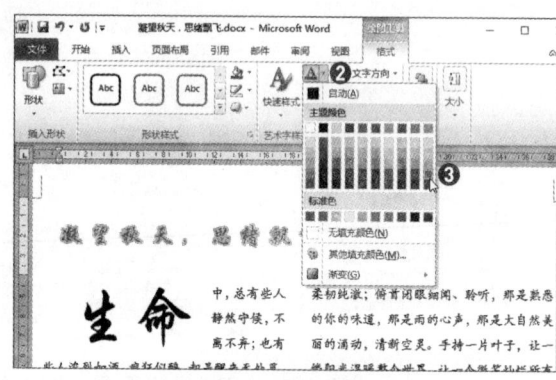

设置艺术字格式　　　　　　　　　　　　设置艺术字填充颜色

在"艺术字样式"选项组中单击"文本轮廓"下三角按钮❶,在列表中选择橙色选项❷,如右图所示。

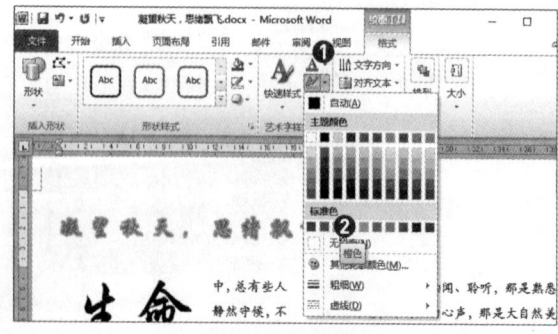

设置艺术字轮廓颜色

**提示:** 在"文本轮廓"列表中,用户还可以设置轮廓的粗细和线型。

### 7. 调整艺术字位置

选择艺术字文本框，切换至"绘图工具-格式"选项卡，单击"排列"选项组中"位置"下三角按钮❶，在列表中选择"顶端居中，四周型文字环绕"选项❷，如下图所示。可见艺术字文本框位于文档的顶端，并居中显示。

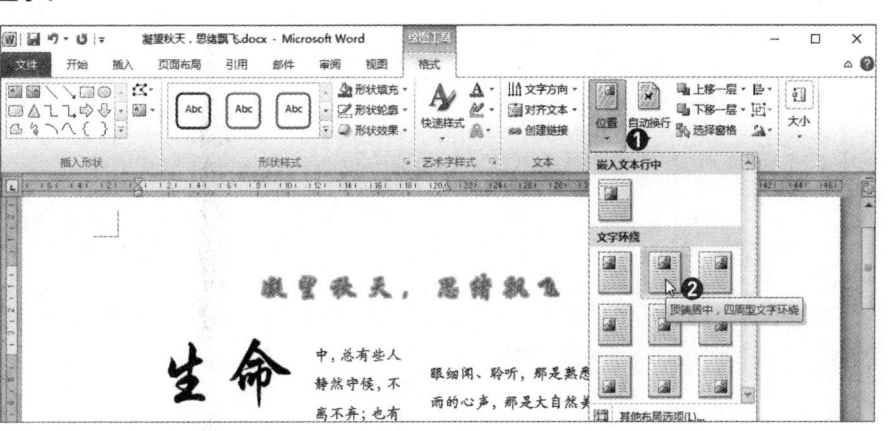

设置文本位置

### 8. 为艺术字添加效果

下面介绍如何为艺术添加弯曲的效果，以体现标题中"思绪飘飞"的意境。首先选择艺术字文本框，切换至"绘图工具-格式"选项卡❶，单击"艺术字样式"选项组中"文本效果"下三角按钮❷，如下左图所示。

在打开的列表中选择"转换>波形1"效果选项，可见艺术字应用了波形的效果。至此，图文混排制作完成，最终效果如下右图所示。

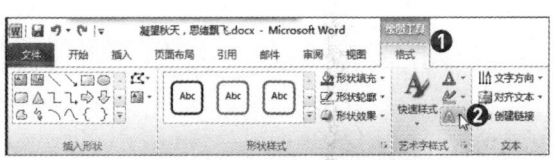

单击"文本效果"下三角按钮

查看最终效果

## 5.1.4 Word 2010图表的应用

在5.1.3小节中介绍Word中表格的应用，用户还可以在Word中创建图表，以图形的形式直观地展示数据。在Word 2010中包含10多种图表类型，如柱形图、折线图、饼图、条形图、面积图、股份图、圆环图等等。本节以饼图为例介绍图表的制作过程。

### 1. 插入饼图

新建空白文档，并保存为"2019年上学期业余活动分析图.docx"文档。切换至"插入"选项卡，单击"插图"选项组中"图表"按钮❶，如下左图所示。打开"插入图表"对话框，在左侧列表框中选择"饼图"选项❷，在右侧"饼图"选项区域中选择三维饼图选项❸，单击"确定"按钮，如下右图所示。

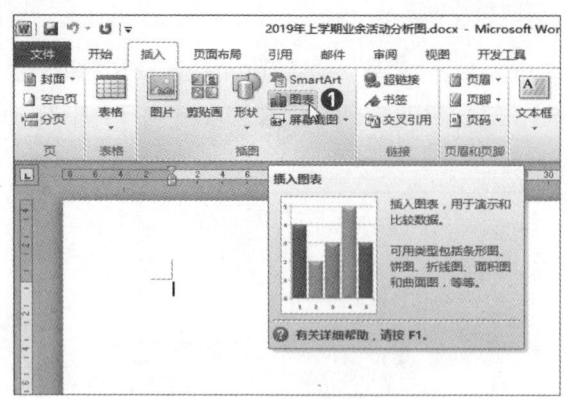
单击"图表"按钮

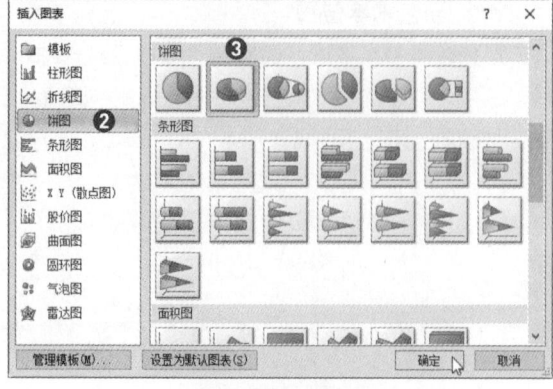
选择三维饼图样式

此时，在Word文档中插入默认的饼图❶，并打开Excel工作表，显示各种数据❷，如下图所示。

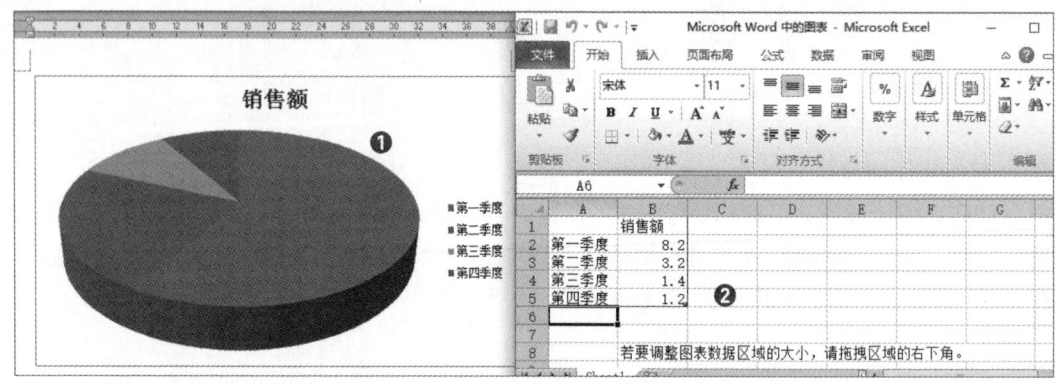
查看插入默认三维饼图的效果

在Excel的B1单元格中输入"2019年上学期业余活动分析图"文本，然后在A2:B4单元格区域输入相关数据，将第5行删除，可见饼图发生了对应的变化，如下图所示。

输入相关数据

## 2. 添加图表元素

在文档中插入饼后，可见只显示标题、图例等元素，为了更好地展示数据，还可以添加对应的元素。选中图表❶，切换至"图表工具–布局"选项卡，单击"标签"选项组中"数据标签"下三角按钮❷，在列表中选择"数据标签内"选项❸，如下左图所示。可见在各个数据系列中显示参加的人数，选择添加的数据标签并右击，在快捷菜单中选择"设置数据标签格式"命令❹，如下右图所示。

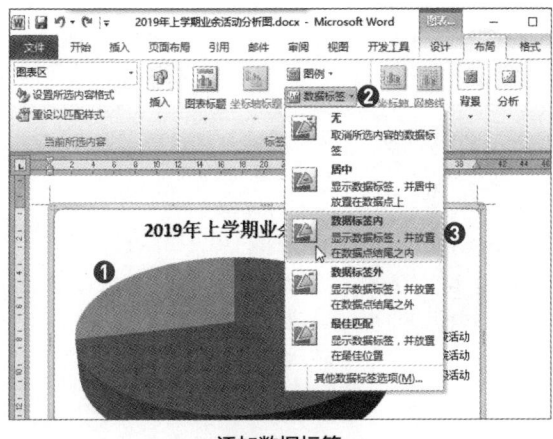
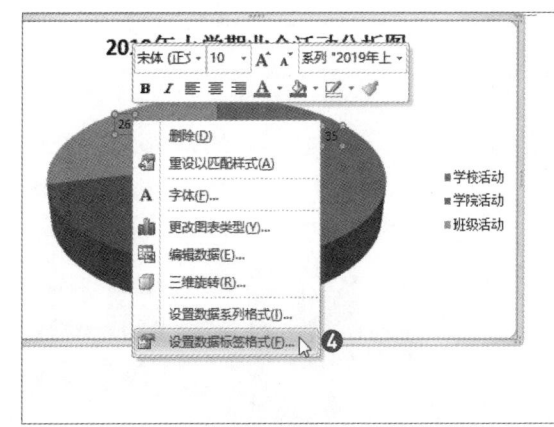

添加数据标签　　　　　　　　　　选择"设置数据标签格式"命令

打开"设置数据标签格式"对话框,在"标签选项"选项区域中取消勾选"值"复选框,勾选"类别名称"和"百分比"复选框❶,然后单击"关闭"按钮❷,如下左图所示。可见数据标签格式显示系列名称和所占的百分比。用户在"设置数据标签格式"对话框,还可以根据需要对数字、填充、边框颜色、边框样式、阴影、三维格式等进行设置。单击"标签"选项组中"图例"下三角按钮,在列表中选择"无"选项,可见图表中的图例不显示了,如下右图所示。

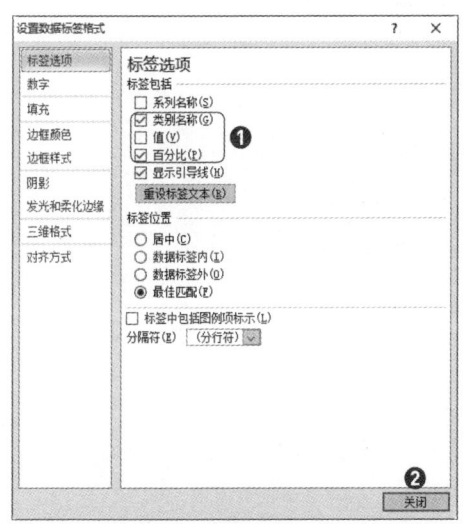
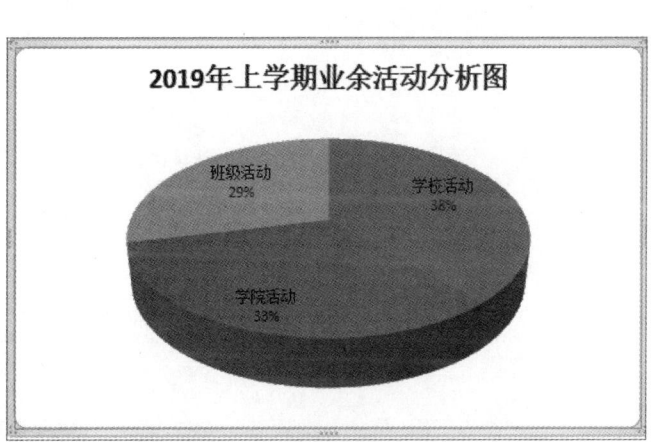

"设置数据标签格式"对话框　　　　　　　隐藏图例

■ **提示:** 用户可以在"图表工具-布局"选项卡的"标签"和"坐标轴"选项组中,添加相应的图表元素,如坐标轴标题、模拟运算表、坐标轴、网格线等。不同类型的图表,激活对应的图表元素按钮,当创建饼图时,则坐标轴和网格线等相关元素的按钮是不可用的。

### 3. 应用图表样式

Word中内置了40多种图表样式,用户可以根据需要直接套用,快速美化图表,也可以分别对各数据系列进行填充,如纯色填充、渐变填充、图片和图案填充等。

选中图表,切换至"图表工具-设计"选项卡,单击"图表样式"选项组中"其他"按钮,在打开的样式库中选择合适样式,可见图表应用了选中的样式,如下左图所示。如果需要设置扇区的填充,在某一扇区上单击两次,即可选中该扇区,然后右击,在快捷菜单中选择"设置数据点格式"命令,如下右图所示。

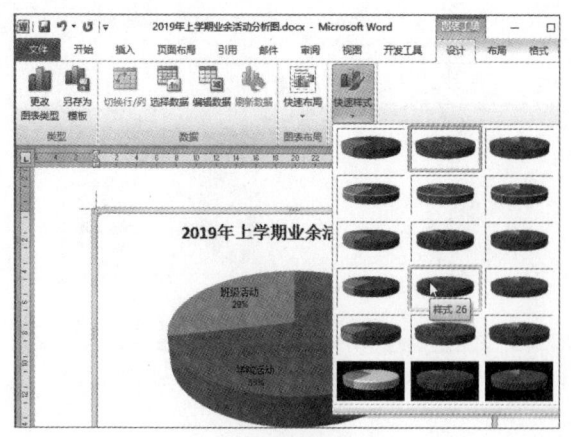
选择图表样式

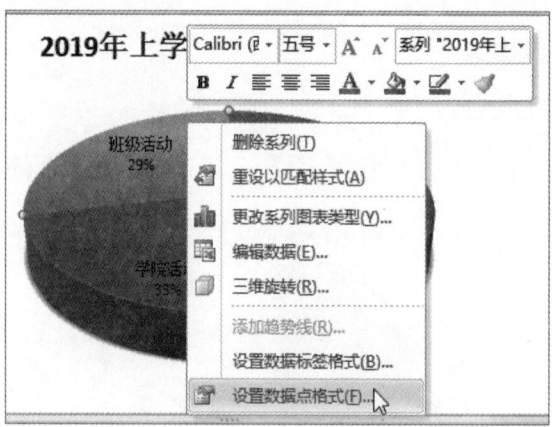
选择"设置数据点格式"命令

打开"设置数据点格式"对话框,在左侧列表框中选择"填充"选项❶,在右侧选择"渐变填充"单选按钮❷,并设置各颜色滑块的颜色❸,单击"关闭"按钮,如下左图所示。即可将设置的渐变填充应用到选中扇区。用户可以根据相同的方法为其他扇区填充纹理或图案,如下右图所示。

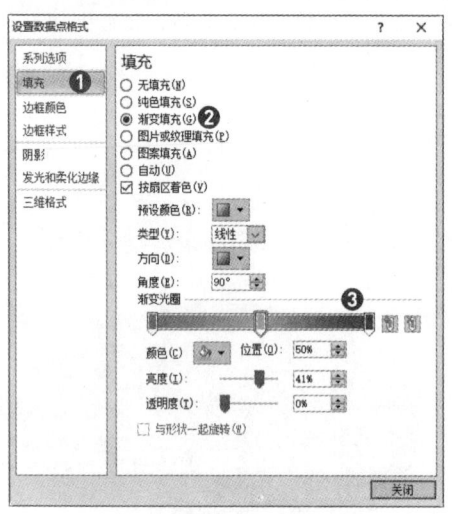
设置渐变填充

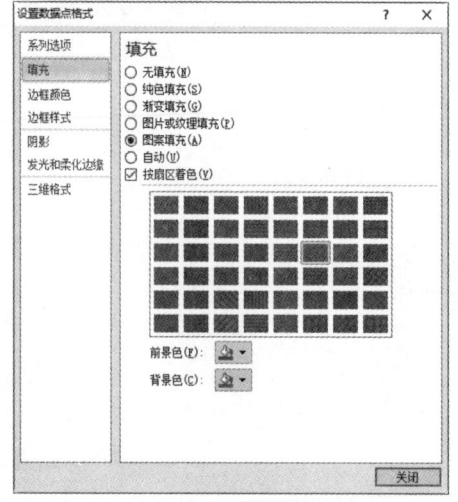
设置图案填充

切换至"图表工具-格式"选项卡,单击"形状样式"选项组中"其他"按钮,在列表中选择合适的样式,可见图表应用了选中的样式,如下图所示。

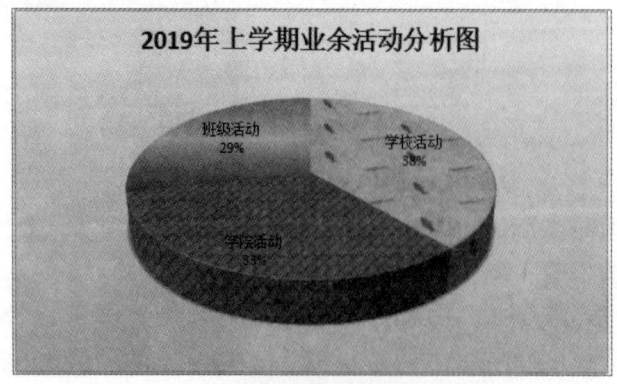
为图表应用形状样式

### 4. 为图表应用效果

选中图表，在"形状样式"选项组中单击"形状效果"下三角按钮❶，在列表中选择"棱台>硬边缘"选项❷，即可为图表应用效果，如下图所示。

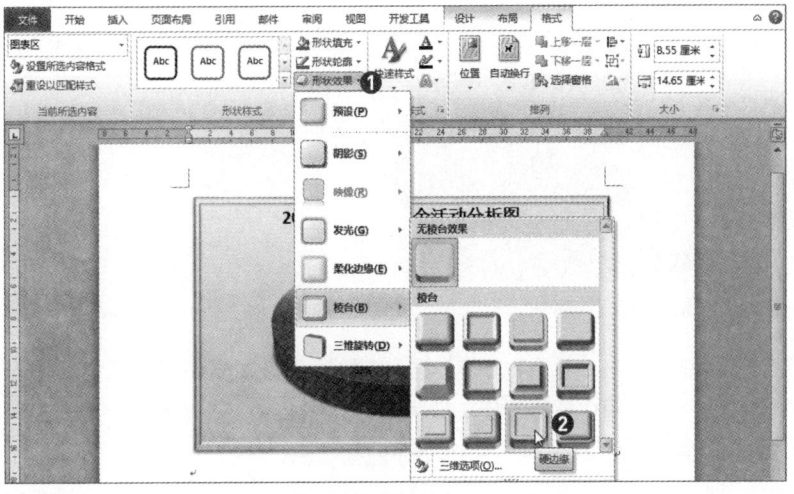

为图表应用效果

### 5. 添加命令按钮控件

在Word中创建图表后，无法和Excel一样同时显示数据和图表，我们可以为图表添加控件，并设置超链接。如果需要查看源数据，只需单击该控件即可。

在添加控件之前，需要添加"开发工具"选项卡，因为Word默认情况下是不显示该选项卡的。单击"文件"标签，在列表中选择"选项"选项，打开"Word选项"对话框，在左侧选择"自定义功能区"选项❶，在右侧"自定义功能区"选项区域中勾选"开发工具"复选框❷，单击"确定"按钮，如下左图所示。完成上述操作后，在功能区选项卡中即可显示"开发工具"选项卡。切换至"开发工具"选项卡❸，单击"控件"选项组中"旧式工具"下三角按钮❹，在列表中选择"命令按钮"控件选项❺，如下右图所示。

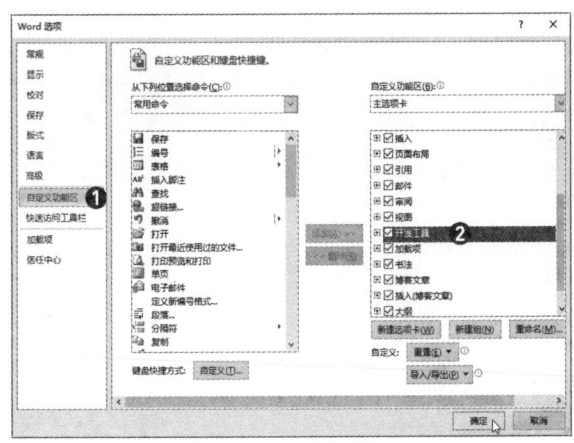

添加"开发工具"

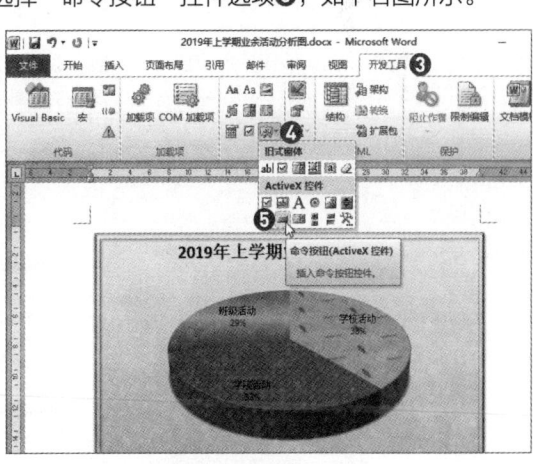

添加"命令按钮"控件

在文档中添加命令按钮控件后，选中该控件，单击"控件"选项组中"属性"按钮，打开"属性"面板，在Caption右侧文本框中输入"查看引用数据"文本，可见按钮被重命名❶。然后右击该控件，在快捷菜单中选择"设置控件格式"命令❷，如下左图所示。打开"设置对象格式"对话框，切换至"版式"选项卡❸，在"环绕方式"选项区域中选择"浮于文字上方"选项❹，单击"确定"按钮，如下右图所示。

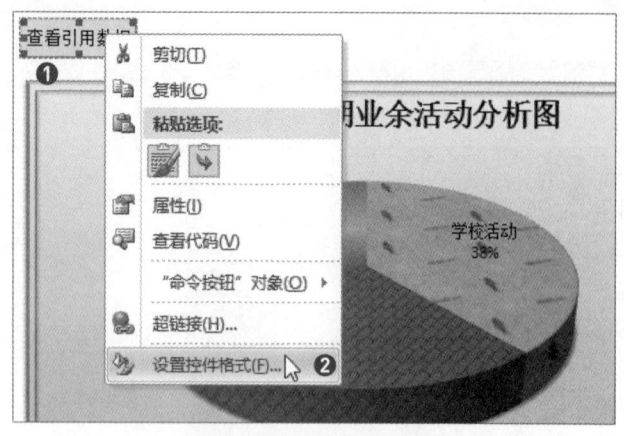
选择"设置控件格式"命令

设置环绕方式

将命令按钮移至图表的右上方,然后右击该按钮,在快捷菜单中选择"超链接"命令,打开"插入超链接"对话框,在"链接到"列表框中选择"现有文件或网页"选项,在右侧选择"当前文件夹"选项❶,并选择需要链接的文档❷,最后单击"确定"按钮,如下左图所示。

返回文档中,将光标移至命令按钮上,则显示超链接的文本路径,如果按住Ctrl键单击该按钮,即可打开链接的文本,查看引用的数据,如下右图所示。

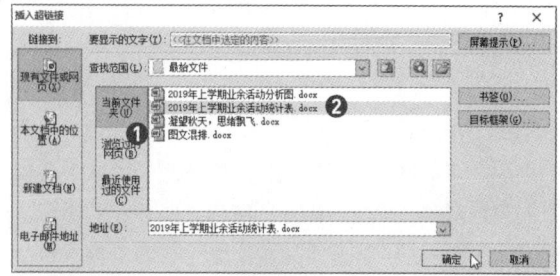
设置超链接

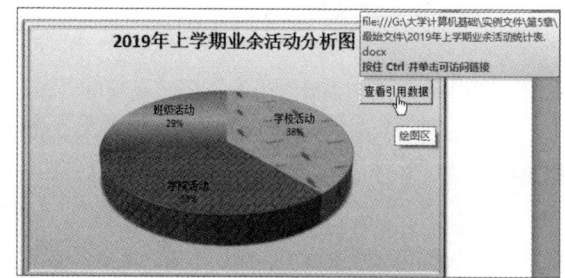
查看添加按钮控件的效果

**提示:** 用户也可以为该按钮控件设置网页链接,即右击该控件,在快捷菜单中选择"超链接"命令,打开"插入超链接"对话框,在"链接到"列表框中选择"现有文件或网页"选项,在右侧选择"浏览过的网页"选项,用户可以在右侧列表框中选择浏览过的网页进行链接,也可以在"地址"文本框中输入链接的网页,单击"确定"按钮,即可完成网页链接。

## 5.1.5 文档的页面设置

在Word 2010中,用户可以对文档的页面进行设置,如设置页面颜色、添加水印效果、制作封面等。本案例以"新员工入职手册"为例,介绍文档的排版和页面设置操作。

### 1. 页面设置

新建Word文档,然后保存名称为"新员工入职手册.docx"文档。切换至"页面布局"选项卡,在"页面设置"选项组中单击"纸张大小"下三角按钮❶,在列表中选择A4选项❷,如下左图所示。再单击"页边距"下三角按钮❸,在下拉列表中选择"自定义边距"选项❹,如下右图所示。

选择A4选项　　　　　　　　　　　　　　选择"自定义边距"选项

打开"页面设置"对话框的"页边距"选项卡，在"页边距"选项区域中根据需要分别设置"上"和"下"页边距为2厘米❶、"左"和"右"的页边距为3厘米❷，单击"确定"按钮，即可完成版面设置，如右图所示。

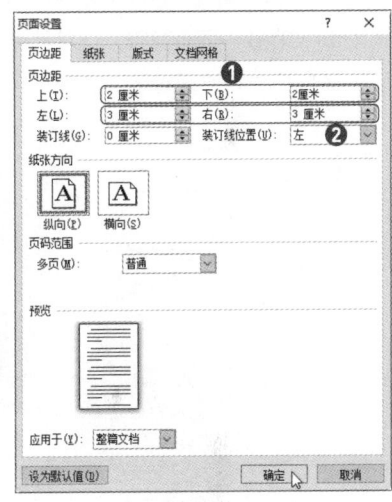

提示：一般情况下，用户还可以根据需要预留一定的装订线位置，方便文档打印后的装订操作。
首先单击"页面设置"选项组的对话框启动器按钮，打开"页面设置"对话框的"页边距"选项卡。在"页边距"选项区域中，单击"装订线"右侧的微调按钮，设置装订线的大小；单击"装订线位置"下拉按钮，在下拉列表中选择装订线的位置。

设置页边距

### 2. 设置页面颜色

文档的默认页面颜色是白色，用户可以根据需要设置不同的页面颜色。首先切换至"页面布局"选项卡，单击"页面背景"选项组中"页面颜色"下三角按钮❶，在打开的颜色面板中选择需要的颜色❷，即可完成纯色的填充，如下左图所示。用户也可以设置渐变颜色的填充，即在"页面颜色"列表中选择"填充效果"选项❸，如下右图所示。

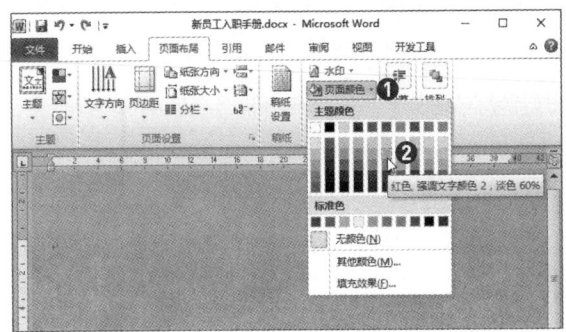

填充纯色

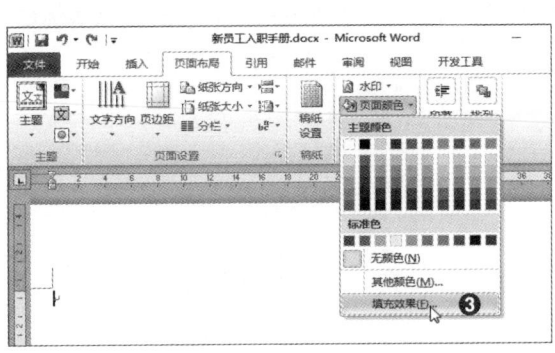

选择"填充效果"选项

打开"填充效果"对话框，在"渐变"选项卡的"颜色"选项区域中选中"双色"单选按钮，然后分别设置"颜色1"和"颜色2"为浅橙色和浅蓝色，在"底纹样式"选项区域中选择"角部辐射"单选按钮，单击"确定"按钮，如右图所示。

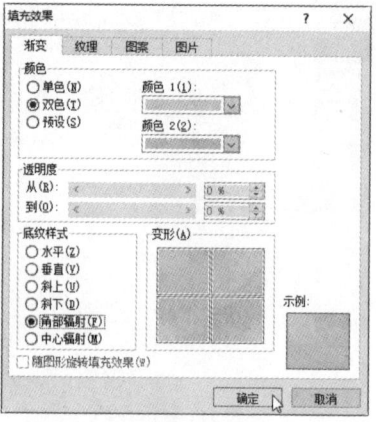

■ **提示**：用户也可以应用预设的渐变效果，首先在"填充效果"对话框中选中"预设"单选按钮，单击右侧"预设颜色"下三角按钮，在列表中选择预设的渐变效果，然后在"底纹样式"选项区域中选择需要的样式，最后单击"确定"按钮即可。

设置双色填充

### 3. 添加水印效果

水印是一种特殊的背景，在Word 2010中，图片和文字均可以设置为水印。首先切换至"页面布局"选项卡，单击"页面背景"选项组中"水印"下三角按钮，在列表中选择"机密1"选项，如下左图所示。可见在文档中间位置显示"机密"文字水印，文字为灰白颜色显示。

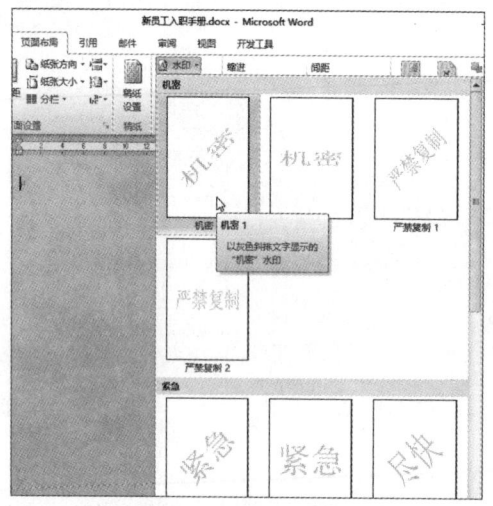

选择"机密1"选项

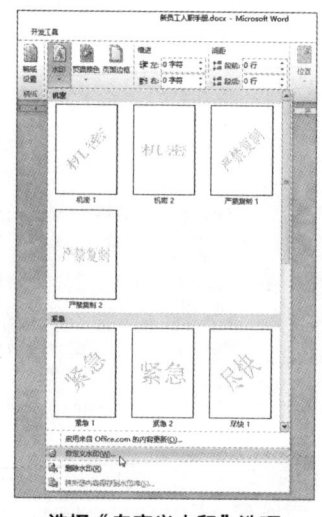

选择"自定义水印"选项

用户也可以自定义水印样式，首先在"水印"下拉列表中选择"自定义水印"选项，如上右图所示。打开"水印"对话框，在"文字水印"选项区域中设置"字体"为"华文楷体"❶，颜色为红色❷，单击"确定"按钮，如下左图所示。可见添加的文字水印应用了设置的格式❸，如下右图所示。

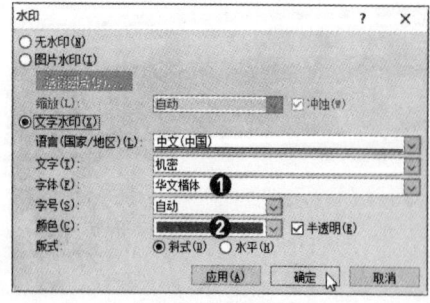

设置水印样式

查看添加文字水印的效果

**提示：** 用户也可以将图片作为水印效果，单击"水印"下三角按钮，在列表中选择"自定义水印"选项，在打开的"水印"对话框中选中"图片水印"单选按钮❶，然后单击"选择图片"按钮❷，如下左图所示。打开"插入图片"对话框，选择合适的图片，如Logo.jpg❸，单击"插入"按钮❹，如下右图所示。

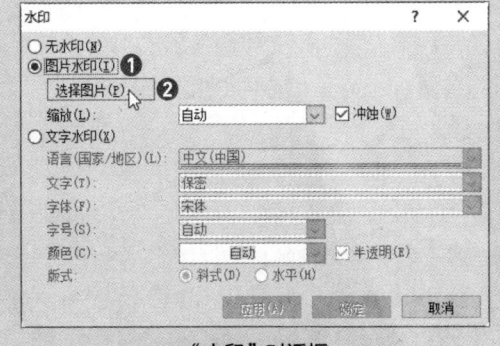

"水印"对话框

"插入图片"对话框

返回"水印"对话框，取消勾选"冲蚀"复选框，然后单击"确定"按钮，可见在文本中间添加Logo的图片作为水印效果，如右图所示。

**提示：** 如果需要删除水印效果，只需要在"水印"下拉列表中选择"删除水印"选项，或者在"水印"对话框中选中"无水印"单选按钮，单击"确定"按钮即可。

查看图片水印的效果

### 4. 插入封面

文档内容创建完成后，还可能为文档设计一个封面，以达到给人眼前一亮的感觉。文档的整体版式创建完成后，输入文档内容，然后将光标定位在文本的最前面，切换至"插入"选项卡，单击"页"选项组中"封面"下三角按钮❶，在列表中选择合适的封面，如"新闻纸"封面样式❷，如下左图所示。可见在文档前插入一页封面，然后在对应的文本框中输入文字，用户可以根据需要在"字体"选项组中设置文字格式，效果如下右图所示。

选择合适的封面

输入封面文字

## 5.1.6 文档的排版

在日常学习和工作中经常需要处理一些长文档，如毕业论文、公司合同、员工培训手册、公司章程等。学会Word中应用样式、页眉页脚、设置目录等操作，可以方便对文档进行排版。

### 1. 应用样式

样式是一种带有名称且保持在文档或模板中的格式设置集合，Word 2010提供了多种不同的文本样式集，我们可以根据需要快速地将这些样式应用到所选文本。

打开"新员工入职手册.docx"文档，选择正文第一页中"前言"文本❶，在"开始"选项卡下单击"样式"下三角按钮，在下拉列表中选择合适的样式选项，此处选择"标题1"选项❷，即可为选中文本应用该样式，如下左图所示。用户也可对预设的样式进行修改，首先在"标题1"上右击，在快捷菜单中选择"修改"命令，打开"修改样式"对话框，在"格式"选项区域中单击"居中"按钮❸，在预览区域可见选中文本居中显示。单击"格式"下三角按钮❹，在列表中选择"字体"选项❺，如下右图所示。

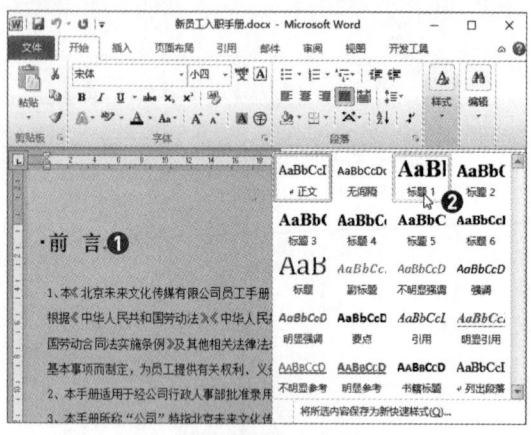

应用"标题1"样式　　　　　"修改样式"对话框

打开"字体"对话框，在"字体"选项卡中设置"中文字体"为"华文新魏"❶、字形为"常规"❷，单击"确定"按钮，如下左图所示。返回"修改样式"对话框，单击"格式"下三角按钮，在列表中选择"段落"选项，打开"段落"对话框，在"缩进和间距"选项卡中设置"段前"和"段后"均为18磅❸，单击"确定"按钮，如下右图所示。返回上级对话框，勾选"自动更新"复选框，应用该样式的文本即可自动更新格式。

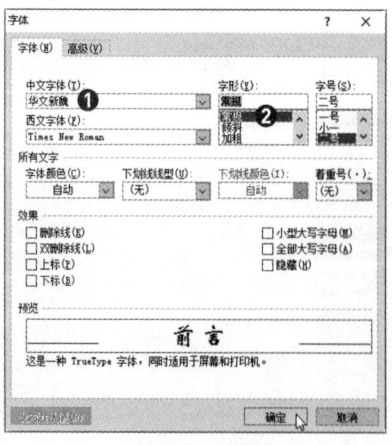

"字体"对话框　　　　　　"段落"对话框

根据相同的方法将其他需要应用相同样式的文本应用该样式，如每部分的章名称。也可以使用"格式刷"功能进行操作，即选中"前言"文本，在"剪贴板"选项组中双击"格式刷"按钮，然后选中需要应用相同样式的文本，应用完样式后再次单击"格式刷"按钮即可。在使用"格式刷"按钮时，如果单击该按钮，则只可以应用格式一次。

用户可以根据文档排版的需要对其文本应用不同的标题样式，在应用标题样式时需要注意标题的级别。首先切换至"视图"选项卡，在"显示"选项组中勾选"导航窗格"复选框，在文档左侧显示"导航"面板，在该面板中显示应用标题样式后的标题，并分级别显示，当文本左侧标题前有三角形图标时，可则单击该图标展开或隐藏下一级标题，如下图所示。用户如果需要查看该文档某标题下的内容，只需在"导航"面板中单击某标题，正文会自动将该页显示为当前页面。

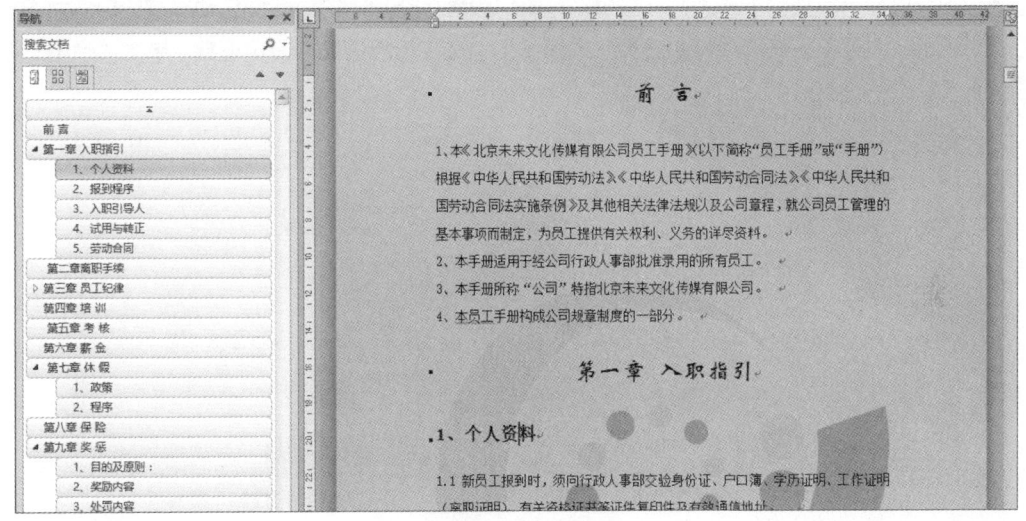

查看应用样式的效果

### 2. 设置换行和分页

将光标移至"第一章 入职指引"文本的前方❶，切换至"开始"选项卡，单击"段落"选项组的对话框启动器按钮❷，如下左图所示。打开"段落"对话框，切换至"换行和分页"选项卡，在"分布"选项区域中勾选"段前分页"复选框❸，单击"确定"按钮，如下右图所示。

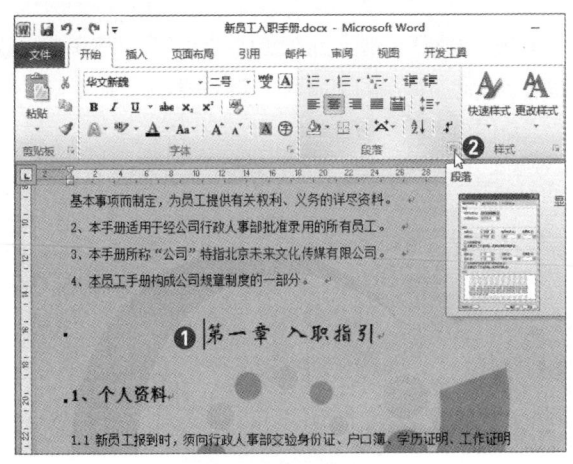

启动"段落"对话框

勾选"段前分页"复选框

操作完成后，可见插入点后的文本移到下一页显示，这样可以使"前言"在单独一页，如下图所示。

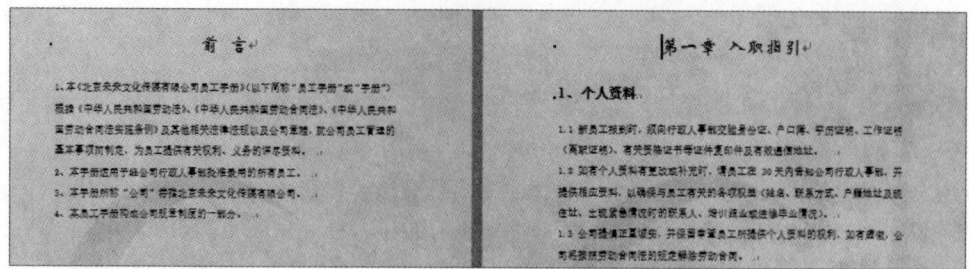

查看段前分页的效果

然后向下拖动滚动条，可见有的一段话分两页显示，此时可以通过"孤行控制"功能进行调控。首先将光标定位在分页显示段落的下一页文本中❶，单击"段落"选项组的对话框启动器按钮❷，如下左图所示。打开"段落"对话框，在"换行和分页"选项卡下勾选"孤行控制"复选框❸，单击"确定"按钮，如下右图所示。

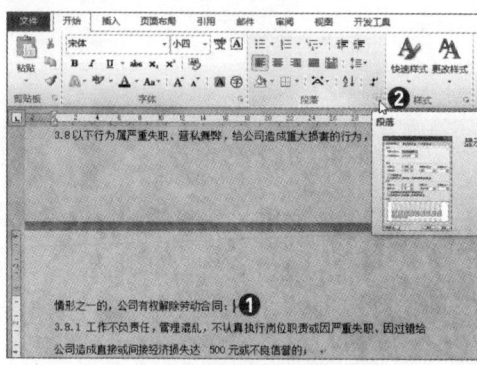

启动"段落"对话框　　　　　勾选"孤行控制"复选框

操作完成后，即可将上一页中该段落的文本移至下一页显示，形成完整的一段文字。用户可以根据相同的方法对其他需要孤行控制的文本进行操作。

### 3. 插入页眉和页脚

在Word中编辑文档时，可以添加页眉和页脚，在页眉中可以输入企业名称或插入Logo标志，在页脚中可以插入日期、页码等。

将光标定位在文档中，切换至"插入"选项卡，单击"页眉和页脚"选项组中"页眉"下三角按钮❶，在列表中选择"运动型（奇数页）"选项❷，如下左图所示。此时每页的页眉均为可编辑状态，切换至"页眉和页脚工具-设计"选项卡，在"选项"选项组中勾选"奇偶页不同"复选框❸，然后在奇数页页眉中输入"新员工入职培训手册"，然后在"字体"选项组中设置文字的格式，并将文本左对齐❹，效果如下右图所示。

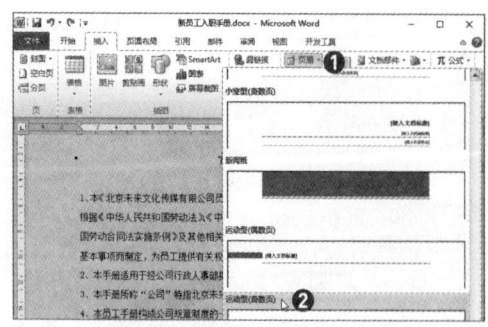 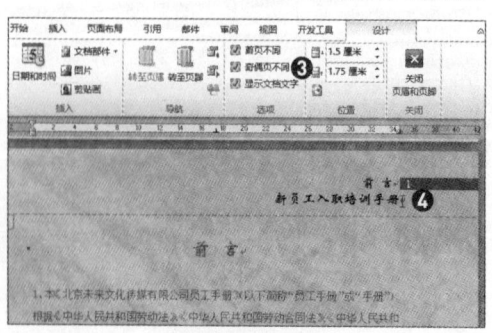

选择"运动型（奇数页）"选项　　　　　设置奇数页页眉

奇数页设置完成后,再设置偶数页的页眉。切换至偶数页并将光标定位在页眉上❶,切换至"页眉和页脚工具-设计"选项卡,单击"插入"选项组中"图片"按钮❷,如下左图所示。打开"插入图片"对话框,选择Logo.png图片❸,单击"插入"按钮❹,如下右图所示。

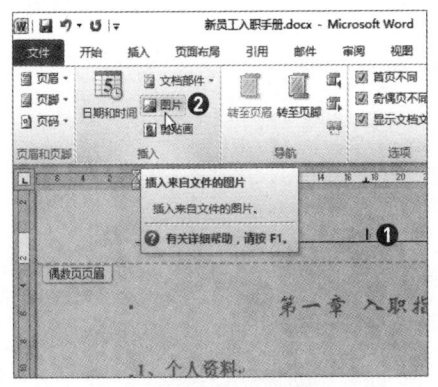
单击"图片"按钮

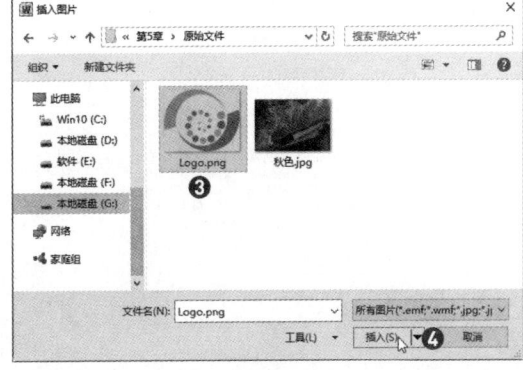
选择图片

在页眉中插入选中图片后,适当缩小图片,并设置图片为左对齐,然后在图片右侧输入公司名称,并设置文字的格式。至此,为文档设置奇偶页不同的页眉效果制作完成,切换至"页眉和页脚工具-设计"选项卡,单击"关闭"选项组中"关闭页眉和页脚"按钮,即可退出页眉的编辑。可见在奇数页的右侧和偶数页的左侧应用设置的页眉效果,如下图所示。

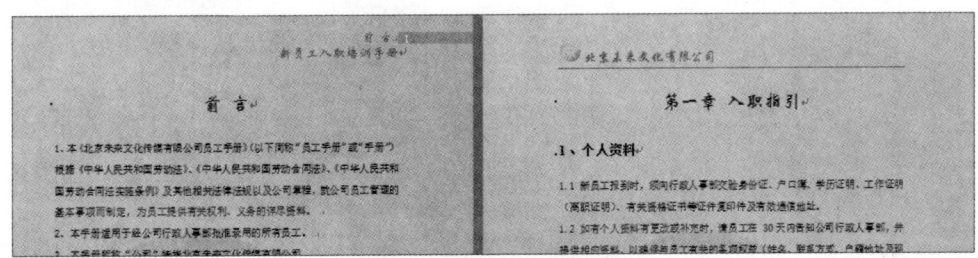
查看设置奇偶页页眉的效果

页眉设置完成后,接着再设置页码。单击"页眉和页脚"选项组中"页码"下三角按钮,在列表中选择"页面底端>细线"选项❶,如下左图所示。返回文档中,可见在文档底部显示当前页码,接下来可以为页码添加形状对其进行美化。首先切换至"插入"选项卡,单击"插图"选项组中"形状"下三角按钮❷,然后在下拉列表中选择合适的形状,如选择"等腰三角形"选项❸,如下右图所示。

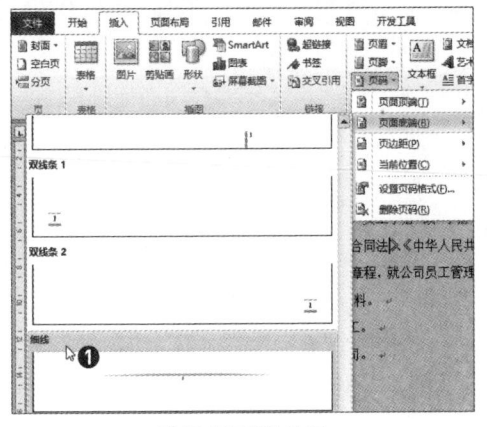
选择"细线"选项

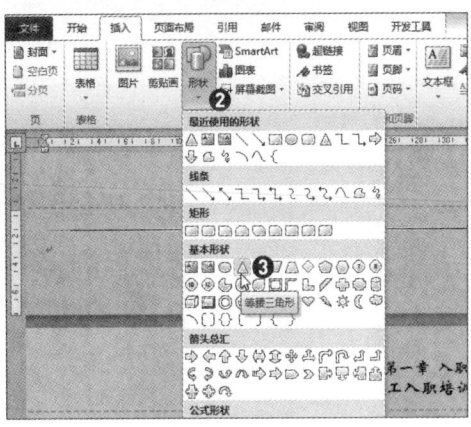
选择合适形状

在文档中按住Shift键绘制等腰三角形,在"绘图工具-格式"选项卡的"形状样式"选项组中设置形状的填充颜色为浅粉色、边框为红色。设置该形状的环绕方式为"衬于文字下方"后,将形状移至页码的下方,并调整页码,使页码数字在形状中心显示。单击"关闭"选项组中"关闭页眉和页脚"按钮,查看设置页眉和页脚的效果,如下图所示。

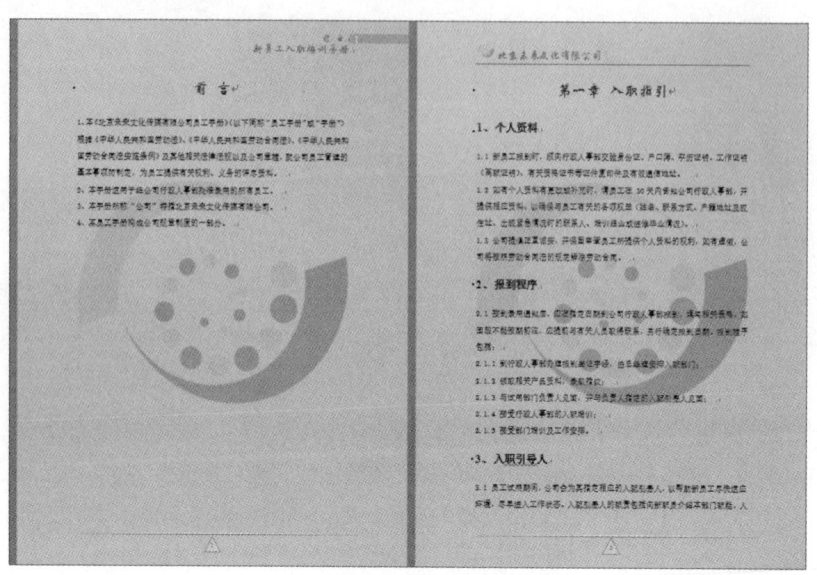

查看页眉和页脚的设置效果

### 4. 提取目录

在Word文档中对不同级别的标题应用样式后,可以提取目录。目录一般放在正方前、封面后,所以需要在正文前添加空白页。将光标定位在"前言"文本的左侧❶,切换至"插入"选项卡,在"页"选项组中单击"空白页"按钮❷,即可在前言前添加空白页,如下左图所示。

然后在空白页第一行输入"目录"文本,定位在第2行,切换至"引用"选项卡,单击"目录"选项组中"目录"下三角按钮❶,在列表中选择"插入目录"选项❷,如下右图所示。

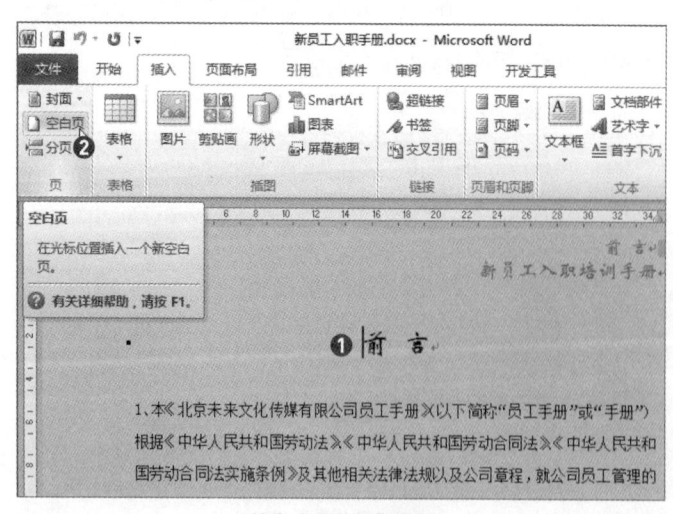

单击"空白页"按钮

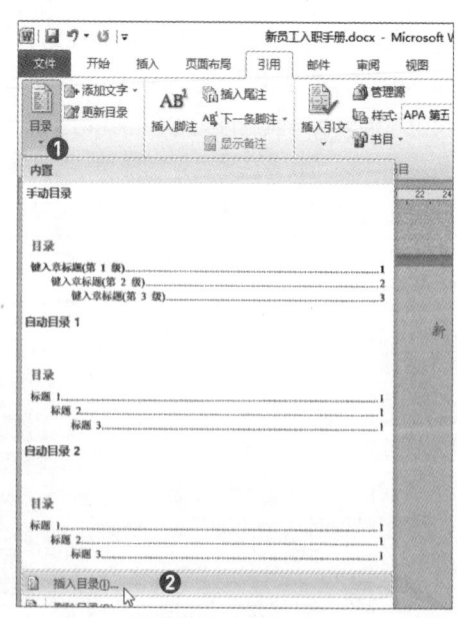

选择"插入目录"选项

打开"目录"对话框,设置目录的格式,单击"确定"按钮,即可在空白页提取本文档的目录。若按住Ctrl键单击某章节的名称,则会跳转到指定的页面。查看提取目录的效果,如右图所示。

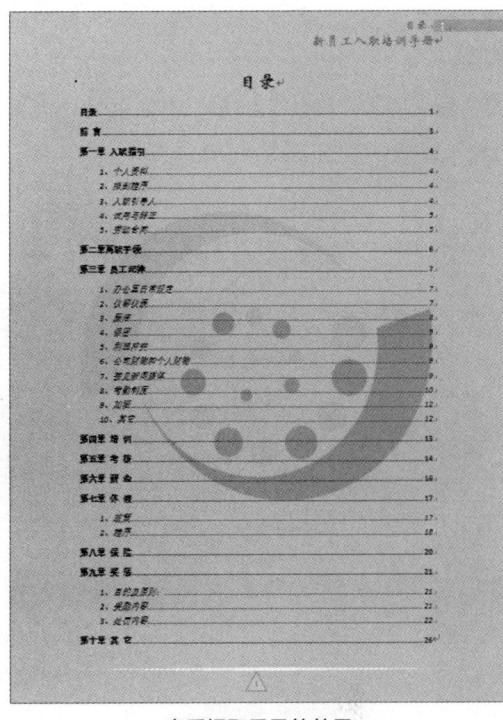

查看提取目录的效果

> **提示:** 如果正文中的目录内容或页码发生变化,用户可以通过"更新目录"功能对目录进行更新。切换至"引用"选项卡,单击"目录"选项组中"更新目录"按钮,在弹出的对话框中选择相应的选项,再单击"确定"按钮,如下图所示。

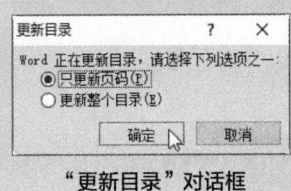

"更新目录"对话框

选择目录内容后,可以在"字体"选项组中设置文本的格式。如果用户需要删除插入的目录,可以选中所有的目录内容,按Delete键删除;也可以在"引用"选项卡的"目录"选项组中单击"目录"下三角按钮,在列表中选择"删除目录"选项,删除插入的目录。

## 5.1.7 文档的检查和审阅

用户对文档进行检查和审阅时,可以对需要修改的位置添加修订或批注。下面以"新员工入职培训手册.docx"文档为例,介绍修订和批注的添加方法。

### 1. 添加修订

打开"新员工入职培训手册.docx"文档,切换至"审阅"选项卡,单击"修订"选项组中"修订"按钮❶,如下左图所示。此时文档进入修订模式,选择需要修订的文本,如"1至3",然后按Delete键,可见选中文本变为红色并添加删除线❷,同时在该行的最左侧显示黑色竖线,如下右图所示。

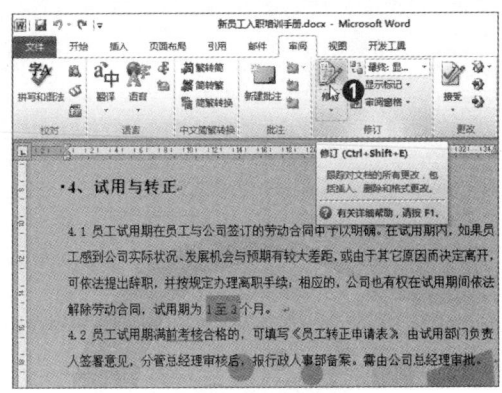

单击"修订"按钮　　　　　　　　　修订文本

然后在删除内容右侧输入需要更改的内容，该内容为红色文字，并有下划线。确定修订后，再次单击"修订"按钮，退出修订模式。此时在该行的左侧出现灰色的修订标记，将光标移至修订内容上则显示用户名、修订的时间和修订的内容信息，如下左图所示。

**2. 编辑修订**

切换至"审阅"选项卡，单击"修订"选项组中"修订"下三角按钮❶，在列表中选择"修订选项"选项❷，如下右图所示。

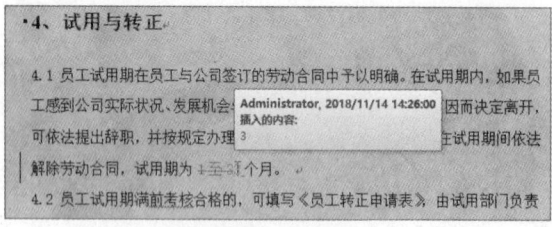
查看修订效果

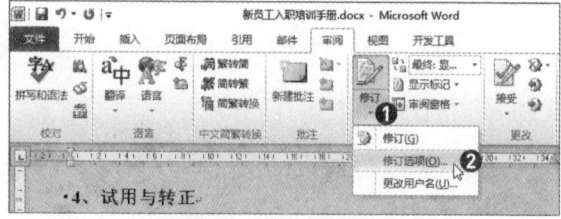
选择"修订选项"选项

打开"修订选项"对话框，在"标记"选项区域中设置"插入内容"为"双下划线"、颜色为"绿色"❶，保持"删除内容"参数不变，再设置修订行的颜色为"紫罗兰"❷，单击"确定"按钮，如下左图所示。返回文档中，可见修改的文本变为绿色，单下划线变为双下划线❸，该行左侧的修订行的竖线变为紫罗兰色❹，如下右图所示。

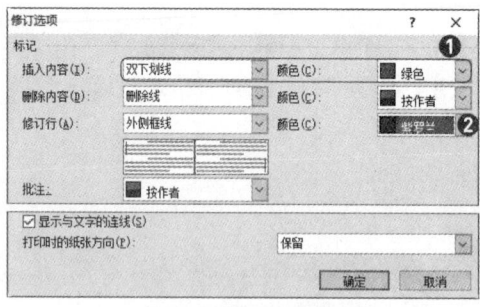
"修订选项"对话框

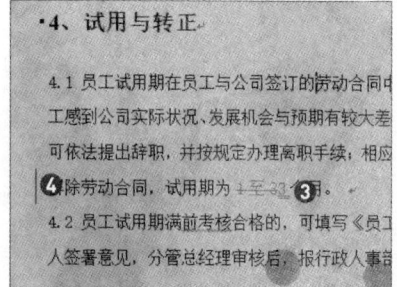
查看编辑修订后的效果

■ 提示：**1. 查看修订。**在文档中修订的内容比较多时，如果逐条查看费时费力，我们可以使用"审阅窗格"功能将文档中所有修订统一显示在一起方便查看。切换至"审阅"选项卡，单击"修订"选项组中"审阅窗格"下三角按钮，在列表中包含"垂直审阅窗格"和"水平审阅窗格"两个选项。垂直审阅窗格是在文档的左侧垂直显示修订的内容，在顶端显示修订的数量、插入数量、删除数量等信息，如下左图所示。水平审阅窗格是显示在文档的底部，显示的内容和垂直审阅窗格相同，如下右图所示。

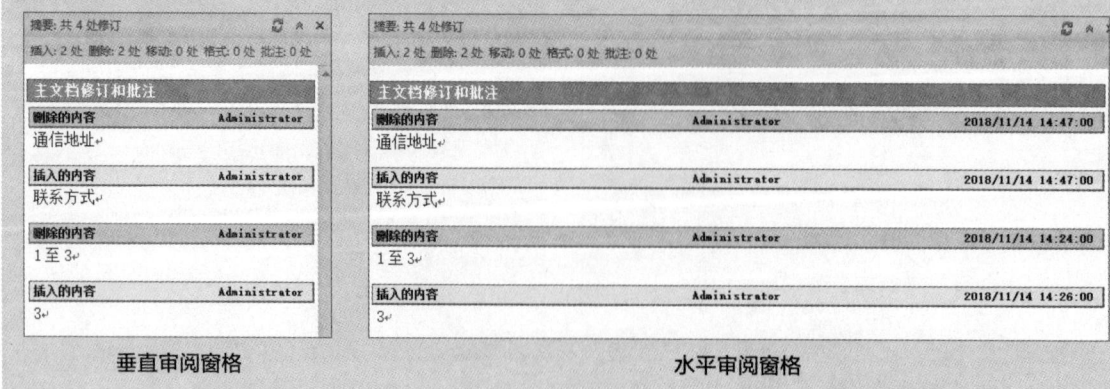

垂直审阅窗格　　　　　　　　　　水平审阅窗格

**2. 接受修订**。用户在查看修订过的文档时，如果要接受别人的修订，则将光标移至需要接受修订的位置❶，切换至"审阅"选项卡，单击"更改"选项组中"接受"按钮❷，如下左图所示。返回文档中。可见接受修订后，将需要删除的文本直接删除了，仅保留插入的文本内容，而且系统自动切换至下一条修订，其中插入的内容还保留双下划线❸，如下右图所示。

如果接受所有的修订，可以使用"接受对文档的所有修订"功能。切换至"审阅"选项卡，单击"更改"选项组中"接受"下三角按钮，在下拉列表中选择"接受对文档的所有修订"选项，即可完成接受所有修订操作，此时所有需要删除的文本均被删除，插入的文本显示和正文一样的格式。

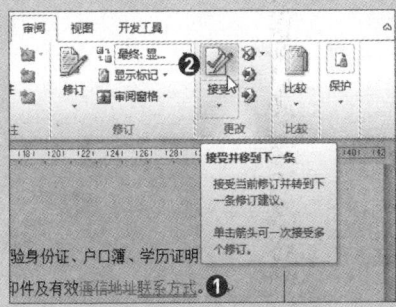

单击"接受"按钮　　　　　　　　　　　　　　查看接受修订的效果

**3. 拒绝修订**。拒绝修订的操作方法和接受修订一样，选择需要拒绝的修订位置，切换至"审阅"选项卡，单击"更改"选项组中"拒绝"按钮❶，删除文本去除了删除线而且文本格式和之前一样❷，如下图所示。若再次单击"拒绝"按钮，则插入的文本会被删除，同时修订行的竖线消失。如果拒绝文档中所有修订，则单击"拒绝"下三角按钮，在列表中选择"拒绝对文档中的所有修订"选项即可。

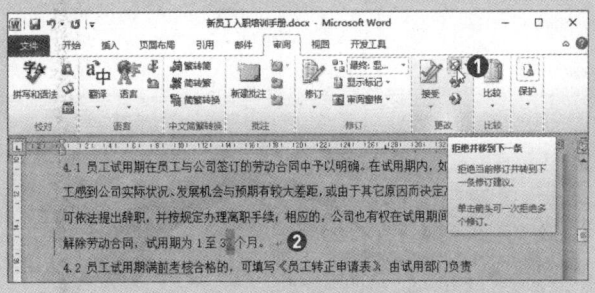

拒绝修订

### 3. 插入批注

在文档中选择需要添加批注的内容，此处选择"个人资料"文本❶，切换至"审阅"选项卡，单击"批注"选项组中"新建批注"按钮❷，如下左图所示。操作完成后，即可在文档编辑区的右侧显示批注框，通过红色实线与选中文本连接，只需要在批注框中输入相关信息即可❸，如下右图所示。

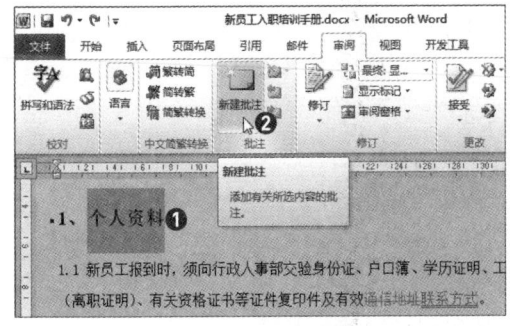　　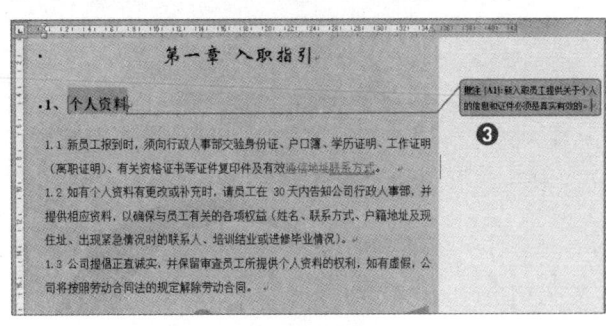

单击"新建批注"按钮　　　　　　　　　　　　　输入批注内容

批注内容输入完成后，在文档中任意位置单击即可完成批注操作，连续的实线变为虚线。如果将光标移至批注上方，在弹出的浮动框中显示用户名和时间。

### 4. 编辑批注

在"修订"选项组中单击"修订"下三角按钮，在列表中选择"修订选项"选项，打开"修订选项"对话框，在"标记"选项区域中设置批注颜色为"鲜绿"❶，在"批注框"选项区域中设置批注框的宽度为6厘米、边距为"靠左"❷，然后单击"确定"按钮，如下左图所示。操作完成后，可见批注框移到文档编辑区的左侧，边框和底纹均为绿色❸，如下右图所示。

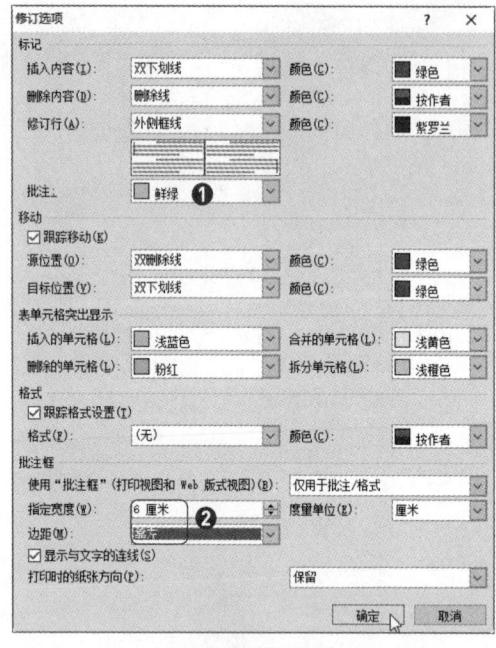

"修订选项"对话框　　　　　　　　　查看编辑批注的效果

批注框内的文本默认为宋体，选中批注内容，在"字体"选项组中可以设置字体、字号、字体颜色等。如果需要删除批注，则选中该批注，单击"批注"选项组中"删除"按钮即可。

> **提示：** 在审阅文档时，创建批注或是添加修订都会显示审阅者的名称，用户可以将系统默认的名称修改为审阅者的姓名。
> 单击"文件"标签，在打开的列表中选择"选项"选项，或者单击"修订"选项组中"修订"下三角按钮，在列表中选择"更改用户名"选项，打开"Word选项"对话框。在"常规"选项面板❶中的"用户名"文本框中输入审阅者的姓名❷，再单击"确定"按钮即可，如右图所示。审阅者添加批注或修订时，则显示修改后的姓名。

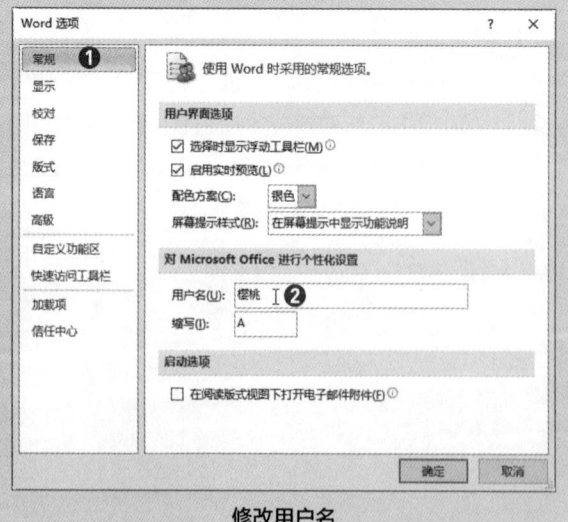

修改用户名

### 5. 保护批注和修订

切换至"审阅"选项卡,单击"保护"选项组中的"限制编辑"按钮,如下左图所示。打开"限制格式和编辑"导航窗格,在"编辑限制"选项区域中勾选"仅允许在文档中进行此类型的编辑"复选框❶,在下方列表中选择"不允许任何更改(只读)"选项❷,单击"是,启动强制保护"按钮❸,如下右图所示。

单击"限制编辑"按钮　　　强制保护

在设置"编辑限制"时,其列表中包含"修订"、"批注"、"填写窗体"和"不允许任何更改(只读)"4个选项,用户可以根据需要选择不同的选项。

打开"启动强制保护"对话框,在"保护方法"选项区域中选中"密码"单选按钮❶,在"新密码"文本框中输入22222❷,在"确认新密码"文本框中输入相同的密码❸,单击"确定"按钮,如下左图所示。操作完成后,可见在"审阅"选项卡中"批注"和"修订"选项组的相关按钮为灰色,表示不可用,同时在文档中用户也无法修改批注和修订的相关信息,如下右图所示。

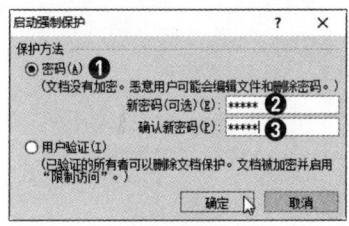 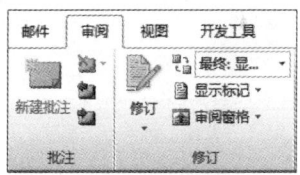

加密保护　　　　　　　　查看保护的效果

如果用户被授权了密码,可以先取消密码保护,然后再对文档中相关内容进行编辑操作。没有授权密码的用户只能以只读的形式查看文档,而无法对其进行修改或编辑。若取消对其保护,则再次单击"限制编辑"按钮,在打开的导航窗格中单击底部的"停止保护"按钮❶,如下左图所示。打开"取消保护文档"对话框,在"密码"文本框中输入保护密码22222❷,然后单击"确定"按钮,即可取消密码保护,如下右图所示。

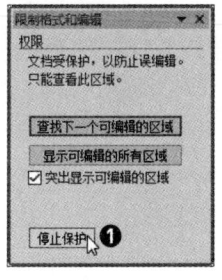 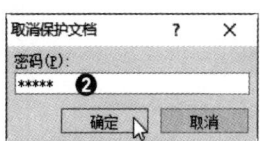

单击"停止保护"按钮　　　取消密码保护

## 5.2 Science Word的应用

Science Word是一款科技文档处理软件，主要用于编写教学讲义、试卷、科技论文、科技图书等等。极大地方便了科技与教育工作者对复杂科技文档信息的处理，同时实现了科技文档在互联网上的交流与检索。

### 5.2.1 公式的输入

在制作各种数学公式、物理公式、化学方程式以及高分子结构式等复合字符时，使用Science Word可以轻松输入。

【实例5-1】王老师是高中数学老师，现在需要制作数学公式的解析教案，下面介绍使用Science Word软件编写数学公式的方法。

打开Science Word软件，保存文档为"数学公式解析.dsc"，然后输入相关文字，在需要输入x平方的数据时，先输入x❶，然后执行"插入>常用公式>上标"命令❷，或者按Ctrl+W组合键，如下左图所示。在x的右上方显示插入点，然后再输入数字2，即可完成上标的输入，根据相同的方法继续输入其它文字❸，如下右图所示。

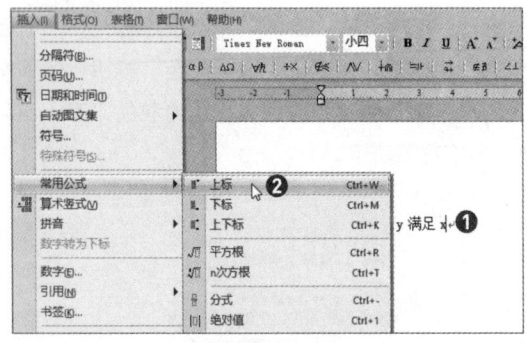
选择"上标"选项

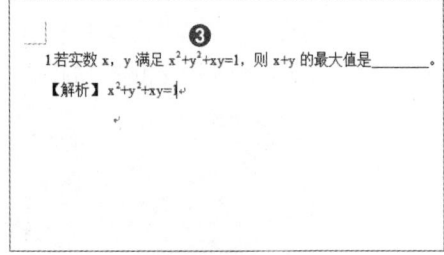
输入上标和其他文本

按Enter键换行，执行"插入>常用公式>多行小括号"命令，在插入点处插入小括号，然后在括号内输入x+y，再输入该步骤的其他文本❶，效果如下左图所示。然后再换行输入相关公式，可见还需要输入分式，首先定位光标，执行"插入>常用公式>分式"命令，即可在插入点插入分式，分别在分子和分母中输入相关数据，本案例需要输入小于等于符号，则单击"数学符号工具栏"中"基础数学"按钮❷，在列表中选择"小于等于"选项即可❸，如下右图所示。

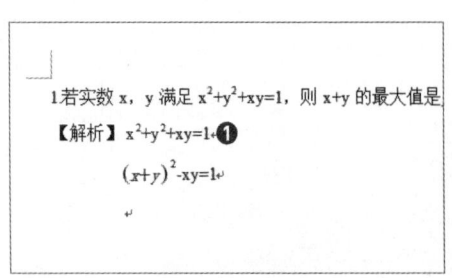
小括号的输入方法

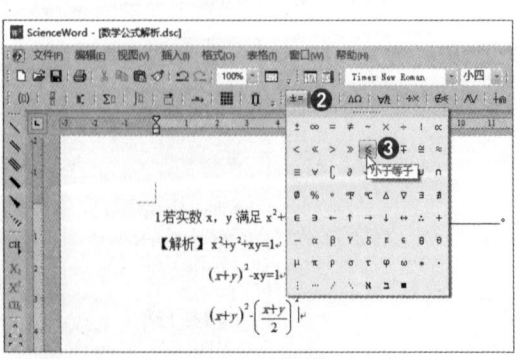
分式和小于等于的输入

然后根据相同的方法输入第3步的相关公式,在最后分子上若需要根号,则将光标定位在分子上,执行"插入>常用公式>平方根"命令,即可添加根号,然后输入相关数据。至此,本数学公式输入完成,效果如下图所示。

1. 若实数 x,y 满足 $x^2+y^2+xy=1$,则 x+y 的最大值是_____。

【解析】$x^2+y^2+xy=1$

$(x+y)^2 - xy = 1$

$(x+y)^2 - \left(\dfrac{x+y}{2}\right)^2 \leqslant 1$

$(x+y)^2 \leqslant \dfrac{4}{3}$, $x+y \leqslant \dfrac{2\sqrt{3}}{3}$

查看数学公式的输入效果

**提示:** 竖式在数学领域经常运用,也是Science Word所特有的编排功能。竖式运算包括加、减、乘、除、公倍数等,下面以55×32为例进行介绍。

执行"插入>算术竖式"命令,打开"对象属性"对话框,在"表达式"数值框中输入55*32,用户也可以根据需要设置其他相关参数,如下左图所示。此时光标变为铅笔的形状,在编辑区单击即可插入设置的竖式,如下右图所示。

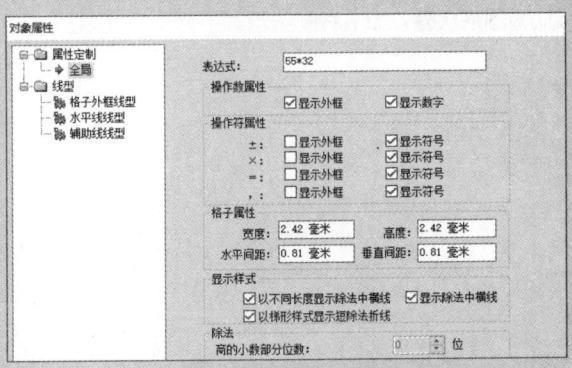
"对象属性"对话框

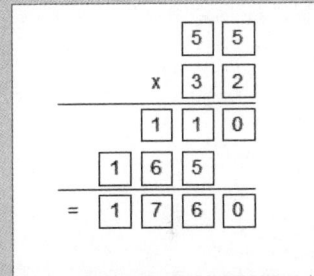
查看竖式的效果

下面通过表格的形式介绍在"对象属性"的"表达式"文本框中各种运算表达式的输入方法,如表5-2所示。

表5-2 各种运算表达式输入方法

| 运算特征 | 表达式 |
| --- | --- |
| 加法 | x+y |
| 减法 | x-y |
| 乘法 | x*y |
| 除法 | x/y |
| 公倍数、公约数 | x,y |

## 5.2.2 数学图形的绘制

本小节将通过具体实例,详细介绍在Science Word中进行数学图形绘制的操作方法。

【实例5-2】王老师之前介绍关于公式的一道题解析,现在需要将二次曲线(椭圆)题的解析步骤制作成教案,除了需要使用之前所学的输入公式的方法外,还应用到二次曲线功能。

新建空白文档，保存为"二次曲线解析.dsc"，首先根据输入公式的方法输入题干中的文字❶。单击窗口下方"绘图"工具栏中的"插入直角坐标系"按钮❷，如下左图所示。此时光标变为铅笔的形状，然后在工作区中拖曳出矩形区域，在矩形区域中显示x、y的坐标轴❸，再单击"绘图"工具栏中"二次曲线"按钮❹，如下右图所示。

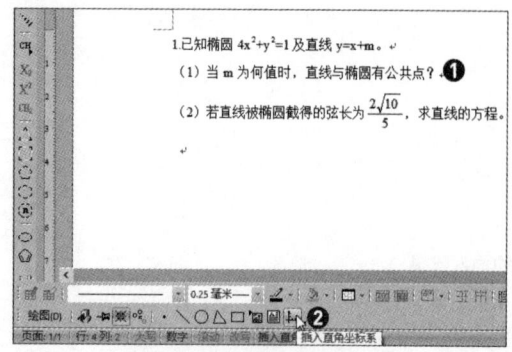
单击"插入直线坐标系"按钮

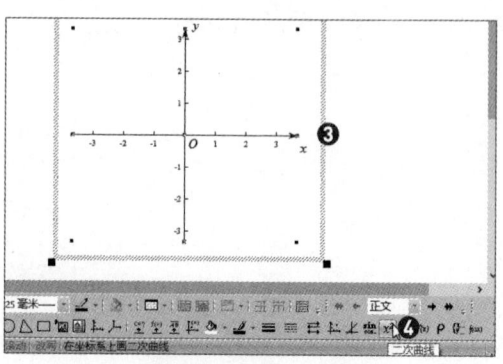
单击"二次曲线"按钮

打开"圆锥曲线"对话框，切换至"椭圆"选项卡，然后在"方程参数"选项区域中设置相关参数❶，如下左图所示。即可在工作区的直角坐标系上添加椭圆形状❷，如下右图所示。

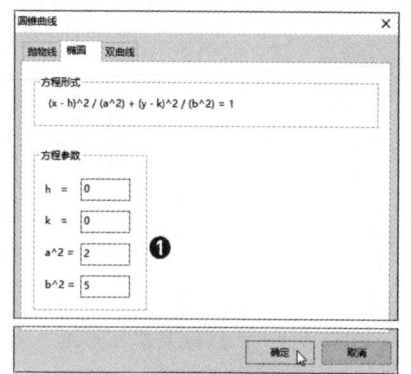
设置椭圆参数

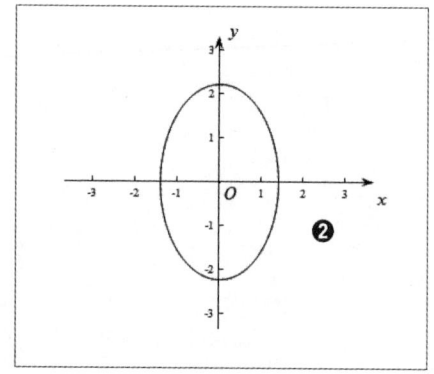
创建椭圆形状

再单击"绘图"工具栏中"直线"按钮，在椭圆和坐标轴上绘制直线，单击"文本框"按钮，在对应的位置输入文字，然后右击文本框，在快捷菜单中选择"属性"命令，在打开的对话框中设置边框颜色为白色，并将文本框移至合适的位置，效果如下左图所示。根据所学的公式输入方法将此题的解题方法输入，再适当调整各文字和图形的位置，最终效果如下右图所示。

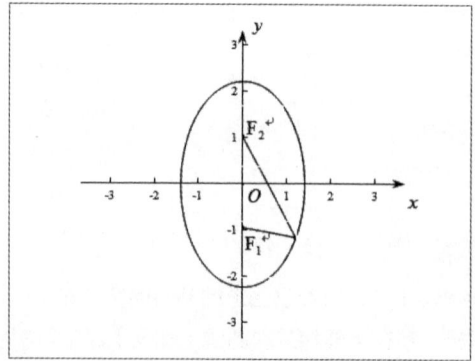
绘制直线和文本框

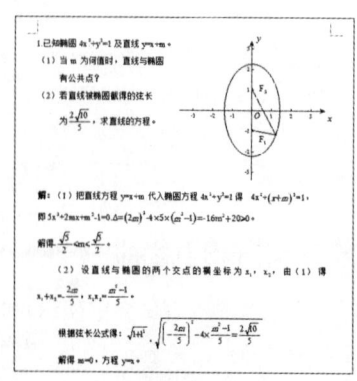
查看最终效果

【实例5-3】王老师还需要将一道关于正三棱柱题目的解题思路制作成教案,供学生学习,下面介绍如何使用Science Word软件进行制作。

首先新建"立体几何解析.dsc"文档,然后输入题干的相关文字。接着绘制立体三棱柱的几何图形,单击"绘图"图标❶,在列表中选择"立体几何"选项❷,在子列表中选择三棱柱形状选项❸,如下左图所示。此时光标变为铅笔形状,然后在工作区中单击,即可创建正三棱柱形状,适当调整其大小❹,效果如下右图所示。

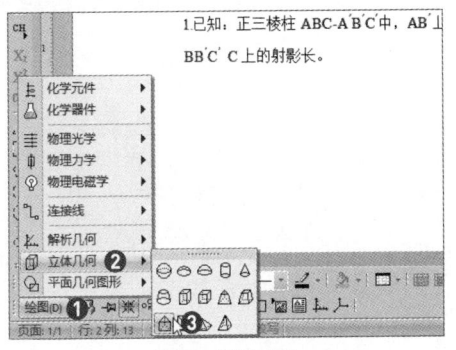
选择三棱柱形状

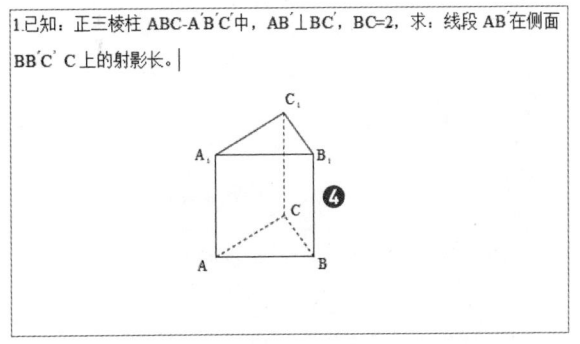
绘制正三棱柱

正三棱柱制作完成后,还需要根据题干修改对应的文本,如双击B1文本,弹出"标注"对话框,用户可以设置字体和字号等格式,删除"下标"文本框中文本❶,在"上标"文本框中输入"'"❷,单击"确定"按钮❸,即可将B1修改成B',如下左图所示。根据相同的方法对其他顶点的文本进行修改,然后单击"绘图"工具栏中"直线"按钮,绘制从A点到BC边上的直线❹,然后再单击"线型"按钮❺,在列表中选择虚线选项❻,如下右图所示。

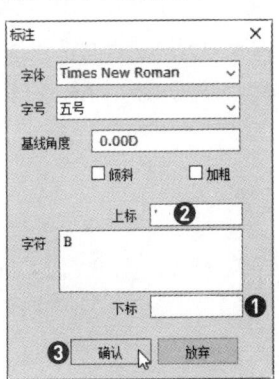
"标注"对话框

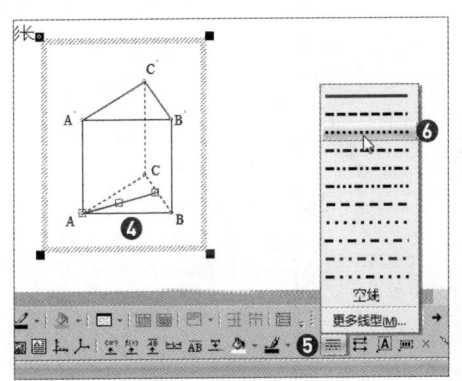
设置虚线

根据相同的方法创建其他直线并设置线型为虚线,并为各顶点添加标注,如下图所示。然后再根据输入公式的方法输入该题的解析思路和步骤。

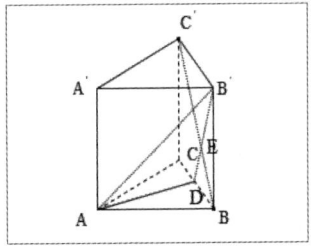
查看绘制正三棱柱

## 5.2.3 物理图形的绘制

物理图形是由各个物理元器件及各种连接线组合连接面组成的。其中物理元器件包括力学、电学、光学等。下面以绘制电路图为例,介绍物理图形的绘制方法。

新建文档并命名为"物理电路图.dsc",输入题干和4个选项的文字信息。单击"绘图"图标,在列表中选择"物理电磁学"选项❶,在子列表中选择"电阻"图形选项❷,如下左图所示。根据相同的方法插入3个电阻、1个开关、1个电源、两个电流表和1个伏特表,然后再使用直线工具进行连接,最终效果如下右图所示。

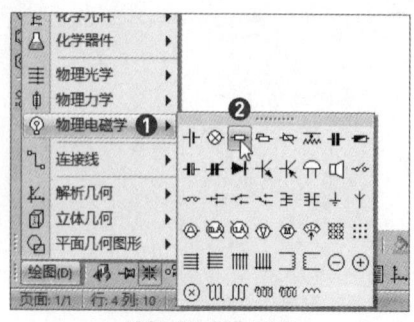
选择"电阻"图形

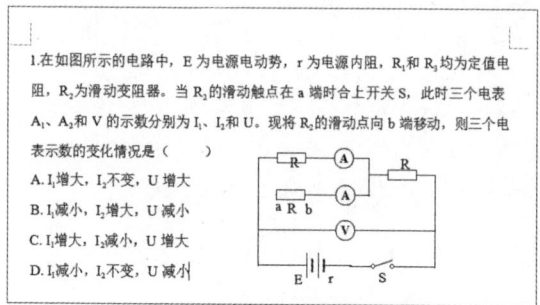
查看物理图形的绘制效果

## 5.2.4 化学实验装置图的绘制

化学图形主要是化学实验图,它是由各个化学元器件、化学元器件上的控制点以及导管边接连而成的。下面介绍一款简单的化学实验装置图的绘制方法。

打开Science Word软件,将新文档命名为"化学实验室装置.dsc"。首先绘制化学实验的固定装置,单击"绘图"图标,在列表中选择"化学元件"选项❶,在子列表中选择"绘制铁架台"元件选项❷,如下左图所示。然后在工作区中拖曳进行绘制,再根据实际情况调整铁架台的大小❸,如下右图所示。

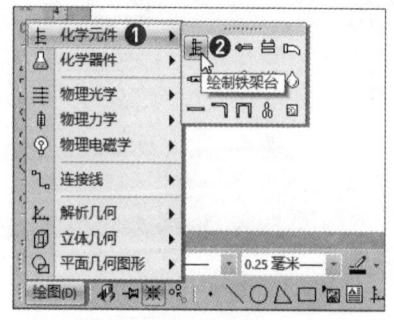
选择"绘制铁架台"选项

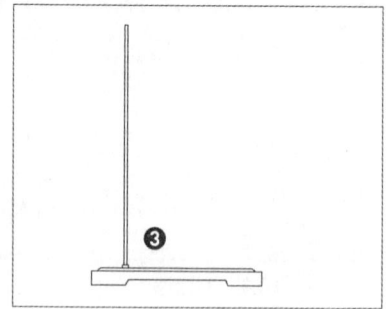
绘制铁架台

然后在"化学器件"子列表中选择"酒精灯"图形选项,绘制完成后放在铁架台上方。在"化学元件"子列表中选择"火焰"选项,绘制并放在酒精灯上,如下右图所示。

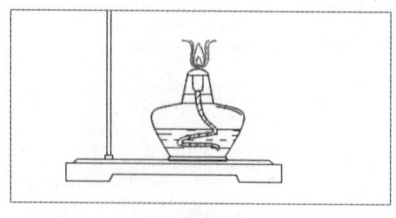
绘制酒精灯

根据相同的方法添加其他化学元件或器件，并调整大小使其连接在一起，然后接着绘制倒立的集气瓶。首先插入集气瓶，可见其是正立的，右击该图形，在快捷菜单中选择"属性"命令，打开"对象属性"对话框，在左侧列表框中选择"旋转"选项❶，在右侧面板中设置"旋转角度"为180度❷，单击"确定"按钮，如下左图所示。然后适当调整集气瓶中的水位线，并放在水槽中，可见在集气瓶中看不到导管❸。右击集气瓶，在快捷菜单中选择"叠放次序>下移一层"命令❹，如下右图所示。

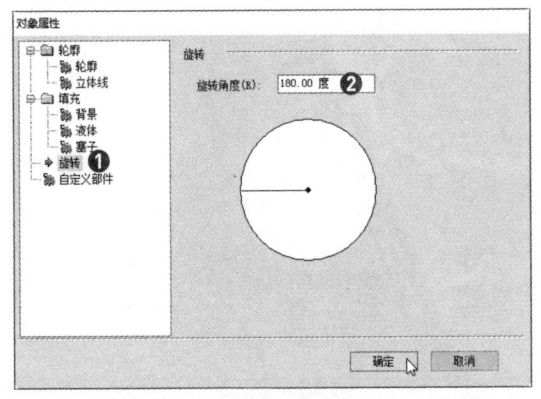

设置旋转角度　　　　　　　调整图形的顺序

调整完成后，查看化学实验装置图的绘制效果，如下图所示。

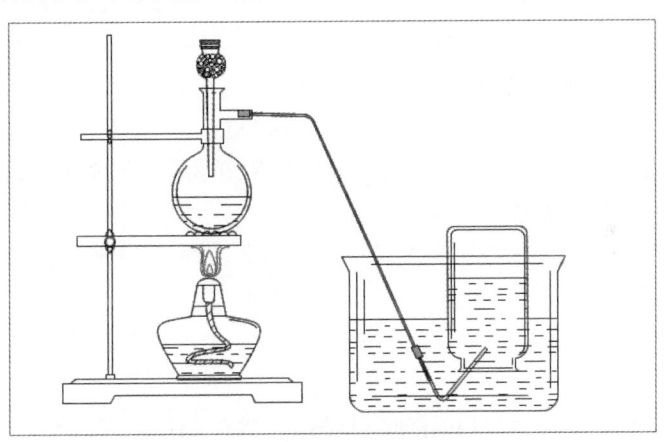

查看最终效果

## 5.2.5 高分子结构式的绘制

在Science Word中提供了丰富的化学键和结构形状等基本结构，其操作简单易学，可以制作出各种复杂的化学高分子式。下面以苯酚与浓溴水反应为例，介绍高分子结构式的绘制过程。

新建ScienceWord文档并命名为"高分子反应式.dsc"，然后输入相关文字。接着以结构式的形式编写化学反应方程式，首先单击"高分子结构式"工具栏中"苯环1"工具❶，在编辑区中拖曳绘制苯环形状❷，如右图所示。

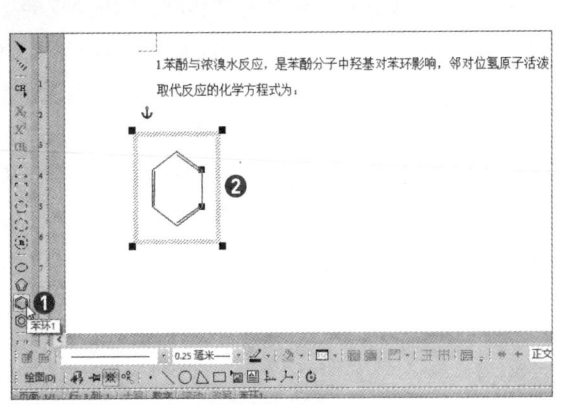

绘制苯环图形

然后在"高分子结构式"工具栏中单击"实线化学键"工具,在苯环上方绘制化学键❶,再单击"化学标注"下三角按钮,在列表中选择OH,在所要添加的化学键OH的指定部位单击❷,效果如下左图所示。最后根据相同的方法完成剩余的化学反应方程式,最终效果如下右图所示。

绘制化学键

查看最终效果

## 5.3 协同办公

协同办公软件是利用网络和计算机技术,多人沟通、共享、协同办公的软件,是每个团队成员的随身办公室,是为每个办公人员提供方便、快捷和高效的一款软件。随着企业对协同办公要求的提高,协同办公的定义随之扩展,现已将其提升到了智能化办公的范畴。

要提高办公效率,协同办公软件必须具备以下三个基本功能。

首先,协同办公平台是一个沟通平台。这里的沟通并不限于团队的信息传达或者通讯,还包括全面实现沟通过程的时效性、完整性和有效性。

其次,协同办公平台是管理和协作的平台。协同办公平台必须能够实现团队协作,比如,管理项目、流程管理、事务管理等等,这样才能做到随需应变,动态适应,实现柔性管理。

第三,协同办公平台是知识中心和应用运行支持平台。人和行为的协同要以人为中心,重新组织应用数据、信息和知识。

协同办公具有很多优势,首先通过规范管理,提高工作效率,还可以节省运营成本。其次通过协同办公的协同性,可以消除信息孤岛、资源孤岛,还能促进知识传播。最后,可以提高企业竞争力和凝聚力。

WPS Office是由金山软件股份有限公司自主研发的一款办公软件套装,可以实现办公软件最常用的文字、表格、演示等多种功能。WPS Office支持阅读和输出PDF文件、全面兼容微软Office97-2010格式(doc/docx/xls/xlsx/ppt/pptx等)的独特优势。覆盖Windows、Linux、Android、iOS等多个平台。WPS Office支持桌面和移动办公。且WPS移动版通过Google Play平台,已覆盖超50多个国家和地区。

WPS Office个人版对个人用户永久免费,包含WPS文字、WPS表格、WPS演示三大功能模块,与MS Word、MS Excel、MS PowerPoint一一对应,应用XML数据交换技术,无障碍兼容doc.xls.ppt等文件格式,用户可以直接保存和打开 Microsoft Word、Excel和 PowerPoint 文件,也可以用 Microsoft Office轻松编辑WPS系列文档。

因为WPS Office个人版是免费的,所以在官网上下载,然后安装即可。安装完成后双击桌面上"WPS文字"图标,即可启动WPS的文字处理软件,在打开的窗口中显示"我的WPS"首页,在搜索框中输入关键字,可以搜索到相关的模版,如下图所示。

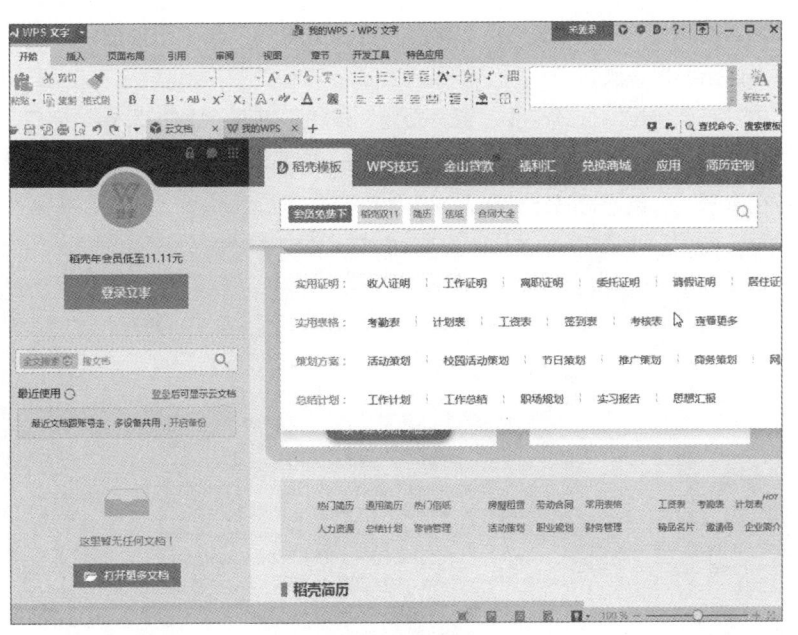

WPS Word界面

WPS Word的文字编辑功能和Microsoft Word的类似,主要包括"开始"、"插入"、"页面布局"、"引用"、"审阅"、"视图"、"章节"、"开发工具"和"特色应用"选项卡,各选项卡下的功能和Word也都相似,其中"特色应用"选项卡可以实现协同办公,如下图所示。

"特色应用"选项卡

单击标题栏右侧"未登录"按钮,弹出WPS Office界面,用户可以通过微信或QQ登录,如下图所示。若单击"更多"文本链接,还可以通过"小米"、"微博"、"校园邮"或"第三方企业账号"登录。

WPS登录界面

文档编辑完成后,可以通过"特色应用"选项卡中相关功能将文档输出为图片或PDF,还可以对文档进行翻译、朗读、发送至手机等操作。

用户也可以单击"特色应用"选项卡中"云编辑器"按钮,打开"WPS写得"窗口,在该窗口中输入文档,用户可以根据需要添加图片、音乐、视频、时间轴、地图、投标报名、思维导图等。编辑完成后,还可以导出至微信公众号、头条号等进行分享,如下图所示。

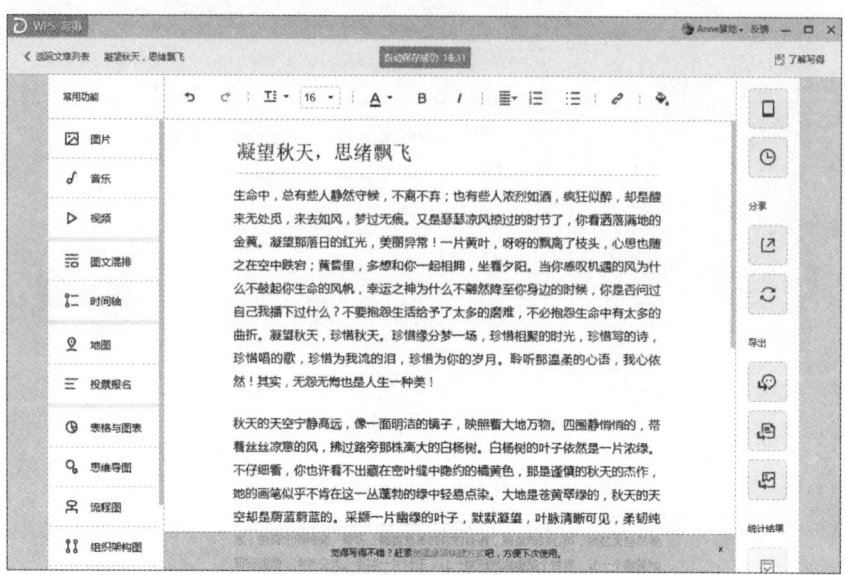

WPS写得窗口

如果需要将创建文档与团队的队员分享,在"云文档"界面用户可以创建团队,在团队内发布公告,也可以上传文件与队员工享。使用云文档共享文档时,就不需要逐个发电子邮件了,只需要上传共享的文件即可。下面以在团队中上传文件为例,介绍与他人协同工作的方法。

打开WPS Word软件,切换至"云文档"界面,在左侧选择"团队"选项❶,在中间选择团队的名称,如"经营管理团队"❷,然后在右侧单击"立即上传"按钮❸,如下图所示。

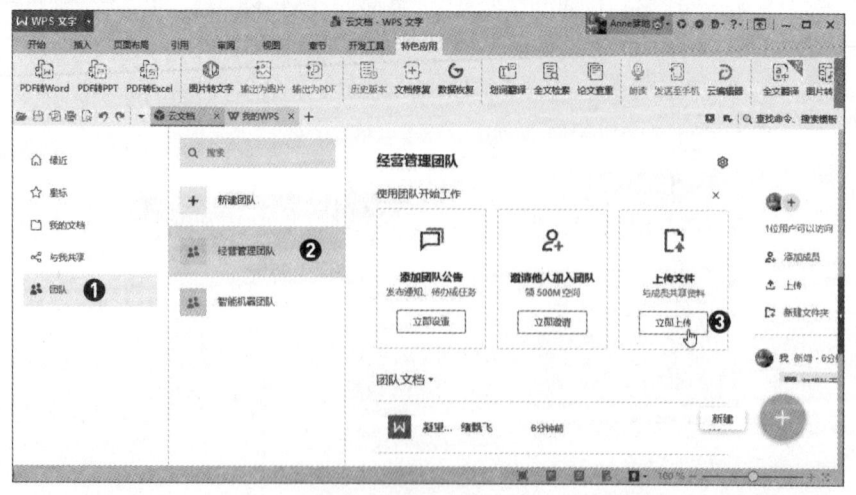

单击"上传文件"按钮

在打开的对话框中选择需要上传的文件,如"2019年上学期业余活动统计表.docx"文档,然后单击"确定"按钮,如下图所示。

**上传文件**

操作完成后,即可在"云文档"界面的"团队文档"选项区域显示该文档。用户如果需要邀请他人加团队时,可以在"云文档"界面单击"立即邀请"按钮,在打开的界面中单击"从联系人中选择"文本链接,然后选择需要邀请的成员,单击"确定"按钮即可。

## 5.4 案例分析

文档制作完成后,用户可以通过"域"功能插入目录和索引(为文档插入目录可以使用5.1.6节中介绍的目录提取方法)。人事部王美丽制作新员工入职手册,现在她要为该文档添加目录和索引,方便新员工通过不同方式查看员工手册。

**Step 01** 打开文档查看大纲级别。打开"新员工入职手册.docx"文档,切换至"视图"选项卡❶,勾选"显示"选项组中"导航窗格"复选框❷,在文档左侧的"导航"窗格中显示标题的大纲级别❸,如下图所示。

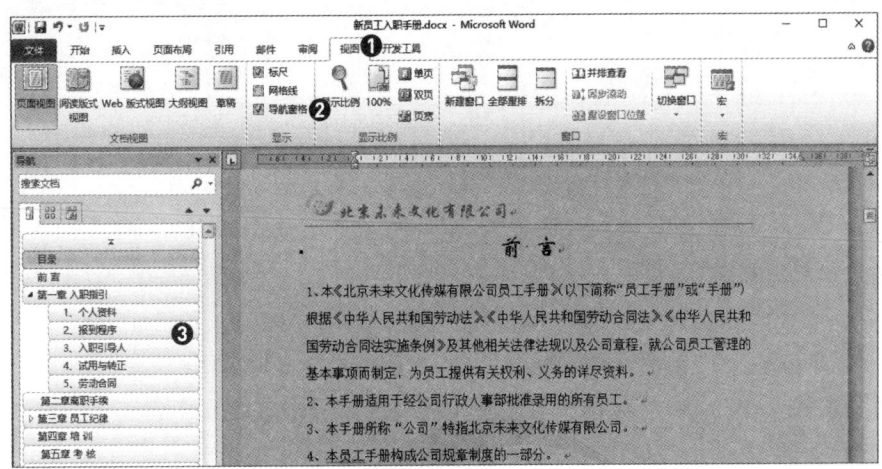

**查看大纲级别**

**Step 02** 插入目录域。将光标移至"目录"文本的下一行❶,切换至"插入"选项卡,单击"文本"选项组中"文档部件"下三角按钮❷,在列表中选择"域"选项❸,如下图所示。

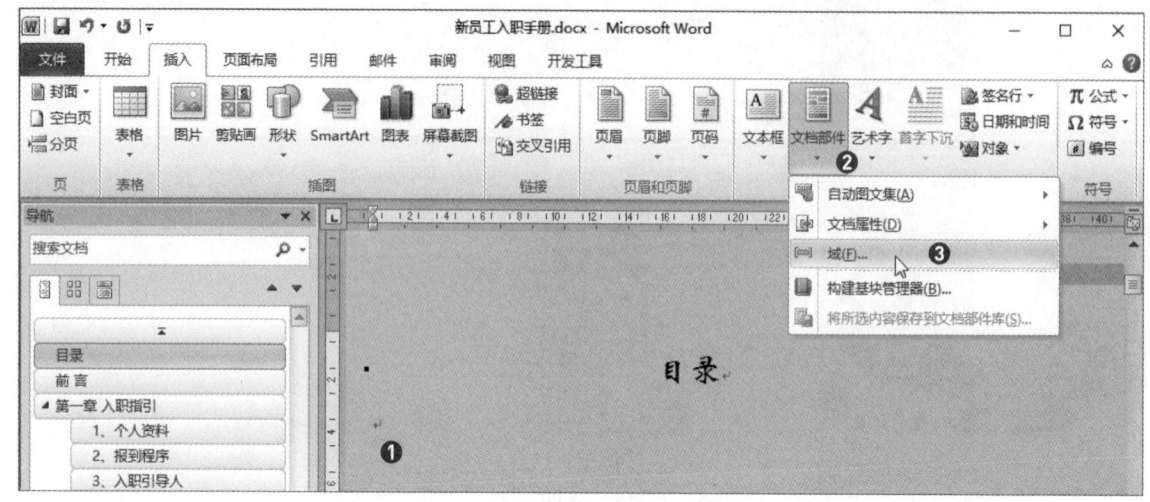

选择"域"选项

打开"域"对话框,单击"类别"下三角按钮,下拉列表中包含Word 2010提供的所有域的类别,此处选择"索引和目录"选项❶,在"域名"列表框中选择TOC选项❷,则右侧可以看到该域的相关属性,单击"目录"按钮❸,如下左图所示。

弹出"目录"对话框,在"目录"选项卡的"常规"选项区域中设置"格式"为"正式",然后单击"确定"按钮,即可完成目录域的操作,如下右图所示。

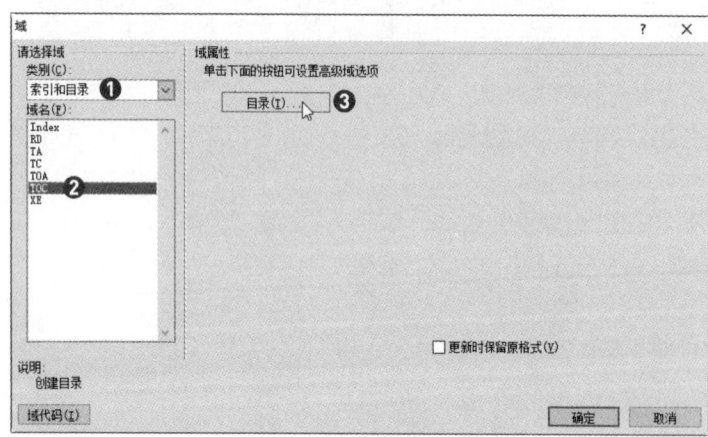

"域"对话框

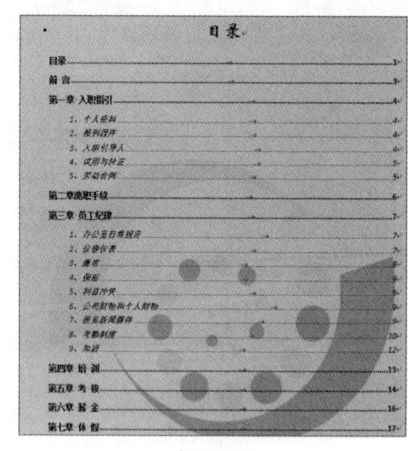

查看目录

**Step 03** 标记索引项。在插入索引之前,需要在索引文本处标记索引项,即可在索引文本右侧的大括号内显示索引文本。添加的索引项在打印文档时是不会被打印的。

将光标定位在正文第3页的"1、个人资料"文本右侧,单击"文本"选项组中"文档部件"下三角按钮,在列表中选择"域"选项。打开"域"对话框,设置"类别"为"索引和目录"❶,在"域名"列表框中选择XE选项❷,再单击右侧面板中"标记索引项"按钮❸,如下左图所示。

打开"标记索引项"对话框,在"索引"选项区域的"主索引项"文本框中输入"个人资料"文本❶,然后单击"标记"按钮❷,即可在光标处标记索引项❸,如下右图所示。

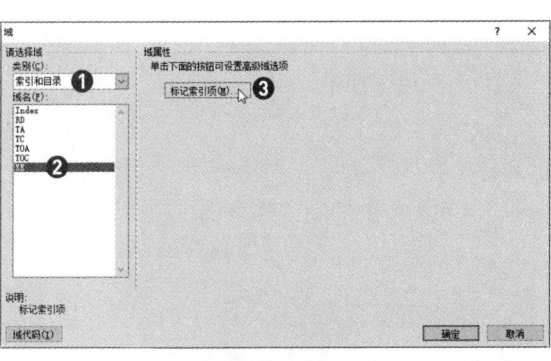

"域"对话框

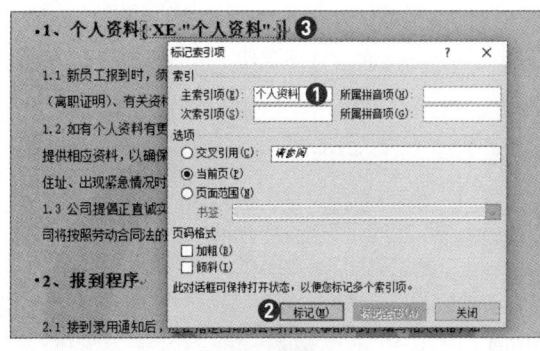

查看索引项

不需要关闭该对话框,将光标移至下一处需要标记索引项的位置,然后根据相同的方法输入文本并标记。标记完成后关闭该对话框,然后将光标移至"索引"文本的下一行,再次单击"文本部件"下三角按钮,在列表中选择"域"选项。打开"域"对话框,设置"类别"为"索引和目录"❶,在"域名"列表框中选择Index❷,单击右侧"索引"按钮❸,如右图所示。

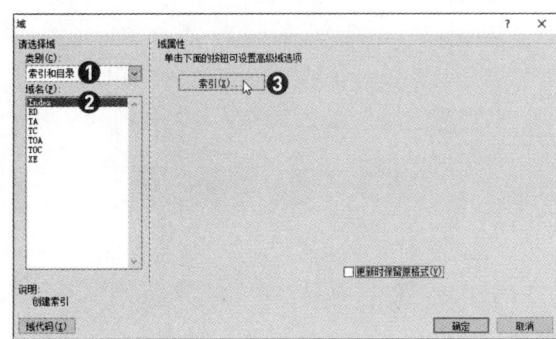

"域"对话框

打开"索引"对话框,在"索引"选项卡中设置"格式"为"正式"❶,在"类型"选项区域中单击"排序依据"下三角按钮,在列表中选择"拼音"选项❷,该选项默认为笔划,表示按第一个字的笔划数量排序。设置完成后单击"确定"按钮,如下左图所示。返回工作表中,可见在"索引"文本下方显示索引内容,如下右图所示。

"索引"对话框

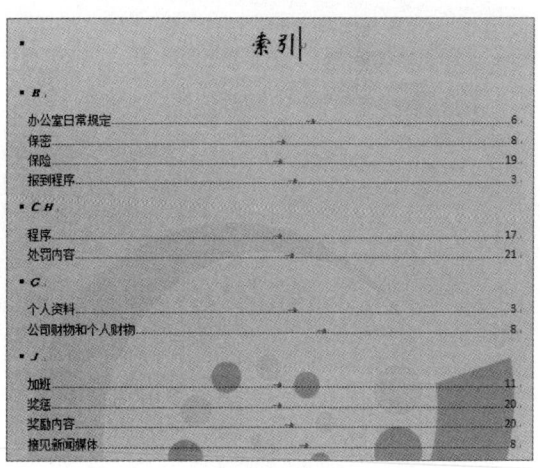

查看索引效果

# 策 略 技 能

办公自动化软件随着功能的完善，现在已经应用到各个领域，是工作和生活不可缺少的工具之一。对于大学生而言，Word也是使用最频繁的软件之一，主要用于处理不同的文档。

大学是人生中最重要、最美好的四年，所以大学生们应当好好规划这四年的生活和学习。下面以大学生职业规划书为例，介绍文档格式的设置要求。

**Step 01** 页面设置：在制作大学生职业规划书时采用A4大小纸张，左边距为3厘米，上、下边距为2.5厘米，右边距为2.8厘米，正文的行距为22磅，装订线在左侧。然后输入正文内容，字体为宋体，字号为五号，设置首行缩进2个字符。

**Step 02** 封面：输入"大学生职业规划书"文本，设置字体为"宋体"，字号为"小初"，居中对齐。设置段前为5行、段后为6行。然后再输入学院、专业、班级、姓名等信息，字体为宋体，字号为小二，左缩进为8个字符。用户也可以根据需要在封面中插入图片或警示格言。

**Step 03** 扉页：输入"个人资料"文本，字号为小二，居中对齐，段前为4行，段后为3行。然后输入个人相关资料，包括姓名、籍贯、学院、爱好、喜欢的人或事物，设置字号为四号，左缩进为4个字符，行距为20磅。

**Step 04** 目录：在扉页的下一页，设置"目录"文本和"个人资料"格式一样，目录内容为宋体，五号文字，行距为20磅。第一级标题顶头，宋体，小四号；第二级标题缩进一个字符，宋体，小四号；第三级标题再缩进一个字符，宋体，小四号，页码以阿拉伯数字显示，页码前为连续的点。

**Step 05** 正文：采用宋体，五号字号，然后设置每段开头空两个字符，行间距为20磅，段前和段后均为0.5磅。

**Step 06** 结束语：字体为华文楷体，字号为五号，行间距为20磅。

**Step 07** 参考书目："参考书目"文本顶行，宋体五号；参考书目为宋体五号，数字需要用中括号括起来表示，每条参考书目结束以"."结尾。

# Chapter 06 Excel电子表格应用

办公自动化中的电子表格软件是数据处理软件,广泛应用于学校、企业、商务等领域。使用电子表格软件可以在表格中输入数字、文字、公式等,再使用Excel内置的函数、公式或数组等对数据进行计算处理,然后根据计算结果或数据进行分析管理,如数据排序、筛选、分类汇总等。使用Excel还可以将数据以图表的形式展示出来,让浏览者直观地比较数据之间的关系。

## 思维导图

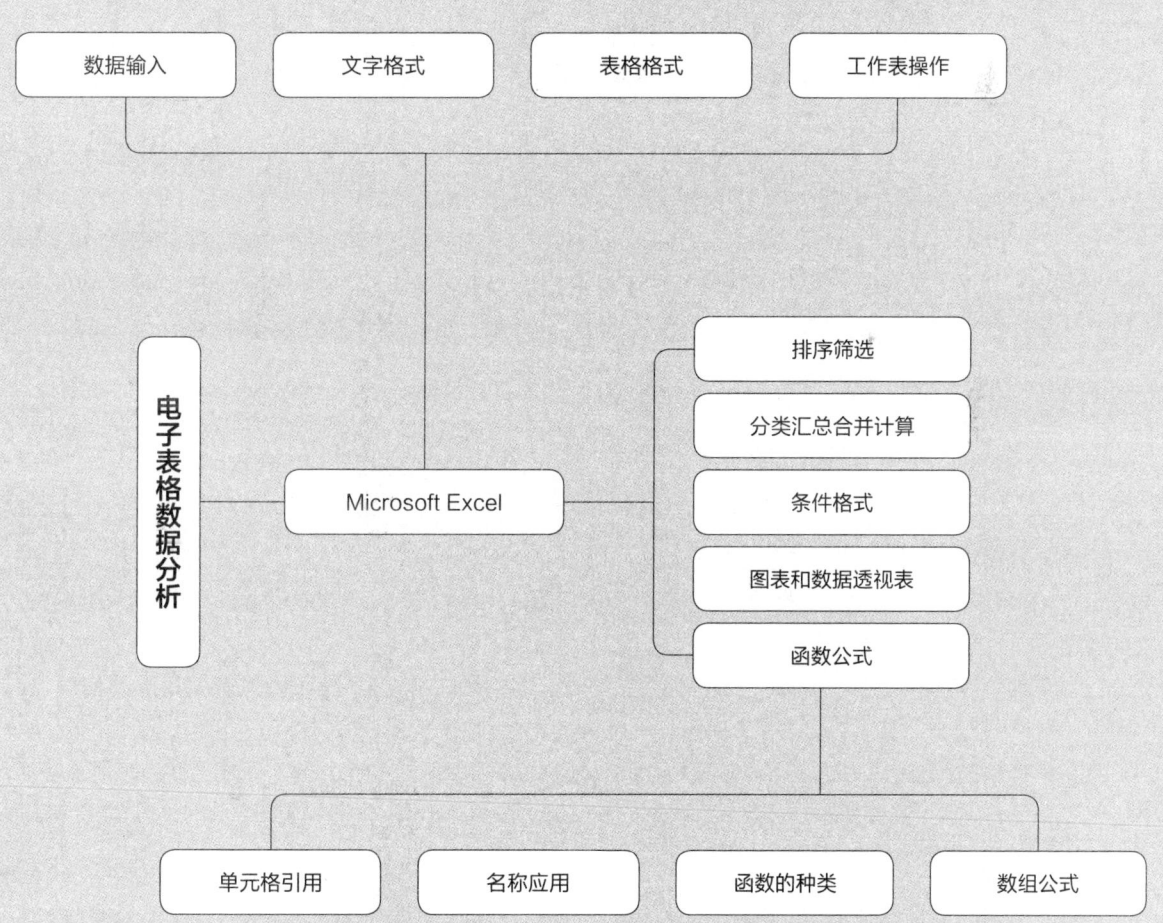

## 6.1 Excel 2010基本操作

使用电子表格软件可以在表格中输入文字、数字或公式等,也可以对表格中的数据进行计算、分析等操作。本节以Excel 2010软件为例介绍数据的基本操作,如数据输入、边框设置、排序和筛选等。

Excel文件被命名为工作簿,其扩展名为xlsx,其中包含若干个工作表。工作表的默认名称用Sheet1、Sheet2表示,在工作表的单元格中可以输入并分析数据。

### 6.1.1 Excel工作界面

双击Excel 2010快捷方式图标,即可打开名为"工作簿1"的空白工作簿,Excel的工作界面主要由访问工具栏、标题栏、功能区、工作区等组成,如下图所示。

Excel 2010工作界面

Excel 2010默认的功能选项卡包括"开始"、"插入"、"页面布局"、"公式"、"数据"、"审阅"和"视图"7个,在不同的选项卡中其功能区的功能各不相同,用户只需单击选项卡的标签,即可切换至相应的功能选项组。

在"文件"列表中包括"保存"、"另存为"、"打开"、"关闭"、"信息"、"最近所用文件"、"新建"、"打印"、"保存并发送"和"选项"等命令选项。

用户可以根据需要对工作簿和工作表进行操作,如保存工作簿、保护工作簿、新建工作表、重命名工作表等,下面分别介绍具体操作方法。

#### 1. 保存工作簿

新建工作簿并进行数据输入后,用户需要将其保存在硬盘上方便以后使用和查看。在Excel中有两种保存工作薄的命令,分别为"保存"和"另存为",对于新建的工作簿来说,执行任何一种命令其结果都一样。

在工作簿中单击"文件"标签,在列表中选择"保存"或"另存为"选项,或者直接单击快速访问工具栏中的"保存"按钮,即可打开"另存为"对话框,选择保存的路径❶,在"文件名"文本框中输入工作簿的名称,如"学生信息表"❷,最后单击"保存"按钮❸,如下左图所示。

针对已有的工作簿，单击"保存"按钮时，修改的内容将覆盖原工作簿内容。执行"文件>另存为"操作，则会打开"另存为"对话框，设置相关参数并保存即可。

保存工作簿的操作很重要，如果突然断电，而工作簿没有及时保存则会造成数据丢失。为了及时保存数据，我们可以设置自动保存。单击"文件"标签，在列表中选择"选项"选项，打开"Excel选项"对话框，在左侧列表框中选择"保存"选项❶，在右侧"保存工作簿"选项区域中勾选"保存自动恢复信息时间间隔"复选框❷，在右侧数值框中输入时间，如输入10❸，表示每隔10分钟自动保存一次，最后再单击"确定"按钮，如下右图所示。

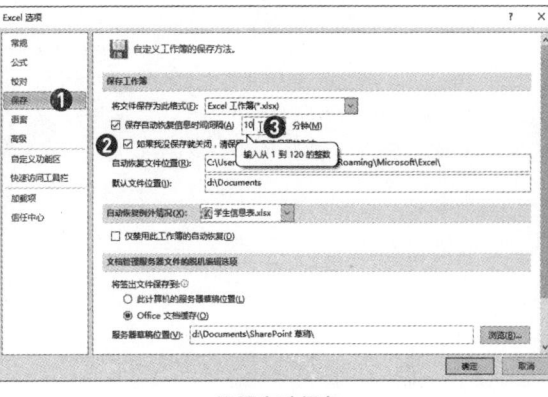

"另存为"对话框　　　　　　　　　　　　设置自动保存

对工作簿设置自动保存后，用户也不能完依赖自动保存，毕竟它不能完全代替手动保存。用户在编辑数据时一定要养成随时保存工作簿的好习惯。

### 2. 保护工作簿

为了防止他人对工作簿进行修改，可以对其执行加密操作，用户可以参考5.1.1小节中保护Word文档的方法对工作簿进行加密，此处就不再介绍了。下面介绍对工作簿的结构进行保护的方法，保护工作簿的结构后，他人无法对工作表进行删除、重命名等操作。

打开"学生信息表.xlsx"工作簿，切换至"审阅"选项卡❶，单击"更改"选项组中"保护工作簿"按钮❷，如下左图所示。打开"保护结构和窗口"对话框，只勾选"结构"复选框❸，在"密码"数值框中输入密码，如111❹，单击"确定"按钮，如下右图所示。

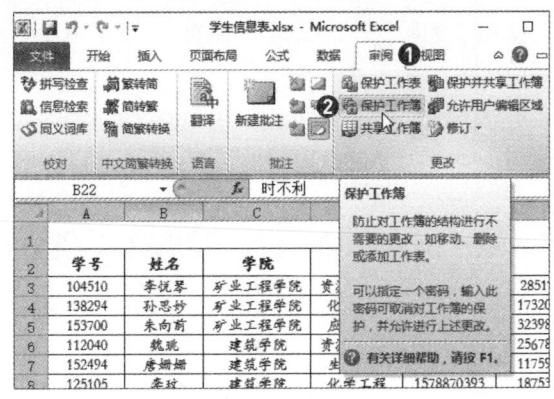
单击"保护工作簿"按钮

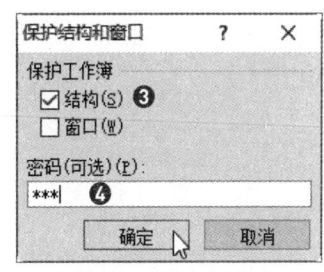
"保护结构和窗口"对话框

然后打开"确认密码"对话框，在"重新输入密码"数值框中输入设置密码，单击"确定"按钮，即可完成对工作簿结构的保护。在工作簿中右击工作表标签时，在快捷菜单中可见关于工作簿结构的命令均为灰色不可用状态，如下图所示。

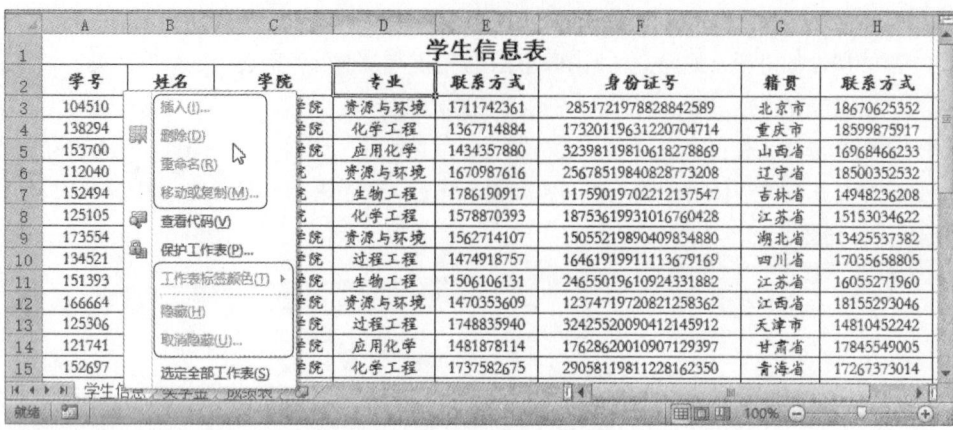

查看保护工作簿结构的效果

### 3. 选择工作表

在Excel 2010中，一个工作簿默认情况下包含3个工作表，用户可以根据需要进行添加或删除工作表，还可以移动、复制、隐藏和保护工作表。下面介绍选择工作表的方法。

当需要对工作表进行操作时，首先要做的工作就是选择工作表。在打开的"学生信息表.xlsx"工作簿中包含3个工作表。如果需要选择"奖学金"工作表，则直接将光标移至"奖学金"工作表标签上并单击即可。用户也可以右击工作表标签左侧向左或向右的箭头按钮❶，在列表中选择需要显示的工作表的名称即可❷，如右图所示。

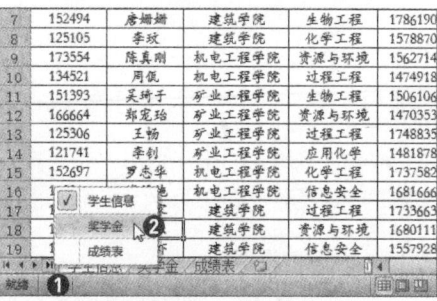

选择需要显示的工作表名称

如果需要选择多张连续的工作表，首先选择第一张工作表，然后按住Shift键再单击最后一张工作表，即可选中这两张工作表之间的所有工作表❶，如下左图所示。如果需要选择不连续的多张工作表，可以先选择第一张工作表，然后按住Ctrl键依次选择其他工作表即可❷，如下右图所示。

选择连续工作表　　　　　　　　　　选择不连续工作表

### 4. 新建工作表

单击工作表标签右侧"插入工作表"按钮❶，即可在最右侧插入空白的工作表，如下左图所示。用户也可以通过功能区插入工作表，首先选择工作表标签，切换至"开始"选项卡，单击"单元格"选项组中"插入"下三角按钮❷，在列表中选择"插入工作表"选项❸，如下右图所示。操作完成后，即可在选中工作表的左侧插入空白工作表。

单击"插入工作表"按钮 　　　　　选择"插入工作表"选项

## 5. 重命名工作表

工作表默认的名称用"Sheet+数字"表示，用户可以为工作表进行命名，方便浏览时能快速识别工作表的内容。选择需要重命名的工作表，在工作表标签上右击，在快捷菜单中选择"重命名"命令，如下图所示。此时，工作表名称为可编辑状态，然后输入新的名称，按Enter键或在工作区中单击任意单元格，即可退出重命名状态。

**重命名工作表**

## 6. 隐藏工作表

选择需要隐藏的工作表并右击，在快捷菜单中选择"隐藏"命令，即可将选中的工作表隐藏，如下图所示。

**隐藏工作表**

用户如果需要将隐藏的工作表显示出来，则右击任意工作表标签❶，在快捷菜单中选择"取消隐藏"命令❷，如下左图所示。打开"取消隐藏"对话框，在"取消隐藏工作表"列表框中选择需要显示的工作表名称，如"学生信息表"❸，然后单击"确定"按钮即可，如下右图所示。

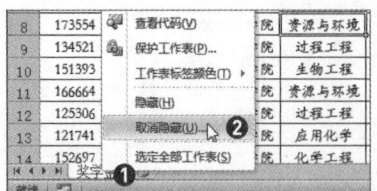 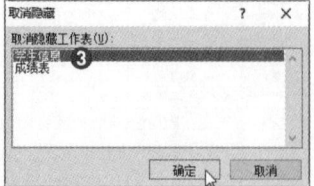

显示工作表

> **提示：** 对工作表的编辑操作还有很多，如删除工作表、设置工作表标签颜色、移动工作表、复制工作表等，都可以通过右击工作表标签，在快捷菜单中选择对应的命令，然后根据相关提示进行设置，在此处不作过多介绍。

### 7. 保护工作表

之前介绍很多关于密码保护的操作，用户可以根据之前的方法进行操作。下面将介绍为工作表中指定的单元格区域设置密码保护，即用户只能在指定的区域内输入、编辑数据。首先打开"学生档案.xlsx"工作簿，切换至"审阅"选项卡❶，在"更改"选项组中单击"允许用户编辑区域"按钮❷，如右图所示。

打开"允许用户编辑区域"对话框，单击"新建"按钮❶，如下左图所示。打开"新区域"对话框，单击"引用单元格"右侧折叠按钮，返回工作表中选中E2:H33单元格区域❷，返回"新区域"对话框，在"区域密码"数值框中输入密码❸，如111，单击"确定"按钮，如下右图所示。

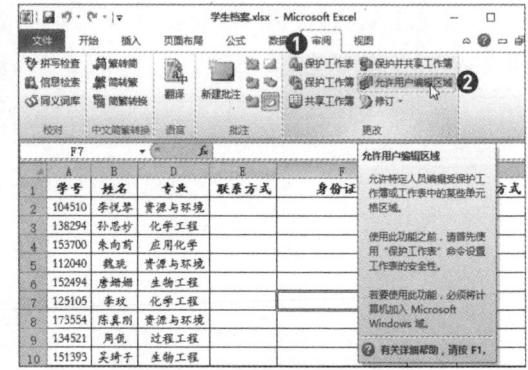

单击"允许用户编辑区域"按钮

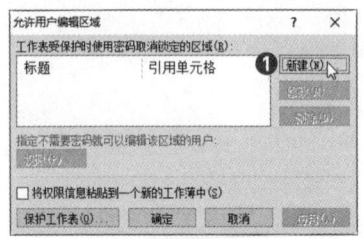 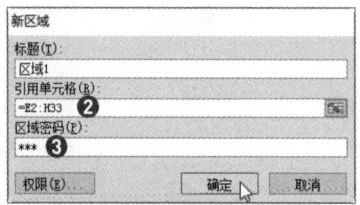

单击"新建"按钮　　　　　　设置区域并输入密码

在弹出的密码确认对话框中输入设置的区域密码，单击"确定"按钮，返回"允许用户编辑区域"对话框，在"工作表受保护时使用密码取消锁定的区域"列表框中显示添加的区域❶，然后再单击"保护工作表"按钮❷，如下左图所示。打开"保护工作表"对话框，在"取消工作表保护时使用的密码"数值框中输入密码，如123❸，最后单击"确定"按钮，如下右图所示。

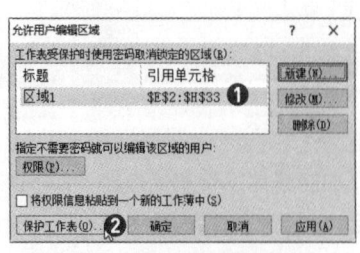 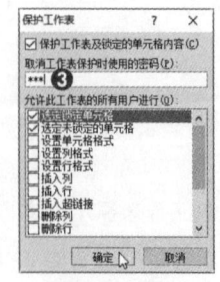

单击"保护工作表"按钮　　　　设置保护密码

在弹出的对话框中确认密码后，如果用户试图更改可编辑单元格区域之外的内容，即E2:H33单元格区域之外的内容，则会弹出提示对话框，显示该单元格区域受保护，如下图所示。

设置区域并输入密码

在指定区域输入数据时，弹出"取消锁定区域"对话框，在"请输入密码以更改此单元格"数值框中输入区域密码111，单击"确定"按钮即可继续输入数据，如右图所示。

提示对话框

## 6.1.2 数据的输入

在Excel中可以输入各种类型的数据，如数值、文本、日期等，下面通过制作学生档案的过程，介绍各种数据的输入方法。

### 1. 输入文本型数据

新建空白工作簿并保存名为"学生档案.xlsx"，然后选中A1单元格，切换至所需输入法并输入"学号"文本，默认状态下文本为宋体、11号，而且是左对齐显示。根据相同的方法输入表格标题和员工的姓名文本，如下图所示。

输入文本数据

通过上图，用户很容易理解文本型数据，在Excel中有些数字也必须以文本格式才能输入，如身份证号。当在Excel中输入11位以上的数字时，系统会自动以科学计数法显示，如果超过15位数字，则之后的数据会以0显示❶，如下左图所示。此时，我们可以将需要输入身份证号码的单元格区域设置为"文本"类型的格式，即选中G2:G33单元格区域❷，切换至"开始"选项卡，单击"数字"选项组的对话框启动器按钮❸，如下右图所示。

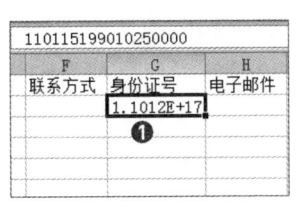

输入身份证号码的效果

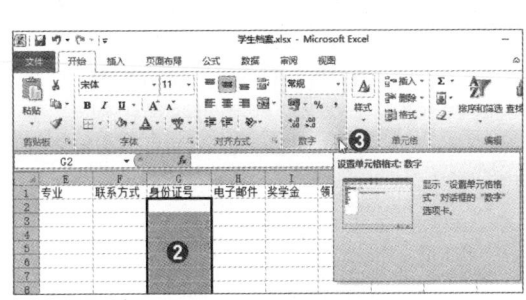

单击对话框启动器按钮

打开"设置单元格格式"对话框,在"数字"选项卡的"分类"列表框中选择"文本"选项❶,然后单击"确定"按钮❷,如下左图所示。操作完成后,选中G1单元格,然后输入该学生的身份证号码110115199601250325,可见在单元格中显示完整的身份证号码,如下右图所示。单击左侧下三角按钮,在列表中选择"忽略此错误"选项即可。

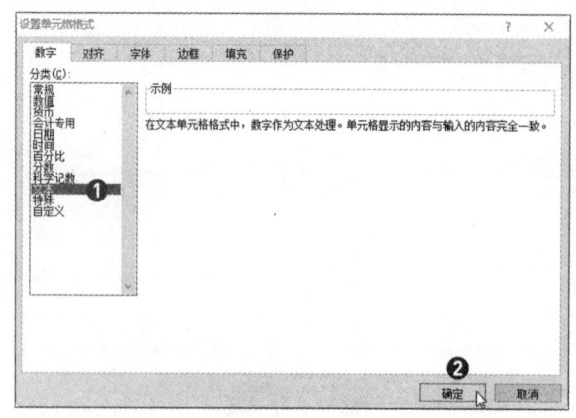
选择"文本"选项

查看输入的身份证号码效果

■ 提示:当需要输入超过11位数字时,用户还可以先输入英文状态下的单引号,然后再输入数字即可。

输入完成后,由于身份证号码很长已经超出单元的宽度,如果在右侧的单元格输入数据,则会导致覆盖部分数字,使身份证号码在单元格中显示不全。此时可以将光标移至G列的列号上,当变为向下的箭头时单击,选中该列,然后再将光标移至该列右侧边框上,变为双向箭头时双击即可快速调整列宽。然后接着在表格中输入学生的联系方式,并适当调整列宽。

### 2. 输入货币型数据

选中I2单元格,然后在键盘上输入512数据,按Enter键确认,即可完成数值型数据的输入,可见数值型的数据默认状态下是右对齐。根据相同的方法输入其他学生的奖学金数值❶,如下左图所示。然后选中I2:I33单元格区域,按Ctrl+1组合键打开"设置单元格格式"对话框,在"数字"选项卡的"分类"列表框中选择"货币"选项❷,在右侧面板中设置小数位数为2,并选择货币符号❸,最后单击"确定"按钮,如下右图所示。

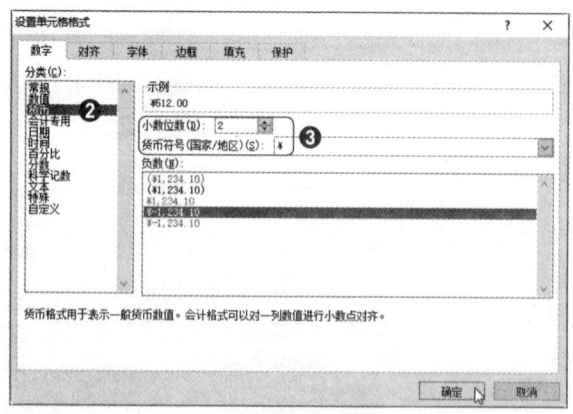

| G | H | I | J |
|---|---|---|---|
| 身份证号 | 电子邮件 | 奖学金 | 领取日期 |
| 110115199601250325 | | 512 | |
| 173201196312207047 | | 457 | |
| 323981198106182788 | | 235 | |
| 256785198408287732 | | 563 | |
| 117590197022121375 | | 525 | |
| 187536199310167604 | | 392 | |
| 150552198904098348 | | 208 | |
| 164619199111136791 | ❶ | 507 | |
| 246550196109243318 | | 276 | |
| 123747197208212583 | | 467 | |
| 324255200904121459 | | 578 | |
| 176286200109071293 | | 575 | |
| 290581198112281623 | | 390 | |
| 216011197604248797 | | 569 | |

输入数值型数据                     设置货币的格式

返回工作表中,可见在数值的左侧添加货币符号,而且都保留2位小数,如下图所示。

查看输入货币型数据的效果

### 3. 输入日期型数据

选中J2单元格，然后输入2018/12/10，按Enter键即可完成日期输入❶。日期型数据和数值型数据一样默认为右对齐，输入日期后该单元格的格式自动变为"日期"格式❷，如下左图所示。根据相同的方法输入其他学生奖学金的领取日期。因为都是2018年12月领取的，所以只需要显示月份和天数即可。首先选中日期所在的单元格区域，打开"设置单元格格式"对话框，在"类型"列表框中选择"3月14日"类型选项❸，再确保"区域设置"为中文，单击"确定"按钮，如下右图所示。

输入日期

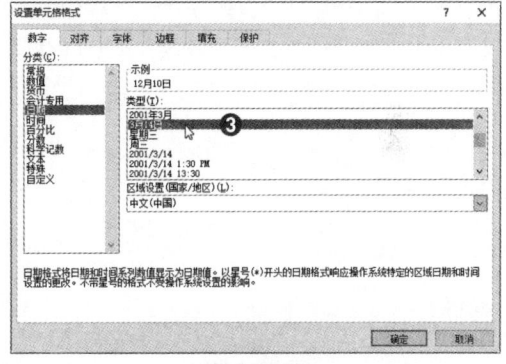
设置日期类型

返回工作表中，可见在单元格中只显示月份和天数，在编辑栏中则显示完整的日期。最后再适当调整列宽，效果如下图所示。

查看输入日期的效果

### 4. 更高效地输入数据

前面介绍了几种常见数据类型的输入方法，其实在输入数据时还有很多技巧，如快速输入重复的数据、输入以0开头的数据以及输入特殊的符号等。

（1）快速输入重复的数据

在工作表中，如果需要在多个单元格中输入相同的数据，为了提高输入数据的效率，用户可以同时输入多个相同的数据。首先在"学院"列中按住Ctrl键的同时，选择需要输入相同学院名称的单元格❶，然后输入"建筑学院"文本❷，如下左图所示。接着按Ctrl+Enter组合键，即可在选中单元格中同时输入相同的文本❸，如下右图所示。

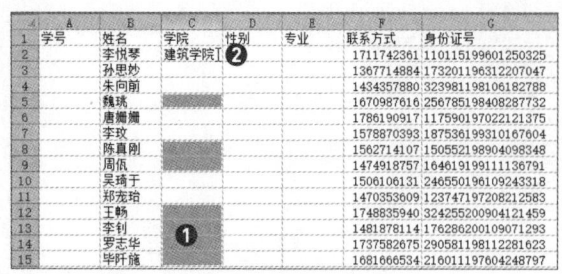

| 选中单元格并输入文本 | 同时输入多文本的效果 |

**（2）输入以0开头的数据**

学生的学号是由8位数字组成的，有的学生学号前几位是以0开头的，如果在Excel中直接输入，按Enter键确认后，开头的0会自动隐藏。下面介绍输入以0开头数据的方法。

首先选中"学生档案.xlsx"工作簿中A2:A33单元格区域，打开"设置单元格格式"对话框，在"数字"选项卡的"分类"列表框中选择"自定义"选项❶，然后在"类型"文本框中输入00000000❷，最后单击"确定"按钮，如下左图所示。在A2单元格中输入104510，按Enter键确认，则在单元格中显示00104510❸，因为输入的是6位数据，按Enter键后自动在最左侧添加0以显示为8位数。选中A2单元格，在编辑栏中显示输入的数据❹，如下右图所示。

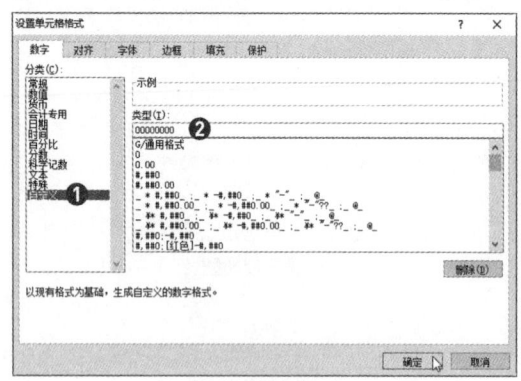

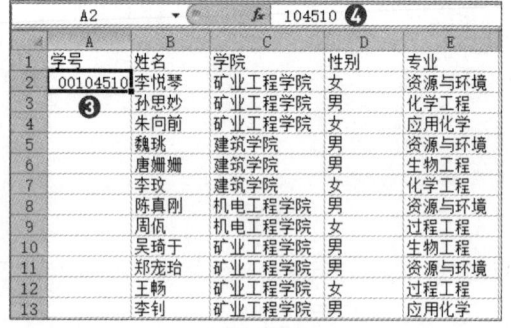

| 自定义数据格式 | 查看设置效果 |

**（3）取消邮件的链接**

在Excel中输入电子邮箱文本时会自动链接，如何取消超链接呢？首先选中H2单元格，单击"自动更正选项"下三角按钮❶，在列表中选择"停止自动创建超链接"选项❷，如下左图所示。或者右击H2单元格，在快捷菜单中选择"取消超链接"命令❸，如下右图所示。操作完成后，电子邮件以黑色字体颜色正常显示。

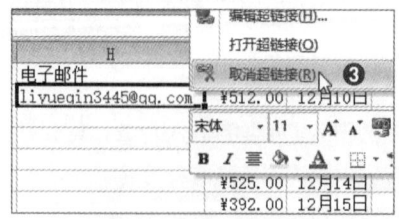

选择"停止自动创建超链接"选项　　选择"取消超链接"命令

**（4）输入特殊符号**

选择K12单元格区域❶，切换至"插入"选项卡，单击"符号"选项组中"符号"按钮❷，如下左图所示。打开"符号"对话框，在"符号"选项卡中选择"字体"为Wingdings❸，在列表中选择五角星形状选项❹，单击"插入"按钮❺，如下右图所示。即可在选中单元格中插入选中的符号，然后关闭对话框即可。

单击"符号"按钮

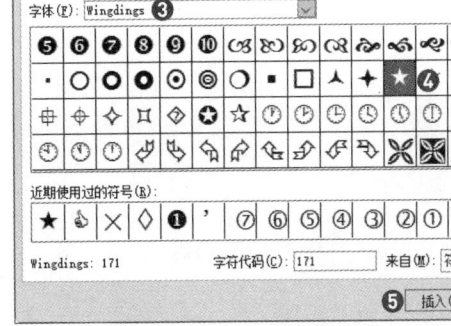

插入特殊符号

**提示：1. 输入有规律的数据**

用户可以通过创建序列的方法快速输入有规律的数据。

（1）等差序列数据的输入。在A1单元格中输入1，在A2单元格中输入3，A1和A2单元格作为等差序列的源序列。然后选中A1:A2单元格区域，将光标移至右下角控制柄上，待变为黑色十字形时，按住鼠标左键向下拖曳至A8单元格，即可建立1、3、5、7、9、11、13、15的等差序列。如果需要创建横向等差序列，则在A1和B1单元格中输入1、3，然后进行横向拖曳即可。

用户也可以通过"序列"对话框进行设置，首先在A1单元格中输入1❶，并选中该单元格，然后切换至"开始"选项卡，单击"编辑"选项组中"填充"下三角按钮❷，在列表中选择"系列"选项❸，如下左图所示。打开"序列"对话框，在"序列产生在"选项区域中选中"列"单选按钮❹，保持"等差序列"单选按钮为选中状态，设置步长值为2❺、终止值为15❻，单击"确定"按钮❼，如下右图所示。返回工作表中，从A1单元格向下以步长值为2的等差进行填充，填充至15。

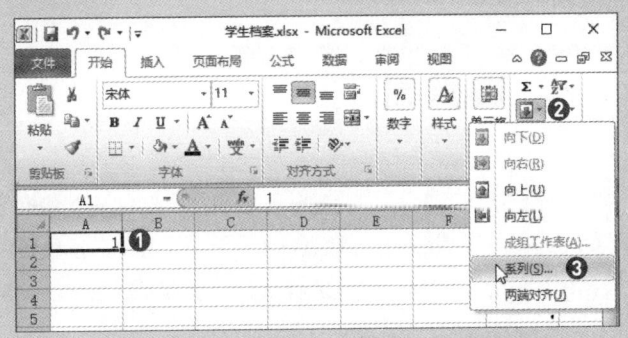

选择"系列"选项

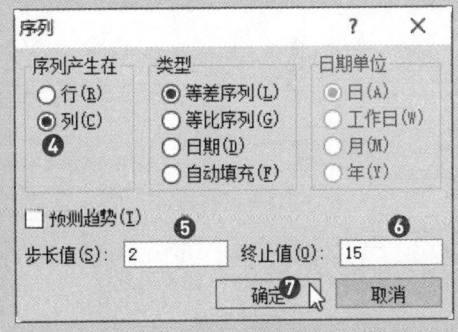

"序列"对话框

使用等差序列进行填充的操作，除了适应数字还适应日期，其操作方法相似，此处不再介绍。在对日期进行等差填充时，可以分别对年、月、日进行设置，也可以同时设置。

（2）等比序列数据的输入。在进行等比序列填充时，用户可以参考使用"序列"对话框进行等差序列填充的方法，此处不再进行介绍。

**2. 使用数据有效性规范数据输入**

在"学生档案.xlsx"工作簿中，选中E2:E33单元格区域❶，切换至"数据"选项卡，单击"数据工具"选项组中"数据有效性"按钮❷，如下左图所示。打开"数据有效性"对话框，在"设置"选项卡中设置"允许"为"序列"❸，在"来源"文本框中输入"过程工程,化学工程,生物工程,网络工程,信息安全,应用化学,资源与环境"❹，单击"确定"按钮，如下右图所示。这里需要注意，在"来源"文本框中输入的数据之间用英文状态下的逗号隔开。

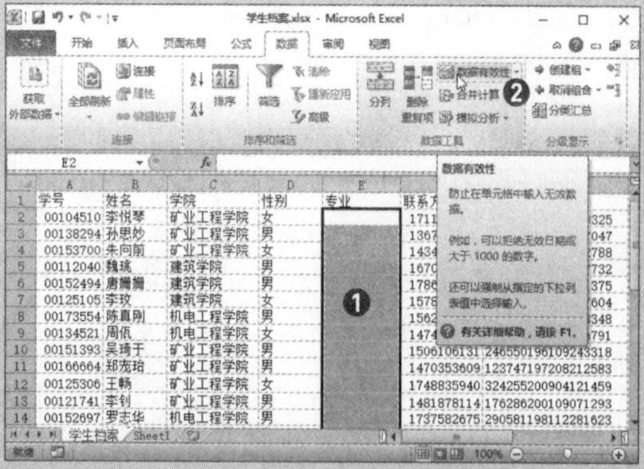

单击"数据有效性"按钮 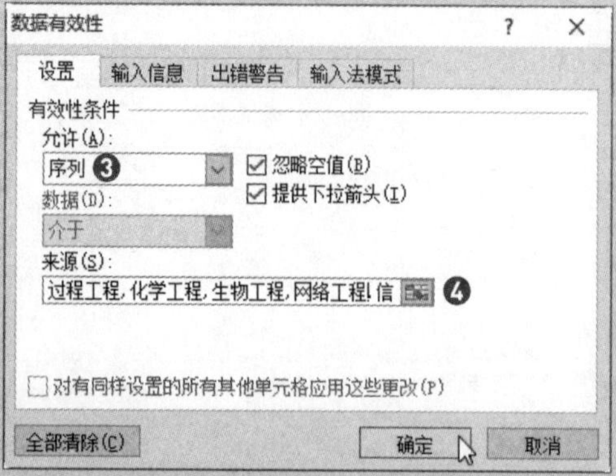　　　　　　　　　设置序列

返回工作表中，选择E2:E33单元格区域中任意单元格，单击右侧下三角按钮，在列表中选择设置的数据序列，即可在该单元格中显示内容，如下图所示。

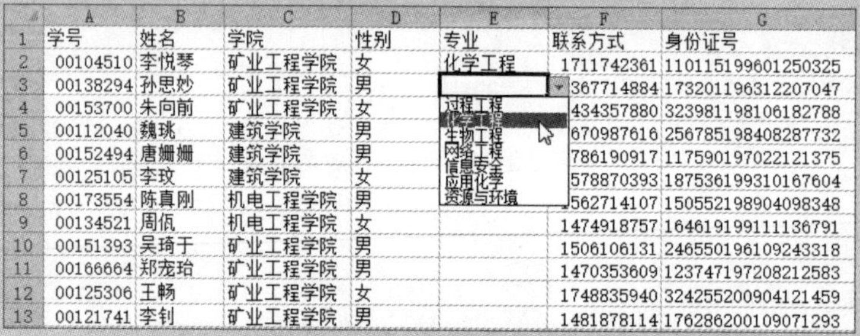

查看数据有效性的效果

## 6.1.3 设置边框和底纹

在Excel中的网格线只起到辅助的作用，当需要将表格打印输出时，则是不显示网格的。用户可以根据需要为表格添加边框，并对边框样式进行设置，为了突出数据，还可以添加底纹颜色。

**1. 添加边框**

打开"学生档案.xlsx"工作簿，选择A1:J33单元格区域，打开"设置单元格格式"对话框，切换至"边框"选项卡❶，在"样式"列表框中选择双实线选项，设置颜色为深红色❷，在"预置"选项区域中选择"外边框"选项❸，如下左图所示。然后根据相同的方法设置内边框的样式❹，设置完成后单击"确定"按钮❺，如下右图所示。

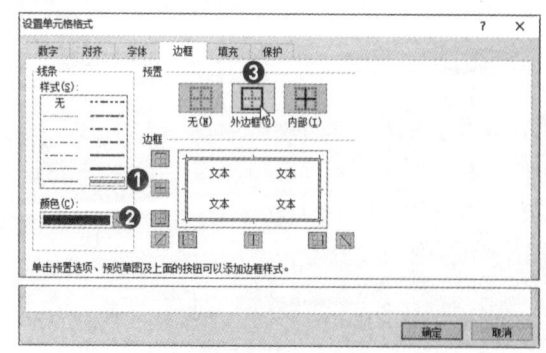

设置外边框样式

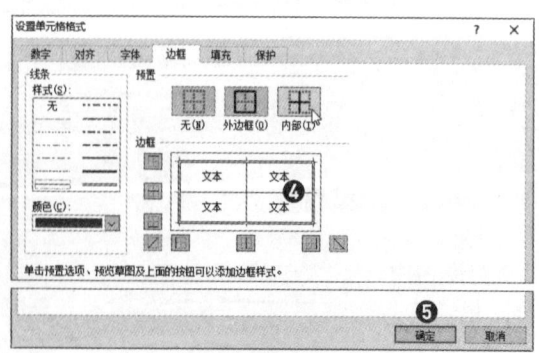

设置内边框样式

为了效果展示更全面，在第一行和第一列插入行和列，然后隐藏部分行。切换至"视图"选项卡，取消勾选"显示"选项组中"网格线"复选框，查看设置边框的效果，如下图所示。

查看设置边框的效果

### 2. 设置底纹

选择A1:J1单元格区域❶，切换至"开始"选项卡，单击"字体"选项组中"填充颜色"下三角按钮❷，在下拉列表中选择合适的颜色，如深红色❸，如下左图所示。然后在"字体"选项组中单击"字体颜色"下三角按钮，在列表中选择白色，并单击"加粗"按钮，效果如下右图所示。

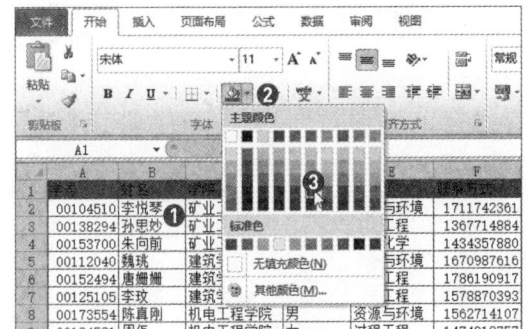
设置填充颜色

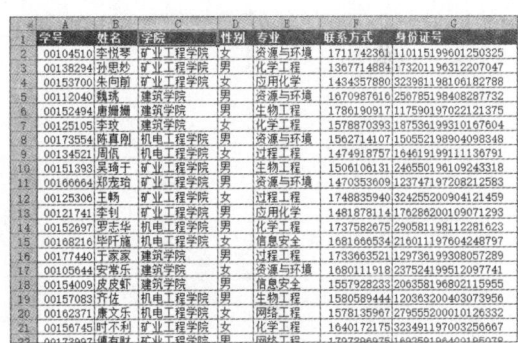
查看设置效果

**提示**：为了工作表的美观，用户还可以填充图案、渐变颜色或背景图片。

#### 1. 填充图案

选择A1:J1单元格区域，打开"设置单元格格式"对话框，切换至"填充"选项卡，在"背景色"选项区域中选择合适的背景颜色，如浅紫色❶，设置图案颜色为深红色❷，单击"图案样式"下三角按钮，在列表中选择合适的图案❸，用户可以在"示例"选项区域中查看设置的效果❹，如下左图所示。单击"确定"按钮，即可在选中的单元格中填充设置的图案，然后再设置文字的格式，因为表格比较大，只展示部分效果，如下右图所示。

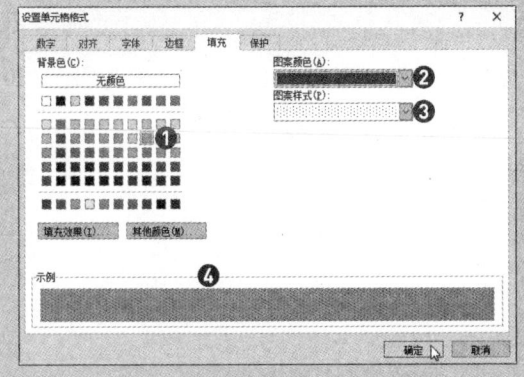
设置图案　　　　　　　　　　　　　　查看填充图案效果

## 2. 渐变色填充

选择A1:J1单元格区域,打开"设置单元格格式"对话框,在"填充"选项卡中单击"填充效果"按钮,打开"填充效果"对话框,设置"颜色1"和"颜色2"的颜色❶,在"底纹样式"选项区域中选中"角部辐射"单选按钮❷,单击"确定"按钮❸,如下左图所示。返回上级对话框,在"示例"选项区域中查看效果,单击"确定"按钮。返回工作表中,可见选中的单元格区域应用了设置的渐变颜色,如下右图所示。

细心的读者可以发现,设置渐变填充时,是以单元格为单位进行填充的,也就是说在选中的每个单元格中分别填充设置渐变效果。

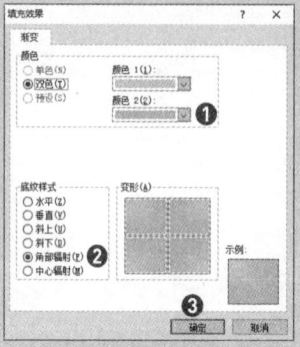

设置渐变颜色　　　　　　　　　查看渐变效果

## 3. 添加背景图片

切换至"页面布局"选项卡,单击"页面设置"选项组中"背景"按钮❶,如下左图所示。打开"工作表背景"对话框,选择合适的背景图片,如"背景.jpg"❷,单击"插入"按钮❸,如下右图所示。

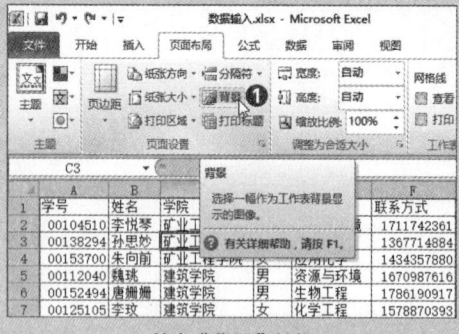
单击"背景"按钮

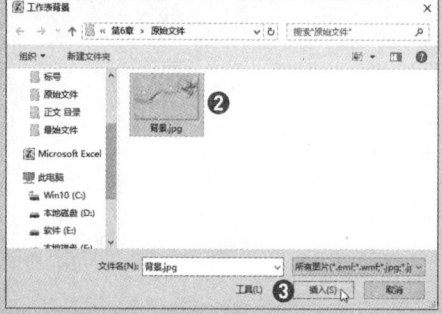
选择背景图片

返回工作表中,可见背景图片填充整个工作表,如果想只填充工作表中的数据区域,则单击工作表左上角 按钮❶,全选工作表。单击"字体"选项组中"填充颜色"下三角按钮,在列表中选择白色❷,如下左图所示。然后只选择数据区域,并设置无填充,即可将图片只填充数据区域。为了能更好地展示效果,需要隐藏部分行或列,效果如下右图所示。

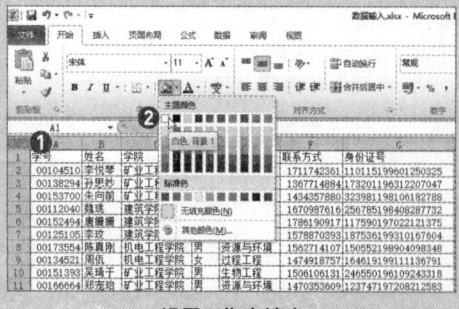
设置工作表填充

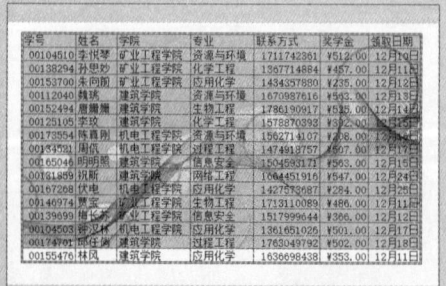
查看效果

## 6.1.4 打印工作表

在工作表中输入数据并进行相应的格式设置后,用户可以根据需要将表格打印出来。首先单击"文件"标签❶,在列表中选择"打印"选项❷,在右侧面板中可以预览表格的打印效果❸,如下图所示。可见由于该表格太宽,所以有一部分打印在下一页,这样打印出来不方便查看数据。

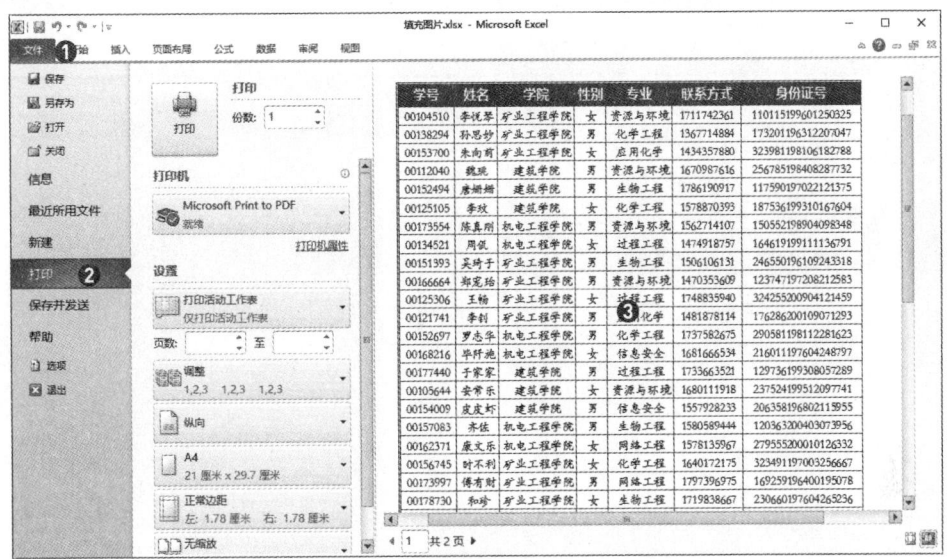

查看打印效果

在"打印"面板的"设置"选项区域中单击"纵向"按钮,在列表中选择"横向"选项❶,在右侧可见表格的打印页面变宽了,显示所有信息❷,如下图所示。

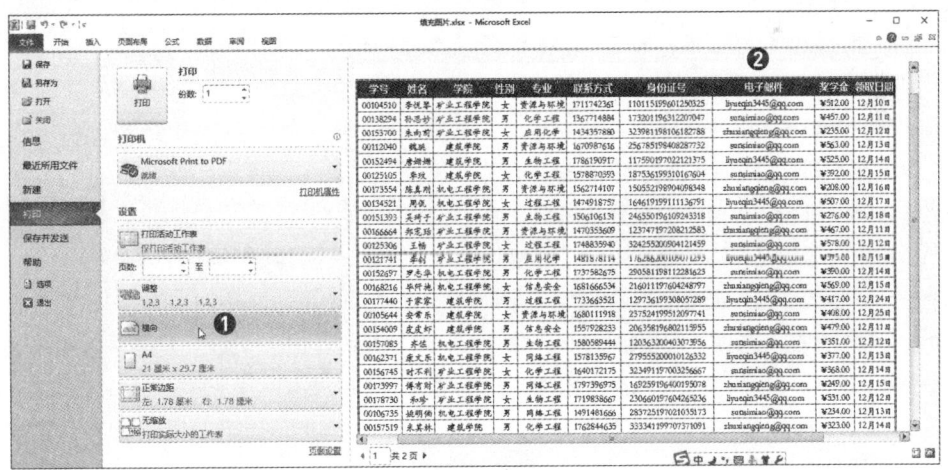

设置横向打印

除了上述方法外,用户还可以在"页面布局"选项卡中,单击"页面设置"选项组中"纸张方向"下三角按钮,在列表中选择"横向"选项;或单击"页面设置"选项组中对话框启动器按钮,在打开的"页面设置"对话框的"页面"选项卡中选中"横向"单选按钮。

## 6.1.5 分析数据

表格制作完成后,用户可以对表格中的数据进行进一步分析,如对数据进行排序或筛选等。

### 1. 冻结首行

当表格数据比较多，拖动滚动条向下查看数据时，会不显示标题行，查看数据很难清晰地分清楚各行数据的标题，此时可以设置冻结首行操作。

切换至"视图"选项卡，单击"窗口"选项组中"冻结窗格"下三角按钮❶，在列表中选择"冻结首行"选项❷，如下左图所示。操作完成后，当向下拖动滚动条时，标题行始终显示在表格最顶端❸，如下右图所示。

选择"冻结首行"选项　　　　　　　　　　　查看效果

如果需要向右查看表格中的数据时，可以在"冻结窗格"列表中选择"冻结首列"选项。如果需要取消冻结首行或冻结首列，在"冻结窗格"列表中选择"取消冻结窗格"选项即可。

### 2. 对数据进行排序

当需要对"分析数据.xlsx"工作表中"奖学金"列的数据按升序进行排序时，首先选中该列中任意单元格❶，切换至"数据"选项卡，单击"排序和筛选"选项组中"升序"按钮❷，如右图所示。即可将该列数据按从小到大的顺序排列。

如果需要查看不同专业学生的奖学金情况，相同专业的按奖学金降序排列，而且专业需要按笔划升序排序。选择表格中任意单元格，然后切换至"数据"

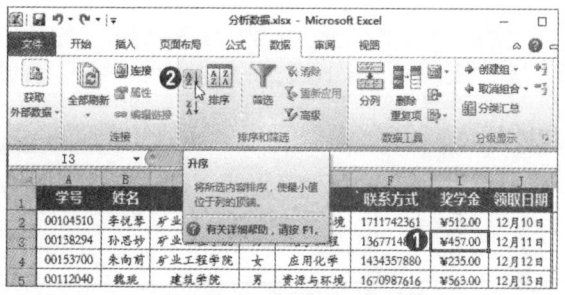

对数据进行升序排列

选项卡，单击"排序和筛选"选项组中"排序"按钮❶，如下左图所示。打开"排序"对话框，设置主要关键字为"专业"❷，单击"选项"按钮❸，打开"排序选项"对话框，在"方法"选项区域中选中"笔划排序"单选按钮❹，单击"确定"按钮，返回"排序"对话框，设置"次序"为"升序"❺，如下右图所示。

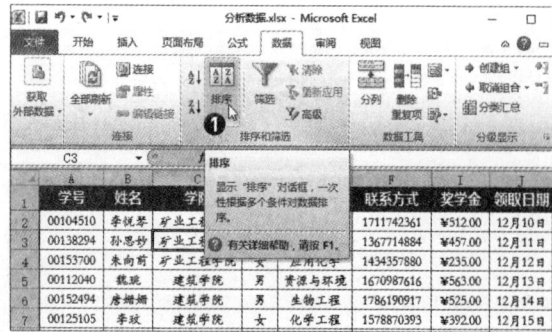

单击"排序"按钮

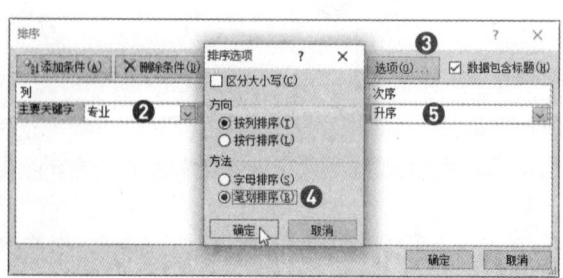

设置"专业"排序

再单击"添加条件"按钮，设置次要关键字为"奖学金"❶，次序为"降序"❷，最后单击"确定"按钮，如下左图所示。返回工作表中查看排序的效果，如下右图所示。

设置次要关键字　　　　　　　　　　　　　　查看排序的效果

**提示：** 用户也可以自定义排序，即不按照升序、降序排序，对文本也不按照拼音或笔划进行排序。在本案例中，可以对"学院"按照"矿业工程学院，建筑学院和机电工程学院"的顺序排序。首先选择表格内任意单元格，单击"排序和筛选"选项组中"排序"按钮。打开"排序"对话框，设置主要关键字为"学院"，单击"次序"下三角按钮，在列表中选择"自定义序列"选项。打开"自定义序列"对话框，在"输入序列"文本框中按顺序输入排序的文本❶，单击"添加"按钮❷，然后依次单击"确定"按钮，如右图所示。即可完成自定义排序操作。

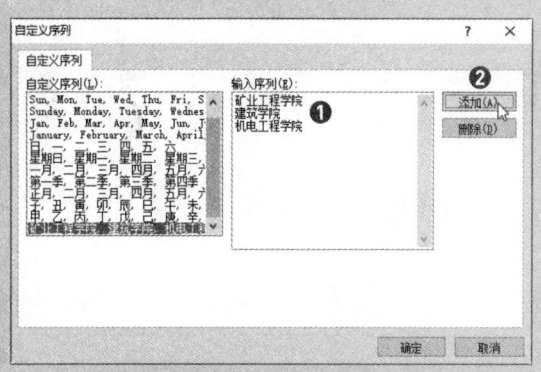

"自定义序列"对话框

### 3. 对数据进行筛选

在处理数据时，经常会遇到需要在繁杂的数据中查找出满足条件的数据，此时使用"筛选"功能可以轻松实现。筛选功能主要包括自动筛选、自定义筛选和高级筛选3种。

（1）自动筛选

在表格中选择任意单元格❶，切换至"数据"选项卡，单击"排序和筛选"选项组中"筛选"按钮❷，如下左图所示。可见表格的标题右侧都出现筛选按钮，单击"学院"右侧筛选按钮❸，在打开的列表中取消勾选"全选"复选框❹，只勾选"建筑学院"复选框❺，单击"确定"按钮，如下右图所示。

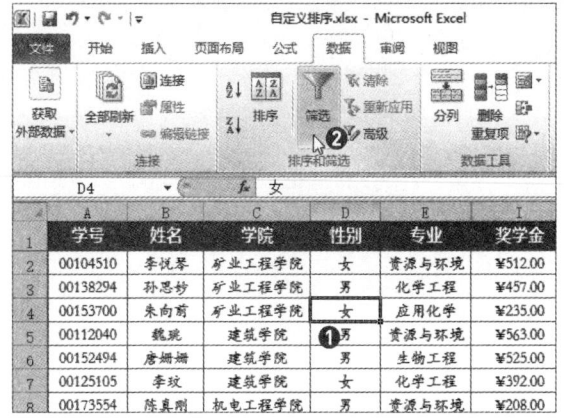

启动筛选功能　　　　　　　　　　　　　　　设置筛选条件

操作完成后,可见表格中只显示"建筑学院"相关的信息,没有满足条件的数据都被隐藏起来,如下图所示。

| | B | C | D | E | F | I | J |
|---|---|---|---|---|---|---|---|
| 1 | 姓名 | 学院 | 性别 | 专业 | 联系方式 | 奖学金 | 领取日期 |
| 5 | 魏琥 | 建筑学院 | 男 | 资源与环境 | 1670987616 | ¥563.00 | 12月13日 |
| 6 | 唐姗姗 | 建筑学院 | 男 | 生物工程 | 1786190917 | ¥525.00 | 12月14日 |
| 7 | 李玫 | 建筑学院 | 女 | 化学工程 | 1578870393 | ¥392.00 | 12月15日 |
| 16 | 于家家 | 建筑学院 | 男 | 过程工程 | 1733663521 | ¥417.00 | 12月24日 |
| 17 | 安常乐 | 建筑学院 | 女 | 资源与环境 | 1680111918 | ¥408.00 | 12月25日 |
| 18 | 皮皮虾 | 建筑学院 | 男 | 信息安全 | 1557928233 | ¥479.00 | 12月11日 |
| 25 | 米其林 | 建筑学院 | 男 | 化学工程 | 1762844635 | ¥323.00 | 12月14日 |
| 26 | 明明熙 | 建筑学院 | 女 | 信息安全 | 1504593171 | ¥563.00 | 12月15日 |
| 27 | 祝斯 | 建筑学院 | 男 | 网络工程 | 1664451916 | ¥547.00 | 12月24日 |
| 32 | 邱任俏 | 建筑学院 | 男 | 过程工程 | 1763049792 | ¥502.00 | 12月18日 |
| 33 | 林风 | 建筑学院 | 女 | 应用化学 | 1636698438 | ¥353.00 | 12月11日 |

查看筛选结果

**提示:** 如果在表格中填充颜色,用户还可以对颜色进行筛选。单击标题右侧筛选按钮,在列表中选择"按颜色筛选"选项❶,在子列表中的"按单元格颜色筛选"选项区域中选择需要筛选的颜色选项❷,即可自动筛选出结果,如下图所示。

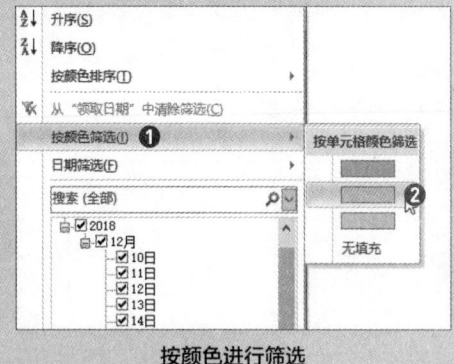

按颜色进行筛选

(2)自定义筛选

如果想在"学生档案.xlsx"工作表中查看"奖学金"大于等于500的所有信息,则单击"奖学金"字段右侧筛选按钮,在列表中选择"数字筛选>大于或等于"选项❶,如下左图所示。打开"自定义自动筛选方式"对话框,在"大于或等于"右侧数值框中输入500❷,然后单击"确定"按钮,如下右图所示。

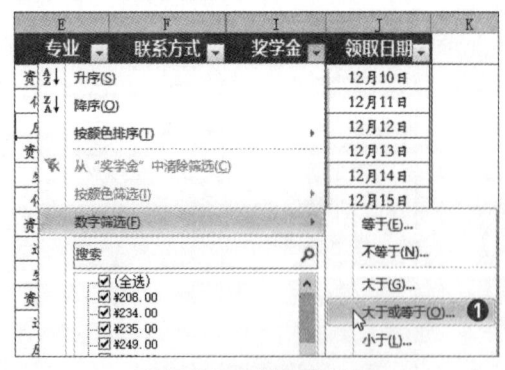
选择"大于或等于"选项

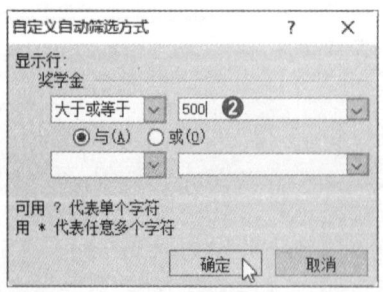
设置筛选条件

返回工作表中,可见只筛选出"奖学金"大于等于500的学生信息,如下图所示。

查看筛选效果

> **提示**：在"自定义自动筛选方式"对话框中，左侧的选项设置只能从下拉列表中选择操作，而右侧文本框可以输入数据。在输入筛选条件时，还可以使用"?"或"*"通配符号。

（3）高级筛选

当需要对数据进行多条件筛选时，可以使用Excel的高级筛选功能。现在需要筛选出机电工程学院且奖学金小于500的所有学生信息。

首先需要在表格之外的任意区域输入筛选条件，如在C35:D36单元格区域输入条件，其中需要注意条件区域的标题一定与表格中的标题一致，如下图所示。

输入筛选条件

选择表格内任意单元格，切换至"数据"选项卡，单击"排序和筛选"选项组中"高级"按钮❶，如下左图所示。打开"高级筛选"对话框，确保"列表区域"文本框中单元格区域为数据区域，然后单击"条件区域"右侧折叠按钮❷，如下右图所示。

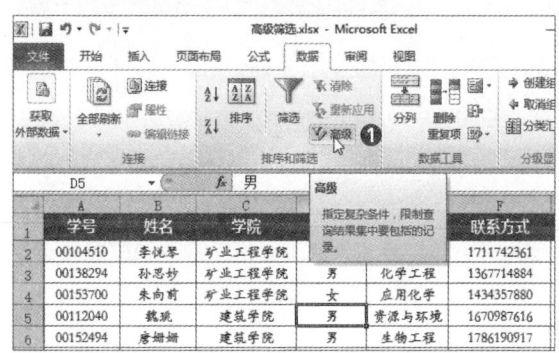

单击"高级"按钮

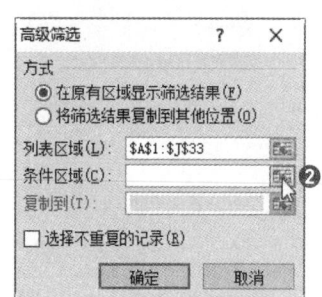

"高级筛选"对话框

在工作表中选中高级筛选的条件区域，如C35:D36单元格区域，然后再次单击折叠按钮，返回"高级筛选"对话框，单击"确定"按钮。可见在表格中筛选出满足条件的数据，如下图所示。

| | A | B | C | D | E | I | J |
|---|---|---|---|---|---|---|---|
| 1 | 学号 | 姓名 | 学院 | 性别 | 专业 | 奖学金 | 领取日期 |
| 8 | 00173554 | 陈真刚 | 机电工程学院 | 男 | 资源与环境 | ¥208.00 | 12月16日 |
| 14 | 00152697 | 罗志华 | 机电工程学院 | 男 | 化学工程 | ¥390.00 | 12月14日 |
| 19 | 00157083 | 齐佐 | 机电工程学院 | 男 | 生物工程 | ¥351.00 | 12月12日 |
| 20 | 00162371 | 康文乐 | 机电工程学院 | 女 | 网络工程 | ¥377.00 | 12月13日 |
| 24 | 00106735 | 姚明俏 | 机电工程学院 | 男 | 网络工程 | ¥234.00 | 12月13日 |
| 28 | 00167268 | 伏电 | 机电工程学院 | 男 | 应用化学 | ¥284.00 | 12月25日 |
| 34 | | | | | | | |
| 35 | | | 学院 | | 奖学金 | | |
| 36 | | | 机电工程学院 | | <500 | | |

查看高级筛选的结果

**提示：1. 设置筛选结果的位置**

在"高级筛选"对话框中，选中"在原有区域显示筛选结果"单选按钮时，即可在原有数据区域显示筛选结果；如果选择"将筛选结果复制到其他位置"单选按钮时，在"复制到"文本框中输入需要将筛选结果显示的位置；若在对话框的下方勾选"选择不重复的记录"复选框，若有多行满足条件时将只显示或复制唯一一行，删除重复的行。

**2. 设置筛选条件**

在输入筛选条件时，将条件显示在同一行则表示必须同时满足多条件，本案例的条件表示满足机电工程学院和奖学金小于500的条件。如果将两个条件分别输入在不同的行，表示只要满足其中一个条件即可，本案例的条件如果在不同行显示，则表示只要是机电工程学院或奖学金小于500的都满足条件。下图展示条件不同的效果，由于满足条件信息比较多，页面有限，所以只显示部分信息。

| | A | B | C | D | E | F | I | J |
|---|---|---|---|---|---|---|---|---|
| 1 | 学号 | 姓名 | 学院 | 性别 | 专业 | 联系方式 | 奖学金 | 领取日期 |
| 20 | 00162371 | 康文乐 | 机电工程学院 | 女 | 网络工程 | 1578135967 | ¥377.00 | 12月13日 |
| 21 | 00156745 | 时不利 | 矿业工程学院 | 女 | 化学工程 | 1640172175 | ¥368.00 | 12月14日 |
| 22 | 00173997 | 傅育财 | 矿业工程学院 | 男 | 网络工程 | 1797396975 | ¥249.00 | 12月15日 |
| 24 | 00106735 | 姚明俏 | 机电工程学院 | 男 | 网络工程 | 1491481666 | ¥234.00 | 12月13日 |
| 25 | 00157519 | 未其林 | 建筑学院 | 男 | 化学工程 | 1762844635 | ¥323.00 | 12月14日 |
| 28 | 00167268 | 伏电 | 机电工程学院 | 男 | 应用化学 | 1427573687 | ¥284.00 | 12月25日 |
| 29 | 00146974 | 费宝 | 机电工程学院 | 女 | 生物工程 | 1713110089 | ¥486.00 | 12月11日 |
| 30 | 00139699 | 梅长芬 | 矿业工程学院 | 男 | 信息安全 | 1517999644 | ¥366.00 | 12月12日 |
| 31 | 00104503 | 钟汉林 | 机电工程学院 | 女 | 应用化学 | 1361651026 | ¥501.00 | 12月17日 |
| 33 | 00155476 | 林风 | 建筑学院 | 女 | 应用化学 | 1636698438 | ¥353.00 | 12月11日 |
| 34 | | | | | | | | |
| 35 | | | 学院 | | 奖学金 | | | |
| 36 | | | 机电工程学院 | | | | | |
| 37 | | | | | <500 | | | |

查看筛选结果

## 6.2 Excel 2010数据处理

数据创建完成后，用户还可以应用Excel中各种工具对数据进行处理分析，除了上一节介绍排序和筛选外，本节还将介绍数据的分类汇总、合并计算和条件格式操作。

### 6.2.1 分类汇总

分类汇总是对列表中的数据按照某一字段分类并进行数据分析的方法。首先需要对某字段进行分类，然后再根据该字段进行汇总，其中汇总方式包括求和、平均值、最大值、最小值等。

**1. 单项数据分类汇总**

张老师完成对学生奖学金的统计后，现在需要计算不同学院学生奖学金的和。首先需要对"学院"字段进行排序，选中"学院"列任意单元格❶，切换至"数据"选项卡，单击"排序和筛选"选项组中"升序"按钮❷，如下左图所示。然后单击"分级显示"选项组中"分类汇总"按钮❸，如下右图所示。

单击"升序"按钮　　　　　　　　　　　单击"分类汇总"按钮

打开"分类汇总"对话框，单击"分类字段"下三角按钮，在列表中选择"学院"选项❶，保持汇总方式为"求和"，在"选定汇总项"列表框中勾选"奖学金"复选框❷，单击"确定"按钮❸，如下左图所示。返回工作表中，可见分别统计出各学院学生的奖学金之和，为了将效果展示完整，隐藏部分行，效果如下右图所示。如果选中汇总的单元格，在编辑栏中可见是SUBTOTAL函数公式，该函数将在以后章节介绍。

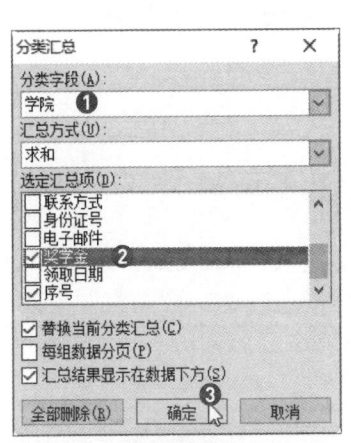

设置分类汇总　　　　　　　　　　　　查看分类汇总的结果

**提示：** 在"分类汇总"对话框中，可以单击"汇总方式"下三角按钮，在列表中选择合适的汇总方式。如果取消勾选"汇总结果显示在数据下方"复选框，则系统默认将汇总结果显示每组数据的上方。

### 2. 多项数据的分类汇总

张老师需要查看各学院的奖学金的总和，并且分别查看各学院内男生和女生奖学金的平均值。这时首先需要对两个字段进行分类汇总，第一级汇总字段是"学院"，第二级汇总字段为"性别"，根据这两个字段对奖学金进行求平均值。

选中表格中任意单元格，然后单击"排序和筛选"选项组中"排序"按钮。打开"排序"对话框，设置主要关键字为"学院"、次要关键字为"性别"❶，单击"确定"按钮，如下左图所示。这里设置的排序的关键字一定与需要分类汇总字段的等级有关，首先排序等级高的字段，各字段对于次序没有特殊要求时，用户可以随意设置。然后单击"分类汇总"按钮，在打开的对话框中设置"分类字段"为"学院"❷，保持汇总方式为求和❸，勾选"奖学金"复选框❹，单击"确定"按钮，如下右图所示。

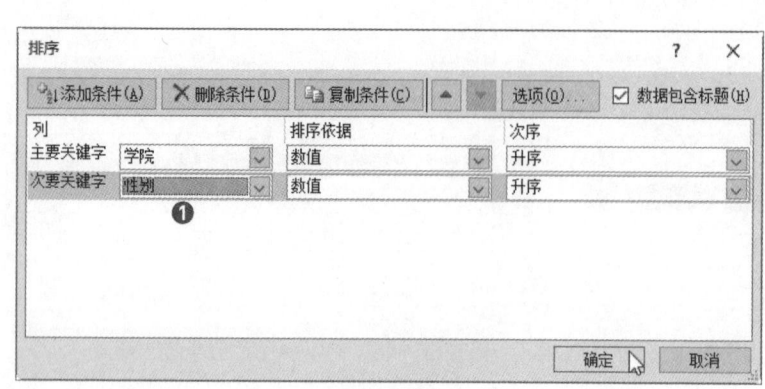

对字段进行排序　　　　　　　　　　　　　对"学院"进行分类汇总

再次打开"分类汇总"对话框，设置"分类字段"为"性别"❶，汇总方式为"平均值"❷，勾选"奖学金"复选框，取消勾选"替换当前分类汇总"复选框❸，单击"确定"按钮，如下左图所示。返回工作表中，可见按"学院"字段统计出奖学金之和，按"性别"字段分别统计出平均值，为了展示数据效果适当隐藏部分行，如下图所示。

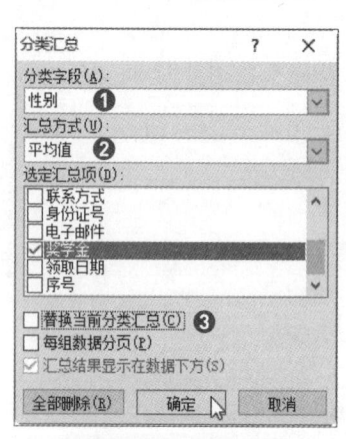

设置"性别"分类汇总　　　　　　　　　　查看效果

■**提示：**本案例在设置"性别"字段的分类汇总时，如果勾选"替换当前分类汇总"复选框，则结果只显示"性别"的分类汇总。如果用户需要删除设置的分类汇总，则在"分类汇总"对话框中单击"全部删除"按钮即可。

### 3. 复制分类汇总的结果

张老师对数据进行分类汇总后，还想对汇总的结果进行复制。可是他选中汇总结果并复制，然后进行粘贴时总是把多余的数据也粘贴出来，那么该如何复制分类汇总结果呢？

在工作表中创建分类汇总后，用户会发现在工作区的左侧显示等级的数字，单击不同的等级数字时，在表格中显示不同的数据。在等级数字3上单击，则只显示分类汇总的数据，然后选中所有数据❶，切换至"开始"选项卡，单击"编辑"选项组中"查找和选择"下三角按钮❷，在列表中选择"定位条件"选项❸，如下左图所示。打开"定位条件"对话框，在"选项"选项区域中选中"可见单元格"单选按钮❹，然后单击"确定"按钮，如下右图所示。

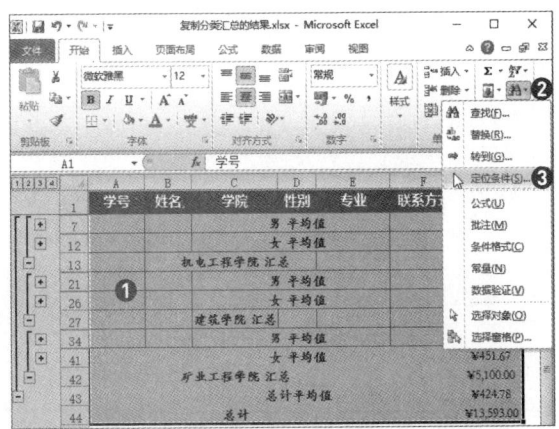
选择"定位条件"选项

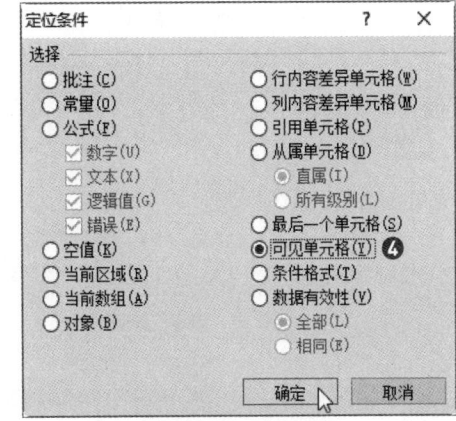
"定位条件"对话框

返回工作表中，按Ctrl+C组合键进行复制，可见不同的行都被滚动的虚线选中，如下左图所示。切换至Sheet1工作表，选中A1单元格，然后按Ctrl+V组合键进行粘贴，可见只粘贴汇总的数据，如下右图所示。

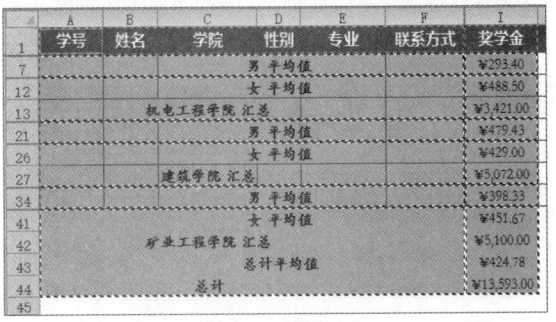
复制定位区域

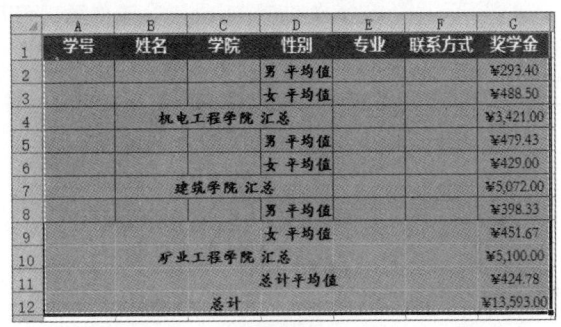
粘贴数据

### 4. 清除分级显示

分类汇总创建完成后，可以清除其分级显示。切换至"数据"选项卡，单击"分级显示"选项组中"取消组合"下三角按钮❶，在列表中选择"清除分级显示"选项❷，如下左图所示。操作完成后，可见左侧等级不显示了，表格中的汇总数据仍然被保留，如下右图所示。

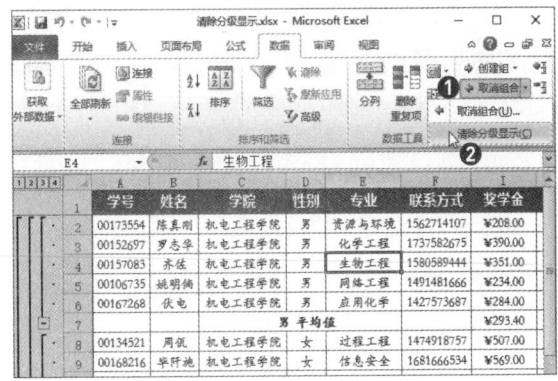
选择"清除分级显示"选项

查看清除分级的效果

清除分级显示后，是不能用撤销的方式重新显示分级的，如果需要再次显示分级，则单击"分级显示"选项组的对话框启动器按钮，打开"设置"对话框，单击"创建"按钮，如下左图所示。用户还可以单击"分级显示"选项组中"创建组"下三角按钮,在列表中选择"自动建立分级显示"选项,即可重新创建分级显示,如下右图所示。

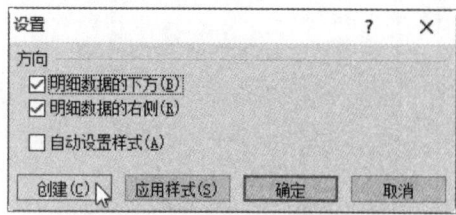
单击"创建"按钮

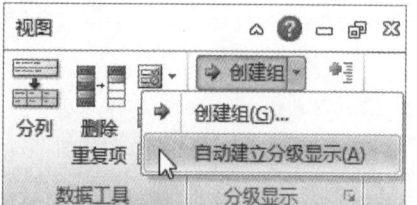
选择"自动建立分级显示"选项

### 6.2.2 合并计算

合并计算就是将不同工作表指定区域中的数值按照指定汇总方式进行组合计算。合并计算的数据源可以是同一工作簿中不同工作表中的,也可以是同一工作表中的或者是不同工作簿中的,其操作方法都一样。

打开"迎新晚会报名统计表.xlsx"工作簿,可见该工作簿中包括4个工作表,其中3个是不同校区的人数统计表,一个是汇总人数的表格,如下图所示。

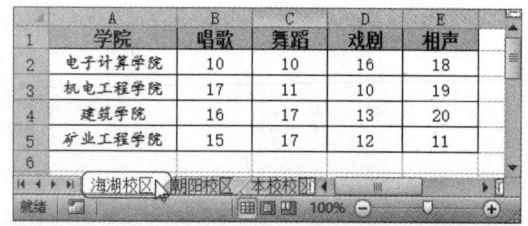
数据源

切换至"汇总"工作表,选择A1:E5单元格区域❶,切换至"数据"选项卡,单击"数据工具"选项组中"合并计算"按钮❷,如下左图所示。打开"合并计算"对话框,设置函数为"求和"❸,单击"引用位置"右侧折叠按钮❹,如下右图所示。

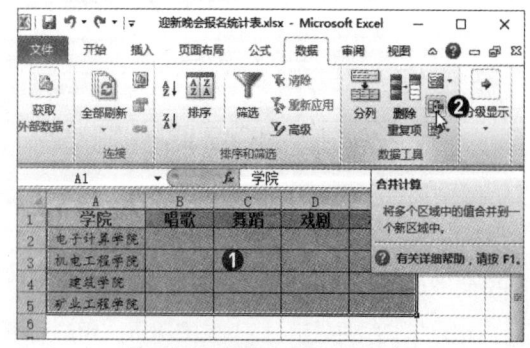
单击"合并计算"按钮

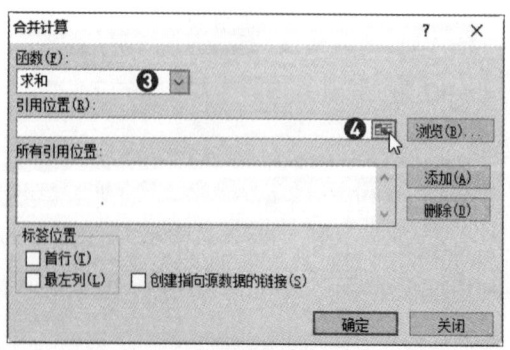
"合并计算"对话框

切换至"海湖校区"工作表,选中A1:E5单元格区域❶,然后再次单击折叠按钮❷,如下左图所示。返回"合并计算"对话框,"引用位置"文本框中显示了选中的单元格区域,然后单击"添加"按钮❸,将选中区域添加至"所有引用位置"列表框中,如下右图所示。

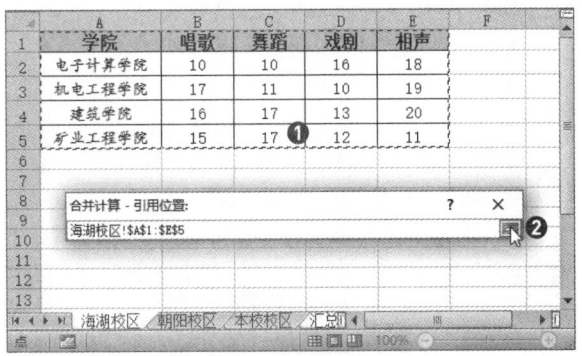

选择合并的单元格区域　　　　　　　　　　添加引用区域

根据相同的方法,添加其他两个工作表中数据区域,在"合并计算"对话框的"标签位置"选项区域中勾选"首行"和"最左列"复选框❶,单击"确定"按钮,如下左图所示。返回工作表中可见在"汇总"工作表中显示各学院不同参加项目人数总和❷,如下右图所示。

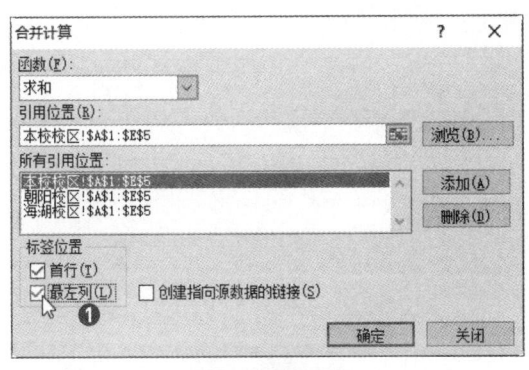

勾选对应的复选框　　　　　　　　　　查看合并计算的结果

▌提示:细心的读者会发现源数据的4个工作表中左列的数据顺序是不同的,如果不勾选"最左列"复选框,系统会将相同位置的单元格内数值进行求和,则计算的结果是错误的。

## 6.2.3 条件格式

在Excel中为数据设置条件格式,可以轻松地突出显示满足条件的单元格、强调特殊的值或可视化数据。在Excel 2010中,用户可以根据条件使用数据条、色阶或图标集为数据应用条件格式,使数据更加醒目,也便于查找。

### 1. 突出显示指定条件的单元格

期末考试结束后,张老师对学生的成绩进行统计,他想标记出"机械论"成绩大于80的单元格。此时可以使用条件格式中突出显示单元格规则来实现。

打开"学生期末考试成绩表.xlsx"工作簿,选择C2:C33单元格区域❶,切换至"开始"选项卡,单击"样式"选项组中"条件格式"下三角按钮❷,在列表中选择"突出显示单元格规则>大于"选项❸,如下图所示。

选择"大于"选项

打开"大于"对话框,在"为大于以下值 的单元格设置格式"选项区域的数值框中输入80,保持"设置为"为默认状态,单击"确定"按钮,如下左图所示。返回工作表中,可见选中单元格区域中所有大于80的数据都填充了浅红色、文本以深红色突出显示,如下右图所示。

"大于"对话框　　　　　　　　　　查看突出显示的效果

在设置突出显示单元格规则时,可以为单元格中的指定数字、文本、重复值等设置特定格式。如果突出显示文本,则在列表中选择"文本包含"选项,打开"文本中包含"对话框,在文本框中输入"李",单击"确定"按钮,如下左图所示。即可将选中单元格中包含"李"文本的单元格突显出来。

### 2. 项目选取规则

张老师希望标记出"电子技术"分数最好的3个单元格,选择E2:E33单元格区域❶,单击"条件格式"下三角按钮❷,在列表中选择"项目选取规则>值最大的10项"选项❸,如下右图所示。

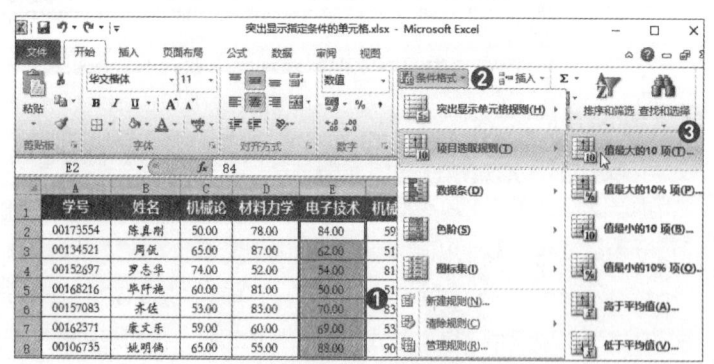

"文本中包含"对话框　　　　　　　　　　选择"值最大的10项"选项

打开"10个最大的项"对话框,在"为最大的那些单元格设置格式"选项区域的数值框中输入3❶,单击"设置为"下三角按钮,在列表中选择"自定义格式"选项❷,如下左图所示。打开"设置单元格格式"对话框,在"字体"选项卡中设置"字形"为"加粗"、颜色为白色,在"填充"选项卡中设置背景色为深红色❸,单击"确定"按钮,如下右图所示。

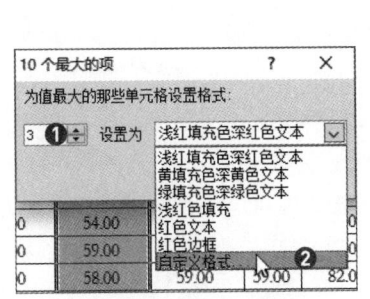
"10个最大的项"对话框

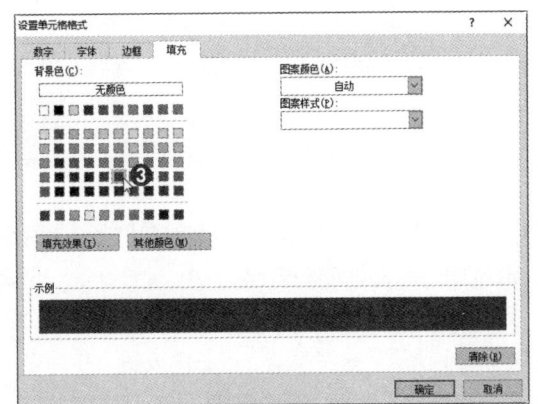
设置单元格格式

返回"10个最大的项"对话框,单击"确定"按钮,可见在选中的单元格区域中标记出成绩最好的3个学生,如下图所示。

查看项目选取规则的效果

### 3. 数据条

张老师在分析学生总分时,希望能直观地展示其大小,此时可以添加数据条。选择I2:I33单元格区域,单击"样式"选项组中"条件格式"下三角按钮❶,在列表中选择"数据条>绿色数据条"选项❷,可见在选中的单元格区域中应用数据条的效果❸,如下图所示。

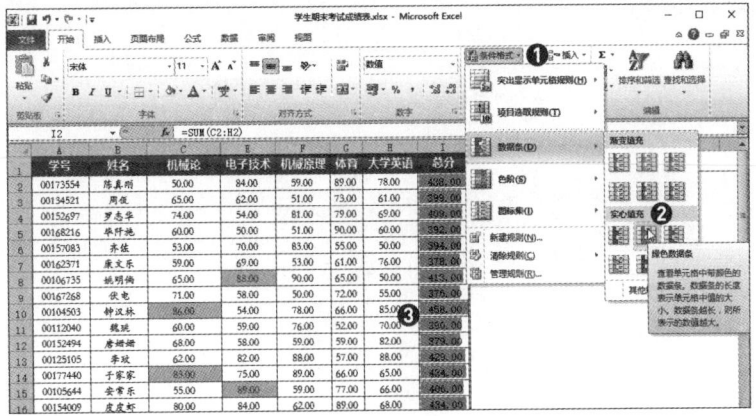
应用数据条

对单元格应用数据条后，数据条的长短表示该数据在单元格区域内数据的大小。默认的数据条的方向是从左到右的，用户可以根据需要设置其方向。选择应用数据条的单元格区域，单击"条件格式"下三角按钮，在列表中选择"数据条>其他规则"选项。打开"新建格式规则"对话框，在"条形图外观"选项区域中设置数据条的颜色和边框的样式，然后单击"条形图方向"下三角按钮，在列表中选择"从右到左"选项，单击"确定"按钮，如右图所示。

设置条形图方向

返回工作表中，可见选中的数据条从右到左显示，并且数据条应用了设置的格式。

用户可以根据需要为某一范围的数值添加数据条，如张老师希望对"大学英语"成绩在70和90之间的数据比较大小。选择H2:H33单元格区域，在"条件格式"列表中选择"数据条>其他规则"选项。打开"新建格式规则"对话框，在"编辑规则说明"选项区域中单击"最小值"下方"类型"下三角按钮，在列表中选择"数字"选项❶，在"值"数值框中输入70❷，根据相同的方法设置最大值为90❸。然后再设置条形图外观样式，单击"确定"按钮，如下左图所示。返回工作表中，可见在选中的单元格中只对数值在70和90之间的数值添加数据条❹，如下右图所示。

设置范围

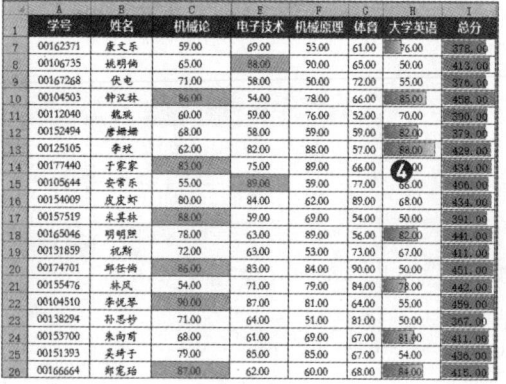

查看结果

### 4. 色阶

在Excel为单元格区域应用色阶时，其颜色填充的深浅表示该单元格中值的大小。选中C2:H33单元格区域❶，单击"条件格式"下三角按钮❷，在列表中选择"色阶>白-红色阶"选项❸，选中单元格区域即可应用色阶，效果如下图所示。

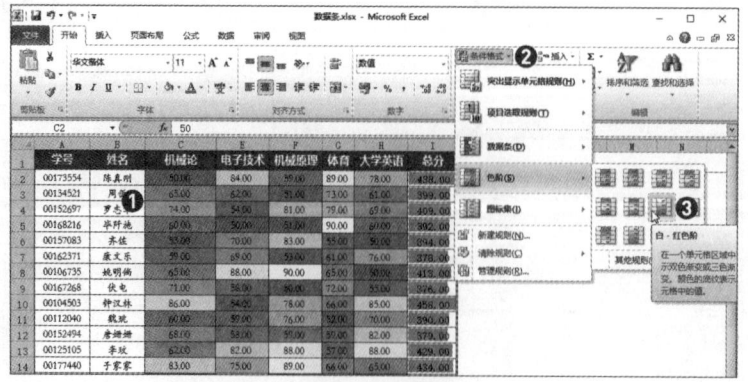

应用色阶的效果

在本案例中,颜色越深表示该单元格的值越小,颜色越浅表示该单元格的值越大,颜色介于红和白之间的表示数值位于之间。

### 5.图标集

在进行数据展示时,可以应用图标集对数据进行等级划分。用户可以采用系统默认的等级进行划分,也可以自定义划分等级。张老师希望将所有学生的各科成绩以60、80分进行等级划分。首先选择C2:H33单元格区域❶,单击"条件格式"下三角按钮❷,在列表中选择"图标集>其他规则"选项❸,如下图所示。

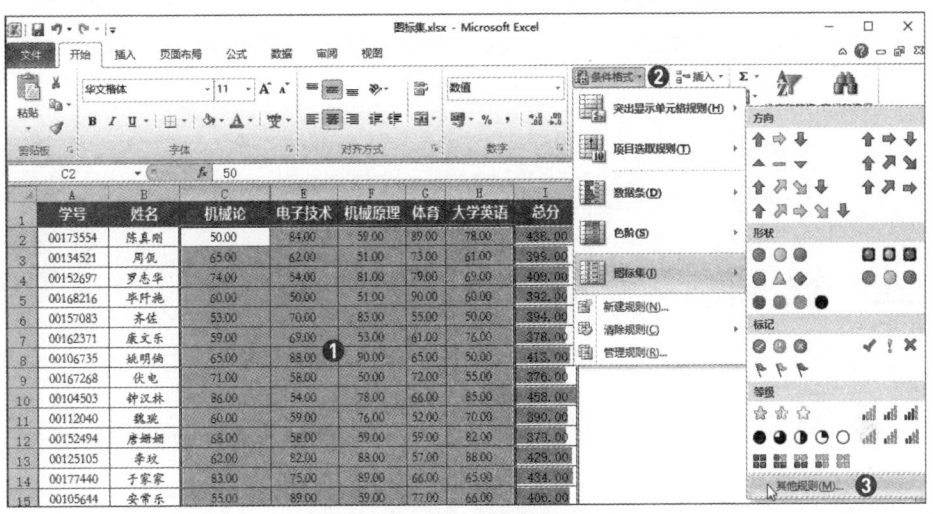

选择"图标集>其他规则"选项

打开"新建格式规则"对话框,在"编辑规则说明"选项区域中单击"图标样式"下三角按钮,在列表中选择"3个三角形"选项❶,在"根据以下规则显示各个图标"选项区域中设置向上的图标类型为"数字"、值为80❷,根据相同的方法设置其他图标的值,单击"确定"按钮,如下左图所示。返回工作表中,可见凡是向下红色三角形的表示该学生该课程是挂科的;图标为黄色矩形的表示成绩在60和80之间;图标为向下绿色箭头的表示成绩大于80分。然后适当调整各列的列宽,使单元格中图标和数值完全显示出来,如下右图所示。

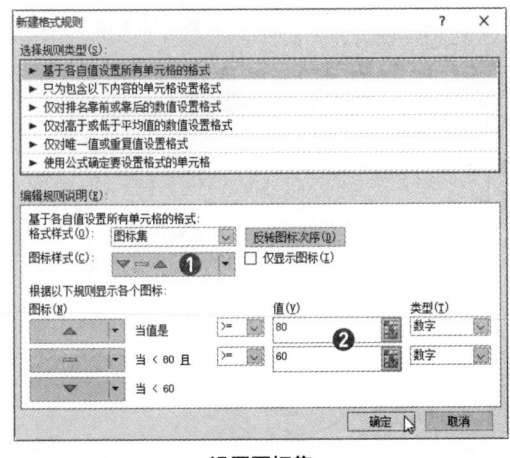

设置图标集　　　　　　　　　　　　　　查看效果

如果需要清除工作表中的条件格式,则选择包含条件格式的单元格区域,单击"条件格式"下三角按钮,在列表中根据需要选择"清除所选单元格的规则"或"清除整个工作表的规则"选项即可。

### 6. 管理条件格式

在工作表中可以为相同单元格区域应用多个不同的条件格式，用户还可以对这些条件格式进行管理，如编辑、删除条件格式或者设置优先级别。

打开"管理条件格式.xlsx"工作表，可见在"总分"列应用了3种条件格式，选中I2:I33单元格区域❶，单击"条件格式"下三角按钮，在列表中选择"管理规则"选项❷，如下左图所示。打开"条件格式规则管理器"对话框，用户可以根据需要单击"新建规则"按钮，创建新规则；单击"编辑规则"按钮，在打开的对话框编辑选中的规则；单击"删除规则"按钮，删除选中的规则；单击"上移"或"下移"按钮，可以调整选中规则的顺序。勾选"前5个"规则右侧的"如果为真则停止"复选框，单击"确定"按钮，如下右图所示。

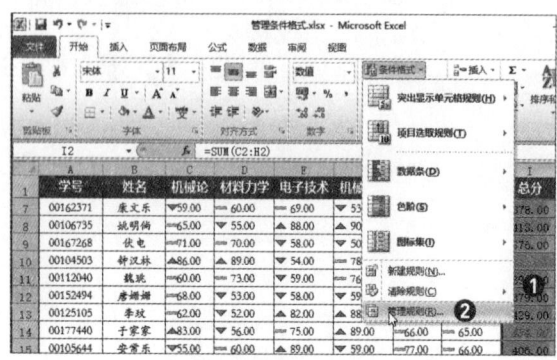
选择"管理规则"选项

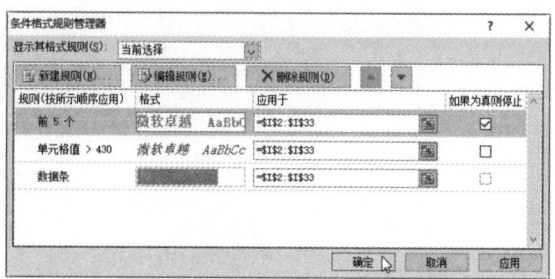
勾选"如果为真则停止"复选框

返回工作表中，可见所选单元格区域中只应用"前5个"规则，如下图所示。这是因为在上一操作步骤中勾选了"如果为真则停止"复选框，表示如果该规则为真，则不应用其下方的规则。

查看效果

> **提示：** 如果需要将某单元格区域中的条件格式应用到其他单元格中，可以通过复制格式的方法快速实现。选择设置条件格式的单元格区域，切换至"开始"选项卡，单击"剪贴板"选项组中"格式刷"按钮，然后再选中需要粘贴该条件格式的单元格区域。

## 6.3 公式与函数的应用

Excel的强大之处还体现在其强悍的计算功能上，用户可以使用公式或函数快速计算出复杂的数据。有很多人会感觉函数难以理解，其实真正理解函数的语法结构就很容易了。

## 6.3.1 对数据进行常规计算

很多人认为在Excel中使用函数就是求和、平均值、最大值和最小值，其实这些只是函数中的冰山一角。本小节先对这些常用函数的应用进行介绍。

### 1. 对数据进行求和

打开“学生期末考试成绩表.xlsx”工作簿，首先需要对工作表进行完善，然后选中K2单元格❶，要计算出学生的考试总分，则切换至“开始”选项卡，单击“编辑”选项组中“自动求和”按钮❷，如下图所示。

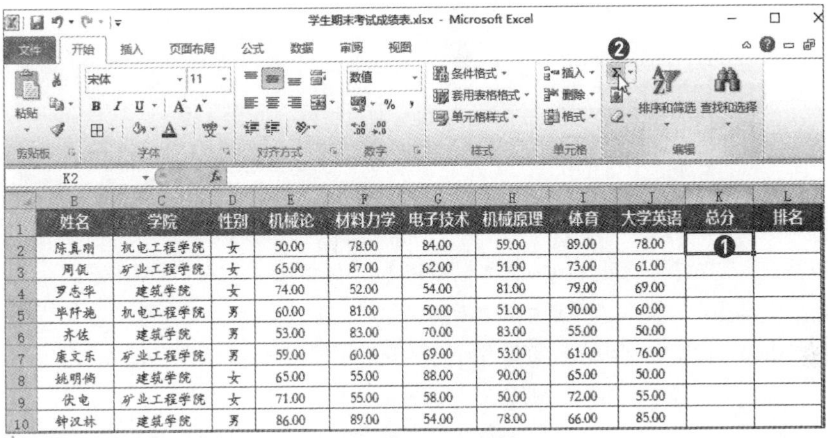


| | B | C | D | E | F | G | H | I | J | K | L |
|---|---|---|---|---|---|---|---|---|---|---|---|
| 1 | 姓名 | 学院 | 性别 | 机械论 | 材料力学 | 电子技术 | 机械原理 | 体育 | 大学英语 | 总分 | 排名 |
| 2 | 陈真刚 | 机电工程学院 | 女 | 50.00 | 78.00 | 84.00 | 59.00 | 89.00 | 78.00 | | |
| 3 | 周佤 | 矿业工程学院 | 女 | 65.00 | 87.00 | 62.00 | 51.00 | 73.00 | 61.00 | | |
| 4 | 罗志华 | 建筑学院 | 女 | 74.00 | 52.00 | 54.00 | 81.00 | 79.00 | 69.00 | | |
| 5 | 毕阡施 | 机电工程学院 | 男 | 60.00 | 81.00 | 50.00 | 51.00 | 90.00 | 60.00 | | |
| 6 | 齐佐 | 建筑学院 | 男 | 53.00 | 83.00 | 70.00 | 83.00 | 55.00 | 50.00 | | |
| 7 | 康文乐 | 矿业工程学院 | 男 | 59.00 | 60.00 | 69.00 | 53.00 | 61.00 | 76.00 | | |
| 8 | 姚明倘 | 建筑学院 | 女 | 65.00 | 55.00 | 88.00 | 90.00 | 65.00 | 50.00 | | |
| 9 | 伏电 | 矿业工程学院 | 女 | 71.00 | 55.00 | 58.00 | 50.00 | 72.00 | 55.00 | | |
| 10 | 钟汉林 | 建筑学院 | 男 | 86.00 | 89.00 | 54.00 | 78.00 | 66.00 | 85.00 | | |

单击“自动求和”按钮

在K2单元格中自动显示“=SUM(E2:J2)”公式，引用的单元格区域被滚动的虚线包围，按Enter键即可计算出该学生的考试总分。然后选中该单元格，将光标移至右下角填充柄上，待变为黑色十字形状时双击，即可将公式向下填充至K33单元格，计算出所有学生的考试总分，如下图所示。

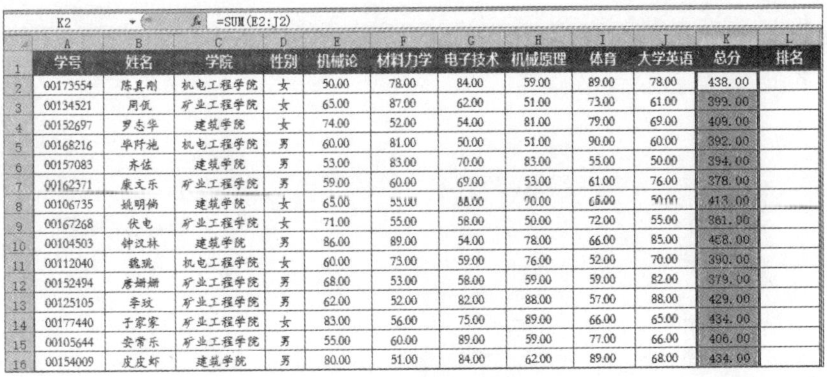


| | A | B | C | D | E | F | G | H | I | J | K | L |
|---|---|---|---|---|---|---|---|---|---|---|---|---|
| 1 | 学号 | 姓名 | 学院 | 性别 | 机械论 | 材料力学 | 电子技术 | 机械原理 | 体育 | 大学英语 | 总分 | 排名 |
| 2 | 00173554 | 陈真刚 | 机电工程学院 | 女 | 50.00 | 78.00 | 84.00 | 59.00 | 89.00 | 78.00 | 438.00 | |
| 3 | 00134521 | 周佤 | 矿业工程学院 | 女 | 65.00 | 87.00 | 62.00 | 51.00 | 73.00 | 61.00 | 399.00 | |
| 4 | 00152697 | 罗志华 | 建筑学院 | 女 | 74.00 | 52.00 | 54.00 | 81.00 | 79.00 | 69.00 | 409.00 | |
| 5 | 00168216 | 毕阡施 | 机电工程学院 | 男 | 60.00 | 81.00 | 50.00 | 51.00 | 90.00 | 60.00 | 392.00 | |
| 6 | 00157083 | 齐佐 | 建筑学院 | 男 | 53.00 | 83.00 | 70.00 | 83.00 | 55.00 | 50.00 | 394.00 | |
| 7 | 00162371 | 康文乐 | 矿业工程学院 | 男 | 59.00 | 60.00 | 69.00 | 53.00 | 61.00 | 76.00 | 378.00 | |
| 8 | 00106735 | 姚明倘 | 建筑学院 | 女 | 65.00 | 55.00 | 88.00 | 90.00 | 65.00 | 50.00 | 413.00 | |
| 9 | 00167268 | 伏电 | 矿业工程学院 | 女 | 71.00 | 55.00 | 58.00 | 50.00 | 72.00 | 55.00 | 361.00 | |
| 10 | 00104503 | 钟汉林 | 建筑学院 | 男 | 86.00 | 89.00 | 54.00 | 78.00 | 66.00 | 85.00 | 458.00 | |
| 11 | 00112040 | 魏珑 | 机电工程学院 | 女 | 60.00 | 73.00 | 59.00 | 76.00 | 52.00 | 70.00 | 390.00 | |
| 12 | 00152494 | 唐姗姗 | 矿业工程学院 | 男 | 68.00 | 53.00 | 58.00 | 59.00 | 59.00 | 82.00 | 379.00 | |
| 13 | 00125105 | 李玟 | 矿业工程学院 | 男 | 62.00 | 52.00 | 82.00 | 88.00 | 57.00 | 88.00 | 429.00 | |
| 14 | 00177440 | 于家家 | 矿业工程学院 | 女 | 83.00 | 56.00 | 75.00 | 89.00 | 66.00 | 65.00 | 434.00 | |
| 15 | 00105644 | 安常乐 | 矿业工程学院 | 男 | 55.00 | 60.00 | 89.00 | 59.00 | 77.00 | 66.00 | 406.00 | |
| 16 | 00154009 | 皮皮虾 | 建筑学院 | 男 | 80.00 | 51.00 | 84.00 | 62.00 | 89.00 | 68.00 | 434.00 | |

查看计算学生考试总分的效果

**提示：** SUM函数用于返回单元格区域中数字、逻辑值以及数字的文本表达式之和。

语法格式：SUM(number1,number2,…)

Number1和Number2表示需要进行求和的参数。

以上介绍的SUM函数是计算数据之和，也是Excel中常见的函数之一。在实际的工作和学习中经常会遇到一些有条件的求和，如在学生成绩表中张老师需要统计出建筑学院学生总成绩之和，下面介绍通过函数快速计算出结果的方法。首先选中K35单元格❶，然后单击编辑栏中“插入函数”按钮❷，如下左图所示。打开"插入函数"对话框,单击"或选择类别"下三角按钮,在列表中选择"数学与三角函数"选项❸,在"选项函数"列表框中选择SUMIF选项❹,单击"确定"按钮,如下右图所示。

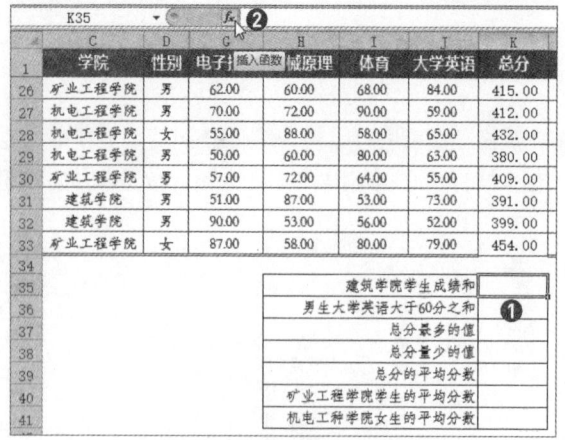
单击"插入函数"按钮

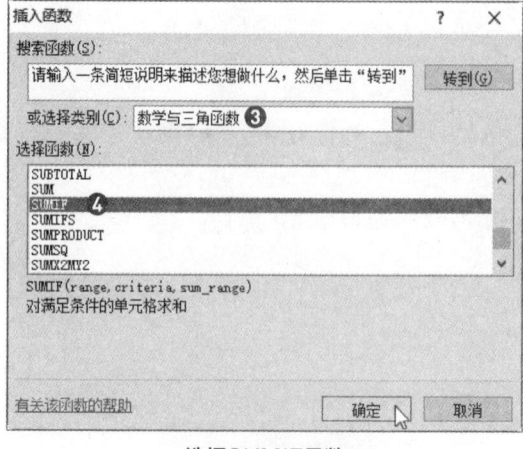
选择SUMIF函数

打开"函数参数"对话框,在Range文本框中输入"C2:C33",在Criteria文本框中输入"建筑学院"文本,注意文本需要用英文状态下双引号括起来,在Sum_range文本框中输入"K2:K33"❶,然后单击"确定"按钮❷,如下左图所示。可见在K35单元格中显示出建筑学院所有学生的总分❸,在编辑栏中可以查看完整的函数公式❹,如下右图所示。

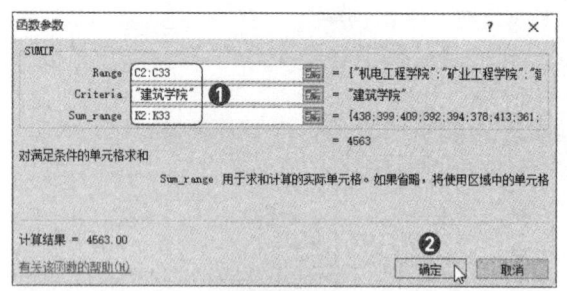
设置函数参数

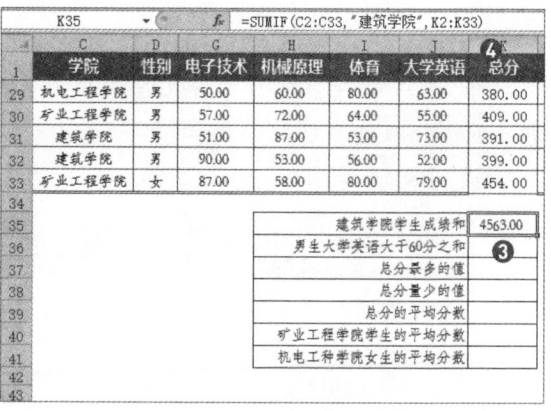
查看计算结果

**提示:** SUMIF函数用于返回指定区域中满足条件的所有数值之和。
语法格式:SUMIF(range,criteria,sum_range)
Range表示条件计算的单元格区域;Criteria表示求和的条件;Sum_range表示实际求和的区域,如果省略,则条件区域就是求和区域。
其中Criteria的形式可以为数字、逻辑值表达式、文本等,当求和条件为文本条件、含有逻辑或数学符号的条件时,必须使用双引号。

用户还可以计算满足多条件的求和,此时需要使用SUMIFS函数。例如,张老师现在要计算出所有男生且大学英语60分之上的所有学生总分之和。首先选择K36单元格❶,切换至"公式"选项卡,单击"函数库"选项组中"数学和三角函数"下三角按钮❷,在列表中选择SUMIFS函数❸,如下左图所示。打开"函数参数"对话框,分别在各参数对应的文本框中输入参数❹,单击"确定"按钮,如下右图所示。

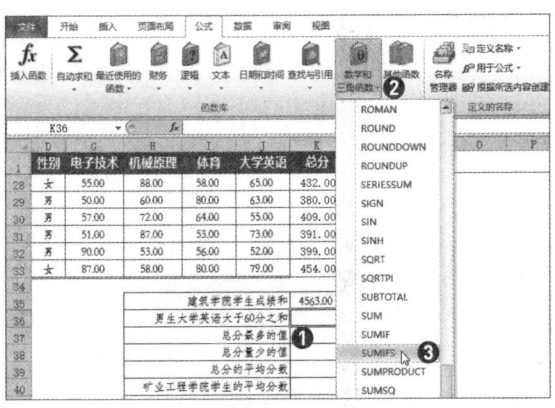
选择SUMIFS函数

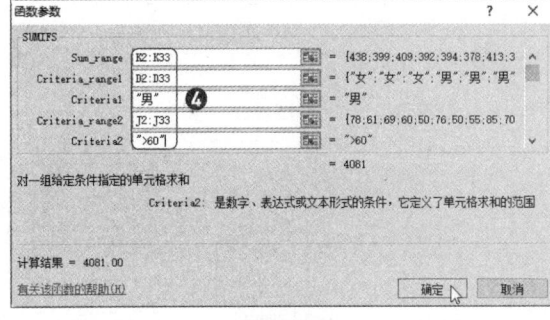
设置参数

返回工作表中，可见在K36单元格中计算所有男生且大学英语大于60分的总分之和，在编辑栏中查看计算公式，如下左图所示。

**提示：** SUMIFS函数用于返回在指定数据范围内对满足多条件的数据进行求和。
语法格式：SUMIFS(sum_range,criteria_range1,criteria1,criteria_range2,criteria2,…)
Sum_range表示用于条件计算求和的数据区域；Criteria_range1表示第一个条件区域；Criteria1表示第一个区域满足的条件。后面的参数以此类推。

### 2. 计算最大值和最小值

在分析数据的时候，最值是不可忽略，如最大值和最小值。例如，张老师想在学生成绩表中计算出学生成绩最好和最差的分数。

选中K37单元格，直接输入"=MAX(K2:K33)"公式，然后按Enter键，即可计算出总分最多的数值。用户在输入函数时，如果对函数的语法结构很熟悉时，可以直接输入函数和参数，如果不是很熟悉，建议还是使用插入函数的方法根据提示逐步进行操作。然后在K38单元格中输入"=MIN(K2:K33)"公式，按Enter键计算出最小值，如下右图所示。

查看计算结果　　　　　　　　　　　　　　　计算最大值和最小值

**提示：** MAX和MIN函数用于返回一组数值中的最大值或最小值。
语法格式：MAX(number1,number2,…)
最小值MIN函数的语法格式和最大值MAX函数一样，此处不再进行介绍。

### 3. 计算平均值

进行数据分析时，经常需要计算一组数据的平均值，因为平均值代表数据的某种特性。现在，张老师需要计算出所有学生的总分平均值，具体操作如下。

选择K39单元格，直接输入“=AVERAGE(K2:K33)”公式，按Enter键即可计算出平均值，如下左图所示。可见小数位数是4位数，如果需要仅保留两位小数，则用户不仅可以通过设置单元格格式的方法进行取舍，还使用ROUND函数进行取舍，即首先选中K39单元格，按F2功能键，该公式为可编辑状态，将公式修改为“=ROUND(AVERAGE(K2:K33),2)”，按Enter键确认计算，可见结果进行了四舍五入且只保留两位小数，如下右图所示。

fx =AVERAGE(K2:K33)

| 电子技术 | 机械原理 | 体育 | 大学英语 | 总分 | 排名 |
|---|---|---|---|---|---|
| 85.00 | 85.00 | 67.00 | 54.00 | 436.00 | |
| 62.00 | 60.00 | 68.00 | 84.00 | 415.00 | |
| 70.00 | 72.00 | 90.00 | 59.00 | 412.00 | |
| 55.00 | 88.00 | 58.00 | 65.00 | 432.00 | |
| 50.00 | 60.00 | 80.00 | 63.00 | 380.00 | |
| 57.00 | 72.00 | 64.00 | 55.00 | 409.00 | |
| 51.00 | 87.00 | 53.00 | 73.00 | 391.00 | |
| 90.00 | 53.00 | 56.00 | 52.00 | 399.00 | |
| 87.00 | 58.00 | 80.00 | 79.00 | 454.00 | |

| | |
|---|---|
| 总分的平均分数 | 412.96875 |
| 矿业工程学院学生的平均分数 | |
| 机电工种学院女生的平均分数 | |

**计算平均值**

fx =ROUND(AVERAGE(K2:K33),2)

| 电子技术 | 机械原理 | 体育 | 大学英语 | 总分 | 排名 |
|---|---|---|---|---|---|
| 85.00 | 85.00 | 67.00 | 54.00 | 436.00 | |
| 62.00 | 60.00 | 68.00 | 84.00 | 415.00 | |
| 70.00 | 72.00 | 90.00 | 59.00 | 412.00 | |
| 55.00 | 88.00 | 58.00 | 65.00 | 432.00 | |
| 50.00 | 60.00 | 80.00 | 63.00 | 380.00 | |
| 57.00 | 72.00 | 64.00 | 55.00 | 409.00 | |
| 51.00 | 87.00 | 53.00 | 73.00 | 391.00 | |
| 90.00 | 53.00 | 56.00 | 52.00 | 399.00 | |
| 87.00 | 58.00 | 80.00 | 79.00 | 454.00 | |

| | |
|---|---|
| 总分的平均分数 | 412.97 |
| 矿业工程学院学生的平均分数 | |
| 机电工种学院女生的平均分数 | |

**查看四舍五入后的结果**

**提示：** AVERAGE函数用于返回一组数值的平均值。

语法格式：AVERAGE(number1,number2,…)

ROUND函数用于返回按照指定位数进行四舍五入的运算结果。

语法格式：ROUND(number,num_digits)

Number表示需要进行四舍五入的数值或单元格；Num_digits表示需要取多少位数。

用户在对数据进行有条件求平均值时，其计算方法和有条件求和一样。下面分别介绍计算矿业工程学院学生的平均分数和机电工程学院女生的平均分数的方法。选中K40单元格，然后输入“=AVERAGEIF(C2:C33,"矿业工程学院",K2:K33)”公式，该公式表示计算矿业工程学院的平均分，按Enter键执行计算即可。然后在K41单元格中输入“=AVERAGEIFS(K2:K33,C2:C33,"机电工程学院",D2:D33,"女")”公式，按Enter键执行计算，如下图所示。

K41 fx =AVERAGEIFS(K2:K33,C2:C33,"机电工程学院",D2:D33,"女")

| | A | B | C | D | G | H | I | J | K | L |
|---|---|---|---|---|---|---|---|---|---|---|
| 1 | 学号 | 姓名 | 学院 | 性别 | 电子技术 | 机械原理 | 体育 | 大学英语 | 总分 | 排名 |
| 25 | 00151393 | 吴琦子 | 建筑学院 | 女 | 85.00 | 85.00 | 67.00 | 54.00 | 436.00 | |
| 26 | 00166664 | 郑宠玷 | 矿业工程学院 | 男 | 62.00 | 60.00 | 68.00 | 84.00 | 415.00 | |
| 27 | 00125306 | 王畅 | 机电工程学院 | 男 | 70.00 | 72.00 | 90.00 | 59.00 | 412.00 | |
| 28 | 00121741 | 李剑 | 机电工程学院 | 女 | 55.00 | 88.00 | 58.00 | 65.00 | 432.00 | |
| 29 | 00156745 | 时不利 | 机电工程学院 | 男 | 50.00 | 60.00 | 80.00 | 63.00 | 380.00 | |
| 30 | 00173997 | 傅有财 | 矿业工程学院 | 男 | 57.00 | 72.00 | 64.00 | 55.00 | 409.00 | |
| 31 | 00178730 | 和珍 | 建筑学院 | 男 | 51.00 | 87.00 | 53.00 | 73.00 | 391.00 | |
| 32 | 00146974 | 贾宝 | 建筑学院 | 男 | 90.00 | 53.00 | 56.00 | 52.00 | 399.00 | |
| 33 | 00139699 | 梅长苏 | 矿业工程学院 | 女 | 87.00 | 58.00 | 80.00 | 79.00 | 454.00 | |
| 34 | | | | | | | | | | |
| 35 | | | | | | | | 建筑学院学生成绩和 | 4563.00 | |
| 36 | | | | | | | | 男生大学英语大于60分之和 | 4081.00 | |
| 37 | | | | | | | | 总分最多的值 | 459.00 | |
| 38 | | | | | | | | 总分最少的值 | 361.00 | |
| 39 | | | | | | | | 总分的平均分数 | 412.97 | |
| 40 | | | | | | | | 矿业工程学院学生的平均分数 | 412.25 | |
| 41 | | | | | | | | 机电工程学院女生的平均分数 | 417.75 | |

**查看按条件计算平均值的结果**

## 6.3.2 对数据进行筛选并汇总

在学习分类汇总时，Excel使用的汇总函数是SUBTOTAL，本节将详细介绍该函数的应用。使用SUBTOTAL函数可以进行11种计算，如求和、平均值、最大值、最小值、计数等。如果对数据区域进行隐藏部分数据，该函数还可以自动对隐藏后的数据进行计算，隐藏的数据被忽略。

打开“SUBTOTAL函数的应用.xlsx”工作簿，在I36:I39单元格区域中使用SUM、AVERAGE、MAX和MIN函数计算对应的值。选中J35单元格并输入“=SUBTOTAL(9,K2:K33)”公式，按Enter键执行计算，结果与I35一样，如下左图所示。再选中K35单元格并输入“=SUBTOTAL(109,K2:K33)”公式，按Enter键执行计算，计算结果都是相同的，如下右图所示。可见输入的两个函数只是第一个参数不同，等本案例介绍完成后再详细介绍原因。

J36 =SUBTOTAL(9,K2:K33)

| | G | H | I | J | K |
|---|---|---|---|---|---|
| 1 | 电子技术 | 机械原理 | 体育 | 大学英语 | 总分 |
| 32 | 90.00 | 53.00 | 56.00 | 52.00 | 399.00 |
| 33 | 87.00 | 58.00 | 80.00 | 79.00 | 454.00 |
| 34 | | | | | |
| 35 | | | 常规函数 | 包含隐藏值 | 忽略隐藏值 |
| 36 | | 学生的总分 | 13215.00 | 13215.00 | |
| 37 | | 平均值 | 412.97 | | |
| 38 | | 最大值 | 459.00 | | |
| 39 | | 最小值 | 361.00 | | |
| 40 | | | | | |

计算包含隐藏值

K36 =SUBTOTAL(109,K2:K33)

| | G | H | I | J | K |
|---|---|---|---|---|---|
| 1 | 电子技术 | 机械原理 | 体育 | 大学英语 | 总分 |
| 32 | 90.00 | 53.00 | 56.00 | 52.00 | 399.00 |
| 33 | 87.00 | 58.00 | 80.00 | 79.00 | 454.00 |
| 34 | | | | | |
| 35 | | | 常规函数 | 包含隐藏值 | 忽略隐藏值 |
| 36 | | 学生的总分 | 13215.00 | 13215.00 | 13215.00 |
| 37 | | 平均值 | 412.97 | | |
| 38 | | 最大值 | 459.00 | | |
| 39 | | 最小值 | 361.00 | | |
| 40 | | | | | |

计算忽略隐藏值

根据相同的方法在J37:J39单元格区域中输入函数公式，只是第一个参数分别为1、4、5；在K37:K39单元格区域中输入函数公式，第一个参数分别为101、104、105，其他都保持不变，可见计算都是相同的，如下图所示。

K39 =SUBTOTAL(105,K2:K33)

| | A | B | C | D | G | H | I | J | K |
|---|---|---|---|---|---|---|---|---|---|
| 1 | 学号 | 姓名 | 学院 | 性别 | 电子技术 | 机械原理 | 体育 | 大学英语 | 总分 |
| 27 | 00125306 | 王畅 | 机电工程学院 | 男 | 70.00 | 72.00 | 90.00 | 59.00 | 412.00 |
| 28 | 00121741 | 李钊 | 机电工程学院 | 女 | 55.00 | 88.00 | 58.00 | 65.00 | 432.00 |
| 29 | 00156745 | 时不利 | 机电工程学院 | 男 | 50.00 | 60.00 | 80.00 | 63.00 | 380.00 |
| 30 | 00173997 | 傅有财 | 矿业工程学院 | 男 | 57.00 | 72.00 | 64.00 | 55.00 | 409.00 |
| 31 | 00178730 | 和珍 | 建筑学院 | 男 | 51.00 | 87.00 | 53.00 | 73.00 | 391.00 |
| 32 | 00146974 | 贾宝 | 建筑学院 | 男 | 90.00 | 53.00 | 56.00 | 52.00 | 399.00 |
| 33 | 00139699 | 梅长苏 | 矿业工程学院 | 女 | 87.00 | 58.00 | 80.00 | 79.00 | 454.00 |
| 34 | | | | | | | | | |
| 35 | | | | | | | 常规函数 | 包含隐藏值 | 忽略隐藏值 |
| 36 | | | | | | 学生的总分 | 13215.00 | 13215.00 | 13215.00 |
| 37 | | | | | | 平均值 | 412.97 | 412.97 | 412.97 |
| 38 | | | | | | 最大值 | 459.00 | 459.00 | 459.00 |
| 39 | | | | | | 最小值 | 361.00 | 361.00 | 361.00 |

查看计算所有数值的结果

然后选中数据区域中任意单元格，单击“排序和筛选”选项组中“筛选”按钮，根据之前所学知识，筛选出“机电工程学院”的数值信息。可见当SUBTOTAL函数只计算筛选后的数据，隐藏的数据不参与计算，如下图所示。

| | A | B | C | D | G | H | I | J | K |
|---|---|---|---|---|---|---|---|---|---|
| 1 | 学号 | 姓名 | 学院 | 性别 | 电子技术 | 机械原理 | 体育 | 大学英语 | 总分 |
| 10 | 00104503 | 钟汉林 | 建筑学院 | 男 | 54.00 | 78.00 | 66.00 | 85.00 | 458.00 |
| 16 | 00154009 | 皮皮虾 | 建筑学院 | 男 | 84.00 | 62.00 | 89.00 | 68.00 | 434.00 |
| 19 | 00131859 | 祝斯 | 建筑学院 | 男 | 63.00 | 53.00 | 73.00 | 67.00 | 411.00 |
| 20 | 00174701 | 邱任倚 | 建筑学院 | 女 | 83.00 | 84.00 | 90.00 | 50.00 | 451.00 |
| 23 | 00138294 | 孙思妙 | 建筑学院 | 男 | 64.00 | 51.00 | 81.00 | 50.00 | 367.00 |
| 25 | 00151393 | 吴琦子 | 建筑学院 | 女 | 85.00 | 85.00 | 67.00 | 54.00 | 436.00 |
| 31 | 00178730 | 和珍 | 建筑学院 | 男 | 51.00 | 87.00 | 53.00 | 73.00 | 391.00 |
| 32 | 00146974 | 贾宝 | 建筑学院 | 男 | 90.00 | 53.00 | 56.00 | 52.00 | 399.00 |
| 34 | | | | | | | | | |
| 35 | | | | | | | 常规函数 | 包含隐藏值 | 忽略隐藏值 |
| 36 | | | | | | 学生的总分 | 13215.00 | 4563.00 | 4563.00 |
| 37 | | | | | | 平均值 | 412.97 | 414.82 | 414.82 |
| 38 | | | | | | 最大值 | 459.00 | 458.00 | 458.00 |
| 39 | | | | | | 最小值 | 361.00 | 367.00 | 367.00 |

查看筛选后计算的结果

如果对数据区域中某些数据进行隐藏时，SUBTOTAL函数包含隐藏值计算的结果和使用常规函数计算结果一致；SUBTOTAL函数忽略隐藏的计算结果只对显示的数据进行计算，隐藏的数据则忽略，如下图所示。

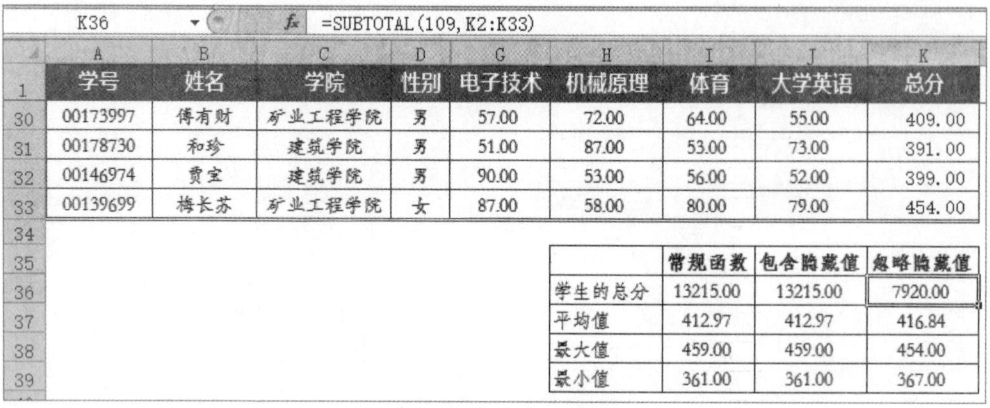

K36 =SUBTOTAL(109,K2:K33)

| | 学号 | 姓名 | 学院 | 性别 | 电子技术 | 机械原理 | 体育 | 大学英语 | 总分 |
|---|---|---|---|---|---|---|---|---|---|
| 30 | 00173997 | 傅有财 | 矿业工程学院 | 男 | 57.00 | 72.00 | 64.00 | 55.00 | 409.00 |
| 31 | 00178730 | 和珍 | 建筑学院 | 男 | 51.00 | 87.00 | 53.00 | 73.00 | 391.00 |
| 32 | 00146974 | 贾宝 | 建筑学院 | 男 | 90.00 | 53.00 | 56.00 | 52.00 | 399.00 |
| 33 | 00139699 | 梅长苏 | 矿业工程学院 | 女 | 87.00 | 58.00 | 80.00 | 79.00 | 454.00 |

| | 常规函数 | 包含隐藏值 | 忽略隐藏值 |
|---|---|---|---|
| 学生的总分 | 13215.00 | 13215.00 | 7920.00 |
| 平均值 | 412.97 | 412.97 | 416.84 |
| 最大值 | 459.00 | 459.00 | 454.00 |
| 最小值 | 361.00 | 361.00 | 367.00 |

**查看隐藏部分数据的计算结果**

**提示：**SUBTOTAL函数用于返回列表或数据库中的分类汇总。

语法格式：SUBTOTAL(function_num,ref1,ref2,…)

其中，Function_num表示1到11或者101到111之间的数字，用于指定分类汇总的计算类型，下面以表格形式介绍具体含义；Ref表示对其分类汇总计算的区域。

**表6-1 Function_num参数的含义**

| 包含隐藏值 | 忽略隐藏值 | 对应函数 | 含义 |
|---|---|---|---|
| 1 | 101 | AVERAGE | 计算平均值 |
| 2 | 102 | COUNT | 统计非空单元格的数量 |
| 3 | 103 | COUNTA | 统计非空值单元格的数量 |
| 4 | 104 | MAX | 计算最大值 |
| 5 | 105 | MIN | 计算最小值 |
| 6 | 106 | PRODUCT | 计算乘积 |
| 7 | 107 | STDEV | 计算标准偏差 |
| 8 | 108 | STDEVP | 计算标准偏差值 |
| 9 | 109 | SUM | 求和 |
| 10 | 110 | VAR | 计算给定样本的方差 |
| 11 | 111 | VARP | 计算整个样式的总体方差 |

## 6.3.3 为学生成绩排名

在统计学生的考试成绩后，张老师还想对学生的总分进行排名。此时可以选中L2单元格，然后输入“=RANK (K2,$K$2:$K$33)”公式，按Enter键执行计算，即可显示该学生的名次，最后将公式向下填充至L33单元格，计算出所有员工的排名，如下图所示。

| | A | B | C | D | E | F | G | H | I | J | K | L |
|---|---|---|---|---|---|---|---|---|---|---|---|---|
| | | | | | | | L2 | | fx | =RANK(K2,$K$2:$K$33) | | |
| 1 | 学号 | 姓名 | 学院 | 性别 | 电子技术 | | 机械原理 | 体育 | 大学英语 | | 总分 | 排名 |
| 2 | 00173554 | 陈真刚 | 机电工程学院 | 女 | 84.00 | | 59.00 | 89.00 | 78.00 | | 438.00 | 7 |
| 3 | 00134521 | 周佩 | 矿业工程学院 | 女 | 62.00 | | 51.00 | 73.00 | 61.00 | | 399.00 | 21 |
| 4 | 00152697 | 罗志华 | 建筑学院 | 女 | 54.00 | | 81.00 | 79.00 | 69.00 | | 409.00 | 18 |
| 5 | 00168216 | 毕仟拖 | 机电工程学院 | 男 | 50.00 | | 51.00 | 90.00 | 60.00 | | 392.00 | 24 |
| 6 | 00157083 | 齐佐 | 建筑学院 | 男 | 70.00 | | 83.00 | 55.00 | 50.00 | | 394.00 | 23 |
| 7 | 00162371 | 康文乐 | 矿业工程学院 | 男 | 69.00 | | 53.00 | 61.00 | 76.00 | | 378.00 | 30 |
| 8 | 00106735 | 姚明倚 | 建筑学院 | 女 | 88.00 | | 90.00 | 65.00 | 50.00 | | 413.00 | 14 |
| 9 | 00167268 | 伏电 | 矿业工程学院 | 女 | 58.00 | | 50.00 | 72.00 | 55.00 | | 361.00 | 32 |
| 10 | 00104503 | 钟汉林 | 建筑学院 | 男 | 54.00 | | 78.00 | 66.00 | 85.00 | | 458.00 | 2 |
| 11 | 00112040 | 魏琥 | 机电工程学院 | 女 | 59.00 | | 76.00 | 52.00 | 70.00 | | 390.00 | 27 |
| 12 | 00152494 | 唐姗姗 | 矿业工程学院 | 男 | 58.00 | | 59.00 | 59.00 | 82.00 | | 379.00 | 29 |
| 13 | 00125105 | 李玫 | 矿业工程学院 | 男 | 82.00 | | 88.00 | 57.00 | 88.00 | | 429.00 | 12 |
| 14 | 00177440 | 于家家 | 矿业工程学院 | 女 | 75.00 | | 89.00 | 66.00 | 65.00 | | 434.00 | 9 |
| 15 | 00105644 | 安常乐 | 矿业工程学院 | 男 | 89.00 | | 59.00 | 77.00 | 66.00 | | 406.00 | 20 |
| 16 | 00154009 | 皮皮虾 | 建筑学院 | 男 | 84.00 | | 62.00 | 89.00 | 68.00 | | 434.00 | 9 |

计算学生成绩排名

在"=RANK(K2,$K$2:$K$33)"公式中,在K2:K33参数中行号和列标左侧标有"$"符号,表示单元格为绝对引用。在Excel中,单元格的引用包括3种形式,分别为相对引用、绝对引用和混合引用。

(1)相对引用

相对引用是公式中单元格的引用随着公式所在单元格的位置变化而变化。如在上节计算学生的总分公式中,K2单元格中的公式为"=SUM(E2:J2)",填充公式后,选中K3单元格,则公式变为"=SUM(E3:J3)",可见公式所在单元格发生变化时,其参数引用会随之变化。

(2)绝对引用

绝对引用是公式所在单元格发生变化时,引用的单元格不会变化。如计算员工排名时,在L3单元格中的公式为"=RANK(K3,$K$2:$K$33)",可见左侧有"$"符号没有发生变化。那么该符号是如何添加的呢?将光标定位在某参数上,然后按1次F4功能键,即可将该参数变为绝对引用。

(3)混合引用

混合引用是公式的参数为相对引用和绝对引用的混合形式,即参数中包含相对行绝对列或相对列绝对行。下面以助学贷款还款为例介绍混合引用的应用。

打开"助学贷款分析表.xlsx"工作簿,在表格中显示贷款年限和对应的贷款利率,下面计算不同贷款年限不同的贷款金额每月应还款的金额。选中B5单元格,并输入"=PMT(B2/12,B1*12,0,A5)"公式,如下左图所示。然后将光标定位在"B2"参数上,按两次F4功能键该参数变为"B$2",表示相对列绝对行;根据相同的方法设置"B1"为"B$1";光标再定位在"A5"参数上按3次F4功能键,参数变为"$A5",表示绝对列相对行,如下右图所示。

| | A | B | C | D |
|---|---|---|---|---|
| | SUMIFS | | fx | =PMT(B2/12,B1*12,0,A5) |
| 1 | 贷款年限 | 2 | 4 | 6 |
| 2 | 贷款利率 | 6% | 5% | 4% |
| 3 | 贷款金额 | 平均每月应还 | | |
| 4 | | 2年 | 4年 | 6年 |
| 5 | ¥ | =PMT(B2/12,B1*12,0,A5) | | |
| 6 | ¥40,000.00 | | | |
| 7 | ¥60,000.00 | | | |
| 8 | ¥80,000.00 | | | |

输入公式

| | A | B | C | D |
|---|---|---|---|---|
| | SUMIFS | | fx | =PMT(B$2/12,B$1*12,0,$A5) |
| 1 | 贷款年限 | 2 | 4 | 6 |
| 2 | 贷款利率 | 6% | 5% | 4% |
| 3 | 贷款金额 | 平均每月应还 | | |
| 4 | | 2年 | 4年 | 6年 |
| 5 | ¥ | =PMT(B$2/12,B$1*12,0,$A5) | | |
| 6 | ¥40,000.00 | | | |
| 7 | ¥60,000.00 | | | |
| 8 | ¥80,000.00 | | | |

设置混合引用

按Enter键执行计算，然后拖曳B5单元格的填充柄向右至D5单元格，即可完成向右填充公式并计算出贷款20000元，不同贷款年限的每月还款额。然后将B5:D5单元格区域向下填充至D8单元格，即可计算出不同贷款额不同贷款年限的第月还款额，如右图所示。然后选中C6单元格，在编辑栏中查看公式，可见当行左侧有“$”符号时，行号不变列标发生变化；同理当列左侧有“$”符号时，列标不变，行号发生变化。

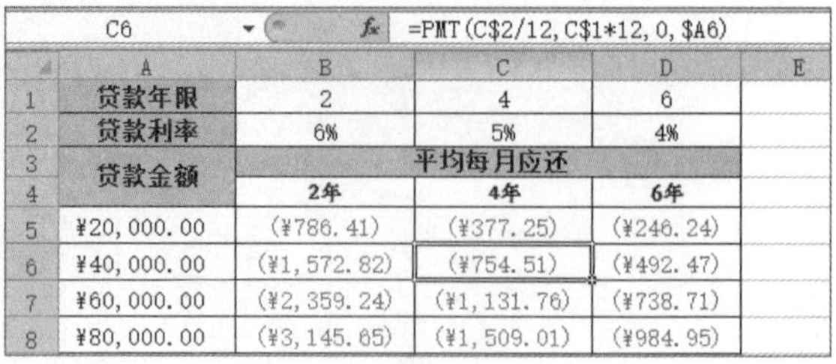

C6 =PMT(C$2/12,C$1*12,0,$A6)

| | A | B | C | D | E |
|---|---|---|---|---|---|
| 1 | 贷款年限 | 2 | 4 | 6 | |
| 2 | 贷款利率 | 6% | 5% | 4% | |
| 3 | 贷款金额 | 平均每月应还 | | | |
| 4 | | 2年 | 4年 | 6年 | |
| 5 | ¥20,000.00 | (¥786.41) | (¥377.25) | (¥246.24) | |
| 6 | ¥40,000.00 | (¥1,572.82) | (¥754.51) | (¥492.47) | |
| 7 | ¥60,000.00 | (¥2,359.24) | (¥1,131.76) | (¥738.71) | |
| 8 | ¥80,000.00 | (¥3,145.65) | (¥1,509.01) | (¥984.95) | |

查看混合引用效果

## 6.3.4 查找学生的指定信息

在学校举行的下乡支教活动中，总共有8名学生报名。张老师需要从学生信息表中查找这8名学生的性别、身份证号码和联系方式，提前安排行程。

打开“学生信息表.xlsx”工作表，在E36:H42单元格区域中对表格进行完善。选中F37单元格，然后输入“=VLOOKUP($E37,$B$3:$H$34,2,FALSE)”公式，按Enter键进行计算，可见计算结果显示“男”，然后将公式向下填充到F42单元格，即可完成学生性别的提取，如下图所示。

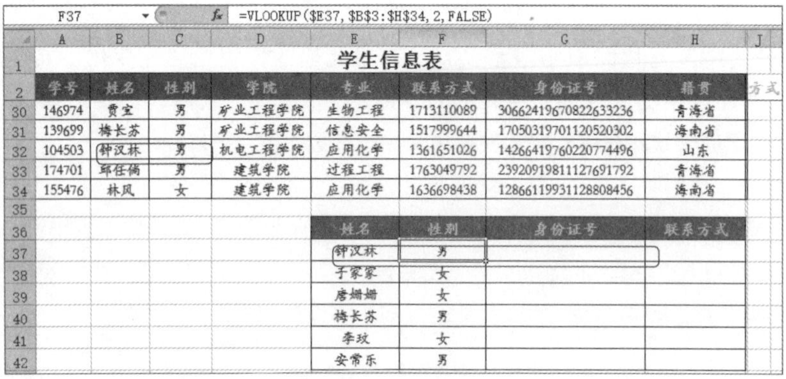

F37 =VLOOKUP($E37,$B$3:$H$34,2,FALSE)

| | A | B | C | D | E | F | G | H |
|---|---|---|---|---|---|---|---|---|
| 1 | 学生信息表 | | | | | | | |
| 2 | 学号 | 姓名 | 性别 | 学院 | 专业 | 联系方式 | 身份证号 | 籍贯 |
| 30 | 146974 | 贾宝 | 男 | 矿业工程学院 | 生物工程 | 1713110089 | 30662419670822633236 | 青海省 |
| 31 | 139699 | 梅长苏 | 男 | 矿业工程学院 | 信息安全 | 1517999644 | 17050319701120520302 | 海南省 |
| 32 | 104503 | 钟汉林 | 男 | 机电工程学院 | 应用化学 | 1361651026 | 14266419760220774496 | 山东 |
| 33 | 174701 | 邱任倘 | 男 | 建筑学院 | 过程工程 | 1763049792 | 23920919811127691792 | 青海省 |
| 34 | 155476 | 林风 | 女 | 建筑学院 | 应用化学 | 1636698438 | 12866119931128808456 | 海南省 |
| 35 | | | | | | | | |
| 36 | | | | | 姓名 | 性别 | 身份证号 | 联系方式 |
| 37 | | | | | 钟汉林 | 男 | | |
| 38 | | | | | 于家家 | 女 | | |
| 39 | | | | | 唐姗姗 | 女 | | |
| 40 | | | | | 梅长苏 | 男 | | |
| 41 | | | | | 李玫 | 女 | | |
| 42 | | | | | 安常乐 | 男 | | |

查看提取性别的效果

然后将F37单元格中公式向右填充H37单元格中，可见在G37和H37单元格中均显示“男”，很显示不是我们想要的数据。然后选中G37单元格，在编辑栏中将函数的第3个参数修改为6，按Enter键执行计算，即可显示身份证号码，如下图所示。

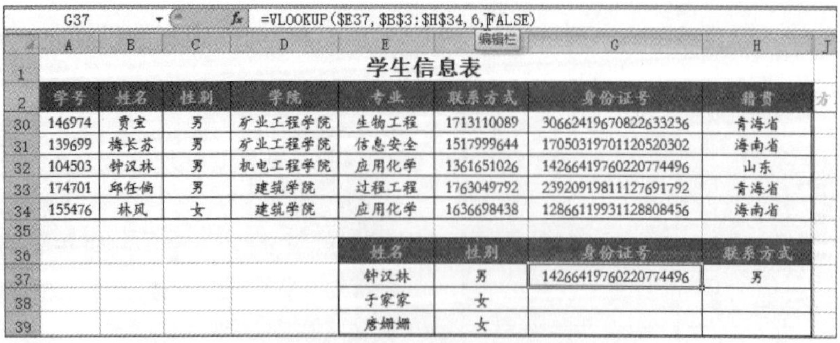

G37 =VLOOKUP($E37,$B$3:$H$34,6,FALSE)

| | A | B | C | D | E | F | G | H |
|---|---|---|---|---|---|---|---|---|
| 1 | 学生信息表 | | | | | | | |
| 2 | 学号 | 姓名 | 性别 | 学院 | 专业 | 联系方式 | 身份证号 | 籍贯 |
| 30 | 146974 | 贾宝 | 男 | 矿业工程学院 | 生物工程 | 1713110089 | 30662419670822633236 | 青海省 |
| 31 | 139699 | 梅长苏 | 男 | 矿业工程学院 | 信息安全 | 1517999644 | 17050319701120520302 | 海南省 |
| 32 | 104503 | 钟汉林 | 男 | 机电工程学院 | 应用化学 | 1361651026 | 14266419760220774496 | 山东 |
| 33 | 174701 | 邱任倘 | 男 | 建筑学院 | 过程工程 | 1763049792 | 23920919811127691792 | 青海省 |
| 34 | 155476 | 林风 | 女 | 建筑学院 | 应用化学 | 1636698438 | 12866119931128808456 | 海南省 |
| 35 | | | | | | | | |
| 36 | | | | | 姓名 | 性别 | 身份证号 | 联系方式 |
| 37 | | | | | 钟汉林 | 男 | 14266419760220774496 | 男 |
| 38 | | | | | 于家家 | 女 | | |
| 39 | | | | | 唐姗姗 | 女 | | |

查看提取学生身份证号码的效果

选中H37单元格，在编辑栏中将函数的第3个参数修改为5，按Enter键执行计算，然后将G37:H37单元格区域中的公式向下填充至H42单元格，查看提取的指定学生的信息，如下图所示。

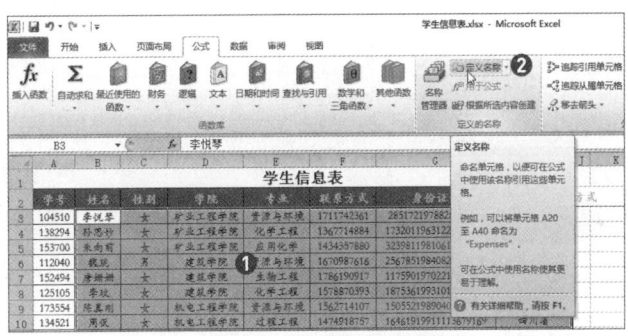

查看提取学生的信息

**提示：** VLOOKUP函数用于在单元格区域的首列查找指定的数值，返回该区域的相同行中指定单元格中的数值。
语法格式：VLOOKUP(lookup_value,table_array,col_index_num,range_lookup)
其中，Lookup_value表示需要在数据表第一列中进行查找的数值；Table_array表示在其中查找数值的数据表；Col_index_num表示Table_array中待返回匹配值的序号；Range_lookup为逻辑值，表示需要精确匹配还是近似匹配。

在使用VLOOKUP函数提取数据时，其中第2个参数为固定单元格区域，我们可以将其进行命名，然后在输入函数公式时直接输入名称即可。

首先选中B3:H34单元格区域❶，切换至"公式"选项卡，单击"定义的名称"选项组中"定义名称"按钮❷，如下图所示。

单击"定义名称"按钮

打开"新建名称"对话框，在"名称"文本框中输入"数据表"文本❶，在"引用位置"文本框中显示选中的单元格区域，然后单击"确定"按钮，如下左图所示。然后在工作表中将函数的第2个参数改为"数据表"❷，可见并不影响计算结果。再将公式进行填充，可见也不影响设置单元格的引用，如下右图所示。

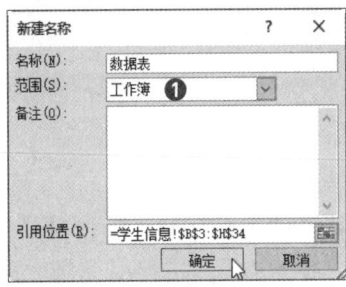

新建名称　　　　　　　　查看应用名称的效果

**提示：** 在定义名称时，可以通过"名称框"进行定义，即选中单元格或单元格区域，然后在编辑栏左侧"名称框"中输入名称，再按Enter键确认即可。

## 6.3.5 数组公式的应用

数组公式就是通过多重运算，返回一个或多个结果，它可以同时对多个数据进行同步计算，从而使计算效率大幅度提高。输入数组公式后必须按Ctrl+Shift+Enter组合键执行计算，其公式被大括号括起来。

下面以计算助学贷款每月应还额为例，输入介绍数组公式的计算方法。选择B5:D8单元格区域，然后输入"=PMT(B2:D2/12,B1:D1*12,0,A5:A8)"公式，如下左图所示。按Ctrl+Shift+Enter组合键执行计算，即可在选中的单元格内同时计算出所有结果，在编辑栏中显示数组公式，如下右图所示。

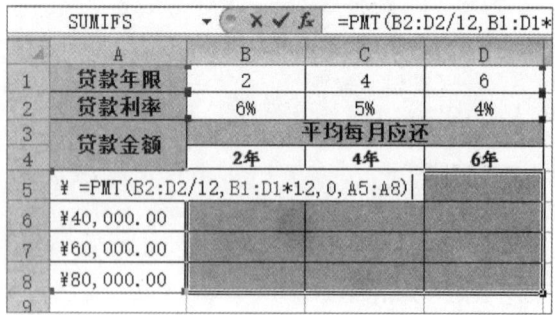

输入公式　　　　　　　　　　　　　　　查看计算结果

在计算结果的数据区域中选中任意单元格，编辑栏中显示的公式都是一样的，而且在使用数组公式计算时，不需要考虑单元格引用问题。

**提示**：在使用数据公式进行计算时，还需要注意以下问题：
- 在输入数组公式之前，必须选择用于保存计算结果的单元格或单元格区域；
- 创建多个单元格数组公式时，不能更改结果中单个或部分单元格的内容；
- 可以移动或删除整个数组公式，但不能移动或删除部分内容；
- 不能在多个单元格数组公式中插入单元格。

## 6.4 图表的操作

在Excel中，使用图表可以直观地将表格中的数据图形化展示出来，为了图表的美观用户还可以对其进行美化操作。Excel 2010中包括10多种图表类型，如柱形图、折线图、饼图、条形图、面积图、散点图和股价图等。

### 6.4.1 创建柱形图

学校组织迎新晚会，学生都踊跃报名。张老师按照学院和项目进行人数统计，他想通过图表的方式对报名人数进行展示。下面以柱形图为例，介绍图表创建的方法。

打开"迎新晚会各项目报名人数统计表.xlsx"工作表，选择表格内任意单元格❶，切换至"插入"选项卡，单击"图表"选项组中"柱形图"下三角按钮❷，在列表中选择"簇状柱形图"图表类型❸，如下左图所示。可见在工作表中插入柱形图，如下右图所示。同时在功能区显示"图表工具"选项卡，其中包含"设计"、"布局"、"格式"3个子选项卡。

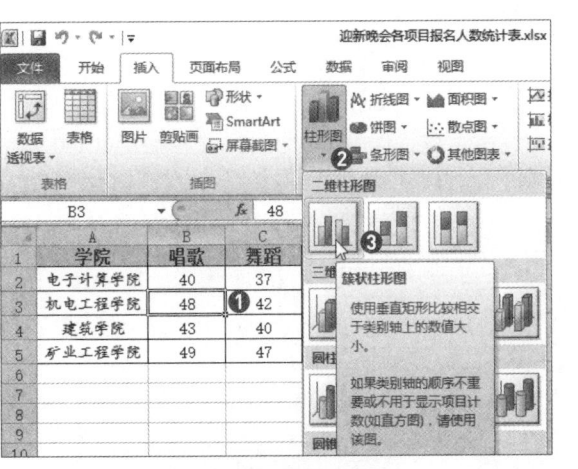
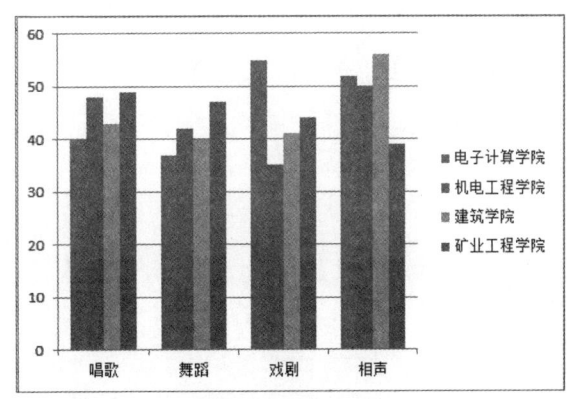

选择"簇状柱形图"图表　　　　　　查看柱形图效果

如果需要对数据表格中的部分数据创建图表，可以先选中对应的数据区域，然后根据相同的方法创建图表即可。

## 6.4.2 添加图表元素

创建柱形图后，默认图表中只包含图例、数据系列、网格线和纵横坐标轴，用户可以根据需要为图表添加其他元素，如图表标题、数据标签、趋势线等。

### 1. 添加图表标题

选中插入的图表，切换至"图表工具-布局"选项卡❶，在"标签"选项组中单击"图表标题"下三角按钮❷，在列表中选择"图表上方"选项❸，如下左图所示。即可在图表上方中间位置添加标题文本框，清除标题文本框内文字，然后输入"各项目人数分布图"标题文本❹，如下右图所示。

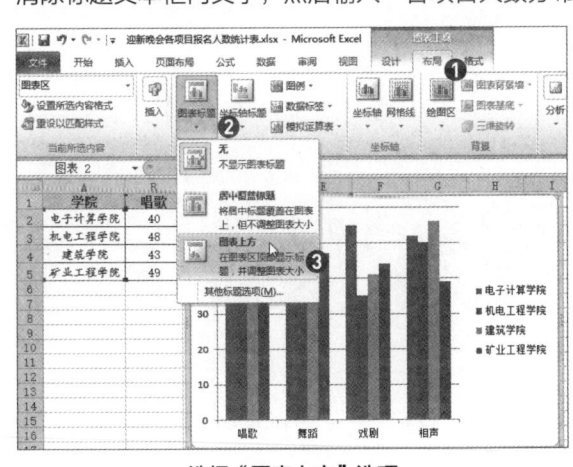
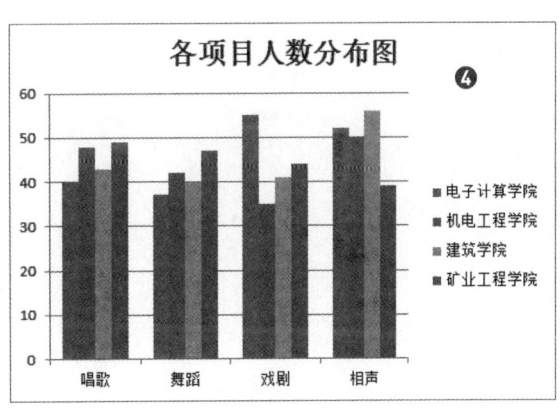

选择"图表上方"选项　　　　　　输入标题文本

根据相同的方法，用户还可以接着为图表添加网格线、纵坐标轴的标题等元素，此处不作过多讲解。

### 2. 添加趋势线

创建柱形图后，用户可以通过添加趋势线来分析数据的走向。选中插入的图表，切换至"图表工具-布局"选项卡❶，在"分析"选项组中单击"趋势线"下三角按钮❷，在列表中选择"线性趋势线"选项❸，如下左图所示。打开"添加趋势线"对话框，在"添加基于系列的趋势线"列表框中选择需要添加趋势线的选项，如选择"建筑学院"❹，然后单击"确定"按钮❺，如下右图所示。

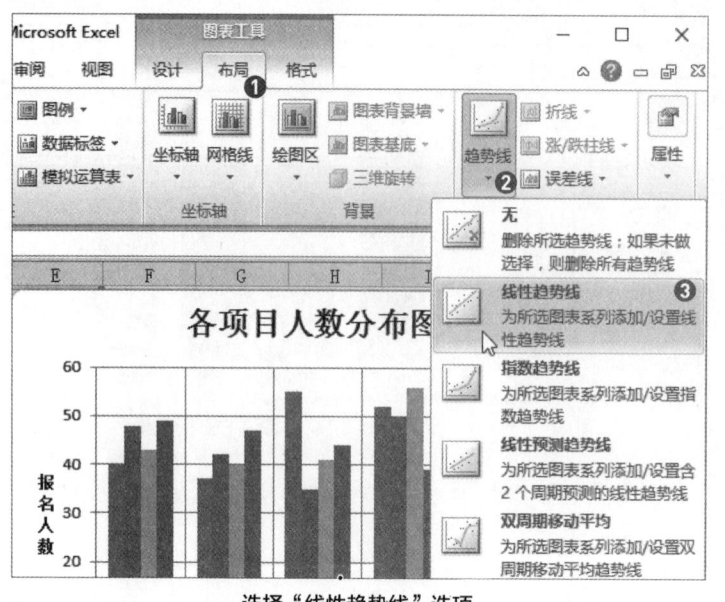

选择"线性趋势线"选项

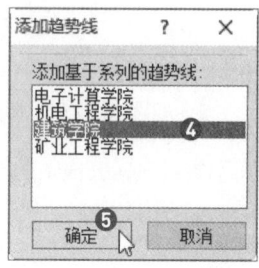

"添加趋势线"对话框

返回工作表中，可见图表中建筑学院的趋势线是上升的，说明报名的人数是越来越多，而且在图例的下方显示对应的图例。

### 3. 在图表上添加形状

用户也可以在图表中添加图形来完善图表，如在柱形图上添加形状并输入相关文字。选中图表，在"图表工具-布局"选项卡中，单击"插入"选项组中"形状"下三角按钮❶，在列表中选择"椭圆形标注"形状选项❷，如下左图所示。此时光标变为黑色十字形标志，在图表的纵坐标轴上方绘制形状❸，如下右图所示。

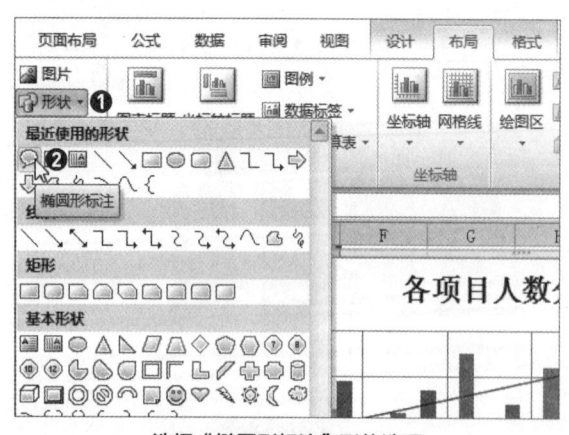

选择"椭圆形标注"形状选项

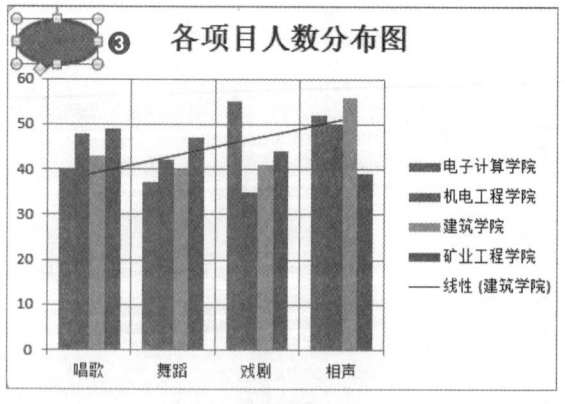

绘制形状

在功能区显示"绘图工具-格式"选项卡，在"形状样式"选项组中单击"形状填充"下三角按钮，在列表中设置形状为无填充；单击"形状轮廓"下三角按钮，在列表中设置红色实线轮廓，宽度为1磅。然后右击形状❶，在列表中选择"编辑文字"命令❷，如下左图所示。

然后在形状中输入"人数"文本，选中输入的文本，在"字体"选项组中设置文本格式，最后适当调整形状的大小并移至合适的位置，效果如下右图所示。

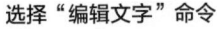

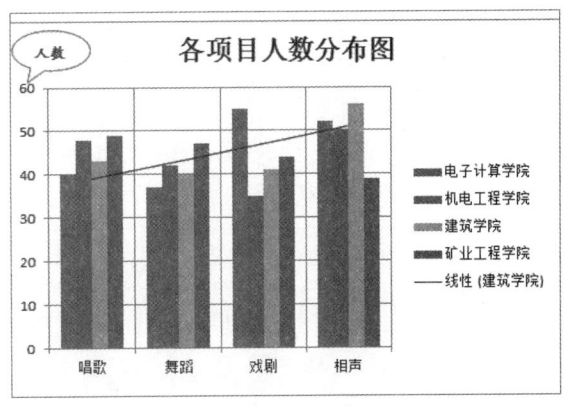

选择"编辑文字"命令　　　　　　　　　查看插入形状的效果

## 6.4.3 图表的美化

为了使图表更加完美地展示数据，用户还可以对图表进行适当地美化操作，如对图表的文字、底纹、数据系列等进行美化。

### 1. 应用图表样式

在Excel 2010中内置了40多种图表样式，用户可以直接套用这些样式以达到快速美化图表的作用。选中图表，切换至"图表工具-设计"选项卡❶，单击"图表样式"选项组中"其他"按钮，在打开的列表中选择合适的图表样式❷，如下左图所示。返回工作表中，可见图表应用了选中的样式，如下右图所示。

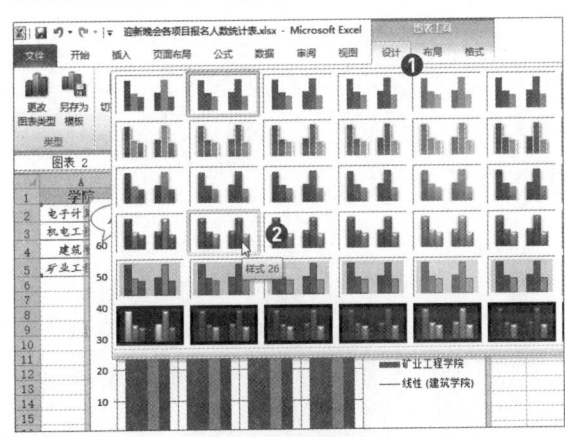

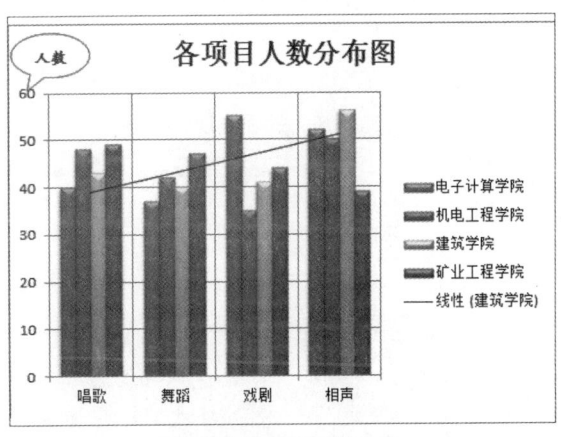

选择合适的图表样式　　　　　　　　　查看应用图表样式的效果

**提示：** 用户可以在"图表工具-设计"选项卡的"图表布局"选项组中单击"其他"按钮，在打开的列表中选择合适的图表布局选项，即可快速为图表应用图表布局，如右图所示。

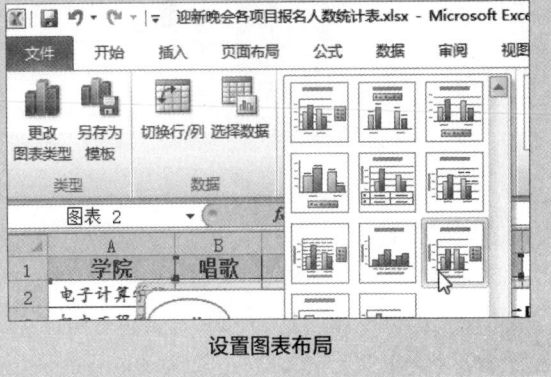

设置图表布局

## 2. 应用形状样式

在Excel 2010中内置了40多种形状样式，用户可以直接套用来美化图表。应用形状样式后，还可以进行进一步设置形状填充、形状轮廓和形状效果。

选中图表，切换至"图表工具-格式"选项卡❶，单击"形状样式"选项组中"其他"按钮，在打开的列表中选择合适的形状样式❷，可见图表立即应用选中的形状样式，如下图所示。

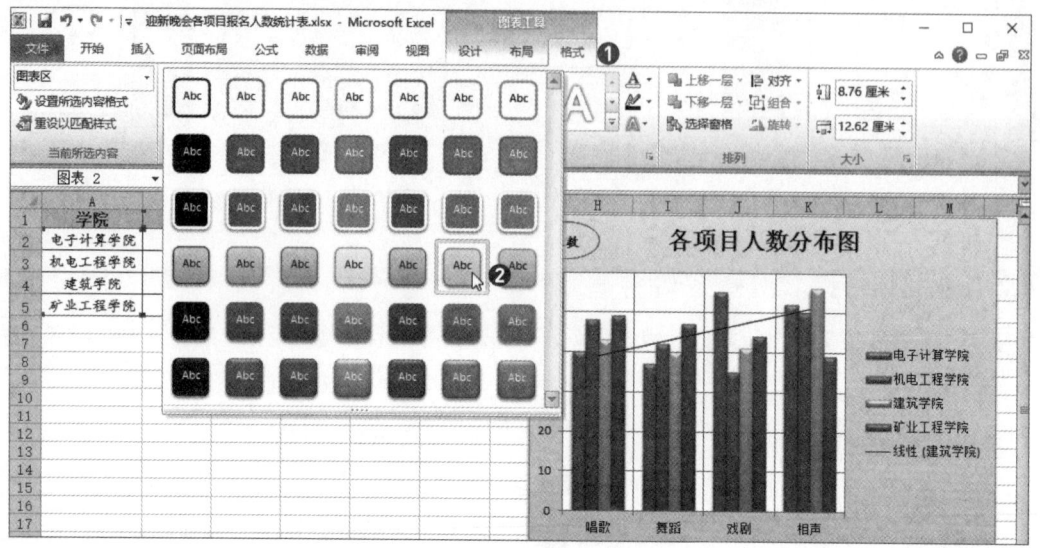

应用形状样式

单击"形状样式"选项组中"形状轮廓"下三角按钮，在列表中设置轮廓的颜色和轮廓的宽度。再单击"形状效果"下三角按钮❶，在列表中选择"发光"选项，在子列表中选择合适的发光选项❷，图表即可应用选中的发光样式，如下图所示。

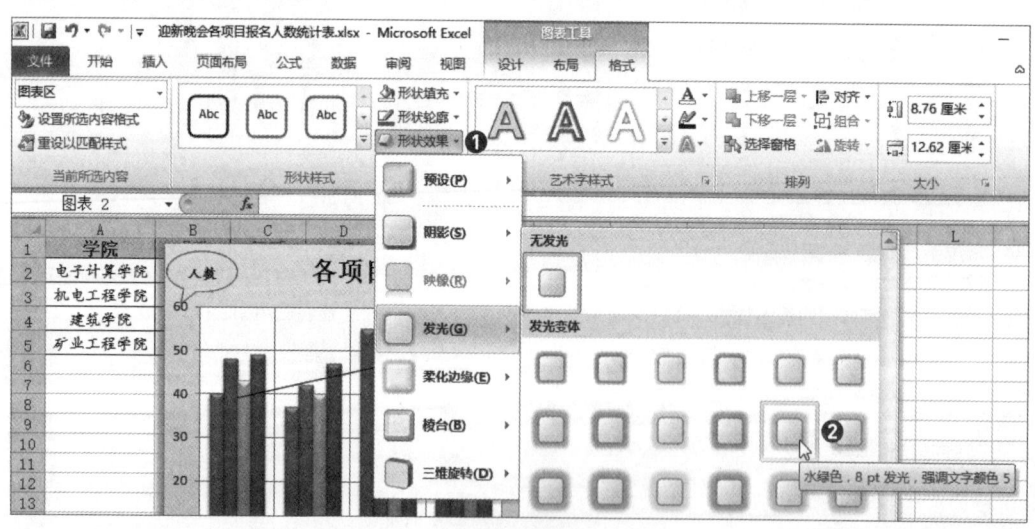

应用发光样式

根据相同的方法，为图表应用"硬边缘"棱台效果后，如果感觉效果不是很明显，可以单击"形状效果"下三角按钮❶，在列表中选择"棱台>三维选项"选项❷，如下左图所示。打开"设置图表区格式"对话框，在"三维格式"选项区域中设置棱台顶端、底端的宽度和高度均为10磅❸，照明为"日落"，角度为60度❹，关闭该对话框，如下右图所示。

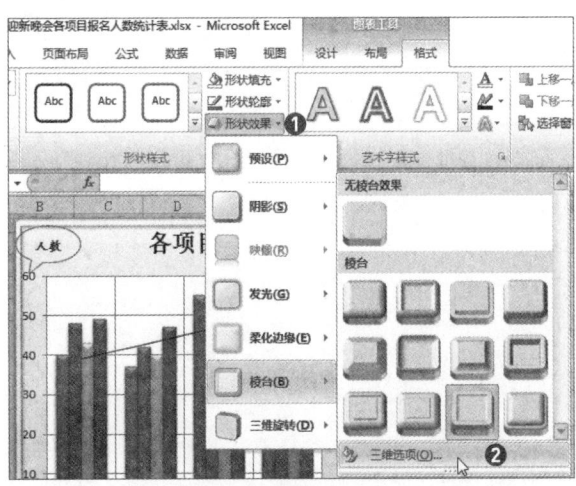
选择"三维选项"选项

设置三维格式

返回工作表中,可见图表应用了设置的效果,如下图所示。此外,用户还可以在"形状效果"列表中设置"阴影"、"映像"、"柔化边缘"等效果。

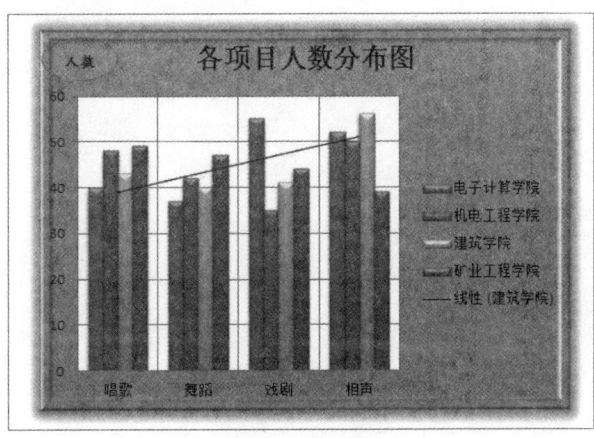
查看应用形状效果

### 3. 设置背景和文字

选中图表,在"字体"选项组中设置字体为"华文楷体",然后再选中标题文本框,设置标题字体为"华文行楷"。切换至"图表工具-格式"选项卡,单击"艺术字样式"选项组中"其他"下三角按钮,在列表中选择合适的样式❶,图表标题应用选中的艺术字样式❷,如下图所示。

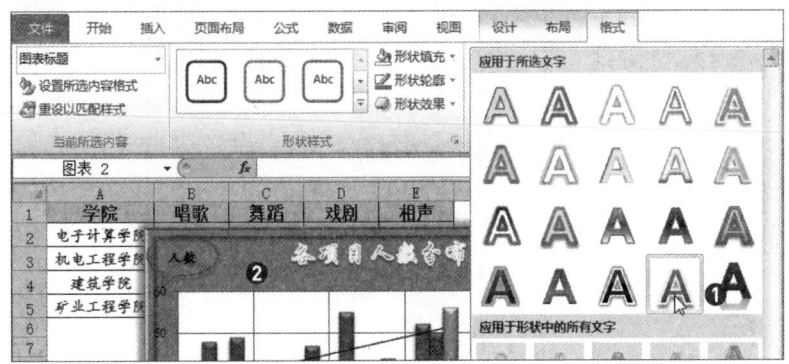
应用艺术字样式

189

单击"艺术字样式"选项组中"文本填充"下三角按钮，在列表中选择浅蓝色；单击"文本轮廓"下三角按钮❶，在列表中选择"粗细>1磅"选项，再在"文本轮廓"列表中选择橙色❷，然后查看为标题文本设置文本填充和文本轮廓的效果❸，如下图所示。

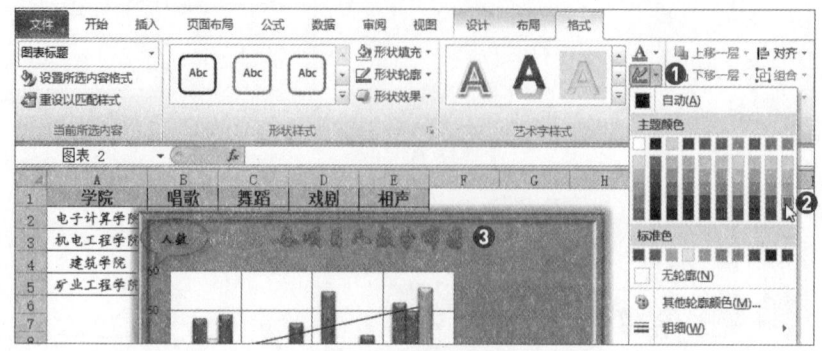

设置文本填充和轮廓

在"艺术字样式"选项组中单击"文本效果"下三角按钮❶，在列中选择"阴影>右上斜偏移"选项❷，图表标题即可应用阴影效果❸，如下图所示。再根据相同的方法应用"映像"效果，最后根据图表的大小，在"字体"选项组中设置标题的大小为24，至此，图表中的文本美化完成。

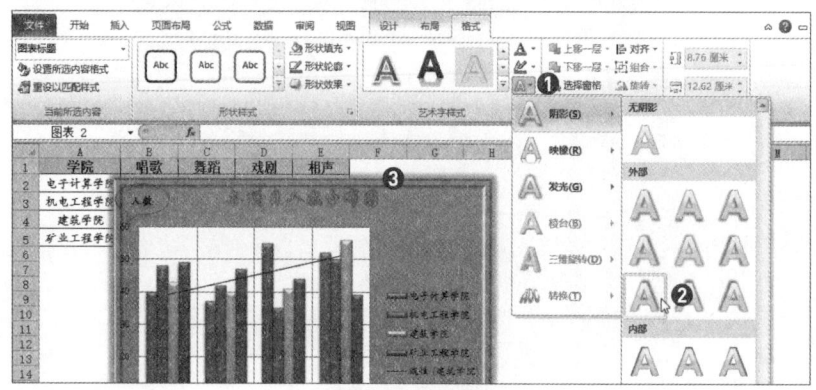

为标题应用阴影效果

此时的图表看起来比默认的效果美观很多，但是其绘图区为白色显得很突兀、不协调。下面再介绍为图表设置图片填充并设置图片效果的操作方法。

选中图表绘图区并右击，在快捷菜单中选择"设置绘图区格式"命令，如下图所示。

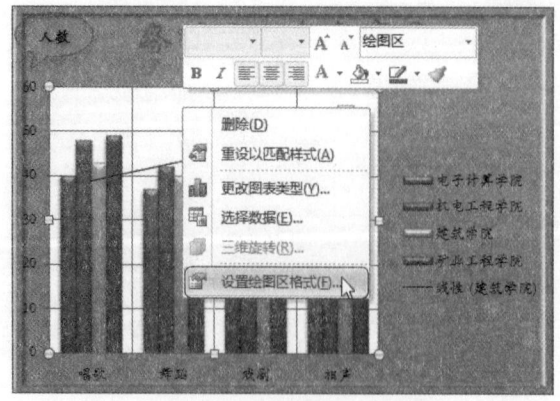

选择"设置绘图区格式"命令

打开"设置绘图区格式"对话框,在"填充"选项区域中选中"图片或纹理填充"单选按钮❶,然后单击"插入自"选项区域中"文件"按钮❷,如下左图所示。打开"插入图片"对话框,选择合适的图片❸,然后单击"插入"按钮❹,如下右图所示。

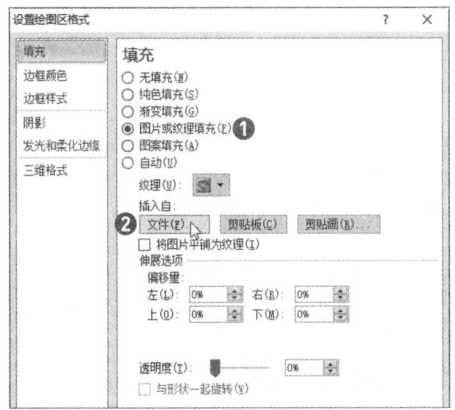
单击"文件"按钮

插入图片

返回"设置绘图区格式"对话框,设置透明度为30%,在工作表中可见绘图区插入选中的图片,但是绘图区和图表区的连接处还是很突兀,如下左图所示。在对话框左侧列表框中选中"发光和柔化边缘"选项❶,在右侧的"柔化边缘"选项区域中设置柔化边缘为8磅❷,如下右图所示。

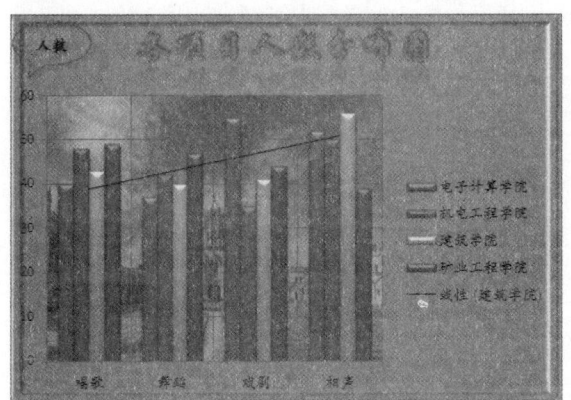
查看填充绘图区效果

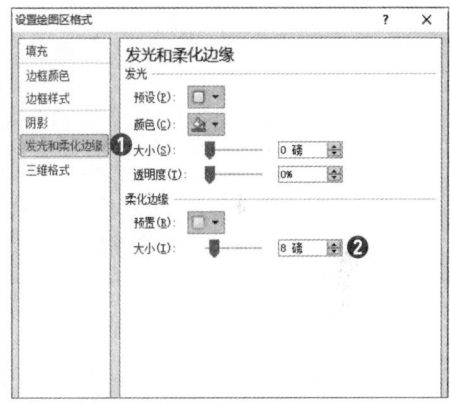
设置柔化边缘参数

返回工作表中,可见绘图区图片边缘有虚化的效果,使其与图表区有过渡连接,效果如下图所示。

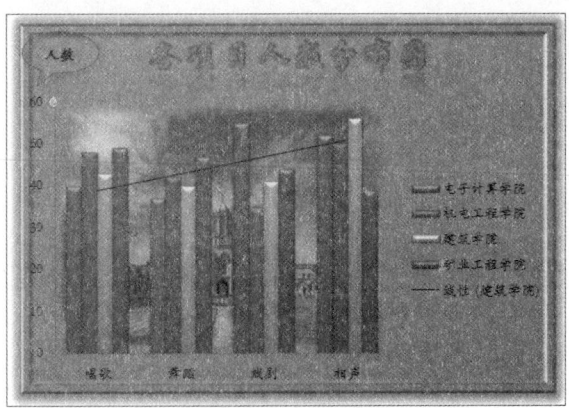
查看图表的美化效果

## 6.4.4 迷你图的应用

迷你图是在单元格中直观展示一组数据变化趋势的微型图表，Excel 2010提供了折线图、柱形图和盈亏图3种类型的迷你图。

### 1. 创建迷你图

打开"学生期末考试成绩表.xlsx"工作表，对表格进行适当地完善，将为每个学生创建折线迷你图，展示学生成绩的变化。选中K2单元格❶，切换至"插入"选项卡，单击"迷你图"选项组中"折线图"按钮❷，如下图所示。

单击"折线图"按钮

打开"创建迷你图"对话框，在"选择所需的数据"选项区域中单击"数据范围"折叠按钮，在表格中选择E2:J2单元格区域❶，单击折叠按钮返回上级对话框，最后再单击"确定"按钮，如下左图所示。然后将迷你图向下填充至K33单元格❷，效果如下右图所示。

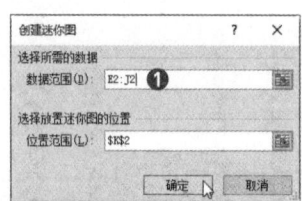
"创建迷你图"对话框

填充迷你图

### 2. 美化迷你图

选中迷你图，切换至"迷你图工具-设计"选项卡❶，勾选"显示"选项组中"标记"复选框❷，可见在迷你图中显示所有标记点，如下图示。

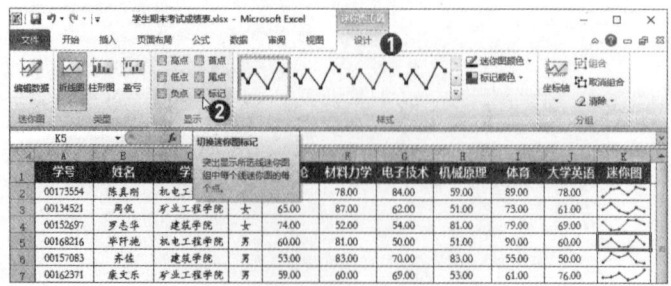

勾选"标记"复选框

再单击"样式"选项组中"其他"按钮，在列表中选择合适的样式，即可为折线图应用选中的样式，如下图所示。

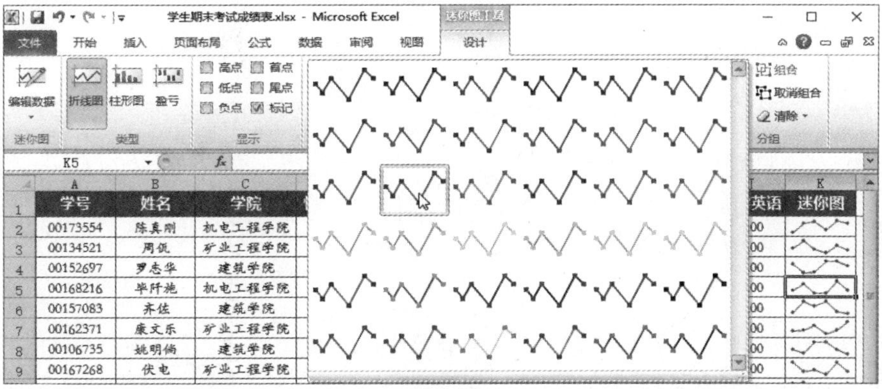

应用样式

最后单击"样式"选项组中"标记颜色"下三角按钮，在列表中选择"高点"选项，在子列表中选择红色。同样的方法设置低点的颜色为浅蓝色，效果如下图所示。

| 学号 | 姓名 | 学院 | 性别 | 机械论 | 材料力学 | 电子技术 | 机械原理 | 体育 | 大学英语 | 迷你图 |
|---|---|---|---|---|---|---|---|---|---|---|
| 00173554 | 陈真刚 | 机电工程学院 | 女 | 50.00 | 78.00 | 84.00 | 59.00 | 89.00 | 78.00 | |
| 00134521 | 周佩 | 矿业工程学院 | 女 | 65.00 | 87.00 | 62.00 | 51.00 | 73.00 | 61.00 | |
| 00152697 | 罗志华 | 建筑学院 | 女 | 74.00 | 52.00 | 54.00 | 81.00 | 79.00 | 69.00 | |
| 00168216 | 毕忏施 | 机电工程学院 | 男 | 60.00 | 81.00 | 50.00 | 51.00 | 90.00 | 60.00 | |
| 00157083 | 齐佐 | 建筑学院 | 男 | 53.00 | 83.00 | 70.00 | 83.00 | 55.00 | 50.00 | |
| 00162371 | 康文乐 | 矿业工程学院 | 男 | 59.00 | 60.00 | 69.00 | 53.00 | 61.00 | 76.00 | |
| 00106735 | 姚明倚 | 建筑学院 | 女 | 65.00 | 55.00 | 88.00 | 90.00 | 65.00 | 50.00 | |
| 00167268 | 伏电 | 矿业工程学院 | 女 | 71.00 | 58.00 | 50.00 | 72.00 | 55.00 | | |
| 00104503 | 钟汉林 | 建筑学院 | 男 | 86.00 | 89.00 | 54.00 | 78.00 | 66.00 | 85.00 | |
| 00112040 | 魏珑 | 机电工程学院 | 女 | 60.00 | 73.00 | 59.00 | 76.00 | 52.00 | 70.00 | |
| 00152494 | 唐姗姗 | 矿业工程学院 | 男 | 68.00 | 53.00 | 58.00 | 59.00 | 59.00 | 82.00 | |
| 00125105 | 李玫 | 矿业工程学院 | 男 | 62.00 | 52.00 | 82.00 | 88.00 | 57.00 | 88.00 | |
| 00177440 | 于家家 | 矿业工程学院 | 女 | 83.00 | 56.00 | 75.00 | 89.00 | 66.00 | 65.00 | |
| 00105644 | 安常乐 | 矿业工程学院 | 男 | 55.00 | 60.00 | 89.00 | 59.00 | 77.00 | 66.00 | |
| 00154009 | 皮皮虾 | 建筑学院 | 男 | 80.00 | 51.00 | 84.00 | 62.00 | 89.00 | 68.00 | |
| 00157519 | 未其林 | 机电工程学院 | 男 | 88.00 | 71.00 | 59.00 | 69.00 | 54.00 | 50.00 | |
| 00165046 | 明明熙 | 矿业工程学院 | 女 | 78.00 | 73.00 | 63.00 | 89.00 | 56.00 | 82.00 | |

查看美化迷你图的效果

## 6.5 数据透视表

数据透视表是一种交互式表格，可以动态地改变报表的版面布置，以便按照不同的方式分析数据。张老师统计各学院学生的奖学金后，需要统计出各学院男生和女生获得奖学金的情况，他需要制作数据透视表来展示数据。

### 1. 创建数据透视表

打开"奖学金统计表.xlsx"工作表，选择表格中任意单元格❶，然后切换至"插入"选项卡，单击"表格"选项组中"数据透视表"下三按钮❷，在列表中选择"数据透视表"选项❸，如下左图所示。打开"创建数据透视表"对话框，保持各参数选项为默认状态，单击"确定"按钮，如下右图所示。如果用户想在现有工作表中创建数据透视表，可以在"选择放置数据透视表的位置"选项区域中选中"现有工作表"单选按钮，然后再设置放置的位置即可。

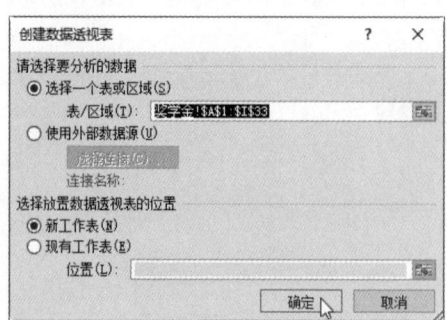

选择"数据透视表"选项 　　　　　"创建数据透视表"对话框

此时，Excel创建新的工作表，并创建空白的数据透视表，在右侧打开"数据透视表字段列表"导航窗格，在功能区中显示"数据透视表工具"选项卡，其中包括"选项"和"设计"子选项卡，如下左图所示。

在"数据透视表字段列表"导航窗格的"选择要添加到报表的字段"列表框中将"学院"字段拖曳至"行标签"选项区域中，可见在数据透视表中显示行标题，如下右图所示。

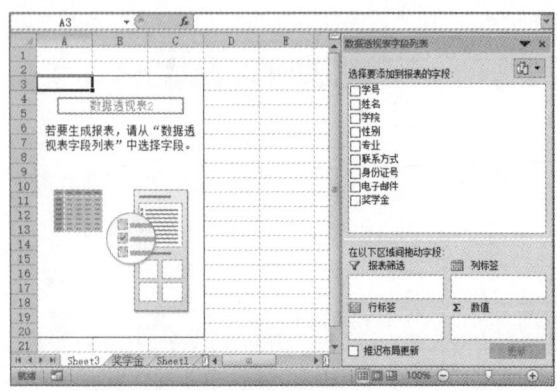
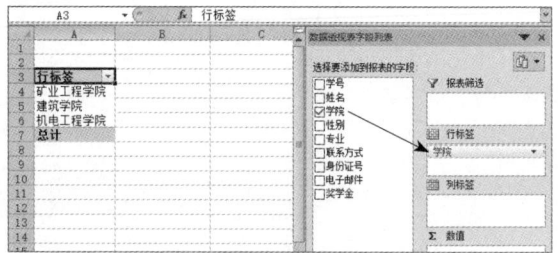

创建空白数据透视表 　　　　　　　　　　　　设置行标题

然后将"性别"字段拖曳至"行标签"区域中的"学院"字段下方，将"奖学金"字段两次拖曳至"数值"选项区域中，查看数据透视表的效果，如下左图所示。

### 2. 值字段设置

将字段拖曳至"数值"区域时，其字段默认为求和计算，并在字段名称的左侧显示"求和项"文本，用户可以对字段进行设置。下面介绍设置字段汇总方式和值显示方式的方法。

选中B5单元格❶，切换至"数据透视表工具-选项"选项卡❷，单击"活动字段"选项组中"字段设置"按钮❸，如下右图所示。

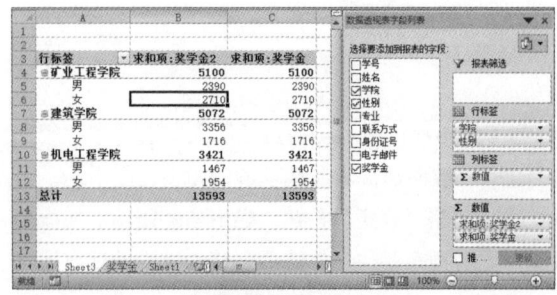
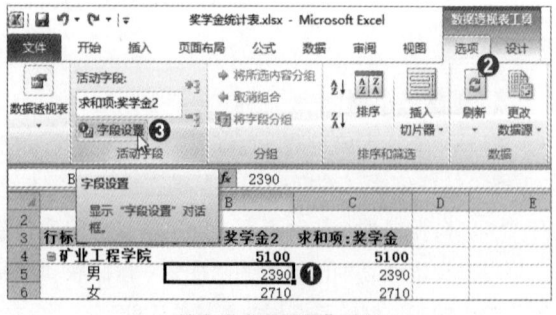

查看数据透视表的效果 　　　　　　　　　　单击"字段设置"按钮

打开"值字段设置"对话框,在"值汇总方式"选项卡的"计算类型"列表框中选择"平均值"选项❶,然后在"自定义名称"文本框中输入"平均奖学金"文本❷,单击"确定"按钮,如下左图所示。可见B列中计算出各学院男女生的平均奖学金值,然后将该数据区域的格式设置为货币,并保存两位小数❸,如下右图所示。

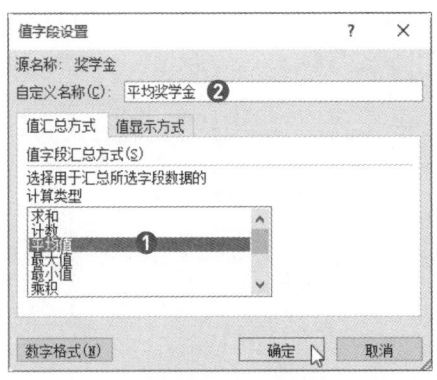

设置值字段计算类型　　　　　　　查看结果

在"数据透视表字段列表"导航窗格中再次将"奖学金"字段拖至"数值"区域,选中C5单元格,单击"字段设置"按钮,打开"值字段设置"对话框,在"值显示方式"选项卡中单击"值显示方式"下三角按钮,在列表中选择"列汇总的百分比"选项❶,在"自定义名称"文本框中输入"奖学金百分比"文本❷,单击"确定"按钮,如下左图所示。返回工作表中可见选中该列的数值均为百分比,表示占总计的百分比,如下右图所示。

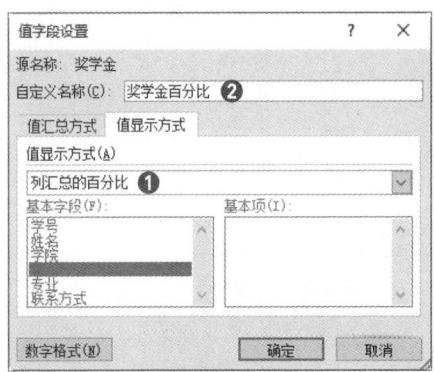

设置值显示方式　　　　　　　查看百分比显示效果

> **提示**：数据透视表是源数据的表现形式,在源数据发生变化时,需要进行刷新才能更新数据透视表中的数据。切换至"数据透视表工具-选项"选项卡,单击"数据"选项组中"刷新"下三角按钮,在列表中选择"刷新"或"全部刷新"选项即可。用户也可以设置打开文件时自动刷新,单击"数据透视表"选项组中"选项"按钮,打开"数据透视表选项"对话框,切换至"数据"选项卡❶,在"数据透视表数据"选项区域中勾选"打开文件时刷新数据"复选框❷,单击"确定"按钮即可,如右图所示。

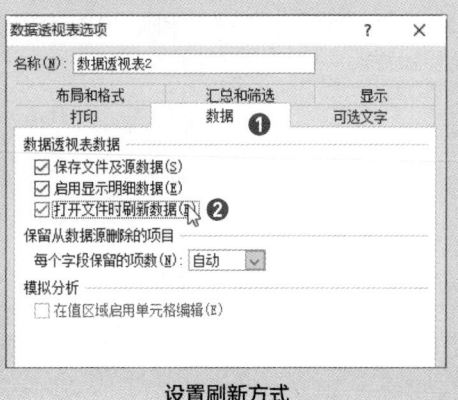

设置刷新方式

### 3. 切片器的使用

切片器是Excel 2010新增的功能之一，数据透视表中切片器是以一种图形化的筛选方式为每个字段创建一个选取器。切片器是浮于数据透视之上的，下面介绍使用切片器筛选数据的具体操作方法。

选择数据透视表中任意单元格❶，切换至"数据透视表工具-选项"选项卡，单击"排序和筛选"选项组中"插入切片器"下三角按钮❷，在列表中选择"插入切片器"选项❸，如下左图所示。打开"插入切片器"对话框，勾选"学院"、"性别"、"专业"和"奖学金"复选框❹，单击"确定"按钮❺，如下右图所示。

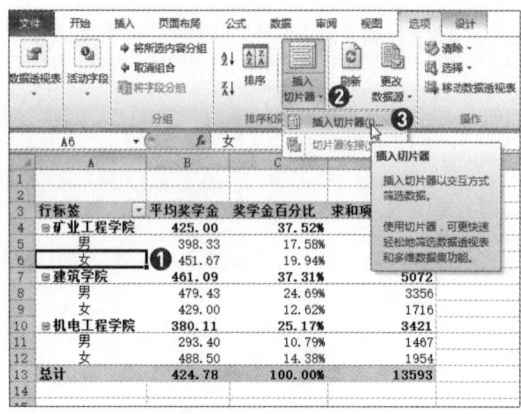

选择"插入切片器"选项　　　　勾选字段复选框

返回工作表中，即可插入对应的切片器。如果需要对某字段进行筛选，在该字段的切片器上单击即可。在"性别"切片器上选择"男"选项，即可在数据透视表中筛选出男学生的信息，如下图所示。

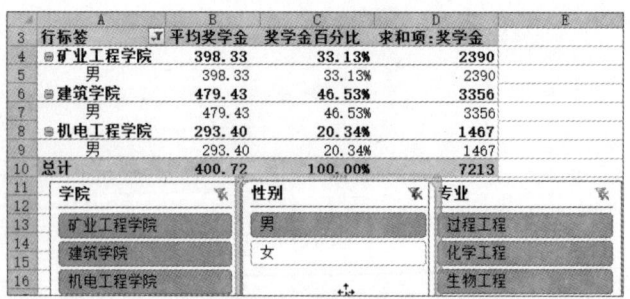

筛选出男学生的信息

如果需要筛选出多条件的数据，可以在不同的切片器上选择，并且可以按住Ctrl键选择多项，如筛选出"矿业工程学院"和"建筑学院"中所有男生的信息，只需要在"学院"切片器上选择两个学院，在"性别"切片器上选择"男"即可，如下图所示。

筛选出多条件数据

### 4. 数据透视图

数据透视图是数据透视表内数据的一种表现形式，它是通过图表的形式直观地展示数据。选择数据透视表内任意单元格，在"数据透视表字段列表"导航窗格中单击"行标签"选项区域中"性别"字段，在快捷菜单中选择"删除字段"命令，如下左图所示。然后根据相同的方法删除"奖学金百分比"和"平均奖学金"字段。切换至"数据透视表工具-选项"选项卡，单击"工具"选项组中"数据透视图"按钮，如下右图所示。

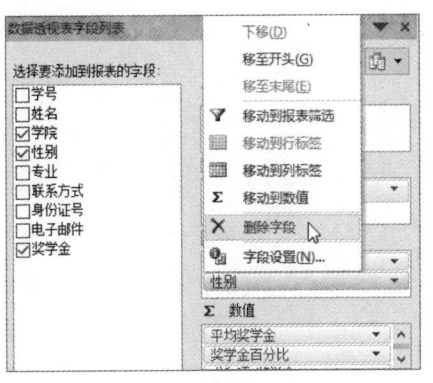
删除字段

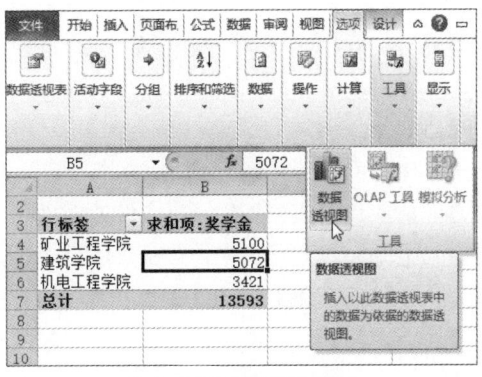
单击"数据透视图"按钮

打开"插入图表"对话框，在左侧列表框中选择"饼图"选项❶，在右侧列表中选择"三维饼图"选项❷，单击"确定"按钮，如下左图所示。即可在工作表中插入数据透视图，在标题框中输入图表的标题，如下右图所示。

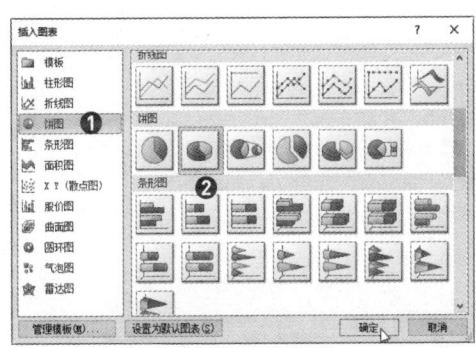
选择合适的图表类型

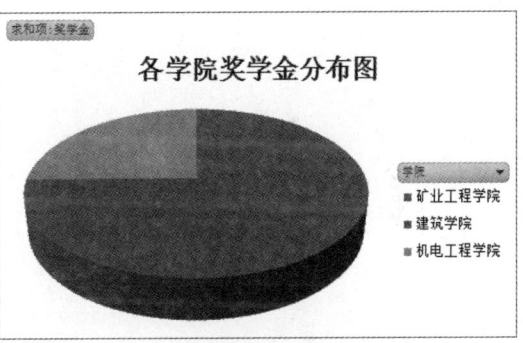
查看插入的饼图

此时，功能区显示了"数据透视图工具"选项卡，其子选项卡比"图表工具"子选项多"分析"子选项卡，其它子选项卡功能一样。然后根据美化图表的方法对数据透视图进行美化，如下图所示。

美化数据透视图的效果

## 策 略 技 能

在日常生活和工作中，经常需要使用电子表格对数据进行处理和分析。如教务处的张老师需要将学校各院系的老师根据不同的职称统计人数，老师的职称分为助教、讲师、副教授、教授4个级别。

**Step 01** 打开Excel应用程序，并保存"学校各院系老师统计表.xlsx"工作簿，然后在工作表中输入院系的名称以及老师的职称，并根据实际情况输入人数。

**Step 02** 选中表格内所有数据区域，设置表格的内、外边框格式，并适当为第一列和标题行填充底纹，使表格看起来美观、专业。然后分别设置表格中标题和正文文本的格式。

**Step 03** 然后使用公式分别计算出各院系的老师人数。

**Step 04** 对老师总数进行排序，分析各院系老师人数。

**Step 05** 选中院系名称列和总人数列，并创建饼图。

**Step 06** 为饼图添加数据标签，并显示各扇区的百分比，更观地比较各院系老师的分布。

**Step 07** 然后对饼图进行美化操作。

**Step 08** 也可以根据不同需要比较不同职称的老师数量分布。

# Chapter 07 PowerPoint演示文稿应用

　　PowerPoint是集文字、图形、图片、音频、视频和动画等多媒体元素于一体，通过对幻灯片的制作从而生成演示文稿。本章主要介绍PowerPoint 2010软件中各种功能的应用，从而制作出精美的幻灯片，其中涉及到的功能有幻灯片的基本操作、外观的设计、幻灯片中各种元素的应用、动画效果的应用和幻灯片的放映。

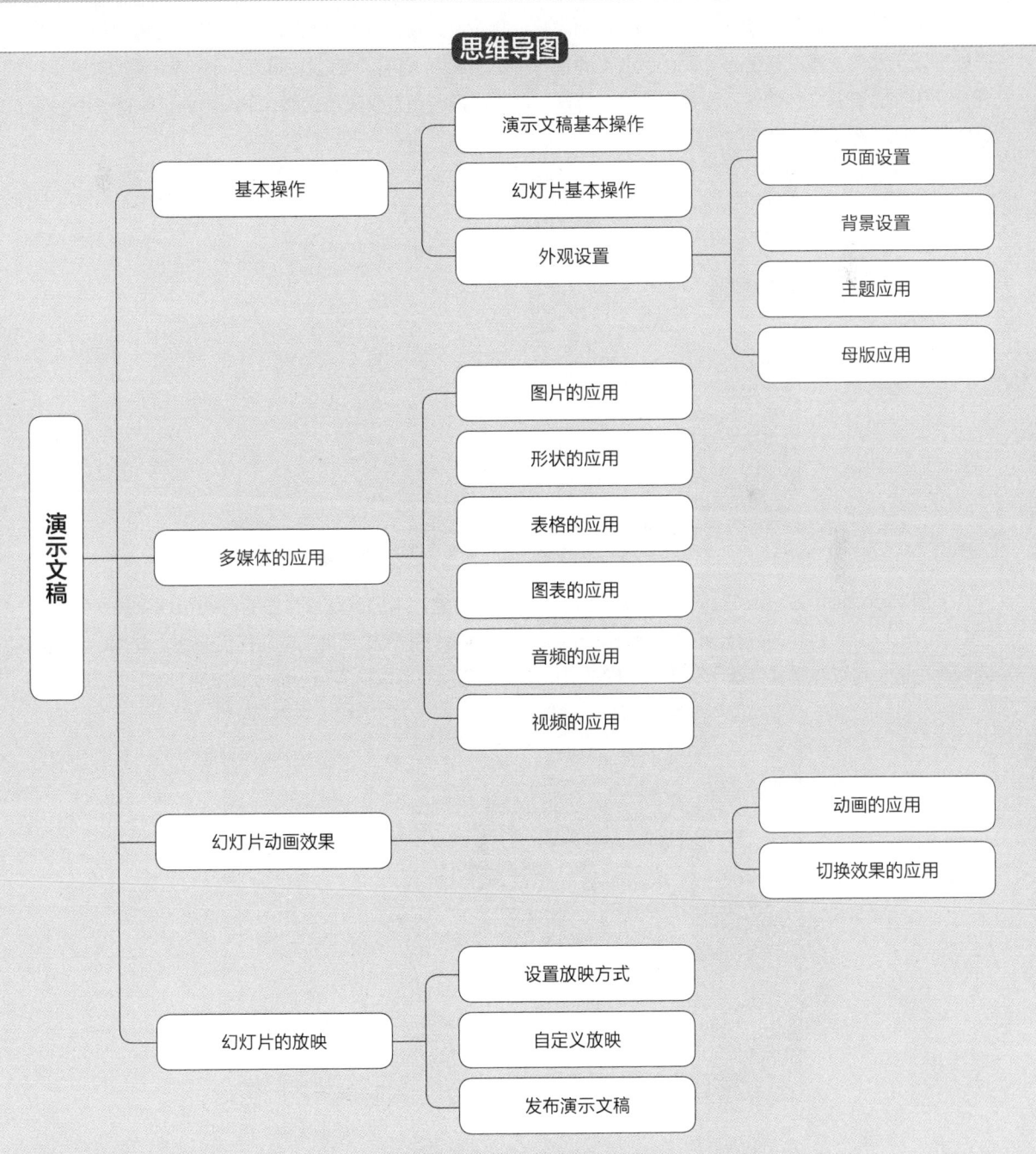

# 7.1 PowerPoint 2010简介

PowerPoint 2010是微软公司办公自动化组件中的一款演示文稿制作软件。PowerPoint 2010可以通过多种元素来美化演示文稿，如项目符号、剪贴画、图表、声音、动画以及图片等。由于PowerPoint软件操作方便、简单易学，还可以加载各式各样的媒体信息，制作出精彩的课件，因此广泛应用于电子课件、广告宣传以及信息交流等幻灯片的制作。

PowerPoint 2010在功能上与之前版本相比有了进一步完善，新增了部分功能，具体介绍如下。

（1）创建、管理并与他人协作处理演示文稿

PowerPoint 2010引入了一些绝佳的新工具，用户可以使用这些工具有效地创建、管理并与他人协作处理演示文稿。通过新增的 Microsoft Office Backstage 视图，可以快速访问与管理文件相关的常见任务，例如，查看文档属性、设置权限以及打开、保存、打印和共享演示文稿，下图为通过Backstage视图中"信息"选项查看文档的信息。

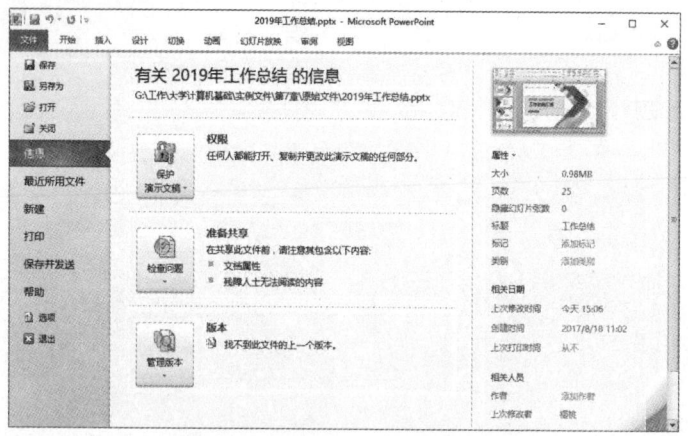

**Backstage视图中的"信息"选项面板**

使用Microsoft SharePoint Server上的共享位置功能，人们可以在合适的时间和地点共同创作内容。PowerPoint 2010通过允许共同创作功能在"云"中运行来轻松支持其他工作流方案。使用Office自动保存功能，可以自动保存演示文稿的不同渐进版本，以便用户可以检索部分或所有早期版本。

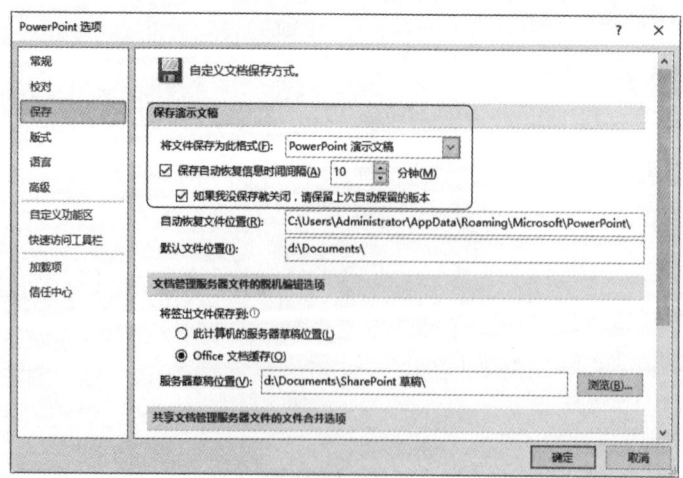

**保存演示文稿**

使用PowerPoint 2010中的合并和比较功能，用户可以比较当前演示文稿和其他演示文稿，还可以根据需要执行合并操作。如果需要与他人共同处理演示文稿，并使用电子邮件和网络共享或交换更改，则此功能非常有用。下图为"比较"功能的位置。

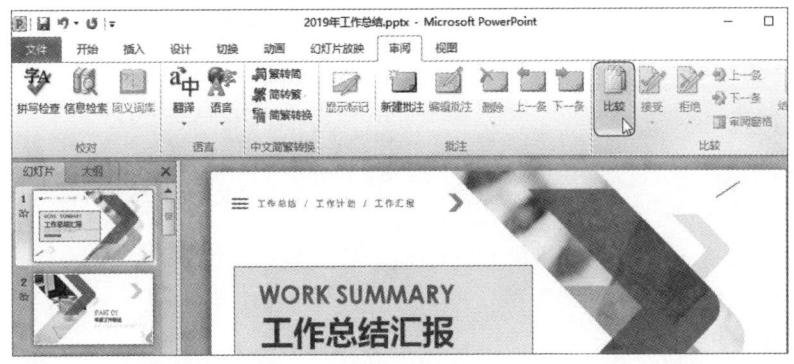

"比较"功能

（2）视频、图片和动画的增强功能

PowerPoint 2010对视频和照片编辑功能进行了进一步的增强。使用PowerPoint 2010可以对图片应用不同的艺术效果，使其看起来更像素描、绘图或油画。选择插入的图片，切换至"图片工具-格式"选项卡，单击"调整"选项组中"艺术效果"下三角按钮，在列表中选择合适的艺术效果选项，则选中的图片应用相应的艺术效果，如下图所示。用户还可以根据需要删除不需要的图片部分（如背景），以强调或突出显示图片主题或删除杂乱的细节。

铅笔素描图片效果

胶片颗粒图片效果

在PowerPoint 2010中插入视频时，用户可以修剪视频，并在视频中添加同步的文本、标牌框架、书签和淡化效果等。还可以像对图片操作一样，对视频应用边框、阴影、反射、三维旋转等效果。新增了SmartArt图形功能，可在布局中对图片进行阐述。在PowerPoint 2010中，幻灯片切换与动画在功能区有各自的选项卡，使它们运行起来更加平滑和丰富。

（3）提供了更有效的演示文稿共享功能

通过将音频和视频文件直接嵌入到演示方向中，可以轻松携带演示文稿以实现共享。使用PowerPoint 2010可以将制作的演示文稿转换为视频，视频的格式为WMV。这是分发和传递的一种新方法。PowerPoint 2010自带这个功能，不需另外下载插件。可以一并录制背景音乐，转换时间短，清晰度高，而且操作简单方便。打开需要转换为视频的演示文稿，单击"文件"标签，选择"选项"选项，打开"Powerpoint选项"对话框。选择"保存并发送"选项❶，在右侧面板中选择"创建视频"选项❷，设置相关参数后，单击右下角的"创建视频"按钮❸即可，如下图所示。

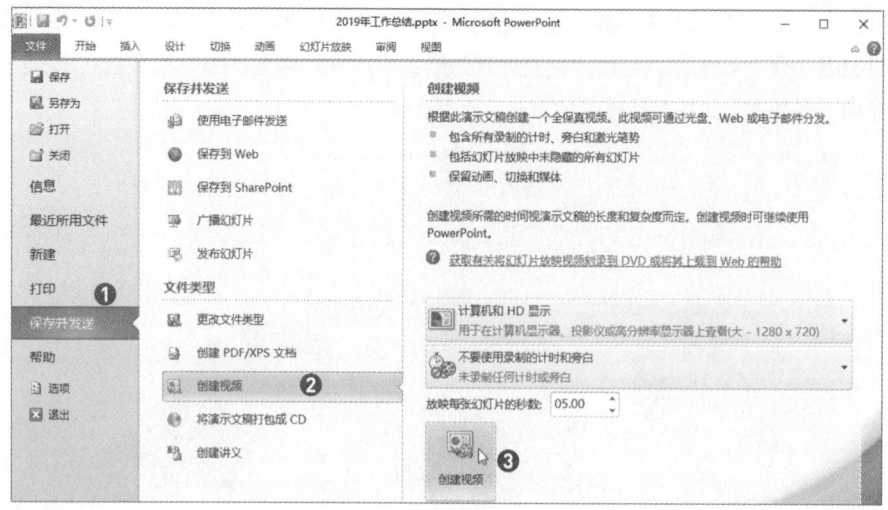

创建视频

## 7.2 PowerPoint 2010工作界面

使用PowerPoint 2010创建的演示文稿是由幻灯片、备注页和讲义三部分组成的文档文件,其扩展名为pptx。幻灯片是演示文稿的核心部分,演示文稿的每一页都称为幻灯片。

启动PowerPoint 2010应用程序后,其工作界面如下图所示。

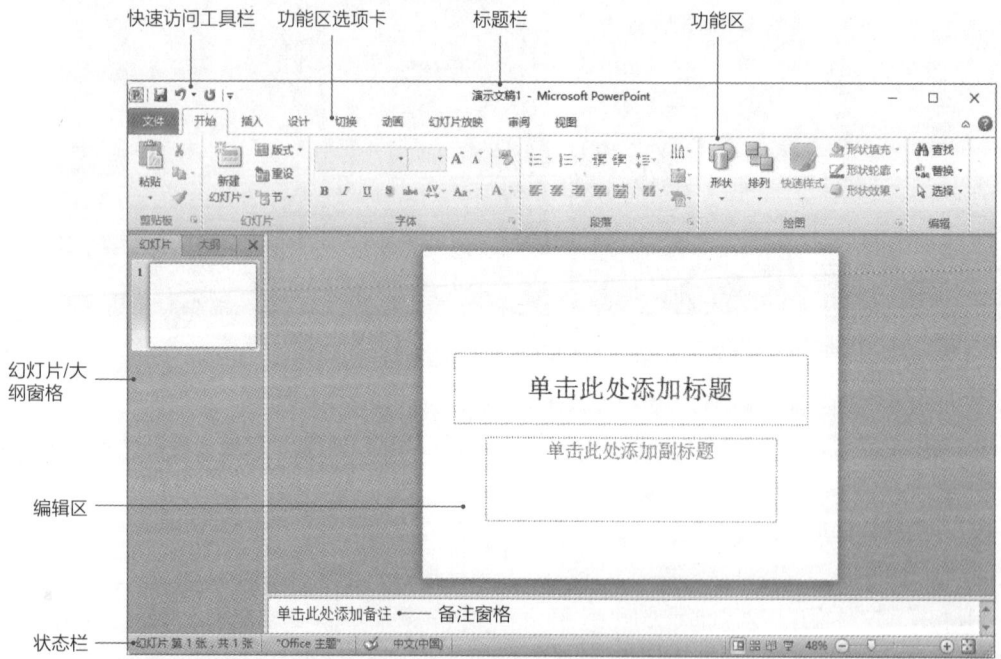

PowerPoint 2010工作界面

下面对PowerPoint 2010工作界面中各组成部分进行介绍。

（1）标题栏

标题栏位于PowerPoint 2010窗口最上方的中间部位,显示了当前演示文稿的名称和应用程序的名称。在标题栏左侧是 ![P] 按钮，单击该按钮时，在列表中选择对应的选项可以对当前窗口进行移动、最小化、最大化、关闭等操作。在右侧是 `- □ ×` 按钮组，可以对窗口实现最小化、最大化和关闭操作。

（2）快速访问工具栏

快速访问工具栏是一个可自定义的工具栏，位于标题栏左侧，包含一组独立于当前显示的功能区上选项卡的按钮，默认的快速访问工具栏中包含"保存"、"撤销"、"恢复"等按钮。单击右侧"自定义快速访问工具栏"按钮，在列表中选择对应的功能选项，可以添加到快速访问工具栏中。

（3）功能区选项卡

功能区选项默认包含"文件"、"开始"、"插入"、"设计"、"切换"、"动画"、"幻灯片放映"、"审问"和"视图"选项卡。除此之外，还包括一些隐藏选项卡，如"图片工具"选项卡、"图表工具"选项卡、"绘图工具"选项卡等，这些选项卡只有选中对应的元素才会显示。所有选项卡下的功能区也是不同，下面介绍几个常见选项卡的功能。

- **"文件"选项卡**：主要用来处理与文件有关的操作，如新建、保存、另存为、打开、打印、信息以及发布文稿等。
- **"开始"选项卡**：提供了插入新幻灯片、组合对象和设置幻灯片的文本格式等命令，包括"剪贴板"、"幻灯片"、"字体"、"段落"、"绘图"和"编辑"6个选项组。
- **"插入"选项卡**：用于为演示文稿插入各种素材、页眉页脚、公式等，包括"表格"、"图像"、"插图"、"链接"、"文本"、"符号"和"媒体"7个选项组。
- **"设计"选项卡**：用于设计演示文稿的背景、主题和页面，包括"页面设置"、"主题"、"背景"3个选项组。
- **"切换"选项卡**：主要用于设置各个幻灯片之间的切换效果和切换时间等，包括"预览"、"切换到此幻灯片"和"计时"3个选项组。
- **"动画"选项卡**：主要用于设置幻灯片中各元素的动画效果、时间等，包括"预览"、"动画"、"高级动画"、"计时"4个选项组。
- **"幻灯片放映"选项卡**：主要用于设置幻灯片放映时的模式和效果，包括"开始放映幻灯片"、"设置"、"监视器"3个选项组。
- **"审阅"选项卡**：提供拼写检查、更改演示文稿中的语言和比较当前演示文稿与其他演示文稿的差异等命令，包括"校对"、"语言"、"中文简繁转换"、"批注"和"比较"5个选项组。
- **"视图"选项卡**：提供幻灯片的视图切换方式、母版视图切换等命令，包括"演示文稿视图"、"母版视图"、"显示"、"显示比例"、"颜色/灰度"、"窗口"和"宏"7个选项组。

（4）幻灯片/大纲窗格

幻灯片/大纲窗格位于PowerPoint 2010编辑区的左侧，用于显示幻灯片的缩略图和幻灯片占位符中的文字。

（5）编辑区

编辑区位于PowerPoint 2010工作界面的主体部分，用于显示和编辑幻灯片中的内容。

（6）备注窗格

备注窗格用于显示和编辑当前幻灯片的备注，用户可将备注打印为备注页或将演示文稿保存为网页时显示备注内容。

（7）状态栏

状态栏位于PowerPoint 2010的最下方，用于显示当前文档页、总页数、当前幻灯片使用的主题、输入法状态、显示比例等。

## 7.3 PowerPoint 2010基本操作

本节将介绍PowerPoint 2010的基本操作,如演示文稿的基本操作、幻灯片的基本操作、切换PowerPoint视图等。

### 7.3.1 演示文稿的基本操作

演示文稿的基本操作主要包括创建演示文稿和保存演示文稿。

**1. 创建空白演示文稿**

在桌面左下角单击"开始"按钮❶,在打开的列表中选择Microsoft Office>Microsoft PowerPoint 2010选项❷,如下左图所示。稍等片刻,即可启动PowerPoint 2010应用程序并创建空白的名为"演示文稿1"的文稿,如下右图所示。

启动PowerPoint 2010

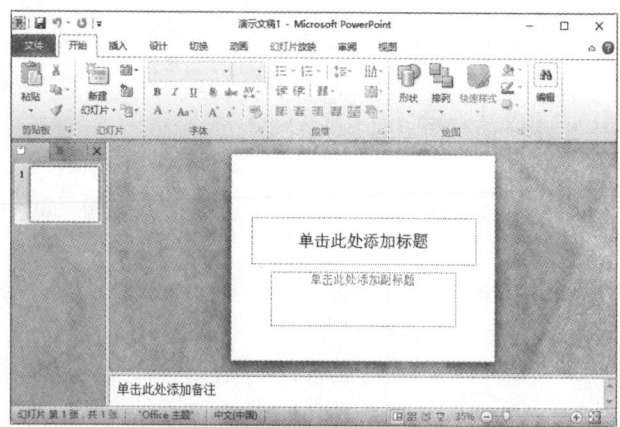
创建空白演示文稿

**2. 根据模板创建演示文稿**

除了创建空白演示文稿外,用户还可以根据PowerPoint中的模板创建演示文稿。在打开的演示文稿中单击"文件"标签❶,在列表中选择"新建"选项❷,在右侧"Office.com模板"选项区域中单击"业务计划"图标❸,如下图所示。

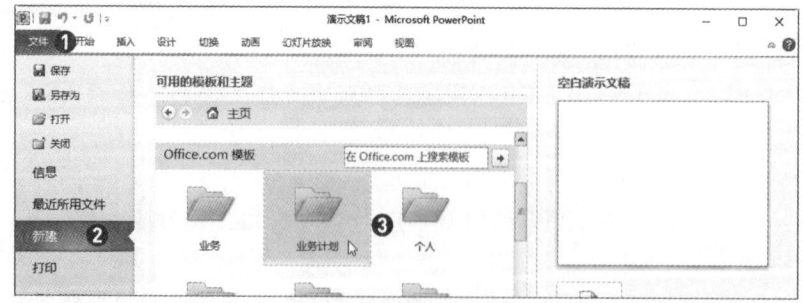
单击"业务计划"图标

在"Office.com模板"选项区域显示关于"业务计划"的内置模板,选择合适的模板选项,如"业务计划演示文稿"❶,在右侧显示该模板的提供者、大小等信息,确认需要当前模板后,单击"下载"按钮❷,如下图所示。

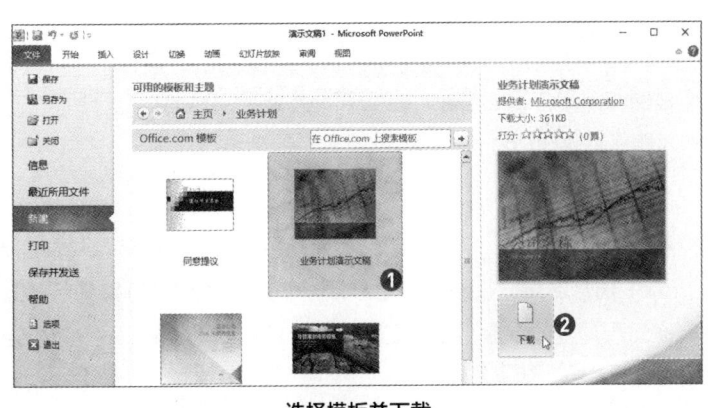

选择模板并下载

稍等片刻，下载完成后即可创建该模板的演示文稿，效果如下图所示。

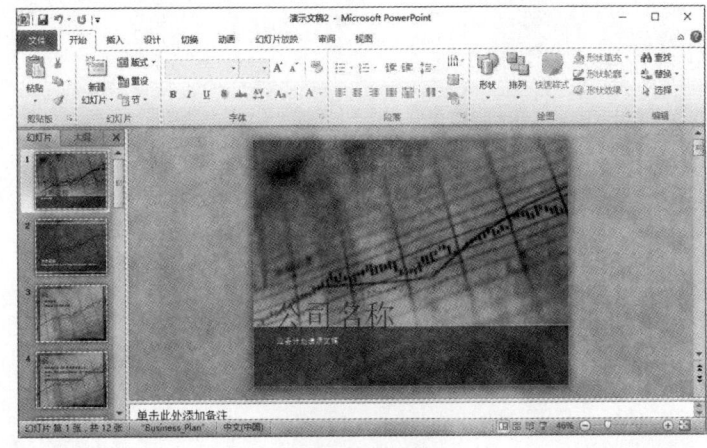

查看模板的效果

### 3. 保存演示文稿

在演示文稿制作过程中，需要及时执行保存操作，防止因停电等原因导致制作的演示文稿丢失。下面以创建的模板演示文稿为例，介绍保存演示文稿的方法。

创建"业务计划演示文稿"模板后，单击"文件"标签❶，在列表中选择"保存"选项❷，如下左图所示。打开"另存为"对话框，选择保存的路径❸，然后在"文件名"文本框中输入"未蓝文化公司业务计划"文本❹，单击"保存"按钮❺，如下右图所示。

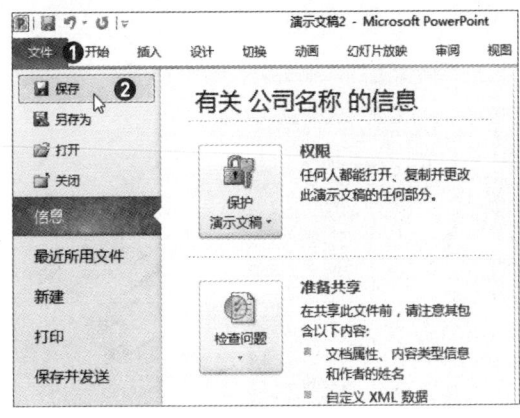
选择"保存"选项

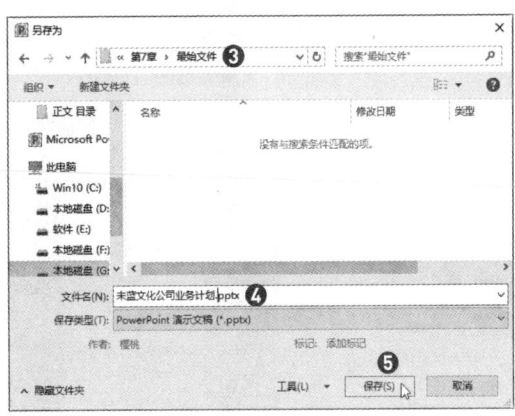
"另存为"对话框

## 7.3.2 幻灯片的基本操作

幻灯片的基本操作是制作演示文稿的基础，因为在制作演示文稿时，几乎所有的操作都是在幻灯片中完成的。幻灯片的基本操作包括新建幻灯片、选择幻灯片、复制幻灯片等。

### 1. 插入幻灯片

一个演示文稿往往需要多张幻灯片，用户可以根据需要在演示文稿的任意位置插入幻灯片。打开"未蓝文化公司业务计划.pptx"演示文稿，在左侧"幻灯片/大纲"窗格中在选择第1张幻灯片❶，然后右击，在快捷菜单中选择"新建幻灯片"命令❷，如下左图所示。即可在选中幻灯片的下方创建一张新幻灯片，该幻灯片应用了原幻灯片的版式❸，如下右图所示。

选择"新建幻灯片"命令　　　　　　查看新建幻灯片的效果

**提示**：用户也可以通过功能区按钮新建幻灯片。选择第1张幻灯片，切换至"开始"选项卡，单击"幻灯片"选项组中"新建幻灯片"按钮，即可创建应用幻灯片版式的幻灯片。或者单击"新建幻灯片"下三角按钮，在列表中选择需要的幻灯片版式，即可新建选中版式的幻灯片，如右图所示。

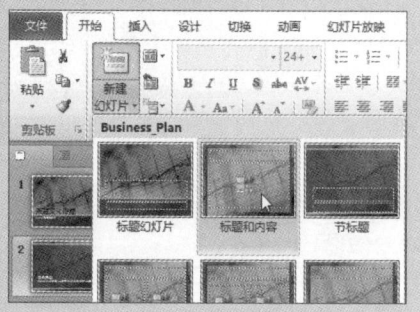

选择插入幻灯片的版式

### 2. 删除幻灯片

如果演示文稿中有多余的幻灯片，用户可以将其删除。在"幻灯片/大纲"窗格中选中需要删除的幻灯片❶，然后右击，在快捷菜单中选择"删除幻灯片"命令❷，即可删除选中的幻灯片，如下图所示。除此之外，用户还可以在左侧"幻灯片/大纲"窗格中选中幻灯片，然后按下键盘上的Delete键，删除选中的幻灯片。

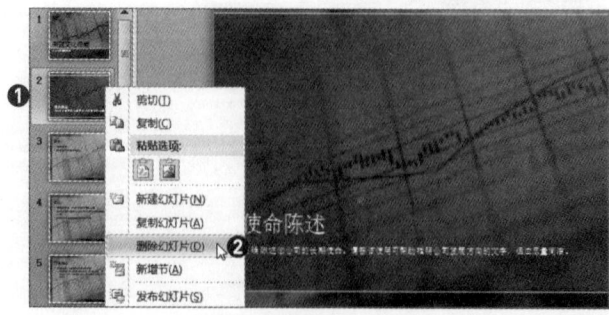

选择"删除幻灯片"命令

### 3. 复制和移动幻灯片

如果需要新建的幻灯片与现有的某张幻灯片非常相似，可以通过复制幻灯片然后再进行编辑的方法节省幻灯片的设计时间。移动幻灯片就是在制作演示文稿时，根据需要调整幻灯片的顺序。

首先介绍复制幻灯片的方法，按住Ctrl键选择第2、3张幻灯片并右击❶，在快捷菜单中选择"复制幻灯片"命令❷，如下左图所示。即可在第3张幻灯片的下方复制选中的两张幻灯片❸，如下右图所示。

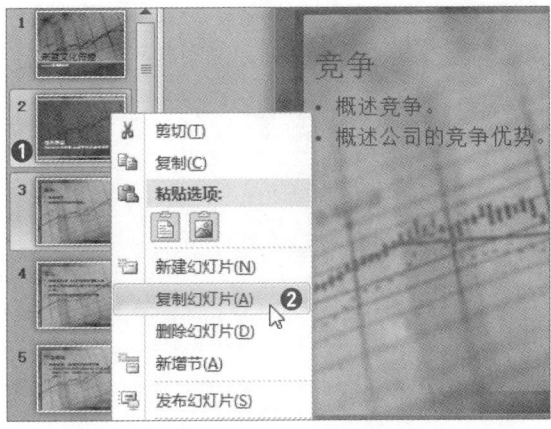
选择"复制幻灯片"命令

查看复制幻灯片的效果

然后介绍移动幻灯片的方法，选择需要移动的幻灯片，如选择第3张幻灯片❶，这里可以选择1张，也可以选择多张幻灯片。将光标移至该幻灯片上，按住鼠标左键不放，将其拖曳至第5张幻灯片下方❷，释放鼠标左键后即可完成移动幻灯片操作，如右图所示。在拖曳过程中会显示一条蓝色的实线，表示移动的位置。

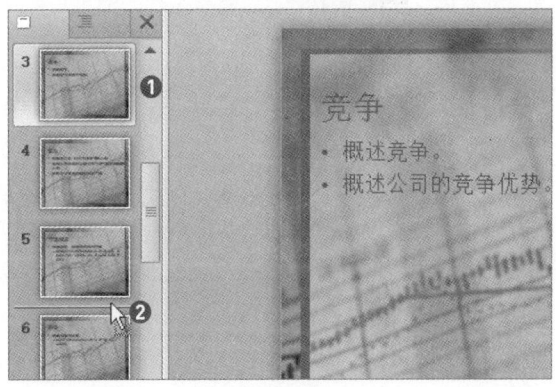
移动幻灯片

### 4. 修改幻灯片版式

幻灯片版式就是各种元素的排列组合方式，在PowerPoint 2010中包含9种版式。选择第2张幻灯片❶，切换至"开始"选项卡，单击"幻灯片"选项组中"版式"按钮❷，在打开的列表中选择合适的版式，如选择"内容与标题"版式❸，如下左图所示。此时选中的第2张幻灯片应用内容和标题的版式❹，如下右图所示。

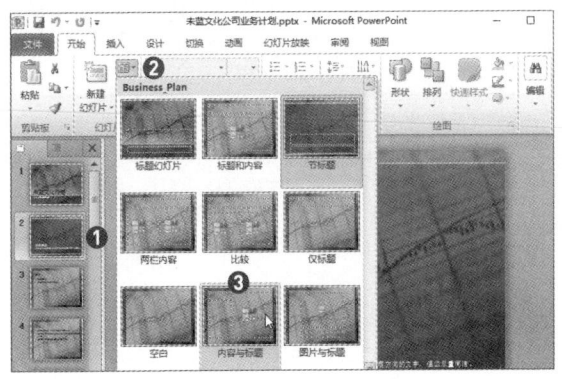
选择"内容与标题"版式

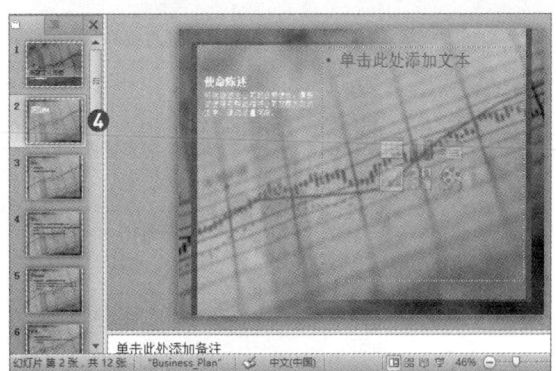
查看修改版式的效果

**提示：** 如果在放映幻灯片时，某些幻灯片不希望被演示出来，可以将其隐藏。在左侧幻灯片大纲中选择需要隐藏的幻灯片并右击❶，在快捷菜单中选择"隐藏幻灯片"命令❷，如下图所示。可见选中幻灯片的编号上有一根斜线，表示该幻灯片已经被隐藏。在播放幻灯片时，该幻灯片不显示。

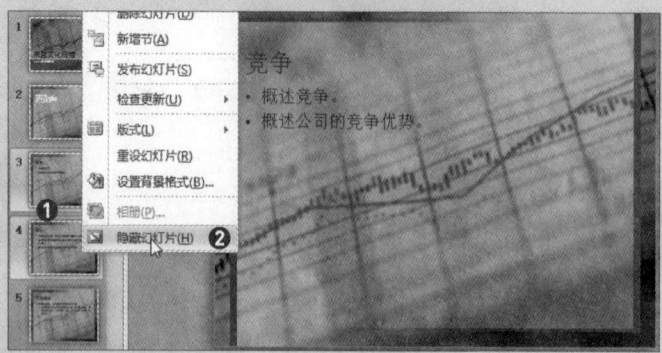

选择"隐藏幻灯片"命令

## 7.3.3 PowerPoint视图方式

PowerPoint 2010提供了4种视图方式，分别为普通视图、幻灯片浏览视图、备注页视图和阅读视图，在不同的视图下用户可以查看不同的幻灯片效果。

### 1. 普通视图

普通视图的左侧包括"幻灯片"和"大纲"窗格。打开"改善环境项目策划书.pptx"演示文稿，切换至"视图"选项卡❶，单击"演示文稿视图"选项组中"普通视图"按钮❷。此时在左侧的"幻灯片"窗格中显示所有幻灯片的缩略图❸，如下左图所示。切换至"大纲"窗格，显示演示文稿中的文本内容❹，其他对象不显示，如图片、图形等，如下右图所示。

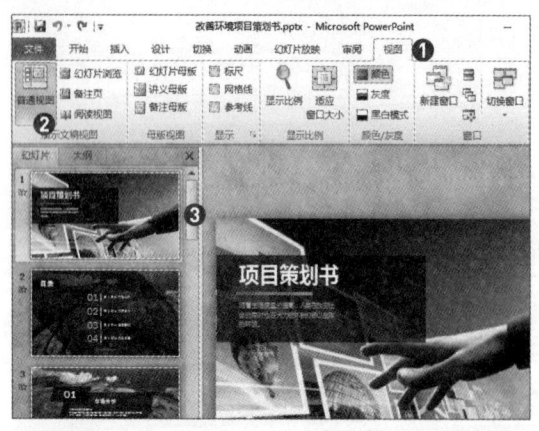

"幻灯片"窗格

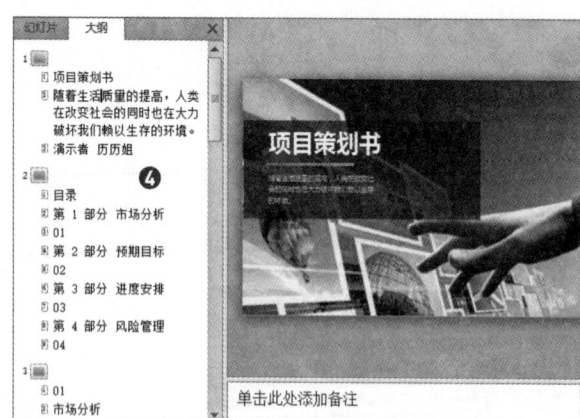

"大纲"窗格

**提示：** 在普通视图下，用户可以根据需要调整"幻灯片"或"大纲"窗格的宽度，将光标定位在窗格右侧边框上，待变为双向箭头时按住鼠标左键左右拖曳即可。

### 2. 幻灯片浏览视图

在幻灯片浏览视图中，用户可以查看演示文稿中所有幻灯片。单击"演示文稿视图"选项组中"幻灯片浏览"按钮❶，在窗口中显示演示文稿中所有幻灯片❷，如下图所示。

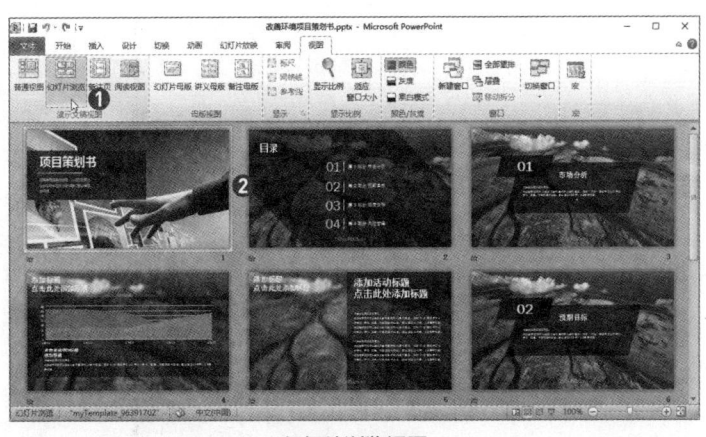

幻灯片浏览视图

### 3. 备注页视图

在备注页视图中，幻灯片窗格下方显示一个备注窗格，用户可以在该窗格中为幻灯片添加备注内容。在普通视图下只能添加文字，在备注页视图中，除了文字还可以添加图片。

普通视图方式中可以看到备注小窗格，在其中输入备注内容"改善环境项目策划书"文本❶。切换至"视图"选项卡，单击"演示文稿视图"选项组中"备注页"按钮❷，如下图所示。

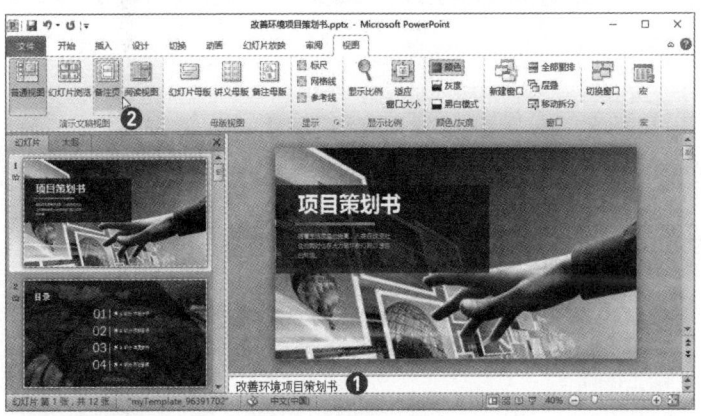

单击"备注页"按钮

此时已经切换至备注页视图，可以查看该页所添加的备注内容。用户只需要单击备注框，即可编辑备注内容。如果需要为其他幻灯片添加备注，只需要向下拖动滚动条至合适的页面，然后在备注框中单击，即可输入文本。选择备注内容，用户可以在"字体"选项卡中设置字体格式。选择备注框，还可以在"绘图工具-格式"选项卡中设置备注框的边框、填充和效果等，如下图所示。

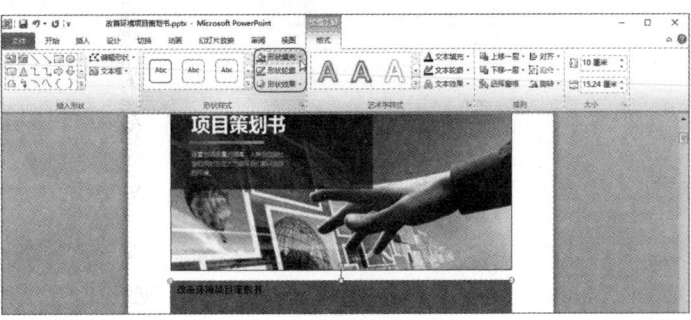

编辑备注框

**4. 阅读视图**

在幻灯片阅读视图下，演示文稿中的幻灯片内容以全屏的方式显示出来。如果用户已经设置动画效果、幻灯片的切换效果等，在阅读视图中都会全部显示出来。

单击"视图"选项卡下"演示文稿视图"选项组中"阅读视图"按钮，此时立即切换到幻灯片阅读视图。如果需要退出幻灯片阅读视图，则直接按Esc键即可，如右图所示。

阅读视图

# 7.4 幻灯片外观设置

幻灯片的外观设置主要包括应用幻灯片主题、设置幻灯片背景、设置幻灯片页面以及设置幻灯片母版等，本节将分别进行介绍。

## 7.4.1 幻灯片页面设置

在进行幻灯片设置前，首先要考虑需要制作多大的幻灯片，也就是幻灯片的页面大小以及页面的方向。新建幻灯片默认大小为4:3全屏的，用户可以根据需要进行设置。

新建演示文稿并命名为"个人简历.pptx"，切换至"设计"选项卡❶，单击"页面设置"选项组中"页面设置"按钮❷，如下左图所示。打开"页面设置"对话框，单击"幻灯片大小"下三角按钮，在列表中选择合适的页面大小，如"全屏显示(16:9)"❸，在"方向"选项区域中设置幻灯片的方向为"横向"❹，单击"确定"按钮，如下右图所示。

单击"页面设置"按钮

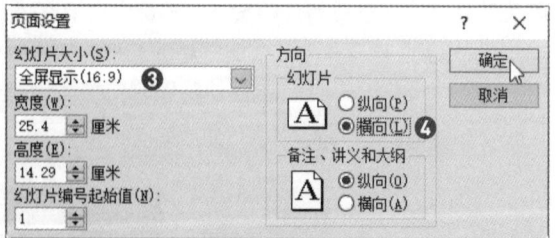

设置幻灯片大小和方向

可见演示文稿页面的长宽比例设置为16:9，比原始比例4:3更宽些，如下图所示。在"幻灯片大小"列表中除了包括幻灯片全屏显示的各种比例外，还包括各种纸张的大小，如A3、A4、B4、B5等。如果用户需要将幻灯片打印出来，可以选择需要的纸张大小。用户如果需要设置幻灯片的方向，也可以单击"页面设置"选项组中"幻灯片方向"下三角按钮,在列表中包括"纵向"和"横向"两种方向类型。

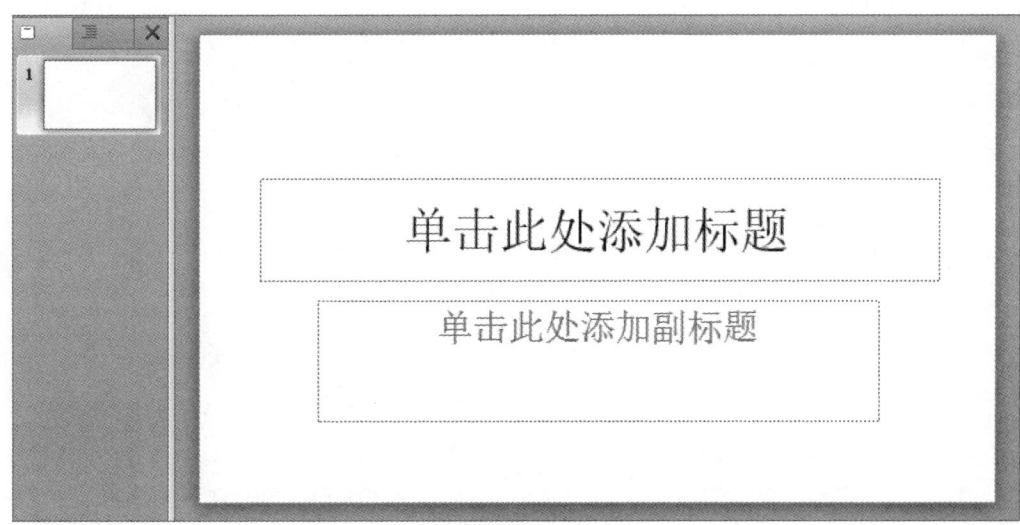

设置页面后的效果

## 7.4.2 幻灯片背景设置

PowerPoint 2010提供了设置幻灯片背景的功能,用户可以为幻灯片背景应用颜色、图片、纹理和图案等。在PowerPoint 2010中内置了12种背景样式,用户可以直接选择对应的背景样式,快速设置幻灯片背景。首先切换至"设计"选项卡,单击"背景"选项组中"背景样式"下三角按钮❶,在列表中选择合适的样式,此处选择"样式7"❷,可见幻灯片应用选中的背景样式❸,如下图所示。

应用背景样式的效果

用户也可以通过"设置背景格式"对话框设置背景的样式,如设置渐变填充、图片、纹理或图案等。单击"背景样式"下三角按钮,在列表中选择"设置背景格式"选项。打开"设置背景格式"对话框,在"填充"选项区域中选择"图片或纹理填充"单选按钮❶,然后再单击"文件"按钮❷,如下左图所示。打开"插入图片"对话框,选择合适的图片,如"背景图片.jpg"❸,然后单击"插入"按钮❹,如下右图所示。

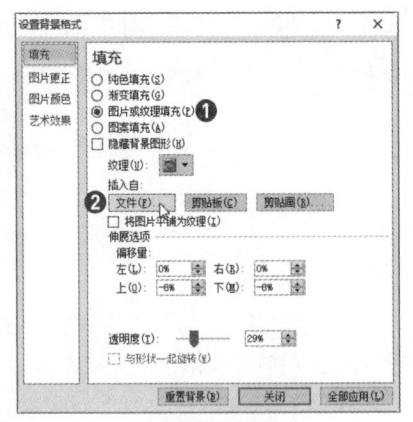
设置图片填充

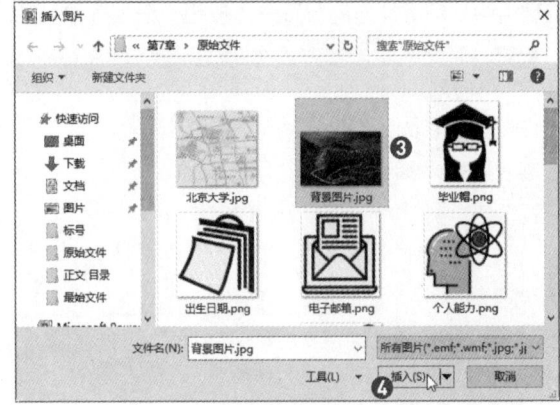
选择填充的图片

在"设置背景格式"左侧列表框中选择"图片更正"选项❶,在"锐化和柔化"选项区域中设置"预设"为"锐化:25%"❷,根据相同的方法在"亮度和对比度"选项区域中设置相关参数❸,如下左图所示。然后再选择"图片颜色"选项,在右侧区域中设置图片颜色的饱和度、色调等参数❹,如下右图所示。

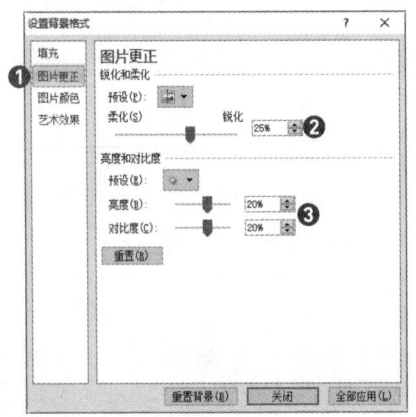
设置图片更正

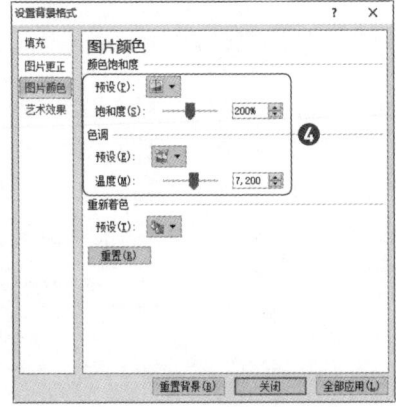
设置图片颜色

设置完成后在演示文稿中查看设置的填充图片效果,可见图片整体比较暗。用户可以在"填充"选项区域中设置图片的透明度为30%,然后通过查看效果,如果满意可以单击"关闭"按钮,即可为当前幻灯片应用图片填充。如果单击"全部应用"按钮,即可将演示文稿中所有幻灯片都应用设置的图片作为背景,如下图所示。

应用图片填充的效果

## 7.4.3 幻灯片主题应用

PowerPoint提供了40多种内置的主题效果,用户可以直接选择对应的主题效果快速为演示文稿设置统一的外观。应用内置的主题后,用户还可以根据需要设置主题颜色、文字和效果等。

打开"个人简历.pptx"演示文稿,选择第1张幻灯片,切换至"设计"选项卡❶,单击"主题"选项组中"其他"下三角按钮,在打开的列表中选择合适的主题样式,如选择"波形"选项❷,如右图所示。

返回演示文稿中,可见所有的幻灯片都应用选中的主题样式,其中不仅应用背景样式,还统一设置了

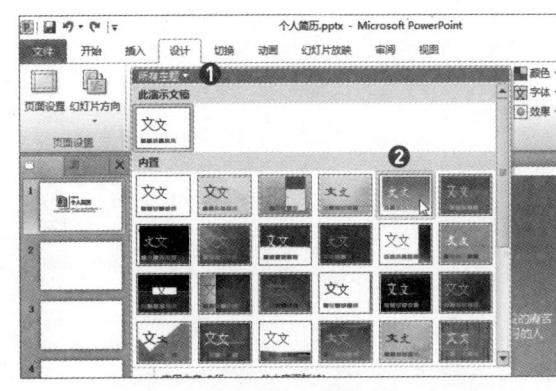

选择主题样式

字体。为了展示效果,设置视图为幻灯片浏览视图,用户可以整体查看幻灯片,由此可见不同版式的幻灯片样式效果有所差别,如下左图所示。下面再设置主题的颜色和字体,在"设计"选项卡的"主题"选项组中单击"颜色"下三角按钮❶,在展开的列表中选择合适的主题颜色,如"穿越"❷,即可将所有幻灯片应用选中的主题颜色,如下右图所示。

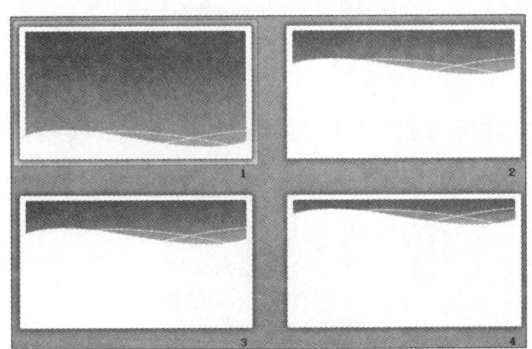

查看应用主题样式的效果

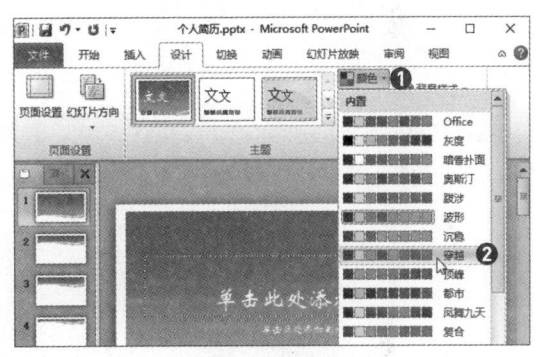

设置主题颜色

单击"主题"选项组中"字体"下三角按钮❶,在列表中选择"微软雅黑"字体选项❷,如下左图所示。用户也可以在"字体"列表中选择"新建主题字体"选项,打开"新建主题字体"对话框,然后用户在"西文"和"中文"选项区域中设置标题和正文字体,在设置字体时除了系统默认的字体外,还包括用户自己安装的字体❸。然后在"名称"文本框中输入自定义的名称,如"个性字体"❹,单击"保存"按钮,如下右图所示。

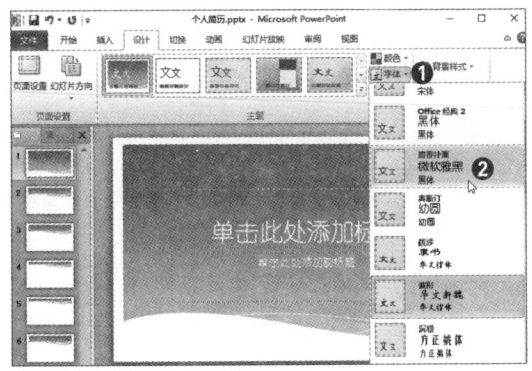

在列表中选择字体

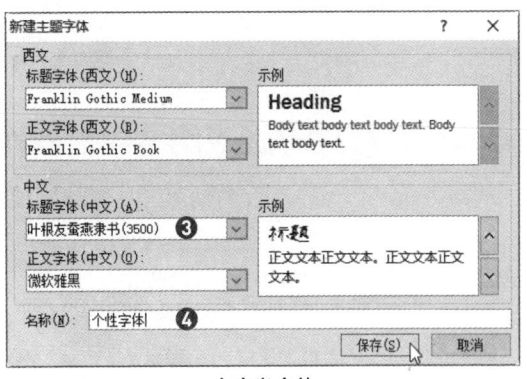

自定义字体

■ **提示：** 上面介绍自定义字体的设置，用户也可以自定义主题的颜色，首先单击"颜色"按钮，在列表中选择"新建主题颜色"对话框，在"主题颜色"选项区域中选择所需的颜色，并定义名称，单击"保存"按钮即可，如下图所示。下次若应用该自定义颜色，在"颜色"列表中选择自定义的颜色选项即可。若需要删除自定义的颜色和字体，在对应的列表中右击自定义主题的颜色或字体，在快捷菜单中选择"删除"命令即可。

**自定义主题颜色**

设置完成后在对应用的占位符中输入文字，查看标题和正文应用设置字体的效果，如下图所示。用户也可以根据需要在"字体"选项组中设置字体的格式。

**查看设置主题颜色和字体后效果**

## 7.4.4 幻灯片母版应用

应用PowerPoint的母版功能，可以设置演示文稿中每张幻灯片的预设版式。用户可以对母版中格式、背景、字体等进行设置，从而快速运用到整个演示文稿的幻灯片中。在PowerPoint 2010中提供了3种母版类型，分别为幻灯片母版、讲义母版和备注母版。

### 1. 幻灯片母版

打开"个人简历.pptx"演示文稿，切换至"视图"选项卡，单击"母版视图"选项组中"幻灯片母版"按钮,此时进入幻灯片母版视图,在功能区显示"幻灯片母版"选项卡,如下图所示。幻灯片母版包括标题、正文、日期、页脚和幻灯片的编号等元素。在标题和正文部分可以对幻灯片的格式、位置、大小进行设置,在其他部分可以设置日期、编号等。

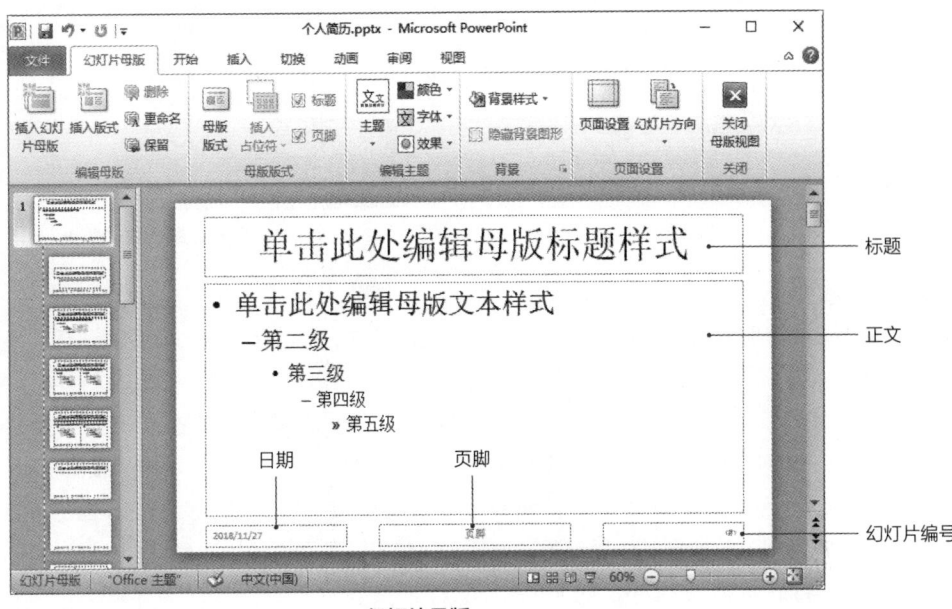

幻灯片母版

进入幻灯片母版视图后,选择主题幻灯片母版❶,切换至"插入"选项卡❷,单击"图像"选项组中"图片"按钮❸,如下左图所示。打开"插入图片"对话框,选择合适的图片❹,单击"插入"按钮❺,如下右图所示。

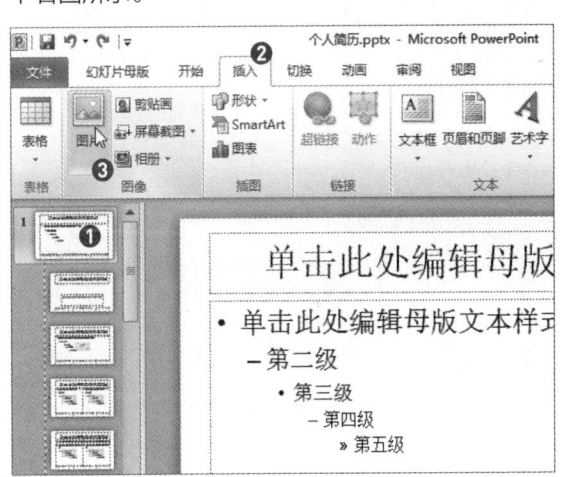
单击"图片"按钮

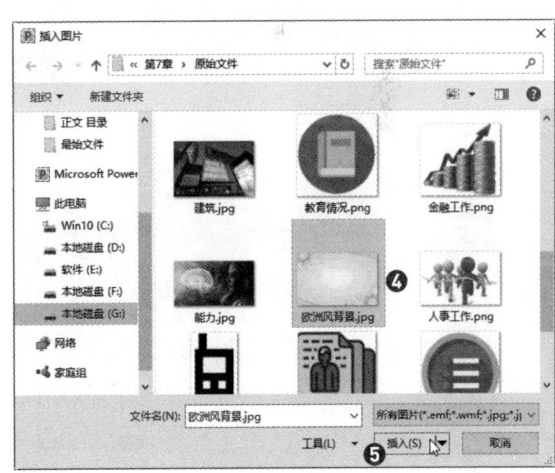
插入图片

选择插入的图片,调整至充满整个页面。切换至"图片工具-格式"选项卡,单击"排列"选项组中"下移一层"下三角按钮❶,在列表中选择"置于底层"选项❷,即可将图片移至底层,将标题、正文、页脚等插入符显示出来❸,如下左图所示。切换至"幻灯片母版"选项卡,在"编辑主题"选项组中设置主题的字体、颜色和效果。设置完成后单击"关闭"选项组中"关闭母版视图"按钮,即可退出幻灯片母版视图,可见该演示文稿中所有幻灯片均应用母版内容。如果新插入幻灯,则新的幻灯片也应用该母版样式,如下右图所示。

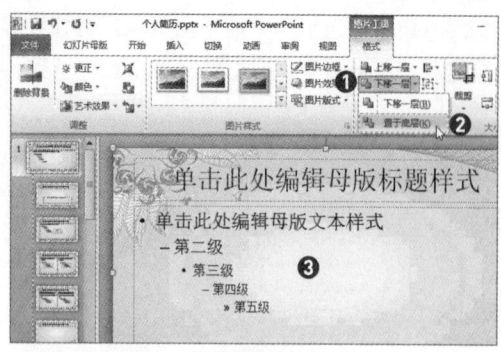

调整图片

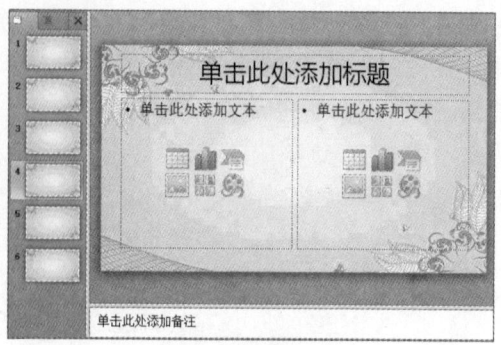

应用母版样式的效果

### 2. 讲义母版

讲义母版是将多张幻灯片放置在一页中，按讲义的格式打印演示文稿。运用讲义母版不仅可以编辑演示文稿讲义的外观，包括版式、页眉、页脚以及背景等，还可以设置版式的方向。

打开"2019年工作总结.pptx"演示文稿，切换至"视图"选项卡，单击"母版视图"选项组中"讲义母版"按钮❶，如下左图所示。此时可见在功能区显示"讲义母版"选项卡，并且在每一页面中包含6张幻灯片的缩略图，而且是竖向排列的。在页面的上方显示页眉的内容，如日期；在页面的下方显示页脚的内容，如幻灯片的编号。切换至"讲义母版"选项卡，单击"页面设置"选项组中"讲义方向"下三角按钮❷，在列表中选择"横向"选项❸，如下右图所示。

单击"讲义母版"按钮

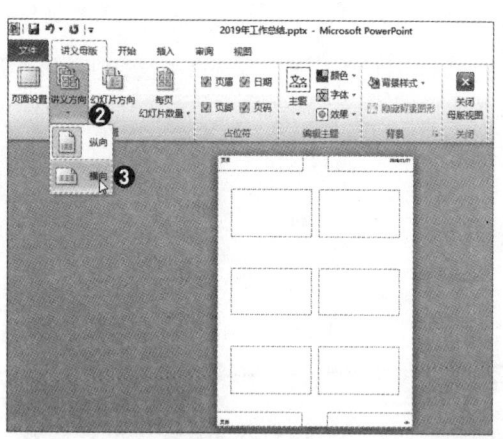

设置讲义的方向

单击"页面设置"选项组中"每页幻灯片数量"下三角按钮❶，在列表中选择"9张幻灯片"选项❷，如下左图所示。在"背景"选项组中单击"背景样式"下三角按钮，在列表中选择合适背景，然后在"编辑主题"选项组中单击"字体"下三角按钮❸，在列表中选择合适的字体❹，如下右图所示。

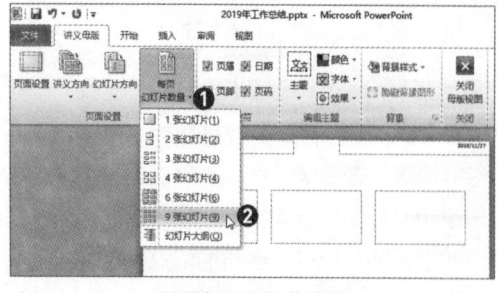

设置每页幻灯片数量

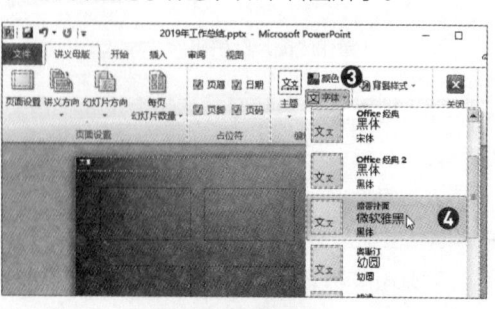

设置背景和字体

选中日期和编号的文本框,切换至"开始"选项卡,在"字体"选项组中设置文字的大小为16号。然后选择"页眉"文本框❶,切换至"绘图工具-格式"选项卡❷,单击"形状样式"选项组中"形状填充"下三角按钮❸,在列表中选择"图片"选项❹,如右图所示。

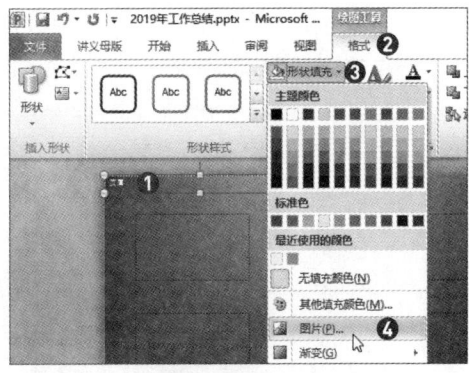

选择"图片"选项

在打开的"插入图片"对话框中选择企业的Logo图片,并插入在页眉文本框中,适当调整其大小,并居中对齐❶。最后将页脚的编码文本设置居中对齐❷,切换至"讲义母版"选项卡,单击"关闭"选项组中"关闭母版视图"按钮❸,即可退出讲义母版视图,如下图所示。

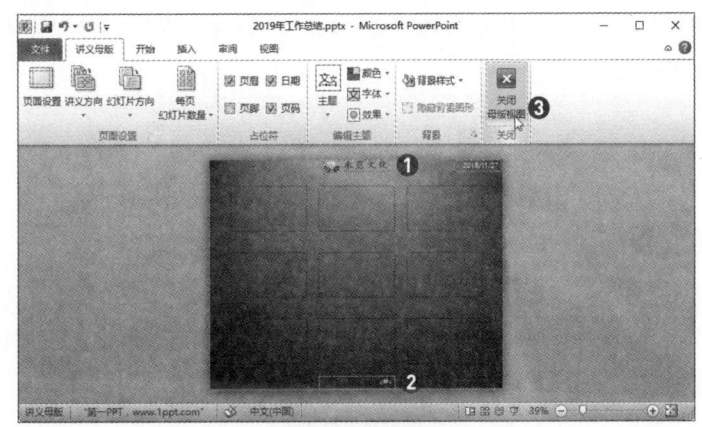

关闭讲义母版视图

单击"文件"标签❶,在列表中选择"打印"选项❷,在"设置"选项区域中设置打印讲义为"9张垂直放置的幻灯片"样式❸,在右侧可以预览打印的效果❹,如下图所示。

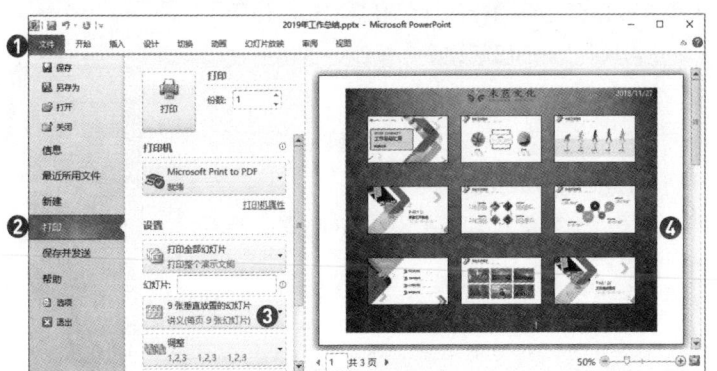

查看打印的效果

### 3. 备注母版

备注母版用于设置备注的格式,可以使用备注具有统一、美观的外表。打开"改善环境项目策划书.pptx"演示文稿❶,切换至"视图"选项卡,单击"母版视图"选项组中"备注母版"按钮❷,如下左图所示。在功能区显示"备注母版"选项卡,在"页面设置"选项组中设置方向和页面。在"点位符"选项组中勾选需要插入的占位符❸,如下右图所示。

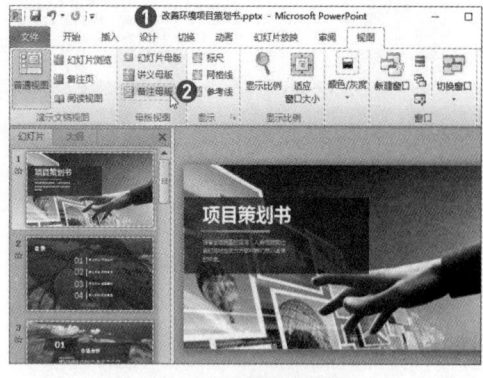
单击"备注母版"按钮

设置占位符

选择备注文本框,在"开始"选项卡的"字体"选项组中设置文字的格式❶。切换至"插入"选项卡,单击"图像"选项组中"图片"按钮❷,如下左图所示。打开"插入图片"对话框,选择合适的图片❸,单击"插入"按钮❹,如下右图所示。

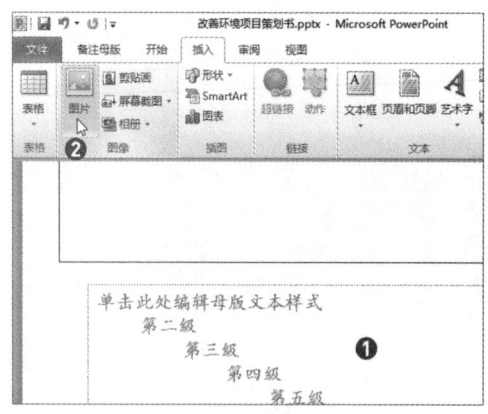
单击"图片"按钮

插入图片

适当调整图片的大小并放在备注框的右侧,切换至"备注母版"选项卡,单击"关闭"选项组中"关闭母版视图"按钮,退出备注母版视图。在"视图"选项卡中单击"备注视图"按钮,进入备注视图,用户可以添加对应的备注信息,可见输入的备注内容应用设置字体格式,并在右侧显示插入的图片,如右图所示。

进入备注视图看到的效果,也就是打印该演示文稿的效果,当然需要设置打印的版式为"备注页"。

在备注视图查看效果

## 7.5 幻灯片元素的应用

在制作演示文稿时，文本、图片和形状等是添加的最基本元素。文本可以清晰地表明演示文稿的观点或内容，图片和形状可以对演示文稿起美化作用，而表格和图表可以更全面直观地展示数据。

### 7.5.1 文本的应用

文本是演示文稿中重要的元素之一，用于展示说明观点，设计时也需要视觉上的美感。本小节主要介绍文本的输入、编辑以及艺术字的应用等，下面以制作个人简历封面为例介绍文本的应用。

**1. 输入与编辑文本**

打开"个人简历.pptx"演示文稿，通过前面知识的学习，在"设计"选项卡中设置页面、幻灯片的方向、字体等。选择第1张幻灯片，在标题占位符中单击并输入"个人简历"文本❶，输入的文本应用设置字体格式，如下左图所示。除此之外，也可以通过绘制文本框输入文本，首先在幻灯片第1页中删除所有文本占位符，得到空白版式的幻灯片。切换至"插入"选项卡❷，单击"文本"选项组中"文本框"下三角按钮❸，在列表中选择"横排文本框"选项❹，如下右图所示。

在文本占位符中输入文本　　　　　　选择"横排文本框"选项

此时光标变为↓形状，在幻灯片中单击，即可插入文本框，然后输入"个人简历"文本❶。选择文本，切换至"开始"选项卡，在"字体"选项组中设置字体为微软雅黑、字号为54，并加粗显示❷，单击"字符间距"按钮❸，在列表中选择"很松"选项❹，可见文字之间间距增大，如下左图所示。然后根据相同的方法输入其他文本，并在"字体"选项组中设置字体为微软雅黑、字号为14，设置字符间距为稀疏❺，效果如下右图所示。

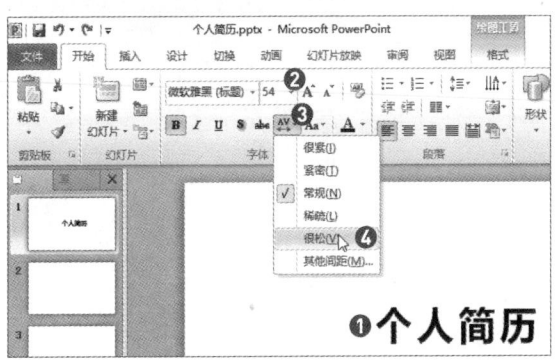

设置字符间距　　　　　　　　　　　　输入其他文本

在幻灯片中输入段落文本时，默认的行距显得文本排列比较紧密，可以适当增加行距。选择段落文本，切换至"开始"选项卡，单击"段落"选项组中"行距"下三角按钮❶，在列表中选择1.5选项即可❷，如下左图所示。然后再输入该简历的姓名"张思琪"❸，设置字体格式后，单击"字体颜色"下三角按钮❹，在列表中选择合适的字体颜色，如选择浅绿色❺，如下右图所示。

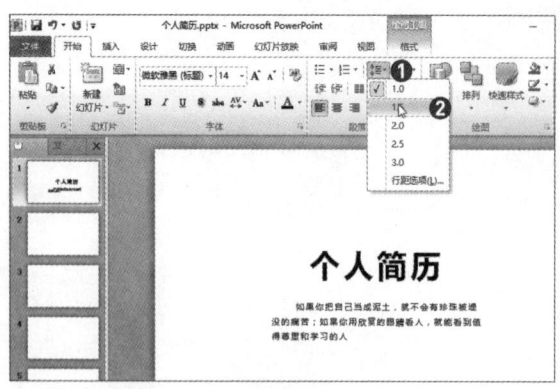

设置行距　　　　　　　　　　　　设置字体颜色

**提示：** 在之前操作中，用户均可以自定义字符间距、行距以及字体的颜色。如在"字符间距"列表中选择"其他间距"选项，打开"字体"对话框，在"字符间距"选项卡中设置间距的度量值❶，其单位是"磅"，然后单击"确定"按钮❷即可，如下左图所示。在"行距"列表中选择"行距选项"选项，打开"段落"对话框，在"缩进和间距"选项卡的"间距"选项区域中设置"行距"为"固定值"❸，然后在"设置值"数值框中输入数值即可❹，如下右图所示。

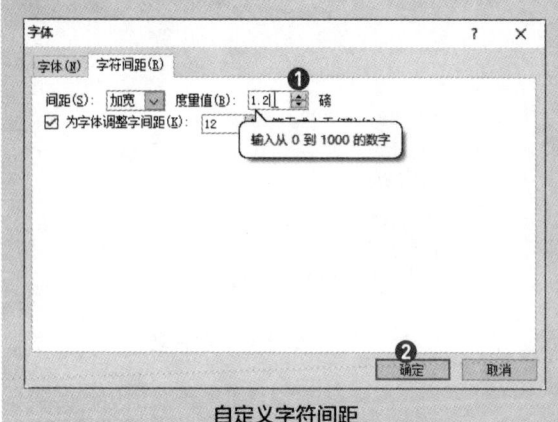

自定义字符间距　　　　　　　　　　自定义行距

### 2. 艺术字的应用

为文字添加艺术字效果，可以增加演示文稿的艺术气息。选择"个人简历"文本框，功能区会出现"绘图工具-格式"选项卡，在"艺术字样式"选项组中单击"其他"按钮，即可打开系统预设的艺术字效果列表，选择所需的选项，即可直接选择为选中的文本应用艺术效果，如右图所示。

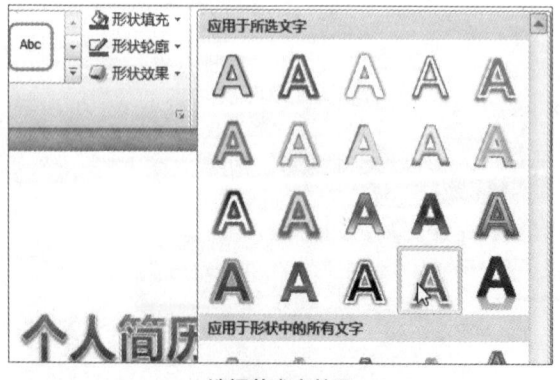

选择艺术字效果

在"艺术字样式"选项组中单击"文本填充"、"文本轮廓"、"文本效果"下三角按钮,在列表中可以设置文本的填充颜色、轮廓和艺术效果。下图展示各列表中的选项。

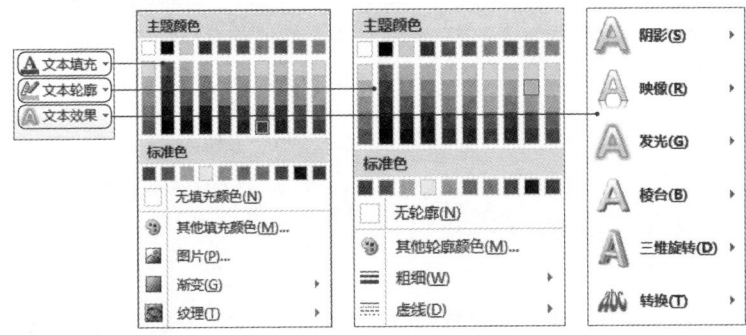

艺术字文本格式设置的选项

在"文本效果"列表中包含6种艺术字效果,如阴影、映像、发光、棱台、三维旋转、转换。选中任意效果后,在右侧打开的扩展效果列表中均可直接选择预设的效果,如下图所示。

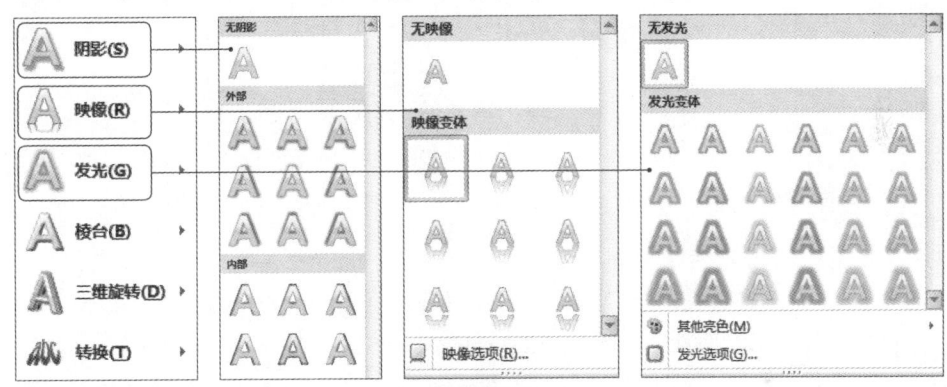

艺术效果选项

在应用艺术字效果时,除预设的艺术效果外,用户还可以自定义艺术字的效果。选择需要设置艺术字效果的文本并右击❶,在快捷菜单中选择"设置文字效果格式"命令❷,如下左图所示。打开"设置文本效果格式"对话框,在该对话框中可以自定义设置阴影、映像、发光、三维旋转等艺术字效果的相关参数❸,如颜色、大小、透明度、阴影的距离、角度等❹,如下右图所示。

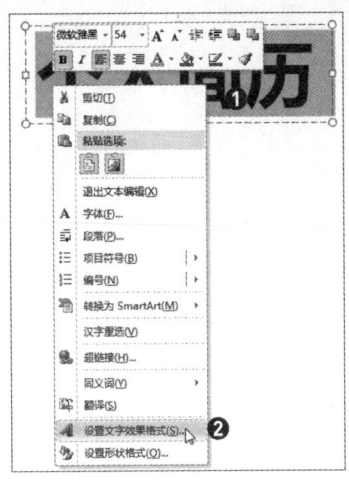

选择"设置文字效果格式"命令

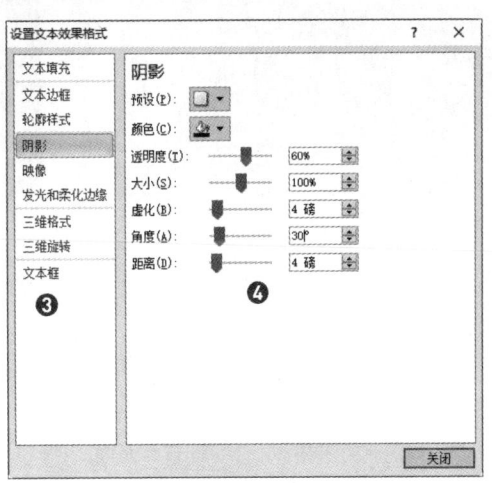

"设置文本效果格式"对话框

## 7.5.2 图片的应用

图片是演示文稿可视化表现的核心元素。在PowerPoint中插入和编辑图片的大部分操作与Word中相同，但是PowerPoint对于图片的要求更高。下面以个人简历封面的制作为例，介绍图片的应用。

### 1. 插入图片

选中第1张幻灯片，切换至"插入"选项卡❶，单击"图像"选项组中"图片"按钮❷，如下左图所示。打开"插入图片"对话框，选择合适的图片❸，单击"插入"按钮❹，如下右图所示。

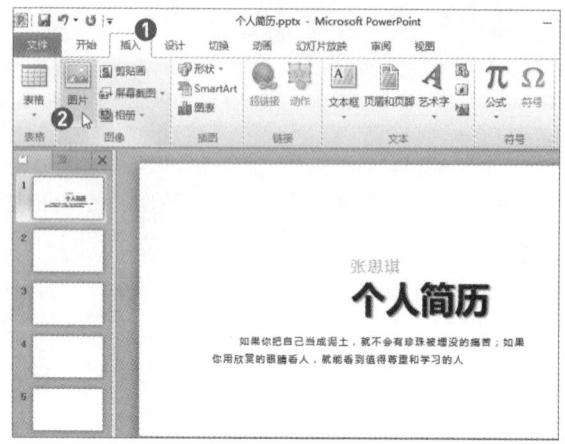

单击"图片"按钮　　　　　　　　　　　选择图片

选中的图片即可插入幻灯片中，将光标移至图片四周的控制点上，按住鼠标左键拖曳进行大小调整，使图片充满整个幻灯片，如下左图所示。可见图片覆盖在输入的文字上方，为了显示文字，还需要设置图片的层次，切换至"图片工具-格式"选项卡，单击"排列"选项组中"下移一层"下三角按钮，在列表中选择"置于底层"选项，即可将图片移至最底层，然后将黑色的文本设置为白色，查看插入图片的效果，如下右图所示。

调整图片的大小

调整图片的层次

在调整图片的大小时，也可以精确设置图片的高度和宽度值。选择图片，切换至"图片工具-格式"选项卡，在"大小"选项组的"高度"和"宽度"数值框中输入数值即可。在分别设置图片高度或宽度时，可见图片是按照原始的纵横比进行调整，即在设置高度或宽度时，其宽度或高度是按比例调整。如果不想按照纵横比调整图片的大小，则单击"大小"选项组中对话框启动器按钮，打开"设置图片格式"对话框，在"大小"选项区域中取消勾选"锁定纵横比"复选框❶，然后在"尺寸和旋转"选项区域中分别设置高度和宽度❷，如下图所示。

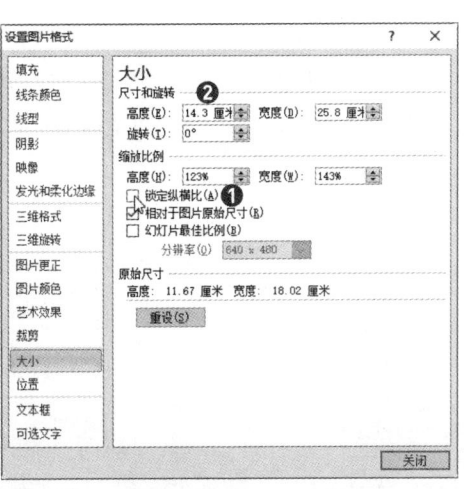

"设置图片格式"对话框

### 2. 编辑图片

图片插入后,用户可以对图片进行编辑使其符合演示文稿所需的图片效果,如裁剪图片、调整图片的颜色、添加艺术效果等。

(1)裁剪图片

选中图片,切换至"图片工具-格式"选项卡,单击"大小"选项组中"裁剪"按钮❶,此时图片四周出现8个黑色的裁剪点。将光标移至图片右边裁剪点上,按住鼠标左键向左拖曳❷,右侧透明的阴影表示原图片的大小,释放鼠标左键,在裁剪后的图片上仍然显示8个裁剪点,用户还可以根据需要裁剪或复制裁剪掉的部分,如下左图所示。图片裁剪完成后,单击幻灯片中空白处即可。然后适当调整图片的叠放顺序,将图片置于底层,再设置文字的颜色即可❸,如下右图所示。

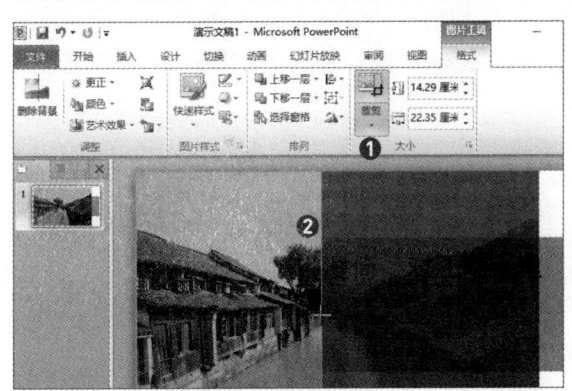

裁剪图片

查看裁剪图片后的效果

■ **提示:** 在PowerPoint中裁剪图片并不是删除部分图片,选择裁剪的图片,再次单击"裁剪"按钮,对其进行反向拖曳可以将隐藏的部分显示出来。如果需要将隐藏的部分删除,则选择裁剪后的图片,切换至"图片工具-格式"选项卡,单击"调整"选项组中"压缩图片"按钮,在打开的对话框中单击"确定"按钮即可,如右图所示。

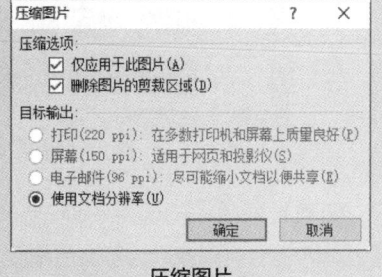

压缩图片

用户不仅可以对图片四周进行拉伸裁剪，还可以裁剪成固定的形状，以创建特殊的图片效果。选中图片，单击"大小"选项组中"裁剪"下三角按钮❶，在列表中选择"裁剪为形状"选项❷，在子列表中选择合适的形状，这里选择"云形"选项，如下左图所示。这时可以看到，图片依据形状进行变形，效果如下右图所示。

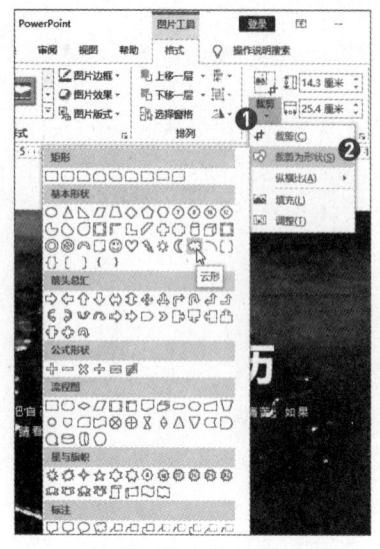

选择"云形"选项

将图片裁剪为云形

（2）调整图片

选择插入的图片，切换至"图片工具-格式"选项卡，单击"调整"选项组中"更正"下三角按钮❶，在打开的列表中用户可以设置图片的锐化和柔化、亮度和对比度等参数，根据实际情况选择预设的效果即可，如下左图所示。如果在预设的列表中没有合适的效果，用户还可以自定义参数效果，在"更正"列表中选择"图片更正选项"选项，在打开的"设置图片格式"对话框的"图片更正"选项区域中设置柔化、锐化、亮度或对比度的数值即可❷，如下右图所示。

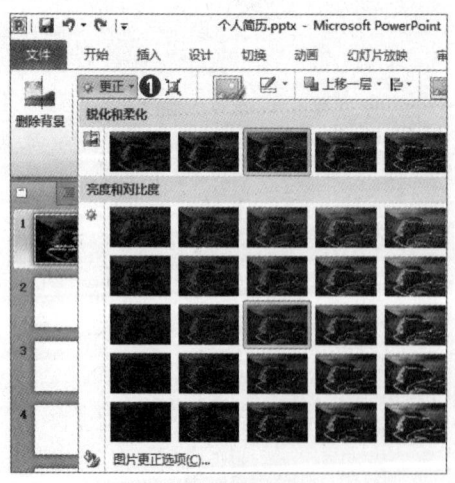

"更正"列表选项

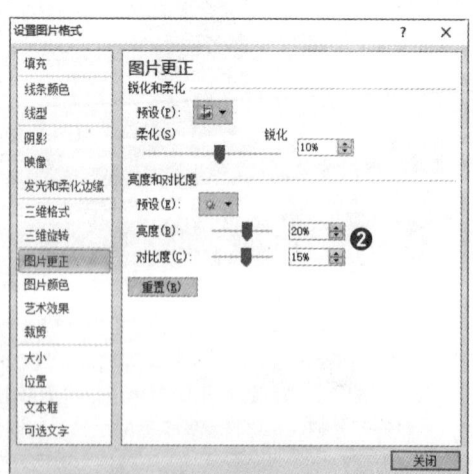

图片更正设置

如果发现插入的图片和演示文稿不相融合，可以尝试改变图片的颜色。幻灯片中插入的"毕业帽.png"图片为黑色，为了突出毕业的喜庆需要将其设置为暖色系列的。选择图片，切换至"图片工具-格式"选项卡，单击"调整"选项组"颜色"下三角按钮❶，在列表中选择合适的颜色❷，如下左图所示。

可见黑色变为红色了，再单击"图片样式"选项组中"图片效果"下三角按钮，在列表中设置图片黄色的发光效果❸，如下右图所示。

选择颜色

为图片添加发光效果

（3）设置图片的艺术效果

PowerPoint软件还提供了20多种艺术效果，直接使用从而一键将图片处理成各种各样的艺术效果。选择图片，切换至"图片工具-格式"选项卡，单击"调整"选项组中"艺术效果"下三角按钮❶，在列表中选择合适的艺术效果即可❷，如下图所示。

应用艺术效果

为图片应用艺术效果后，还可以进一步设置相关参数，再次单击"艺术效果"下三角按钮，在列表中选择"艺术效果选项"选项，打开"设置图片格式"对话框，在"艺术效果"选项区域中设置应用艺术效果的相关参数，如右图所示。

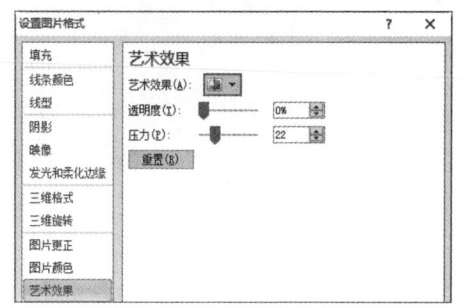

设置艺术效果相关参数

## 7.5.3 形状的应用

演示文稿中的形状主要包括线条、矩形、圆形、箭头、标注等，使用形状不仅可以美化演示文稿，还可以起到突出主题的作用。

**1. 绘制形状**

在制作个人简历封面中，由于图片是铺满在幻灯片上的，所以图片的吸引力比文字大得多，用户可以通过绘制形状突出文字。

切换至"插入"选项卡，单击"插图"选项组中"形状"下三角按钮❶，在列表中选择"平形四边形"形状选项❷，此时光标变为十字形状，然后在幻灯片中绘制平形四边形❸，如下左图所示。然后在"绘图工具-格式"选项卡的"排列"选项组中单击"下移一层"按钮，直至所有文字都显示出来。在"形状样式"选项组中单击"形状轮廓"下三角按钮，在列表中选择"无轮廓"选项。接着单击"形状填充"下三角按钮❹，在列表中选择黑色❺，可见形状被填充了黑色。此时文本的内容被突出显示出来，如下右图所示。

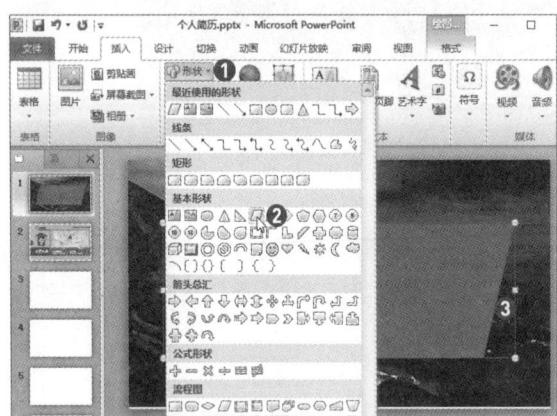

选择形状　　　　　　　填充颜色

**2. 编辑形状**

选择绘制的形状，按Ctrl+C组合键进行复制，再按Ctrl+V组合键进行粘贴，即可复制出相同的形状，然后为复制的形状填充绿色，并将其移至黑色形状的下方❶，如下左图所示。选择黑色的平形四边形并右击❷，在快捷菜单中选择"设置形状格式"命令❸，如下右图所示。

 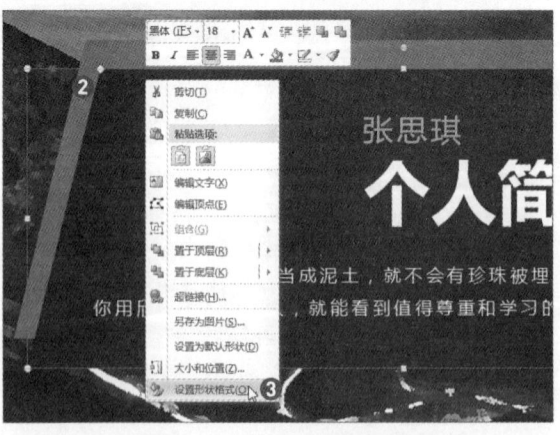

复制形状　　　　　　　选择"设置形状格式"命令

打开"设置形状格式"对话框，在"填充"选项区域中设置透明度为30%，可见黑色的平形四边形为半透明状态。同样的方法设置绿色形状的透明度也为30%，效果如下左图所示。然后将"图标.png"图片插入幻灯片中并放在"个人简历"文本的右侧。切换至"插入"选项卡，单击"插图"选项组中"形状"下三角按钮，在列表中选择"直线"形状选项，在插入的图片和文本之间绘制一条垂直的直线。然后在"绘图工具-格式"选项卡的"形状样式"选项组中设置形状轮廓的颜色和宽度，效果如下右图所示。

设置形状的透明度

绘制直线并设置轮廓效果

### 3. 形状的运算

在PowerPoint 2010软件中还提供一组用于形状运算的功能，该组功能对绘制图形非常有用，但在默认情况下，这些功能是不显示的。打开演示文稿，单击"文件"标签，选择"选项"选项，打开"PowerPoint选项"对话框，在右侧列表框中选择"自定义功能区"选项❶，单击"新建选项卡"按钮❷，即可创建新选项卡，然后再单击"重命名"按钮❸，如下左图所示。打开"重命名"对话框，在"显示名称"文本框中输入"形状运算"文本❹，单击"确定"按钮❺，如下右图所示。然后根据相同的方法将新建的组命名为"形状组合"。

新建选项卡

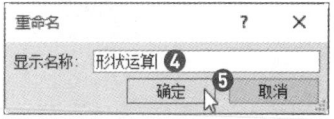
重命名选项卡

选项卡新建完成后，单击"从下列位置选择命令"下三角按钮，在列表中选择"不在功能区中的命令"选项❶，在下方的列表框中选择"形状剪除"功能❷，单击"添加"按钮❸，即可将该功能添加至新建的"形状组合"选项组中，根据相同的方法添加"形状交点"、"形状联合"、"形状组合"功能❹，添加完成后，单击"确定"按钮❺，如下图所示。返回演示文稿中，可见在功能区显示创建的"形状运算"选项卡，并在选项卡中显示添加的功能。

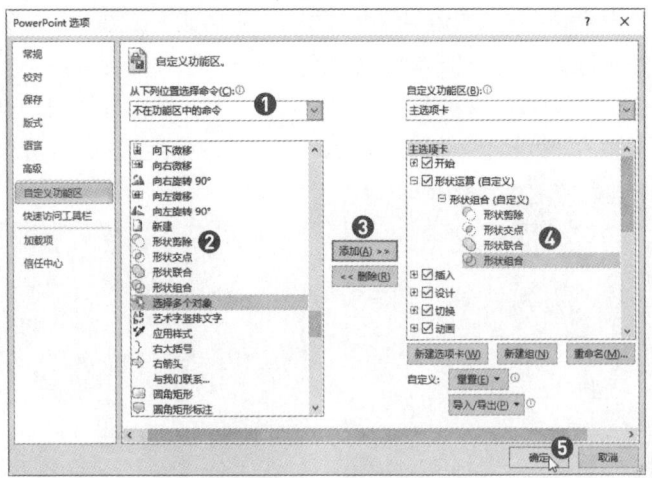

添加功能到新选项卡中

形状运算的功能添加完成后，可以对多个形状进行各种运算操作。在幻灯片中创建正圆形状和三角形，并对三角形适当进行旋转，将三角形左侧垂直的边与圆直径重合。然后选择两个形状❶，切换至"绘图工具-格式"选项卡，单击"排列"选项组中"对齐"下三角按钮❷，在列表中选择"上下居中"选项❸，如下左图所示。然后切换至"形状运算"选项卡，单击"形状组合"选项组中"形状剪除"按钮，可见从三角形形状中减除圆形部分❹，如下右图所示。

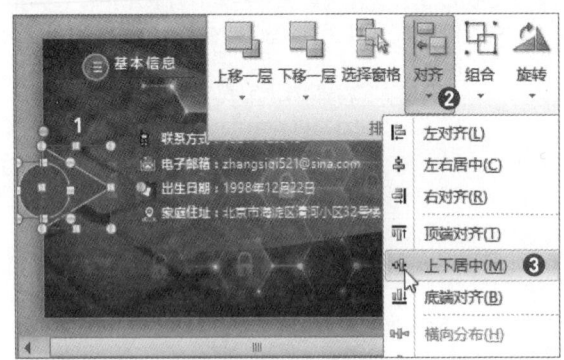

绘制形状并设置对齐方式

对形状进行剪除

形状剪除完成后，再绘制小点的圆放在三角形的半圆内，然后选择两个形状，在"形状运算"选项卡中单击"形状组合"按钮❶，即可将两个形状组合成一个新的形状❷，如下图所示。

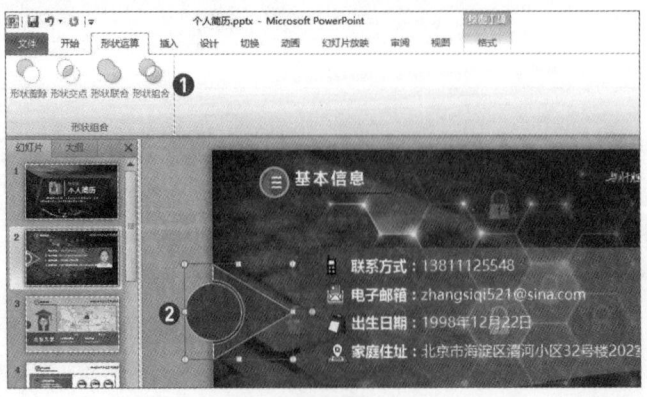

组合形状

选择形状,切换至"绘图工具-格式"选项卡,在"形状样式"选项组中单击"形状效果"下三角按钮,在列表中选择相应的效果选项即可。为形状添加效果和为图片添加效果的操作方法是一样的,在此不再进行详细介绍。

## 7.5.4 表格的应用

PowerPoint提供的表格功能,是数据表达的最好形式,因为表格能让数据整齐、清晰地展示。在制作演示文稿时,也可以使用表格美化幻灯片。首先新建演示文稿,并命名为"茶叶.pptx",然后插入"茶叶.jpg"图片并调整大小。再输入相关的文字并设置格式,效果如下左图所示。切换至"插入"选项卡❶,单击"表格"选项组中"表格"下三角按钮❷,在列表中选择"插入表格"选项❸,如下右图所示。

添加图片和文本

选择"插入表格"选项

打开"插入表格"对话框,设置列数为6、行数为4❶,单击"确定"按钮❷,即可在幻灯片中创建6列4行的表格,如下左图所示。通过调整表格的控制点,使表格充满整个页面,切换至"表格工具-布局"选项卡,在"排列"选项组中单击"下移一层"按钮,使所有文本和形状显示出来,如下右图所示。为了使用页面整齐,适当调整形状的高度使其与表格中单元格的高度一至,并调整其位置与表格的边框对齐。

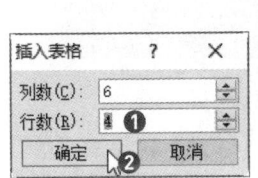
"插入表格"对话框

插入表格并调整顺序

选择插入的表格,切换至"表格工具-设计"选项卡,在"绘图边框"选项组中设置笔样式、笔划宽度和笔颜色❶,然后再单击"表格样式"选项组中"边框"下三角按钮❷,在列表中选择"内部框线"选项❸,如右图所示。

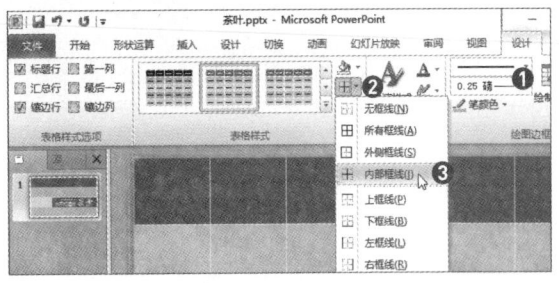
设置内部框线格式

可见表格的内部框线应用了设置的线条和颜色,再次选择插入的表格并右击,在快捷菜单中选择"设置形状格式"命令,在打开对话框的"填充"选项区域中选中"无填充"单选按钮❶后,关闭该对话框。可见插入的表格只保留内部边框❷,表格底层的图片也被显示出来,如下图所示。

设置表格为无填充

为了增加幻灯片的美感,用户可以选择表格右上角单元格并右击,在快捷菜单中选择"设置形状格式"命令,在打开对话框的"填充"选项区域中选中"纯色填充"单选按钮❶,然后在"填充颜色"选项区域中单击"颜色"下三角按钮,在列表中选择白色❷,设置透明度为30%❸。然后根据相同的方法填充其他单元格的颜色,并设置透明度,效果如下图所示。

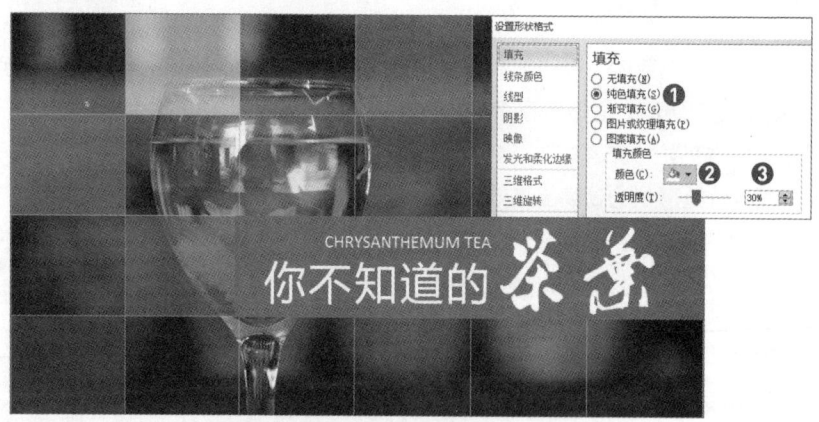

填充表格内单元格的颜色

在演示文稿中可以直接导入Excel表格。首先打开"迎新晚会报名统计表.xlsx"工作表,选择表格并按Ctrl+C组合键进行复制。然后选中需要创建表格的幻灯片,在空白处右击,在快捷菜单中选择"保留源格式"命令,即可将Excel中的表格复制到演示文稿中,如下图所示。

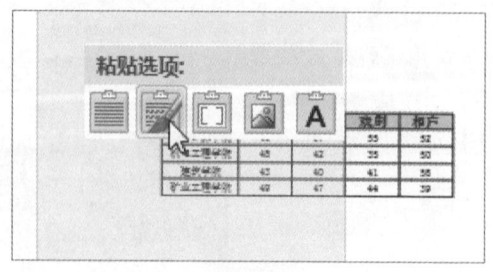

复制表格

然后再对表格进行美化操作，如设置文字的格式、表格的边框样式。然后在表格的底层添加大小一样的图片，为了突出单元格中特殊的数值，为该单元格填充亮点的底纹颜色，如下图所示。

美化表格

## 7.5.5 图表的应用

图表是以图形的方式显示表格数据，与表格相比，图表的表示方式更加直观，分析也比较方便。在PowerPoint 2010中可以插入各种类型的图表，如柱形图、饼图、条形图、面积图、折线图、股价图等，与Excel 2010中图表的类型一致。

切换至"插入"选项卡，单击"插图"选项组中"图表"按钮。打开"插入图表"对话框，在左侧列表框中选择"饼图"选项❶，在右侧列表中选择"三维饼图"图表类型❷，单击"确定"按钮❸，如右图所示。

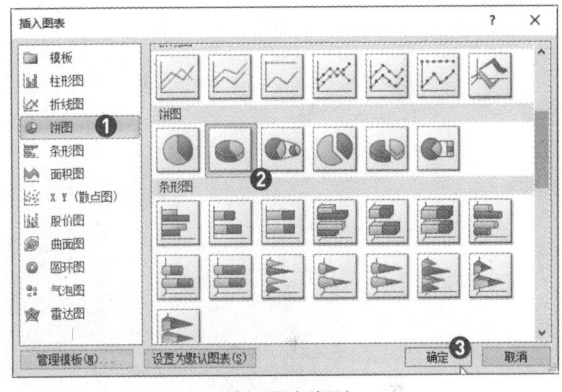

选择图表类型

系统自动打开Excel工作表，同时在幻灯片中插入选中的图表类型。然后根据实际需要在Excel中输入数据，在输入数据的同时，图表也在变化，如下图所示。

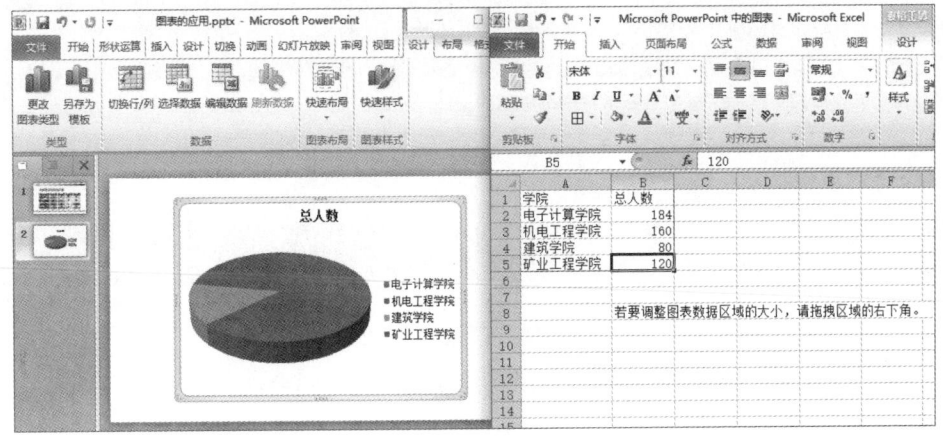

输入数据创建图表

数据输入完成后关闭Excel工作表，在PowerPoint中选中插入的图表，在功能区中显示"图表工具"选项卡，其中包含"设计"、"布局"、"格式"3个子选项卡，如下图所示。在图表工具各个子选项卡中可以对图表进行美化，其美化方法和在Excel中操作一样，在此不再介绍，请参考第6章的6.4.3小节中的相关内容。

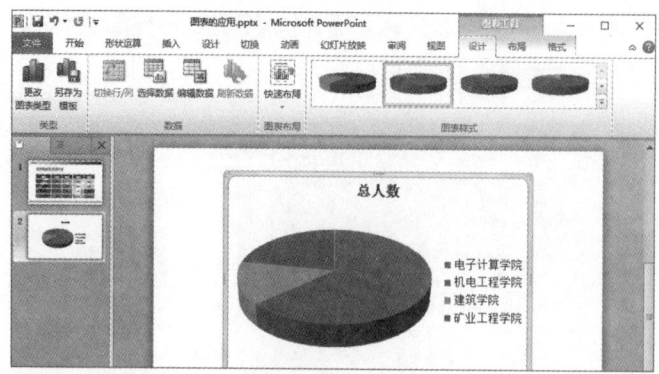

"图表工具"选项卡

然后在PowerPoint中的图表上添加形状并进行填充等操作，对图表进行美化，效果如下图所示。在使用形状美化图表时，可参考7.5.3节中的内容。

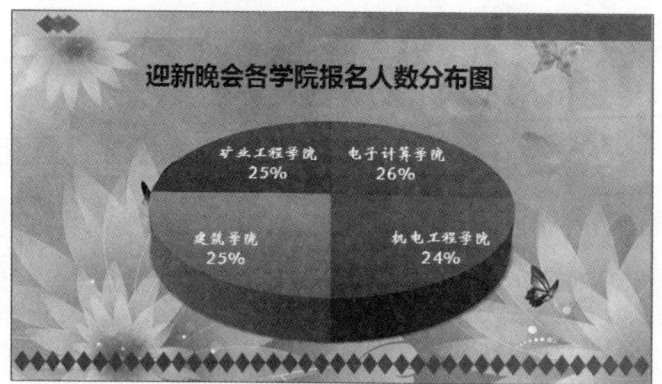

在图表上添加形状

> **提示：** 在PowerPoint中可以将设计好的图表样式另存为模板，方便下次使用。选择制作好的图表，切换至"图表工具-设计"选项卡，单击"类型"选项组中"另存为模板"按钮，即可打开"保存图表模板"对话框，确保默认的路径不变，在"文件名"文本框中输入图表模板的名称，单击"保存"按钮即可。
> 下次如果使用此模板，则选中图表，单击"类型"选项组中"更改图表类型"按钮，在打开的对话框中选择"模板"选项，在右侧"我的模板"选项区域中选择保存的模板即可。

## 7.6 多媒体对象的应用

在制作演示文稿时，用户不仅可以为幻灯片添加声音或视频内容进一步提高幻灯片的生动效果，还可以创建交互式的演示文稿，实现幻灯片在放映过程中的跳转。本节将介绍音频、视频和超链接的应用。

### 7.6.1 插入超链接

超链接是一种非线性组织信息的方式。利用超链接可以从一张幻灯片跳转到另一张幻灯片、网页或电子邮箱等。

选择需要进行超链接的对象❶，然后切换至"插入"选项卡，单击"链接"选项组中"超链接"按钮❷，如下左图所示。打开"插入超链接"对话框，在"链接到"列表框中选择"本文档中的位置"选项❸，在"请选择文档中的位置"列表框中选择需要链接的幻灯片❹，在"幻灯片预览"选项区域中预览选中幻灯片❺，然后单击"确定"按钮❻，如下右图所示。

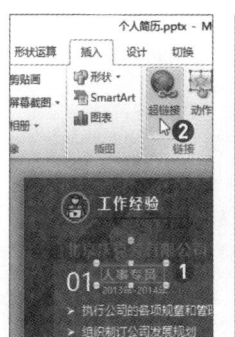

单击"超链接"按钮

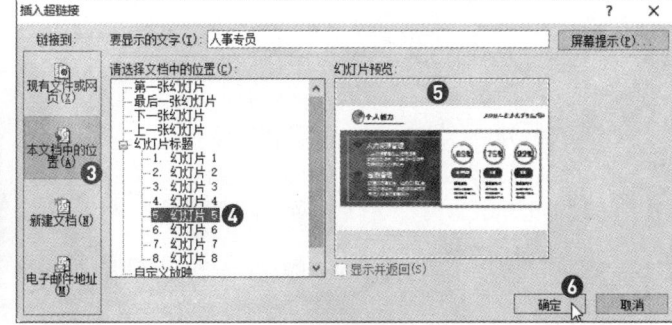

设置超链接

**提示：** 除了使用功能区的"超链接"按钮外，用户还可以使用右键快捷菜单的方法创建超链接。首先选择文本并右击，在快捷菜单中选择"超链接"命令，即可打开"插入超链接"对话框并进行设置。

设置完超链接后的文本显示为蓝色，在文本下方显示蓝色横线，如下图所示。在放映幻灯片时只需要单击该链接文本，即可跳转至第5张幻灯片。

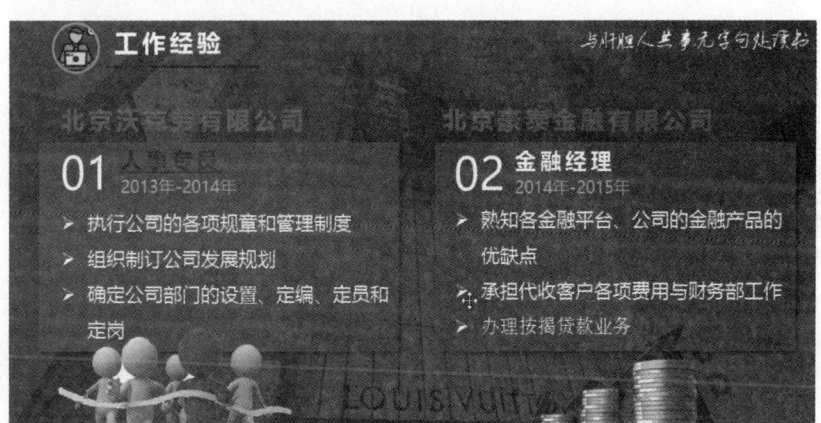

查看设置超链接后的效果

在"插入超链接"对话框中可以插入4种超链接，下面分别介绍。

- **现有文件或网页：** 用于链接已经存在的文件或网页。当放映幻灯片时，单击超链接，可以打开链接的文件，如Word文档、Excel工作表、可执行的文件或其他文档。若在"地址"文本框中输入网址，也可以打开对应的网页。
- **本文档中的位置：** 用于设置跳转到本演示文稿的其他幻灯片的超链接。在视图中会列出演示文稿的所有幻灯片，只要选择即可。
- **新建文档：** 用于设置创建一个如Word、Excel等新文档的超链接。在右侧面板中可以设置新建文档的名称，还可以设置何时编辑新文档，如下图所示。
- **电子邮件地址：** 用于链接收件人的地址。放映演示文稿时，单击该链接，则自动启动Outlook Express，用户即可撰写电子邮件。

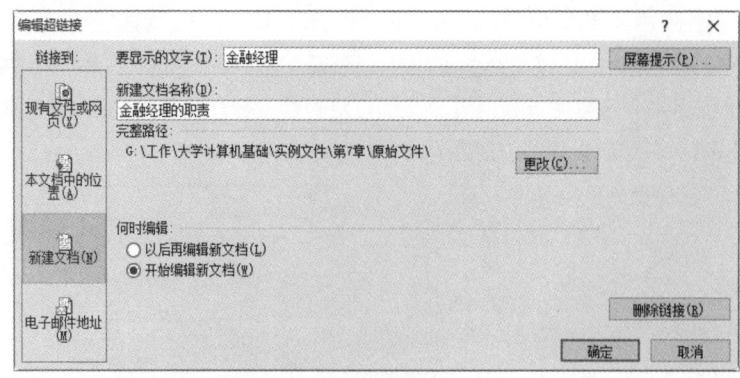

新建文档超链接

超链接创建完成后,可以对其进行修改或删除。修改超链接的方法是:选择需要修改的超链接文本并右击,在快捷菜单中选择"编辑超链接"命令,即可打开"编辑超链接"对话框,然后进行修改即可。删除超链接的方法是:右击超链接文本,在快捷菜单中选择"取消超链接"命令,或者在"编辑超链接"对话框中单击"删除链接"按钮。

## 7.6.2 插入音频

声音是传递信息、交流情感最方便、最熟悉的方式之一。在演示文稿的制作中,恰当地使用声音能使文件的表现形式多样、强化刺激观众的注意力。在PowerPoint 2010中应用的声音有3种类型,分别为背景音乐、剪贴画声音和真人配音。

**1. 插入剪贴画音频**

PowerPoint 2010在"剪辑管理器"中提供了许多声音样本,供用户使用。首先在幻灯片中选择需要插入剪贴画音频的幻灯片,切换至"插入"选项卡,单击"媒体"选项组中"音频"下三角按钮❶,在列表中选择"剪贴画音频"选项❷,在"剪贴画"导航窗格中选择合适的声音❸,即可的幻灯片中插入选择的声音,显示喇叭的形状❹,如下图所示。

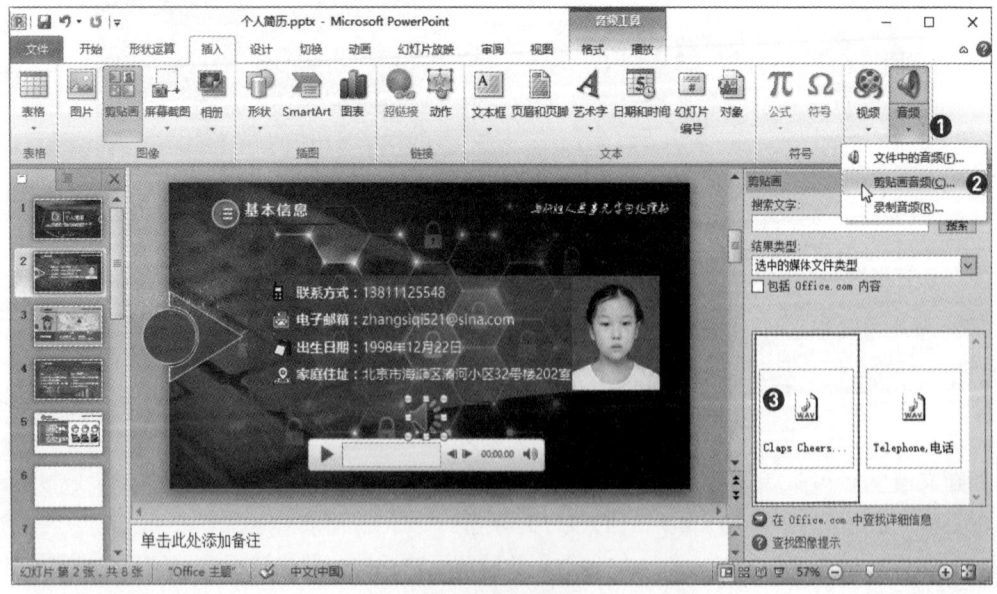

插入剪贴画音频

### 2. 插入文件中的音频

执行从文件中插入音频操作，可以将计算机中存储的声音文件插入到幻灯片中。首先选中需要开启音乐的页面，通常选择演示文稿中第1张幻灯片，切换至"插入"选项卡，单击"媒体"选项组中"音频"下三角按钮，在列表中选择"从文件中的音频"选项。打开"插入音频"对话框，选择音频文件的保存路径，在打开的列表框中选择合适的背景音乐❶，然后单击"插入"按钮❷，即可在当前幻灯片中插入喇叭的图标，并显示音频的浮动工具栏❸，如下图所示。

从文件中插入音频

### 3. 录制音频

用户可以根据演示文稿需要为其添加录制的声音，在放映的时候浏览者可以边看幻灯片的内容边听讲解。单击"音频"下三角按钮，在列表中选择"录制音频"选项，打开"录音"对话框，单击"开始录制"按钮，用户即可通过麦克风进行声音录制，如下图所示。

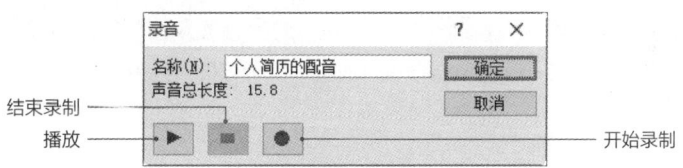

"录音"对话框

## 7.6.3 编辑音频

在幻灯片中插入音频文件后，通过"音频工具-播放"选项卡中各项功能，用户可以对音频文件进行进一步设置，如下图所示。

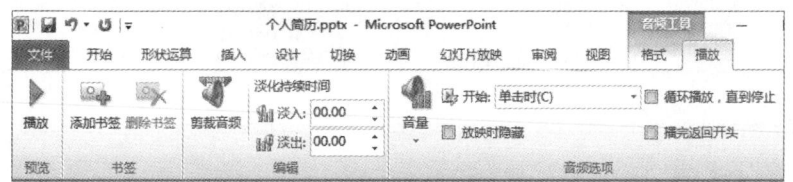

"音频工具-播放"选项卡

### 1. 设置音频选项

在"播放"选项卡的"音频选项"选项组中单击"音量"下三角按钮，在列表中可设置音量的低、中、高、静音4个等级，如下左图所示。若在"音频选项"选项组中单击"开始"右侧下三角按钮，在列表中可选择"自动"、"单击时"、"跨幻灯片播放"选项，如下中图所示。选择"自动"选项，则在显示幻灯片时自动开始播放音频文件；选择"单击时"选项，则单击声音图标时开始播放音频文件；选择"跨幻灯片播放"选项，则表示该音频文件所在幻灯片及之后的幻灯片均会播放音频文件直至停止。在"音频选项"选项组中勾选"放映时隐藏"复选框，则在放映幻灯片时音频图标自动隐藏，再同时勾选"循环播放，直到停止"和"播完返回开头"复选框，可设置音频文件重复播放，如下右图所示。

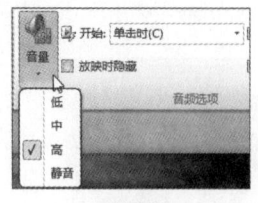 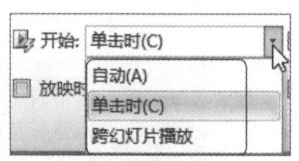 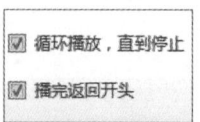

调整音量　　　　　　　　　设置播放方式　　　　　　　　设置循环播放

## 2. 裁剪音频

插入音频文件后，用户可根据需要对音频文件进行裁剪，编辑出需要的音乐片段。选择插入的音频图标，切换至"音频工具-播放"选项卡，单击"编辑"选项组中"剪裁音频"按钮❶，如下左图所示。打开"剪裁音频"对话框，可以在"开始时间"和"结束时间"数值框中设置起始和结束的时间❷，或者通过拖曳绿色和红色的剪裁标尺❸，设置剪裁时间，最后单击"确定"按钮❹，如下右图所示。

 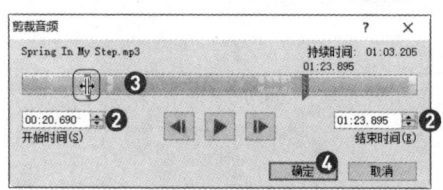

单击"剪裁音频"按钮　　　　　　　　　　　剪裁音频

在"剪裁音频"按钮的右侧可以设置淡化持续时间，对音频淡入和淡出进行设置，使出现声音或停止声音时不会太突兀。在"淡入"和"淡出"数值框中设置时间为几秒钟即可。

## 3. 压缩并保存音频

对音频进行裁剪后，还需要进行文件压缩，因为只有进行压缩并保存操作后，在播放演示文稿时才能正确播放剪裁的音频。

单击"文件"标签❶，在列表中选择"信息"选项❷，单击右侧"压缩媒体"下三角按钮❸，在列表中选择"演示文稿质量"选项❹，如下左图所示。打开"压缩媒体"对话框，显示压缩演示文稿中所有音频压缩的进度，完成后单击"关闭"按钮，如下右图所示。然后再执行保存操作即可。

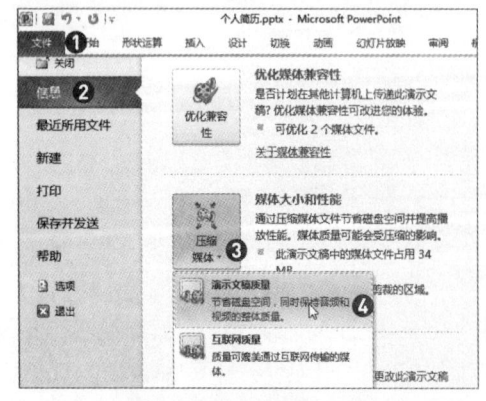 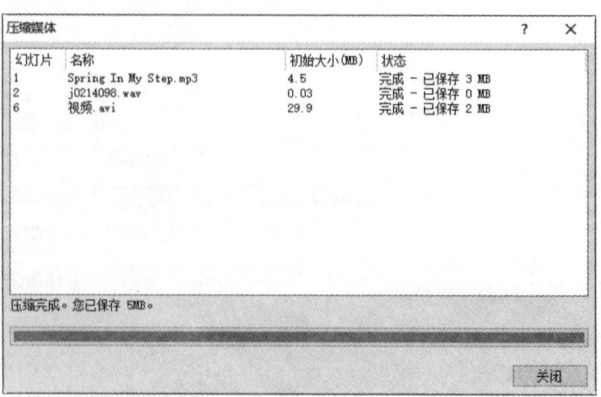

选择"演示文稿质量"选项　　　　　　　　　"压缩媒体"对话框

在"音频工具-格式"选项卡中,用户可以对音频图标进行美化操作,其操作和对图片美化操作类似,此处不再介绍,下图为"音频工具—格式"选项卡下的相关功能。

"音频工具-格式"选项卡

## 7.6.4 添加视频

视频影像是多媒体演示文稿中一个重要的媒体元素,PowerPoint 2010支持WMV、AVI、MPEG等格式的视频文件。在"插入"选项卡的"媒体"选项组中单击"视频"下三角按钮❶,在列表中包含3种添加视频的方式,如"文件中的视频"、"来自网站的视频"和"剪贴画视频"。这里选择"文件中的视频"选项❷,如下左图所示。打开"插入视频文件"对话框,选择视频文件保存的路径,再选择需要添加的视频❸,单击"插入"按钮❹,如下右图所示。

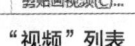

"视频"列表　　　　　　　　　　选择视频

即可在当前幻灯片中插入视频文件,在视频文件下方显示视频浮动工具栏。然后拖曳四周的控制点调整视频的大小,并放在合适的位置。此时功能区显示了"视频工具"选项卡,在"格式"子选项卡中对视频文件格式进行美化;在"播放"子选项卡中对视频文件的淡入淡出、播放方式等进行设置,如下图所示。

"视频工具-播放"选项卡

**提示:** 如果在"视频"列表中选择"来自网站的视频"选项,则打开"从网站插入视频"对话框,输入网络视频的HTML代码,即可将视频插入到幻灯片中。

# 7.7 幻灯片动画效果的应用

幻灯片的动画效果就是在放映演示文稿时，幻灯片中各个对象按照设置的顺序，以动画的方式依次显示出来。在PowerPoint 2010中，用户不仅可以对文本、图片、表格等对象设置进入、强调、退出和路径等动画效果，还可以为幻灯片创建交互式效果。

## 7.7.1 幻灯片动画的基本操作

在PowerPoint 2010软件的"动画"选项中，用户可以设置幻灯片中各元素的动画效果，其中绿色的动画代表进入动画效果；黄色代表强调动画；红色代表退出动画；线条的代表路径动画。读者理解了各种动画的效果后，即可创建生动的动画了。

### 1. 创建动画

首先在幻灯片中选择需要创建动画的对象❶，然后切换至"动画"选项卡❷，单击"动画"选项组中"其他"按钮，在打开的动画列表中选择合适的动画效果❸，同时选中的元素会显示该动画的效果，如下图所示。

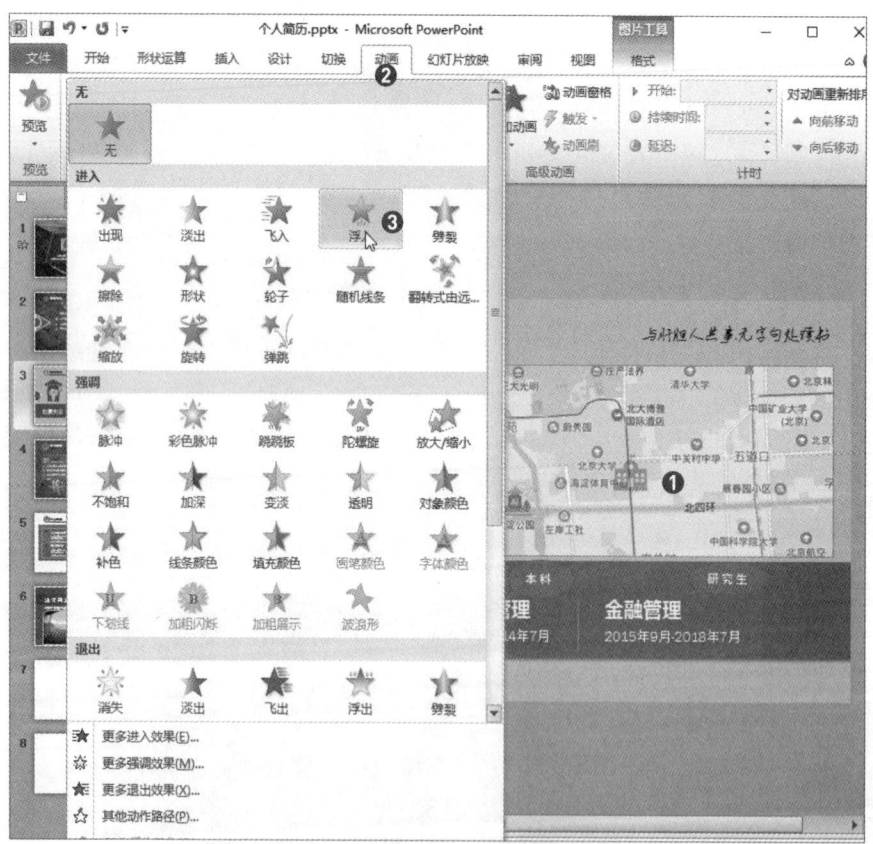

创建"浮入"动画效果

可见系统默认的是从下向上浮入，如果需要改变方向，可以单击"动画"选项组中"效果选项"下三角按钮❶，在列表中选择"下浮"选项❷，即可将动画效果设置为从上向下浮入，如下左图所示。

很多时候同一元素需要应用多个动画效果，如现在想将学校图标元素应用浮入的动画效果后，为了突出强调，再添加强调动画。首先保持该元素为选中状态，单击"高级动画"选项组中"添加动画"下三角按钮❶，在列表中"强调"动画区域选择合适的动画效果即可❷，如下右图所示。

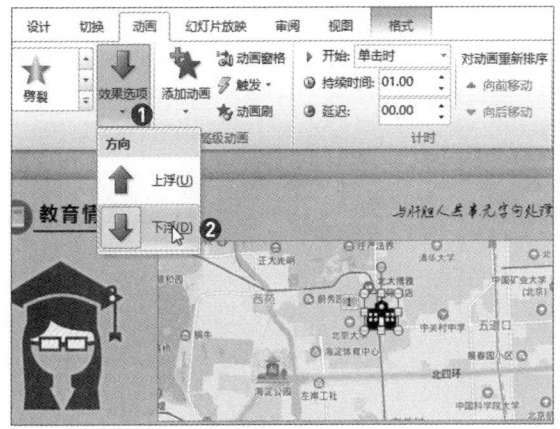
设置浮入的方向

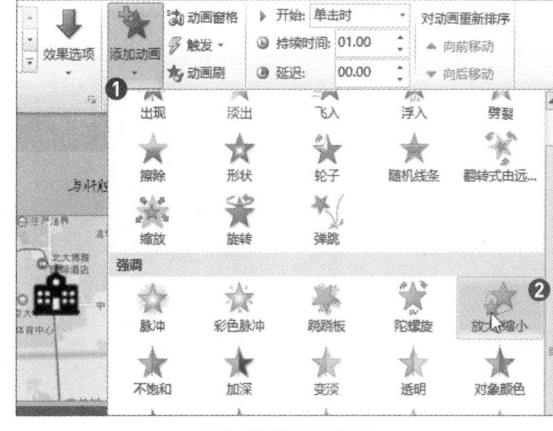
添加强调动画效果

当需要在同一元素上添加多个动画时，用户不能单击"动画"选项组中"其他"按钮，在列表中选择动画，因为这操作会覆盖之前的动画效果。

如果需要创建路径动画，则选择元素后，单击"动画"选项组中"其他"按钮，在列表的"动作路径"选项区域中选择合适的动作路径选项即可，此时可以预览动画效果。用户也可以在列表中选择"自定义路径"选项，光标将变为黑色十字形状，在当前幻灯片中绘制路径。在绘制路径时，可以像使用铅笔一样进行任意绘制，在幻灯片中单击并按住鼠标左键拖曳进行绘制；也可单击鼠标，然后移至下一点再单击，即可绘制直线，根据需要再绘制路径在结束点双击即可。路径绘制完成后，在路径上显示浅绿色和红色三角形，浅绿色表示路径的起点，红色表示路径的终点，如下图所示。

创建动作路径动画

在设置动画的左上角显示编号表示为元素设置动画的顺序。动画设置完成后，如果需要预览动画效果，则单击"动画"选项卡"预览"选项组中"预览"按钮，即可查看设置的动画效果。

#### 2. 设置动画

动画创建完成后，还需要对动画的播放方式、持续时间或延迟等进行设置，这样才能让动画更有秩序地放映。

（1）查看动画的列表

在同一幻灯片中创建多个动画时，可以在"动画窗格"中查看动画的列表。首先切换至"动画"选项卡，单击"高级动画"选项组中"动画窗格"按钮，即可在页面的右侧打开"动画窗格"导航窗格，如下左图所示。选中某动画时，单击右侧的下三角按钮可打开菜单，在菜单列表中包含"单击开始"、"从上一项开始"、"从上一项之后开始"、"效果选项"、"计时"、"隐藏高级日程表"、"删除"等选项，如下右图所示。

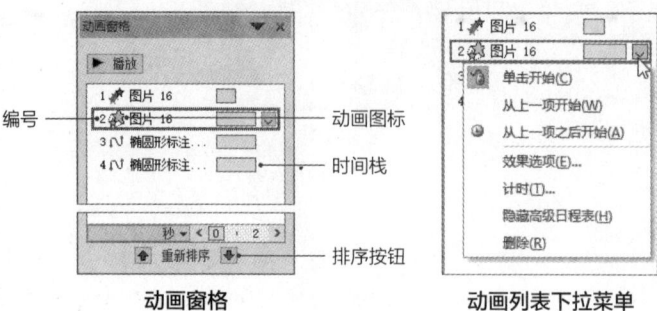

动画窗格　　　　　　　　动画列表下拉菜单

（2）设置动画时间

选择某一动画后，在"动画"选项卡的"计时"选项组中可以设置动画的开始方式、持续时间和延迟时间，如右图所示。在"计时"选项组中设置"持续时间"，表示动画将要运行的持续时间；设置"延迟"时间，即动画开始前的延迟时间。单击"开始"下三角按钮，在列表中可以选择动画开始的方式，包括"单击时"、"与上一动画同时"、"上一动画之后"3个选项。

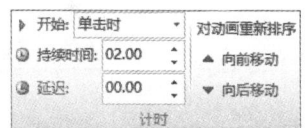

"计时"选项组

## 7.7.2 为幻灯片添加切换效果

幻灯片切换动画是指在幻灯片放映过程中，从一张幻灯片移到下一张幻灯片时出现的动画效果，这样可以使幻灯片在放映时更加生动，也不会导致切换产生的突兀感。

幻灯片的切换效果和设置动画效果相似，首先选择第2张幻灯片，切换至"切换"选项卡，单击"切换至此幻灯片"选项组中"其它"按钮，在打开的列表中选择"立方体"效果，如下左图所示。单击"切换到此幻灯片"选项组中"效果选项"下三角按钮，在列表中选择"自右侧"选项，表示切换时从右向左进行。然后在"计时"选项组中设置持续时间为2秒，取消勾选"单击鼠标时"复选框，勾选"设置自动切换片时间"复选框，并设置时间为2秒，最后单击"全部应用"按钮，如下右图所示。此设置表示以立方体方式切换幻灯片时间为2秒，停留2秒后自动切换幻灯片，将演示文稿中所有幻灯片都应用设置的切换动画。

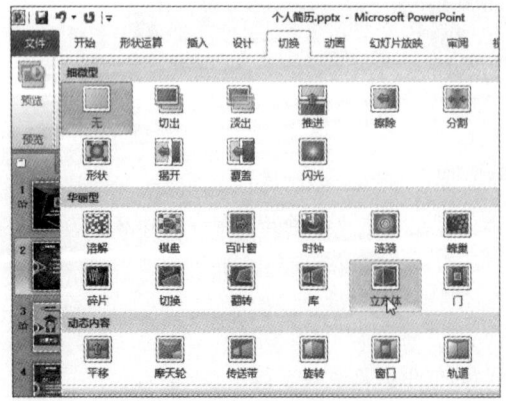
选择"立方体"效果选项

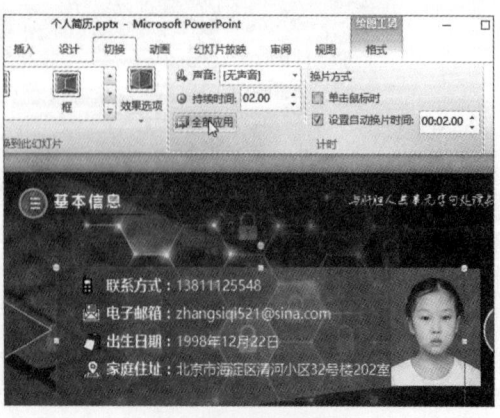
设置切换动画

设置完成后,用户可以预览切换的动画效果,可以看到前后两张幻灯片像是正方体两个相邻的边连接在一起进行转动,效果如下图所示。

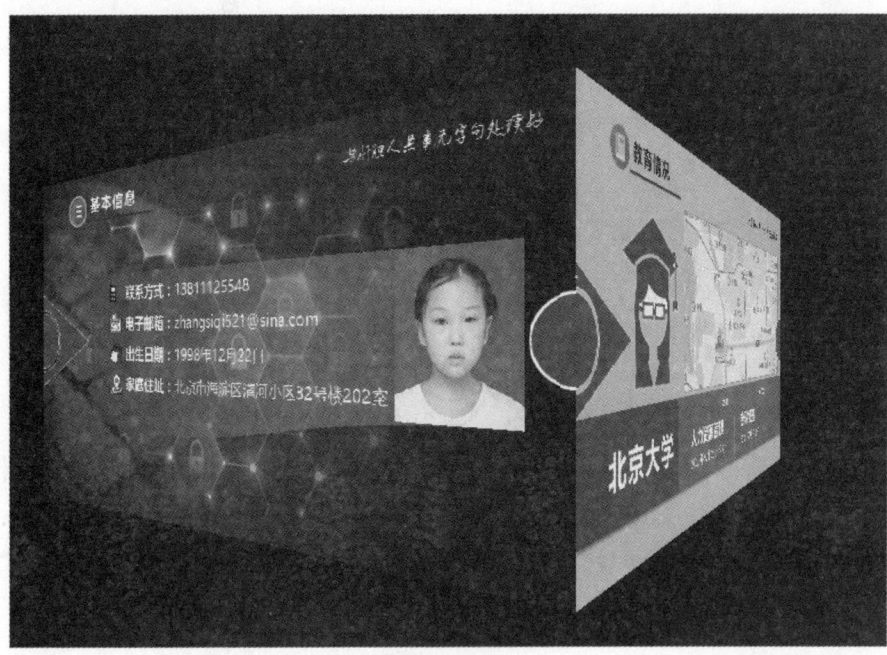

**查看切换效果**

用户如果需要设置切换幻灯片时的声音,可以单击"计时"选项组中"声音"下三角按钮,在列表中选择预设的声音类型。

## 7.8 演示文稿的放映

精心制作演示文稿后,用户可以根据需要设置放映的方式,或将幻灯片发布的内容传达给更多的人,还可以将演示文稿以不同的形式输出或打印,以便日后使用。

### 7.8.1 设置放映方式

PowerPoint提供了3种幻灯片的放映方式,以满足不同场合使用。3种幻灯片的放映方式分别为演讲者放映、观众自行浏览和在展台浏览。

演讲者放映是PowerPoint默认的放映方式,也是我们最常使用的方式,是以演讲者为主导的放映类型。打开"个人简历演示文稿.pptx",切换至"幻灯片放映"选项卡,单击"设置"选项组中"设置幻灯片放映"按钮❶,如下左图所示。打开"设置放映方式"对话框,在"放映类型"选项区域中设置放映的类型,选中"演讲者放映(全屏幕)"单选按钮❷,在"放映幻灯片"选项区域中设置放映的幻灯片范围,若选择"全部"单选按钮,表示所有幻灯片都放映;若选择"从"单选按钮,可以设置放映幻灯片的起始和结束的幻灯片编号,如放映第2到第8张幻灯片❸。在"放映选项"选项区域中勾选"循环放映,按Esc键终止"复选框❹,在"换片方式"选项区域中选择"手动"单选按钮❺,即可完成演讲者放映的设置,如下右图所示。

"观众自行浏览"和"在展台浏览"放映方式的设置和"演讲者放映"相似,在此不进行详细介绍。

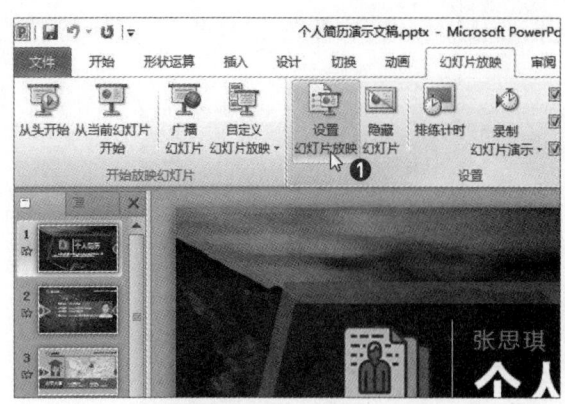

单击"设置幻灯片放映"按钮

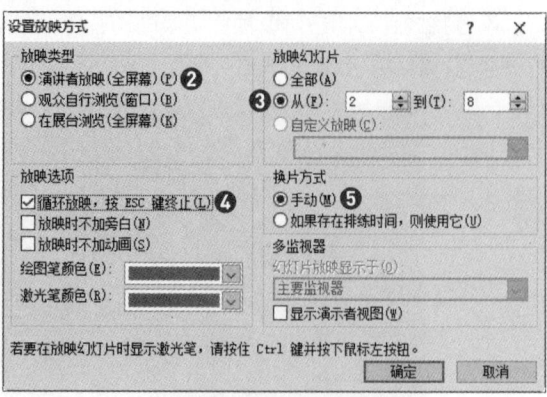

设置演讲者放映参数

## 7.8.2 自定义放映

为了满足不同场合或不同观众的需求,可以对同一份演示文稿进行多种不同的放映设置,如设置幻灯片放映的张数和顺序。

打开演示文稿,切换至"幻灯片放映"选项卡❶,单击"开始放映幻灯片"选项组中"自定义幻灯片放映"下三角按钮❷,在列表中选择"自定义放映"选项❸,如右图所示。

打开"自定义放映"对话框,单击"新建"按钮❶,即可打开"定义自定义放映"对话框,在"幻灯片放映名称"文本框中输入"人事专员的幻灯片"❷,然后在"演示文稿中的幻灯片"列表框中显示演示文稿中所有幻灯片,选择合适的幻灯片❸,单击"添加"按钮❹,即可将选中的幻灯片添加至"在自定义放映中的幻灯片"列表框中,单击"确定"按钮❺,如下图所示。如果需要将添加的某幻灯片删除,则选中幻灯片后,单击"删除"按钮即可。

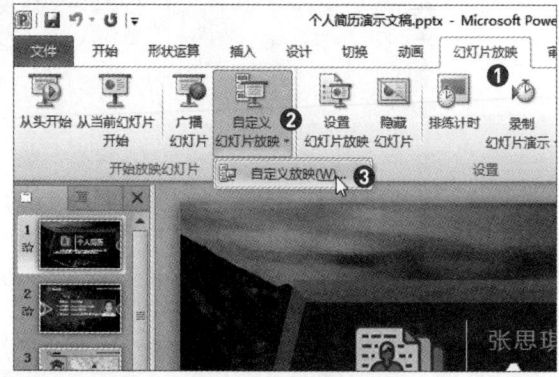

选择"自定义放映"选项

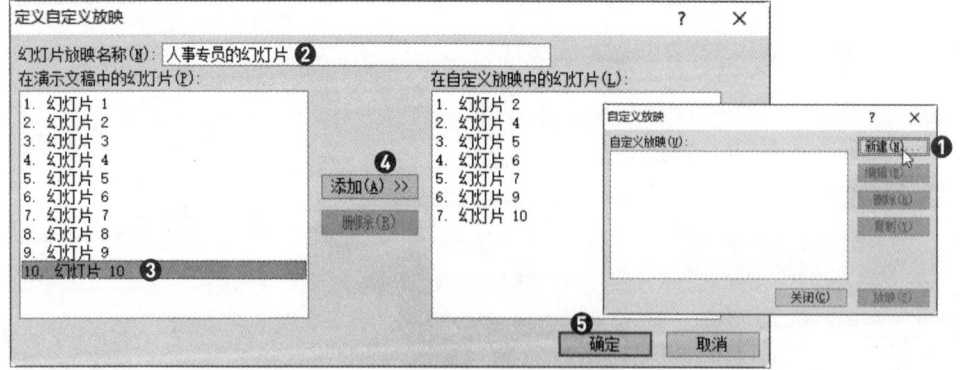

自定义幻灯片放映

返回"自定义放映"对话框,可见在"自定义放映"列表框中显示创建的自定义幻灯片,关闭该对话框。返回演示文稿中,再次单击"自定义幻灯片放映"下三角按钮❶,在列表中选择自定义幻灯片的名称❷,即可全屏放映选中的幻灯片了,如下图所示。

放映自定义的幻灯片

**提示:** 在放映幻灯片时,演讲者可以通过录制旁白实现讲解。首选切换至"幻灯片放映"选项卡,在"设置"选项组中单击"录制幻灯片演示"下三角按钮❶,在列表中选择合适的选项,如"从当前幻灯片开始录制"选项❷,如右图所示。打开"录制幻灯片演示"对话框,可以保持默认设置,单击"开始录制"按钮,即可边放映幻灯片边录制旁白,单击"下一项"按钮,可跳转至下一页录制。

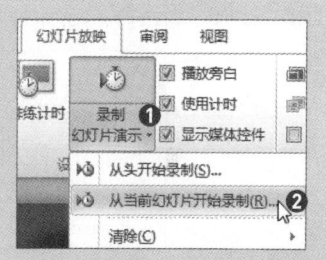

录制旁白选项

## 7.8.3 发布演示文稿

完成演示文稿创建后,为了方便重复使用这些幻灯片,可以直接发布演示文稿中的幻灯片。打开演示文稿,单击"文件"标签❶,在列表中选择"保存并发送"选项❷,在中间选项区域中选择"发布幻灯片"选项❸,单击右侧区域中"发布幻灯片"按钮❹,如下图所示。

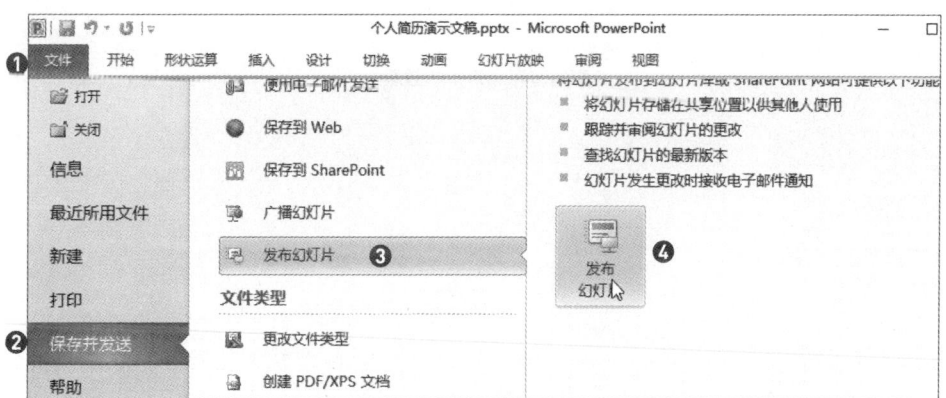

单击"发布幻灯片"按钮

打开"发布幻灯片"对话框,单击"全选"按钮❶,可见在"选择要发布的幻灯片"列表框中勾选所有幻灯片,单击"发布至"右侧"浏览"按钮❷,如下左图所示。打开"选择幻灯片库"对话框,选择幻灯片发布的位置❸,单击"选项"按钮❹,如下右图所示。返回"发布幻灯片"对话框,单击"发布"按钮,即可完成发布。

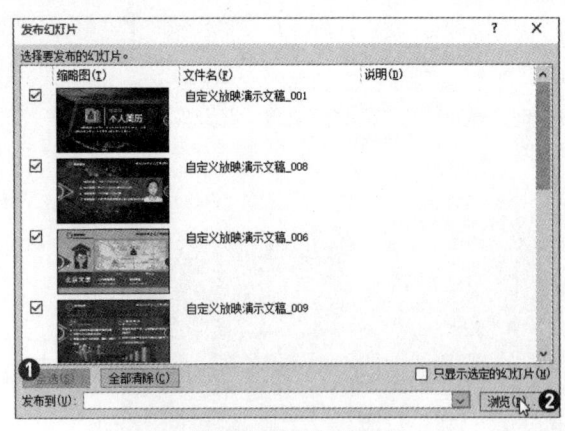
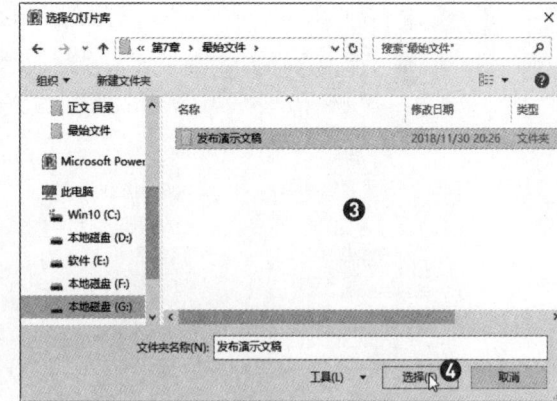

"发布幻灯片"对话框　　　　　　　　　　　选择发布幻灯片位置

幻灯片随即发布到指定的文件夹中,打开该文件夹,可以看到发布的幻灯片的信息,如修改日期、类型和大小等,而且每张幻灯片都单独保存在一页演示文稿中,如下图所示。

查看发布幻灯片的效果

# Chapter 08 计算机网络及应用

计算网络是计算机与通信的结合，通信网络为计算机的数据传送和交换提供了必要的手段，而数字技术的发展又提高了通信网络的性能。计算机网络的异常迅猛发展，引发了一场"信息系统"的革命。本章主要介绍计算机网络的功能、组成、分类、发展与应用的相关知识。

思维导图

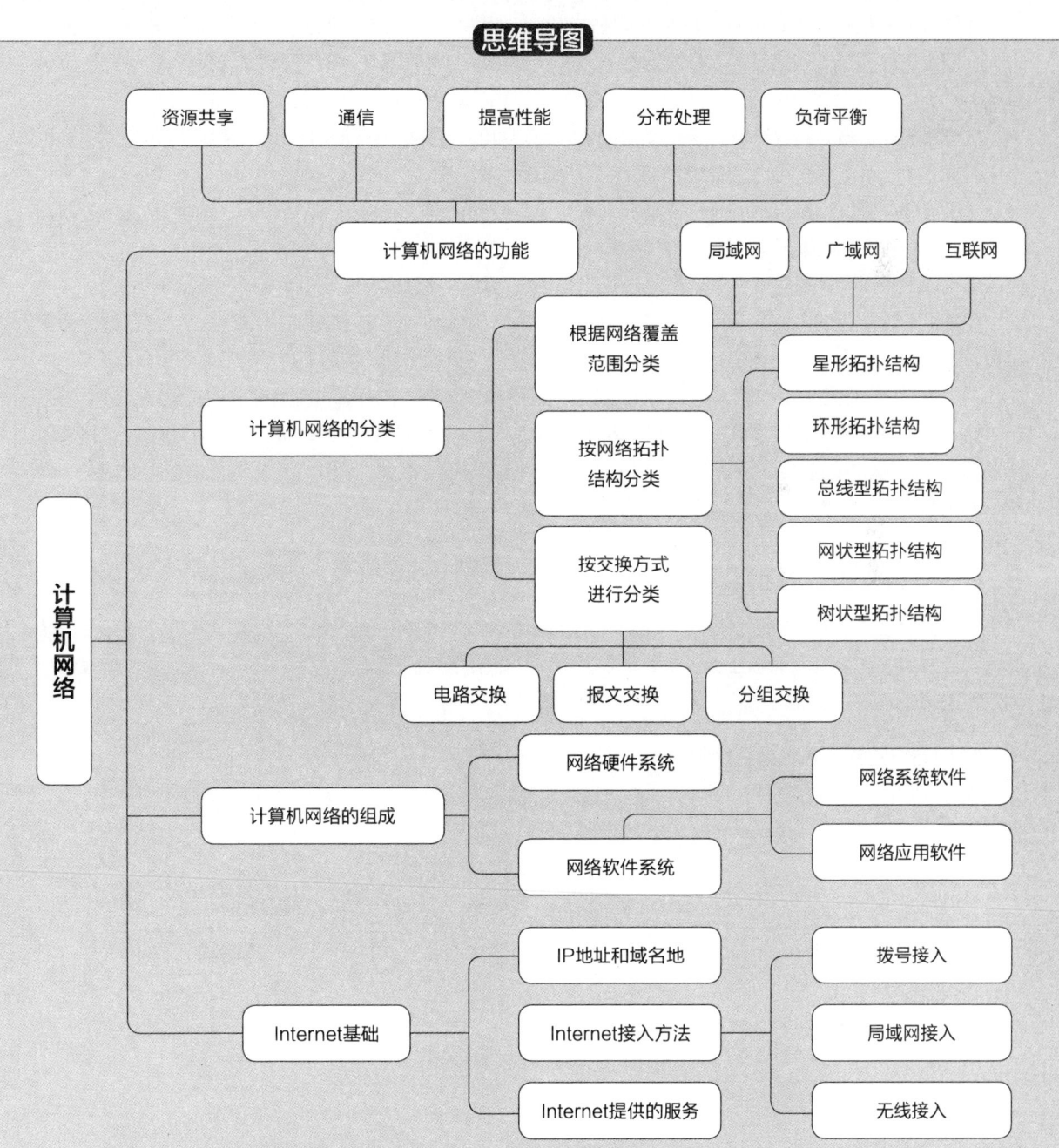

# 8.1 计算机网络概述

21世纪的一些重要特征包括工作生活的数字化、网络化和信息化,这是一个以网络为核心的信息时代。计算机网络是计算机技术与通信技术紧密结合的产物,它出现的历史虽然不长,但是发展速度非常迅速。计算机网络的出现推动了信息产业的发展,对当今社会经济的发展起着重要作用,对人类社会的进步做出巨大的贡献。

## 8.1.1 计算机网络的定义

计算机网络是指将地理位置不同的具有独立功能的多台计算机及其外部设备,通过通信线路连接起来,在网络操作系统、网络管理软件及网络通信协议的管理和协调下,实现资源共享和信息传递的计算机系统。

从逻辑功能上看,计算机网络是以传输信息为基础目的,用通信线路将多个计算机连接起来的计算机系统的集合,一个计算机网络组成包括传输介质和通信设备。

从用户角度看,计算机网络是存在着一个能为用户自动管理的网络操作系统。由它调用完成用户所调用的资源,而整个网络像一个大的计算机系统一样,对用户是透明的。

从整体上来说,计算机网络就是把分布在不同地理区域的计算机与专门的外部设备用通信线路互联成一个规模大、功能强的系统,从而使众多的计算机可以方便地互相传递信息,共享硬件、软件、数据信息等资源。

"网络"主要包含连接对象、连接介质、连接的控制机制等要素。计算机网络连接的对象是各种类型的计算机(如大型计算机、工作站、微型计算机等)或其他数据终端设备(如各种计算机外部设备、终端服务器等)。计算网格的连接介质是通信线路(如光缆、同轴电缆、微波、卫星等)和通信设备(如网关、网桥、路由器等),其控制机制是各层的网络协议和各类网络软件。

## 8.1.2 计算机网络的发展

计算机网络技术的发展速度与应用的广泛程度是人类科技发展史上的奇迹。随着计算机技术和通信技术的不断发展,计算机网络也经历了从简单到复杂、从单机到多机的发展过程,其发展过程大致可以细分为以下4个阶段。

**1. 面向终端的计算机通信网络**

20世纪50年代,计算机网络进入到面向终端的阶段,以主机为中心,通过计算机实现与远程终端的数据通信。经过不断改进,至60年代形成面向终端的计算网络,如下图所示。

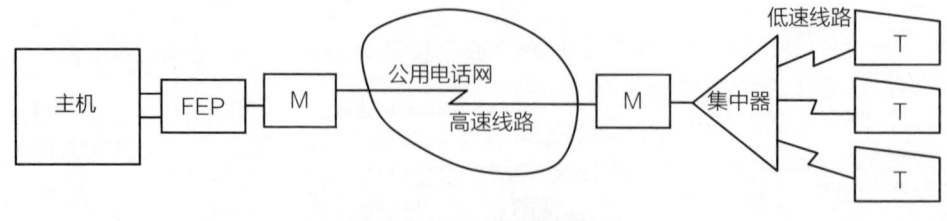

**面向终端的计算机通信网络**

下面介绍图中各部分的含义：
- **主机**：主要进行数据处理。
- **FEP**：前端处理机（front end processor），分工完成通信任务的设备。一般用功能较弱的计算机。
- **M**：调制解调器，用于把计算机或终端的数字信号变换成可以在通信线路上传送的信号，并完成相反的变换。
- **集中器**：通信处理机。它的一端用高速线路与主机相连，另一端用多条低事线路与终端相连。

这一阶段计算机网络的主要特点是，数据集中式处理，数据处理和通信处理都是通过主机完成，这样数据的传输速率就受到了限制；系统的可靠性和性能完全取决于主机的可靠性和性能，但这样却能便于维护和管理，数据的一致性也较好；主机的通信开销较大，通信线路利用率低，对主机依赖性大。

远程终端计算机通信网是以单个主机为中心的计算机通信网，各终端通过通信线路共享主机的硬、软件资源，被称为第一代计算机网络。

### 2. 以通信子网为中心的计算机网络

计算机网络发展的第二个阶段是以通信子网为中心的网络阶段，它是在20世纪60年代中期发展起来的，由若干台计算机相互连接成一个系统，即利用通信线路将多台计算机连接起来，实现了计算机与计算机之间的通信。

分组交换网是以通信子网为中心、主机和终端为外围构成用户资源子网，因此它不仅可共享通信子网的资源，而且还可共享用户子网中的硬、软件资源，称为第二代计算机网络。下图为公用分组交换网的示意图。

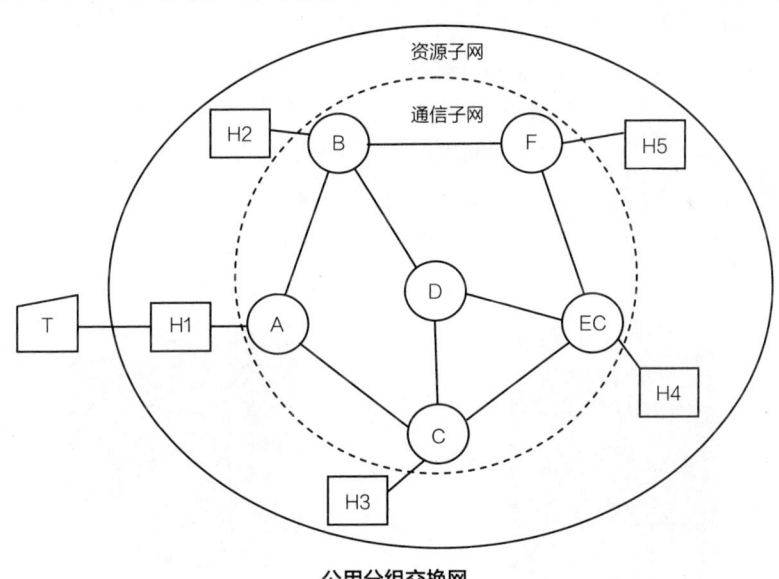

**公用分组交换网**

下面介绍图中各部分的含义：
- **A、B、…、F**：表示结点交换机，是负责通信的计算机，由A、B、…、F构成的交换网称为通信子网。
- **H1、H2、…、H5**：表示独立的可进行通信的主机。
- **网络的工作过程为**：当主机H1向另一个主机H2发送数据时，首先将数据划分成若干个行长的分组，然后装饰这些分组一个接一个地发往与H1相邻的结点A。当结点A接受到分组，先放入缓存区，再按一定的路由算法确定分组下步将发往哪个结点，如此一个结点一个结点传递，直到发送到最终上报H2主机。

第二代计算机网络的标志是美国国防部高级研究计划局研制的ARPANET（阿帕网），该网络首次使用了分组交换技术，为现代计算机网络的发展奠定了基础。

ARPANET实际上是20世纪60年低冷战时期的产物，当时美国军方要求该网络必须具有很强的生存性且能够适用现代战争。根据这一要求，一批专家提出了分组瓷缸技术并应用于ARPANET中。分组交换技术是计算机网络的关键技术，大大推动了计算机网络的发展。

以现在的水平论，这个最早的网络显得非常原始，传输速度也慢的让人难以接受。但是，阿帕网的四个节点及其链接，已经具备网络的基本形态和功能。所以阿帕网的诞生通常被认为是网络传播的"创世纪"。

### 3. 面向标准化的计算机网络

20世纪70年代末至20世纪80年代初，微型计算机得到了广泛地应用，各机关和企事业单位为了适应办公自动化的需要，迫切要求将自己拥有的为数众多的微型计算机、工作站、小型计算机等连接起来，以达到资源共享和相互传递信息的目的，而且迫切要求降低联网费用。提高数据传输效率。但是，这一时期计算机之间的组网是有条件的，在同网络中只能存在同一厂家生产的计算机，其他厂家生产的计算机无法接入。

在该阶段比较著名的有IBM公司于1974年公布的系统网络体系结构SNA（System Network Architecture），美国DEC公司于1975年公布的分布式网络体系结构DNA（Distributing Network Architectrue）。这样世界范围内不断出现了一些按照不同概念设计的网格，有力地推动了计算机网络的发展和广泛使用。对同一体系结构的网络产品互联是比较容易的，而不同体系结构的网络产品却很难实现互联。因此，国际标准化组织ISO（International Standards Organization）在1984年公布了名为开放式系统互联参考模型PSI/RM的国际标准化网络体系结构，从此计算机网络走上了标准化的道路。OSI参考模型如下左图所示。

在ARPANET的基础上，形成了以TCP/IP为核心的因特网。任何一台计算机只要遵循TCP/IP协议族标准，并有一个合法的IP地址，就可以接入到Internet。TCP和IP是Internet所采用的协议族中最核心的两个，分别称为传输控制协议（Transmission Control Protocol, TCP）和互连网协议（Internet Protocol, IP）。TCP/IP模型如下右图所示。把体系结构标准化的计算机网络称为第3代计算网络。

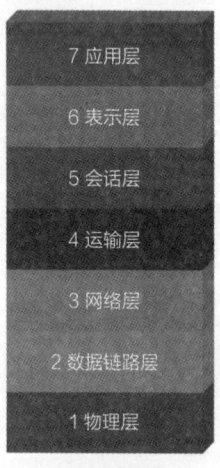

OSI参考模型

TCP/IP模型

提出网络系统结构标准化具有重大的意义，具体如下。
- 开放系统。
- 异种独立工作的计算机系统入网互联。

- 网络资源/用户资源共享。
- 层次结构和通信协议

### 4. 面向全球互联的计算机网络

从20世纪90年代末至今，计算机网络的发展正处于第4阶段，该阶段计算机网络发展的特点是高效、互联、高速、智能化以及全球化。1993年美国政府发布了名为"国家信息基础设施行动计划"的文件，其核心是构建国家信息高速公路。

这一时期在计算机通信与网络技术方面以 高速率、高服务质量、高可靠性等为指标，出现了高速以太网、VPN、无线网络、P2P网络、NGN等技术，计算机网络的发展与应用渗入到人们生活的各个方面，进入一个多层次的发展阶段。该阶段整个网络就像一个对用户透明的大计算系统，发展为以Internet为代表的互联。Internet基础结构大体上经历了三个阶段的演进： 分组交换网 ARPANET、三级计算机网络、多级结构网络。下图为三级结构的Internet。

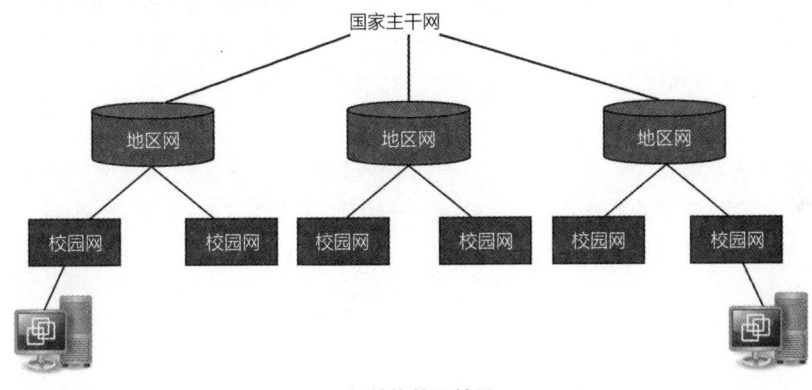

三级结构的因特网

## 8.1.3 计算机网络的分类

计算机网络的分类方式有很多种，可以按网络的覆盖范围、交换方式、网络拓扑结构等分类。下面将按不同的分类方式，对计算机网络的分类进行详细介绍。

### 1. 根据网络的覆盖范围分类

网络的覆盖范围即网络中各结点分布的地理范围，可以分为局域网、广域网和互联网。

（1）局域网

局域网（Local Area Network，LAN）是在一个局部的地理范围内（如一个学校、工厂和机关内），一般是方圆几千米以内，将各种计算机、外部设备和数据库等互相联接起来组成的计算机通信网。它可以通过数据通信网或专用数据电路，与远方的局域网、数据库或处理中心相连接，构成一个较大范围的信息处理系统。

由上述定义可知，局域网的主要特点归纳如下。
- 地理范围有限，一般在1~2千米以内。
- 数据传输可靠，误码率低。
- 具有较高的通频带宽度和数据传输轨，一般为10Mbit/s~1000Mb/s。
- 布局规范，大多数局域网采用总线及环形拓扑结构，结构简单，而且容易实现。
- 结点间高度的互联能力，使每个联网设备都能与其他设备通信。
- 能直接在任何两个结点之间传输数据。

- 网络控制趋向于分布式，一般不需要中心结点或中央控制器，这样避免或减小了一个结点故障对整个网络工作的影响。

（2）广域网

广域网（Wide Area Network，WAN）又称为远程网，当人们提到计算机网络时，通常指的就是广域网。广域网是连接不同地区局域网或城域网计算机通信的远程网，通常跨接很大的物理范围，所覆盖的范围从几十公里到几千公里，它能连接多个地区、城市和国家，或横跨几个洲并能提供远距离通信，形成国际性的远程网络。通常是邮电事业部门经营和管理、超越部门和局域的向公众提供使用的远程公用信息通信网。

广域网的特点介绍如下：

- 覆盖范围广，可达数千公里，甚至全球。
- 广域网没有固定拓扑结构。
- 传输率低，由于广域网分布范围大，不可能为它建立昂贵的专用通信网，通常是借用传统的公共传输入网，而这类传输网原本是用来传送声音级信号，致使广域网的数据传输率较低。
- 误码率高，由于传输距离远，又依靠公共传输网，因此误码率较高。
- 网络分布不规则。

广域网分为通信子网与资源子网两部分，主要是由一些结点交换机和连接这些交换机的链路组成。结点交换机执行将分组存储转发的功能。广域网的链路一般分为传输主干和末端用户线路，根据末端用户线路和广域网类型的不同，有多种接入广域网的技术，并提供各种接口标准。广域网结构示意图，如下图所示。

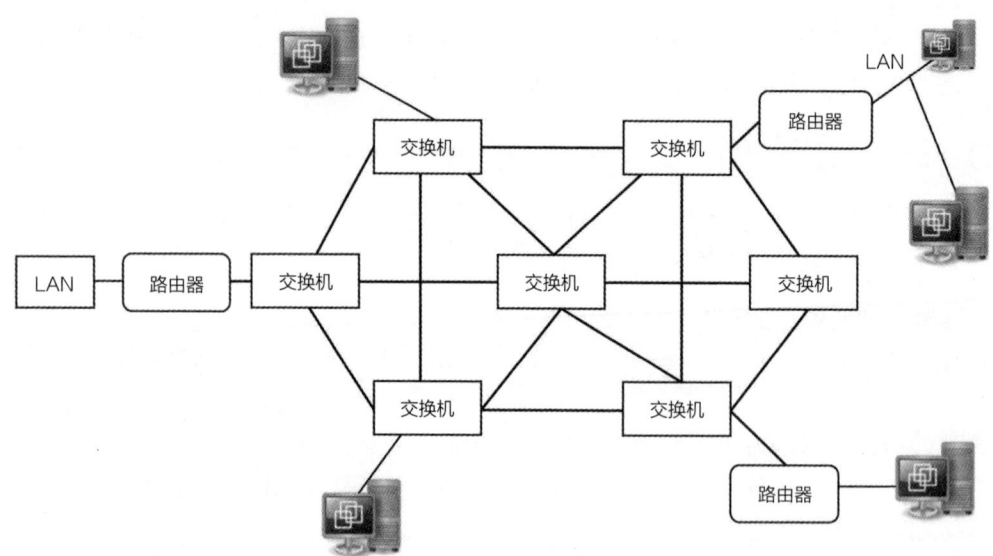

广域网结构图

（3）互联网

20世纪80年代AROANET开发使用了TCP/IP协议，并把它加入到UNIX系统内核中，解决了异种机网络互联的一系列理论与计术问题，使ARPANET与MILNET等几个计算网络构成互联网。此后又由于局域网和广域网的迅速发展，为了共享资源，提高网络的整体可靠性，互联网有了进一步的发展。

网络互联包括局域网和局域网互联、局域网与广域网互联以及广域网之间互联。互联网是树形结构，又称为层次形结构。位于树形结构的不同层次上的结点，其地位是不同的。不同层次的网络在管理、信息交换等问题上是不平等的。

互联网受欢迎的根本原因在于它的成本低,优点介绍如下:
- 互联网能够不受空间限制来进行信息交换。
- 信息交换具有时域性。
- 交换信息具有互动性(人与人、人与信息之间可以互动交流)。
- 信息交换的使用成本低(通过信息交换代替实物交换)。
- 信息交换的发展趋向于个性化(容易满足每个人的个性化需求)。
- 使用者众多。
- 有价值的信息被资源整合,信息储存量大、高效、快速。
- 信息交换能以多种形式存在(视频、图片、文字等等)。

**2. 按网络拓扑结构分类**

按网络拓扑结构进行分类,可以分为五类:星形网络、树形网络、总线形网络、环形网络、网状网络。网络的拓扑结构是指网络中各结点之间互联的构型,不同拓扑结构的网络其信息的访问技术、利用率以及信息的延迟、吞吐量、设备开销等各不相同,因此分别适用于不同规模、不同用途的场合。

(1)星形拓扑结构

星形布局是以中央结点为中心与各结点连接而组成的,各个结点间不能直接通信,而是经过中央结点控制进行通信。这种结构适用于局域网,特别是近年来连接的局域网大都采用这种连接方式。星形拓扑结构如下左图所示。

(2)环型拓扑结构

环形网中各结点通过环路接口连在一条首尾相接的闭合环形通信线路中,环路上任何结点均可以请求发送信息。这种结构特别适用于实时控制的局域网系统。环型拓扑结构如下右图所示。

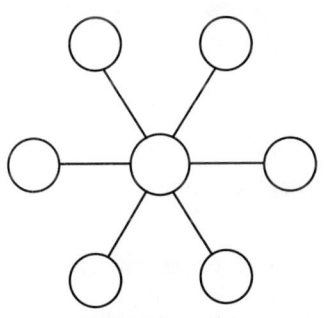
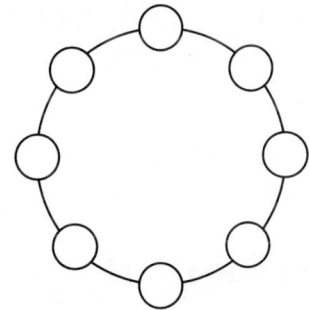

**星形拓扑结构**　　　　　　　　　　**环型拓扑结构**

环型拓扑结构的优点是安装容易,费用较低,电缆故障容易查找和排除。有些网络系统为了提高通信效率和可靠性,采用了双环结构,即在原有的单环上再套一个环,使每个节点都具有两个接收通道,简化了路径选择的控制,可靠性较高、实时性强。

(3)总线型拓扑结构

网络中各节点连接在一条公用的通信电缆上,采用基带传输,任何时刻只允许一个节点占用线路,并且占用者拥有线路的所有带宽,即整个线路只提供一条信道。总线型拓扑结构如下左图所示。

(4)树型拓扑结构

树型网络把所有的节点按照一定的层次关系排列起来,最顶层只有一个节点,越往下节点越多。树型拓扑结构就像一棵"根"朝上的树,与总线拓扑结构相比,主要区别在于总线拓扑结构中没有"根"。这种拓扑结构的网络一般采用同轴电缆，用于军事单位、政府部门等上、下界限相当严格和层次分明的部门。树型拓扑结构如下中图所示。

（5）网状型拓扑结构

将多个子网或多个网络连接起来构成网际拓扑结构。在一个子网中，集线器、中继器将多个设备连接起来，而桥接器、路由器及网关则将子网连接起来。网状型拓扑结构如下右图所示。

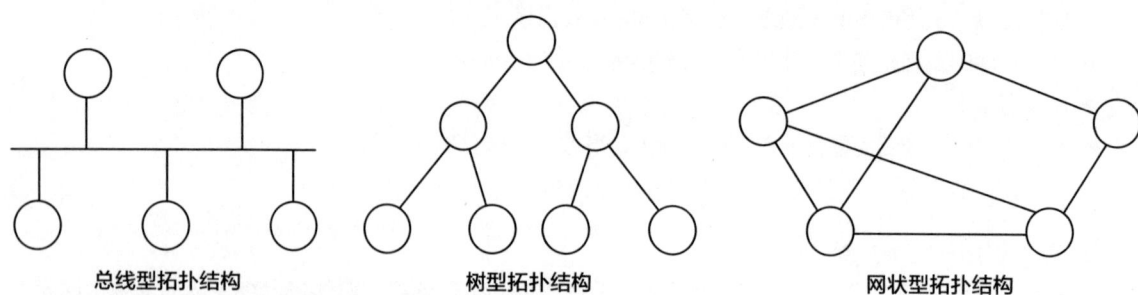

总线型拓扑结构　　　　　　　　树型拓扑结构　　　　　　　　网状型拓扑结构

**3. 按交换方式进行分类**

按交换方式来分类，计算机网络可以分为电路交换网、报文交换网和分组交换网。

（1）电路交换（Circuit Switching）

电路交换类似于传统的电话交换方式，用户在开始通信前，必须申请建立一条从发送端到接收端的物理信道，并且在双方通信期间始终占用该信道。

（2）报文交换（Message Switching）

报文交换类似于古代的邮政通信方式，数据单元是要发送的一个完整报文，其长度并无限制。采用的是存储-转发原理。

（3）分组交换（Packet Switching）

分组交换也称为包交换方式，采用分组交换方式前，发送端先将数据划分为一个个等长的单位（即分组），这些分组逐个由各中间节点采用存储-转发方式进行传输。

计算机网络按网络的使用范围可分为公用网和专用网；按通信介质可分为有线网和无线网；按通信速率可分为低速网、中速网和高速网；按网络环境可分为部门网络、企业网络和校园网络。计算机网络的分类很多，此处就不一一列举，有兴趣的读者可以查阅相关书籍或网络搜索。

## 8.1.4　计算机网络的功能

计算机网络的核心问题是实现资源共享和提供强有力的通信手段，其功能主要包括实现资源共享，实现数据信息的快速传递，提高可靠性，提供负载均衡与分布式处理能力，集中管理以及综合信息服务。

- **资源共享**：应用计算机网络的主要目的是共享资源。通常情况下，网络中可共享的资源有硬件资源、软件资源和数据资源，其中数据资源是最重要的。数据资源共享有搜索与查询的信息、Web服务器上的主页及各种链接、FTP服务器中的软件、各种各样的电子出版物、网上消息、报告和广告、网上大学、网上图书馆等等。
- **通信**：数据通信是计算机与终端、计算机与计算机间的数据传输，是计算机网络最基本的功能。通信功能可以将分布在不同地理位置的计算机用户相互通信、交流信息。计算机网络可以传输数据以及声音、图像、视频等多媒体信息。利用网络的通信功能，可以发送电子邮件、打电话、在网上举行视频会议等。

- **提高性能：** 网络中的每台计算机都可通过网络相互成为后备机。如果某台计算机出现故障，它的任务就可由其他的计算机代为完成，这样可以避免在单机情况下，一台计算机发生故障引起整个系统瘫痪的现象，从而提高系统的可靠性。
- **分布处理：** 网络技术的发展，使得分布式计算成为可能。对于大型的课题，可以分为许多小的子题目，由不同的计算机分别完成，然后再集中起来解决问题。分布处理将一个作业的处理分为三个阶段：提供作业文件；对作业进行加工处理；把处理结果输出。
- **负荷平衡：** 负荷平衡是指工作被均匀地分配给网络上的各台计算机。网络控制中心负责分配和检测各计算机的运行状态，当网络中某台计算机负荷过重时，通过网络和一些应用程序的控制和管理，可以将任务交给网络上其他计算机处理。

## 8.1.5　计算机网络协议

计算机网络协议就是网络规则，是各种硬件和软件共同遵循的守则。实际上，只要想让连接在网络上的计算机做任何工作，都需要有协议的支持。协议的出现让不同厂商之间生产的计算机只要能够支持同一种协议就能实现正常通信，进行交流。

网络协议是由三个要素组成：

（1）语义

语义是解释控制信息每个部分的意义。它规定了需要发出何种控制信息，以及完成的动作与做出什么样的响应。

（2）语法

语法是用户数据与控制信息的结构、格式以及数据出现的顺序。

（3）时序

时序是对事件发生顺序的详细说明，也可称为同步，其包括两方面的特征：数据何时发送以及以多快的速率发送。

人们形象地把这三个要素描述为：语义表示要做什么、语法表示要怎么做、时序表示做的顺序。

下面以表格的形式展示常用的协议，如表8-1所示。

表8-1　常用的协议

| 网络体系结构 | 协议 | 主要用途 |
| --- | --- | --- |
| TCP/IP | IP、ICMP、TCP、UDP、HTTP、TELNET、SMTP… | 互联网、局域网 |
| IPX/SPX(NetWare) | IPX、SPX、NPC… | 个人电脑局域网 |
| AppleTalk | DDP、RTMP、AEP、ZIP… | 苹果公司产品局域网 |
| OSI | FTAM、VT、MOTIS、CLNP、CONP… | – |
| XNS | IDP、SPP、PEP… | 施乐公司网络 |

TCP/IP协议毫无疑问是这三大协议中最重要的一个，作为互联网的基础协议，没有它就根本不可能上网，任何和互联网有关的操作都离不开TCP/IP协议。TCP/IP尽管是目前最流行的网络协议，但TCP/IP协议在局域网中的通信效率并不高，使用它在浏览"网上邻居"中的计算机时，经常会出现不能正常浏览的现象。

## 8.2 计算机网络的组成

计算机网络是一个非常复杂的系统，网络的组成根据应用范围、目的、规模、结构以及采用的技术不同而不尽相同。通常我们从计算机网络的硬件系统和软件系统两方面进行分类。

### 8.2.1 网络硬件系统

计算机网络的硬件系统一般由文件服务器、工作站、网卡、通信电缆、集线器、中继器、路由器、交换机、调制解调器和共享设备等组成。

网络的传输介绍是数据传输系统中连接各个数据终端设备的物理媒体。传输介质可分为两大类，有线传输介质和无线传输介质。

（1）有线传输介质

有线传输介质是指在两个通信设备之间实现的物理连接部分，它能将信号从一方传输到另一方，有线传输介质主要有双绞线（五类、六类）、同轴电缆（粗、细）和光纤（单模、多模）。双绞线和同轴电缆传输电信号，光纤传输光信号。

双绞线是由两条相互绝缘的导线按照一定的规格互相缠绕（一般以逆时针缠绕）在一起而制成的一种通用配线，属于信息通信网络传输介质。双绞线过去主要是用来传输模拟信号的，但现在同样适用于数字信号的传输，如下左图所示。

同轴电缆(Coaxial Cable)是指有两个同心导体，而导体和屏蔽层又共用同一轴心的电缆。同轴电缆由里到外分为四层：中心铜线（单股的实心线或多股绞合线）、塑料绝缘体、网状导电层和电线外皮。同轴电缆分为细缆和粗缆两种，细缆的直径为0.26厘米，最大传输距离185米；粗缆的直径为1.27厘米，最大传输距离达到500米，如下右图所示。

双绞线

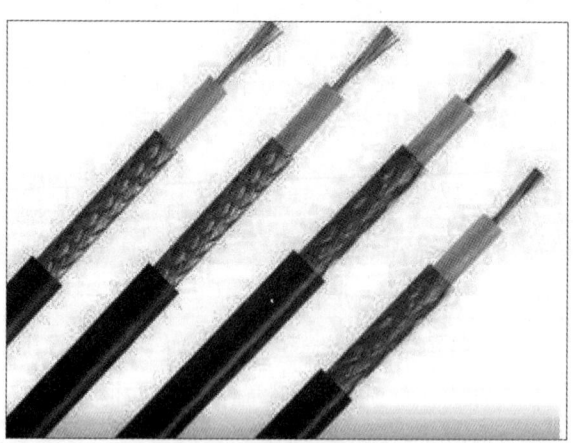

同轴电缆

光纤是光导纤维的简写，是一种利用光在玻璃或塑料制成的纤维中的全反射原理而达成的光传导工具。光导纤维由前香港中文大学校长高锟发明。在日常生活中，由于光在光导纤维的传导损耗比电在电线传导的损耗低得多，光纤被用作长距离的信息传递。

（2）无线传输介质

在计算机网络中，无线传输可以突破有线网的限制，利用空间电磁波实现站点之间的通信，可以为广大用户提供移动通信。最常用的无线传输介质有：无线电波、微波和红外线。

无线电波是指在自由空间（包括空气和真空）传播的射频频段的电磁波。无线电技术是通过无线电波传播声音或其他信号的技术。

微波是指频率为300MHz~300GHz的电磁波，是无线电波中一个有限频带的简称，即波长在1米（不含1米）到1毫米之间的电磁波，是分米波、厘米波、毫米波的统称。微波频率比一般的无线电波频率高，通常也称为"超高频电磁波"。

红外线是太阳光线中众多不可见光线中的一种，由德国科学家霍胥尔于1800年发现，又称为红外热辐射，他将太阳光用三棱镜分解开，在各种不同颜色的色带位置上放置了温度计，试图测量各种颜色的光的加热效应。

## 8.2.2 网络软件系统

计算机网络除了上一节介绍的硬件系统之外，还必须安装网络软件系统，这样才能构成一个完整的计算网络系统。网络软件系统分为网络系统软件和网络应用软件。

**1. 网络系统软件**

网络系统软件负责控制及管理网络运行和网络资源的使用，并为客户提供访问网络和操作网络的人机接口。网络系统软件包括网络操作系统、网络协议和网关。

（1）网络操作系统

网络操作系统是网络系统软件的核心，是向网络计算机提供网络通信和网络资源共享功能的操作系统，是负责管理整个网络资源和方便网络用户使用的软件的集合。常用的网络操作系统有Netware、Windows NT、UNIX等。

（2）网络协议

网络协议是保证网络中两台设备之间正确传送数据的软件，由网络系统决定。网络系统不同，网络协议也不同，读者可以参考8.1.5小节的相关知识。

（3）网关

网关是网络协议的转换软件，用来翻译和解释不同的网络协议，使它们能够互通信息。

**2. 网络应用软件**

网络应用软件是指为某一个特定网络应用而开发的各种服务软件，如浏览软件、传输软件、远程登录软件、电子邮件等。

## 8.3 网络配置

计算机与计算机或工作站与服务器进行连接时，除了传输介质外，还需要在计算机内部安装网络适配器以及实现计算机之间通信的中介设备，包括网络传输介绍连接器、路由器等。

### 8.3.1 网络互联设备

网络互联设备主要包括中继器、网桥、路由器、交换机或网关等连接设备。通过网络互联设备可以将两个网络连接起来，并实现互相通信。

## 1. 中继器

中继器属于网络物理互联设备，是局域网互连的最简单设备。由于信号在网络传输介质中有衰减和噪声，使有用的数据信号变得越来越弱，因此为了保证数据的完整性，并在一定范围内传送，需要用中继器把所接到的弱信号分离并放大，以保持与原数据相同。中继器的连接方式如下图所示。

中继器没有隔离和过滤功能，它不能阻挡含有异常的数据包从一个分支传到另一个分支。这意味着，一个分支出现故障可能影响到其它的每一个网络分支。

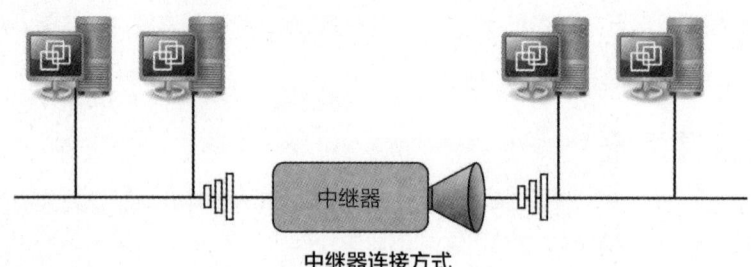

中继器连接方式

## 2. 集线器

集线器和中继器类似，也属于网络物理互联设备，可以说是多端口的中继器。集线器是一种以星型拓扑结构将通信线路集中在一起的设备，相当于总线，是局域网中应用最广的连接设备，按配置形式分为独立型集线器、模块化集线器和堆叠式集线器3种。随着计算机技术的发展，集线器又分为切换式、共享式和可堆叠共享式3种。

作为网络传输介质间的中央节点，集线器克服了介质单一通道的缺陷。以集线器为中心的优点是，当网络系统中某条线路或节点出现故障时，不会影响网上其他节点的正常工作。集线器的连接方式，如下左图所示。

## 3. 网桥

网桥将两个相似的网络连接起来，并对网络数据的流通进行管理。它工作于数据链路层，不但能扩展网络的距离或范围，而且可提高网络的性能、可靠性和安全性。网桥的连接方式如下右图所示。

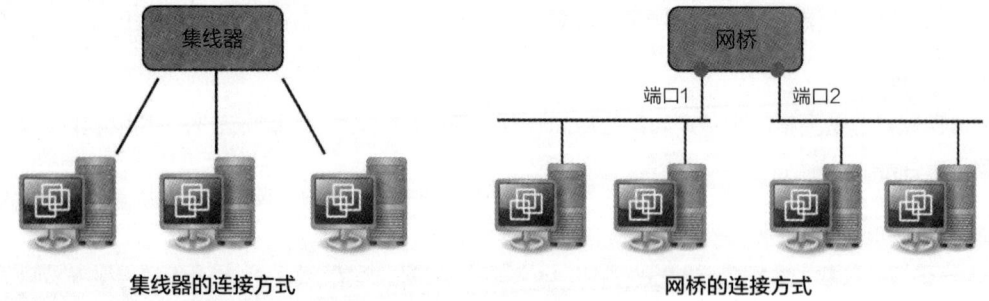

集线器的连接方式　　　　　　网桥的连接方式

网桥是早期的两端口二层网络设备，网桥的两个端口分别有一条独立的交换信道，不是共享一条背板总线，可隔离冲突域。当使用网桥连接两段数据帧时，网桥对来自网段1的数据帧，首先要检查其终点地址。如果该帧是发往网段1上某一站的，网桥则不将帧转发到网段2，从而把大部分网络流量限制在本网段内，而不是扩散到整个网络；如果该帧是发往网段2上某一站的，网桥则将它转发到网段2，这表明，如果LAN1和LAN2上各有一对用户在本网段上同时进行通信，显然是可以实现的。

## 4. 交换机

交换机与网桥一样，属于数据链路层互联设备，可以看作是多端口的网桥，除了具备网桥的所有功能外，还可以通过节点或虚电路间创建临时逻辑连接，使整个网络的带宽得到最大化的利用。

虽然以太网的集线器和交换机都起着局域网数据传送"枢纽"的作用，但是两者有着根本的不同。传统的集线器是将某个端口传送来的信号经过放大传输给所有其他端口，而交换机能够通过检查数据包中的目标物理地址来选择目标端口。交换机的缓存能力和智能化能力都比集线器要强得多。

#### 5. 路由器

路由器工作在OSI体系结构中的网络层，这意味着它可以在多个网络上交换和路由数据数据包。路由器通过在相对独立的网络中交换具体协议的信息来实现这个目标。

从过滤网络流量的角度来看，路由器的作用与交换机和网桥非常相似，但是与工作在网络数据链路层、从物理上划分网段的交换机不同，路由器使用专门的软件协议从逻辑上对整个网络进行划分。例如，一台支持IP协议的路由器可以把网络划分成多个子网段，只有指向特殊IP地址的网络流量才可以通过路由器。

路由器有多个端口，端口分为LAN端口和串行端口，每个LAN端口连接一个局域网，串口连接其他路由器，将局域网拉入广域网。路由器的连接方式如下图所示。

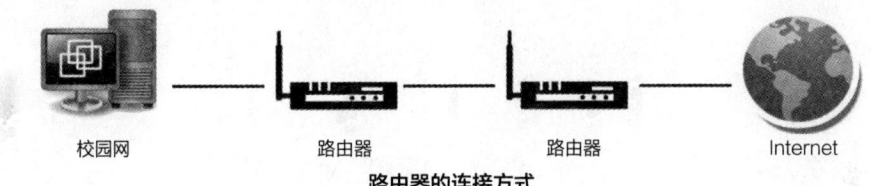

路由器的连接方式

#### 6. 网关

在一个计算机网络中，当连接不同类型而协议差别又较大的网络时，则要选用网关设备。网关的功能体现在OSI模型的最高层，它将协议进行转换，将数据重新分组，以便在两个不同类型的网络系统之间进行通信。由于协议转换是一件复杂的事，一般来说，网关只进行一对一转换，或是少数几种特定应用协议的转换，网关很难实现通用的协议转换。用于网关转换的应用协议有电子邮件、文件传输和远程工作站登录等。

### 8.3.2 路由器连接设置

如果学校已经安装了光纤网线，现在需要使用路由器连接上网。首先把无线路由器连接正确，如果路由器中的网线接口连接错误了，会导致不能上网的问题出现。

把路由器的WAN接口，用网线连接到猫的网口上面，如果宽带没有用到猫，则需要把入户的那根宽带网线，直接插在路由器的WAN接口上面。再用网线把电脑连接到路由器LAN接口，一般无线路由器有4个LAN接口，随意连接一个都是可以，如下图所示。

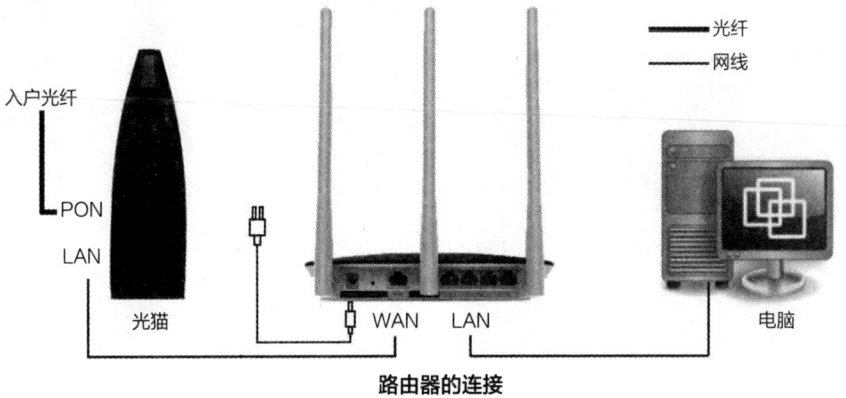

路由器的连接

不同的无线路由器，其设置页面是不一样的，下面以常用的TP-Link路由器来介绍设置路由器上网的方法。

路由器的设置网址，通常又叫做登录地址、登录IP、管理地址等等，在浏览器中输入设置网址，才能打开路由器的设置页面。路由器设置网址，可以在路由器底部铭牌中查看，TP-Link路由器设置的网址为tplogin.cn。

打开电脑中的Internet Explorer浏览器，然后输入TP-Link路由器设置的网址，按Enter键即可进入页面。首先需要设置管理员密码，该路由器第一次设置时，在页面中有"设置密码"和"确认密码"两个文本框，两次输入的密码需要完全一样，然后单击"确定"按钮即可，如下左图所示。

路由器会自动检测"上网方式"，此时，路由器检测到"上网方式"是"宽带拨号上网"，然后在"宽带账号"和"宽带密码"文本框中输入相关信息，单击"下一步"按钮，如下右图所示。此时宽带账号和宽带密码，需要由运营商（如电信或移动等）提供。

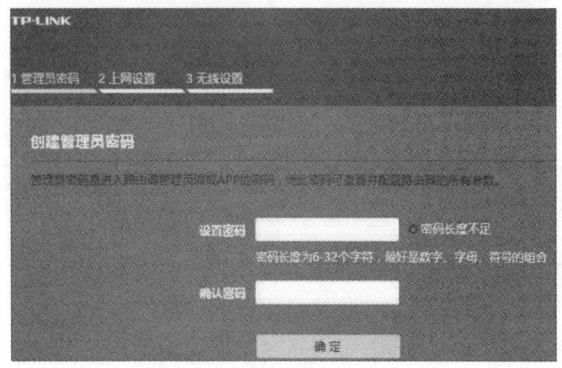
输入管理员密码

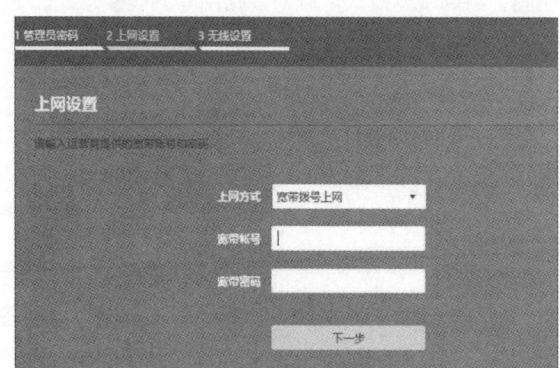
设置上网方式

然后进入到最后一步无线设置，输入"无线名称"和"无线密码"，设置完成后单击"确定"按钮，如下左图示。

设置完成后，还需要检查并确认路由器的设置是否成功。使用电脑或手机，开户WLAN并刷新，在附近的WLAN中找到设置的无线名称，然后再输入设置的无线密码，单击"连接"按钮接口联网。

除了上述介绍的验证是否联网操作外，还可以在设置路由器的页面中查看。打开IE浏览器，输入路由器的设置网址，单击底部"路由设置"图标❶，然后在页面左侧选择"上网设置"选项❷，在右侧的"基本设置"选项区域中显示上网方式、宽带帐号、宽带密码、IP地址等，在下方显示"WAN口网络已连接"❸，表示路由器设置成功，如下右图所示。

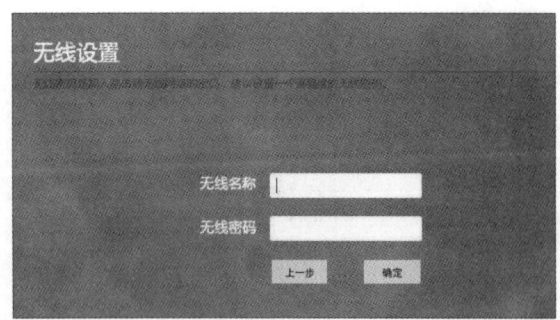
无线设置

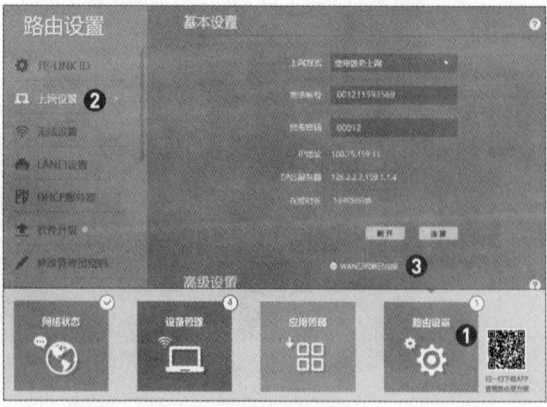
验证路由器设置

## 8.4 Internet基础

Internet是世界范围内实现互联的各种网络集合，它是由那些使用公用语言互相通信的计算机连接而成的全球网络。一旦连接到它的任何一个节点上，就意味着计算机已经连入Internet。在Internet上，通过Web技术可实现全球信息资源共享，如信息查询、文件传输、电子邮件等。Internet的成功和发展对人类社会产生了深刻的影响。

### 8.4.1 Internet概述

Internet中文正式译名为因特网，又叫做国际互联网，是以美国国家科学基金会的主干网为基础的全球最大的计算机互联网。

**1. Internet的发展**

Internet是人类历史发展中的一个伟大里程碑，也是未来信息高速公路的雏形，人类正由此进入一个前所未有的信息化社会。进入20世纪80年代末，在网络领域最引人注目的就是Internet的飞速发展，现在Internet已发展成为世界最大的国际性计算机互联网。下面介绍Internet的发展过程。

（1）Internet的发展阶段

Internet的基础结构大体上经历了3个阶段的发展，分别为单个网络ARPANET向互联网发展的过程、三级结构的互联网、多级结构互联网。

1）第一阶段是从单个网络ARPANET向互联网发展

1969年美国国防部创建的第一个分组交换网 ARPANET，最初只是一个单个的分组交换网。所有要连接在ARPANET上的主机都直接与就近的交换结点机相连的ARPANET问世后，发展迅速。这个ARPANET就是Internet最早的雏形。

1983年TCP/IP协议成为ARPANET上的标准协议。同年，ARPANET分解成两个网络。一个仍称为ARPANET，是进行实验研究用的科研网。另一个是军用的计算机网络Milnet（Milnet拥有ARPANET当时113个结点中的68个）。这样，在1983-1984年间 Internet就形成了。

2）三级结构的互联网

ARPANET的发展使美国国家科学基金NSF（NationalScienceFoundation）认识到计算机网络对科学研究的重要性，因此从1985年起，美国国家科学基金会就围绕6个大型计算机中心建设计算机网络。1986年，NSF建立了国家科学基金网Nsfnet。它是一个三级计算机网络，分为主干网、地区网和校园网。这种三级计算机网络覆盖了全美国主要的大学和研究所。

3）多级结构互联网

从1993年开始，由美国政府资助的NSFNet逐渐被若干个商用的互联网主干网替代。这种主干网也叫做服务提供者网络（Service Provider Network），任何人只要向互联网服务提供者ISP（Internet ServiceProvider）交纳规定的费用，就可通过该ISP接入到互联网。考虑到互联网商用化后可能会出现很多的ISP，为了使不同ISP经营的网络都能够互通，在1994年开始创建了4个网络接入点 NAP（Network Access Point），分别由4个电信公司经营。

从1994年到现在，互联网逐渐演变成多级结构网络，如下图所示。NAP是最高级的接入点，主要是向不同的ISP提供交换设施，使它们能够互相通信。NAP又称为对等点。

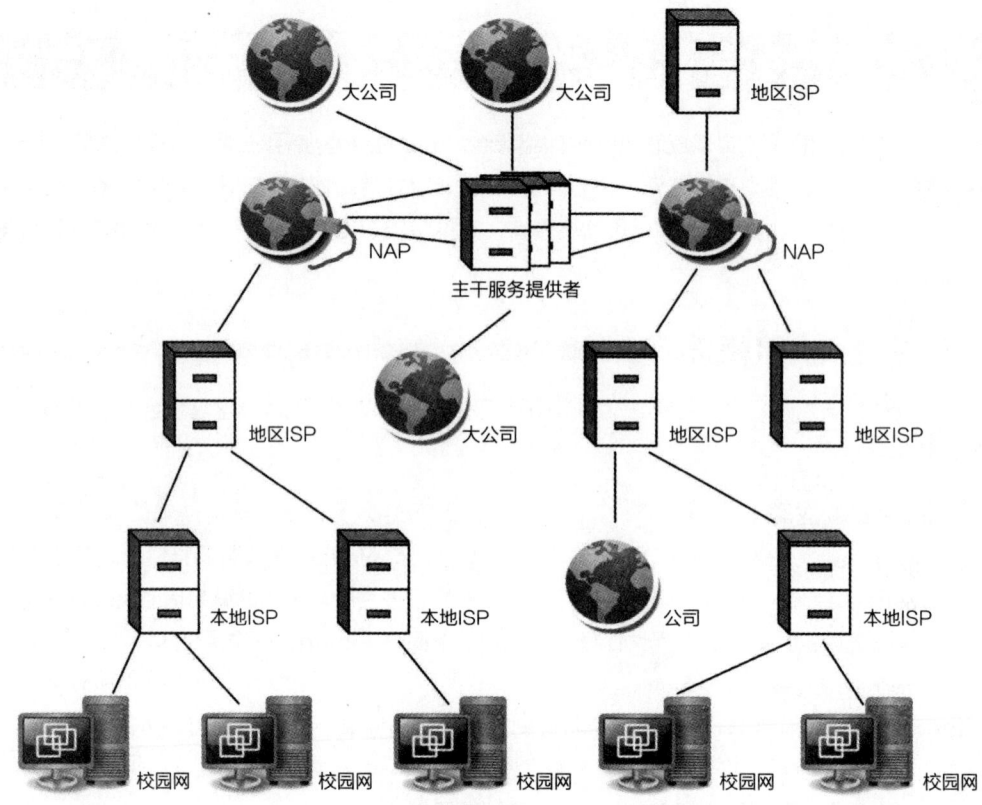

**多级结构的互联网**

### 2. IPv6与下一代互联网

IPv6是Internet Protocol Version 6的缩写,其中Internet Protocol译为"互联网协议",网络协议是指在国际互联网中普遍使用的通信规程。

由于IPv4最大的问题在于网络地址资源有限,严重制约了互联网的应用和发展。IPv6的使用,不仅能解决网络地址资源数量的问题,而且也解决了多种接入设备连入互联网的障碍。IPv6的地址长度为128b,是IPv4地址长度的4倍。Ipv6是Ipv4地址空间的1600亿倍。以IPv6为技术基础和标志性技术的下一代互联网,不但可以实现现由IPv4网络所提供的全部通信业务,还能体现IPv6价值和发展前景的创新业务,并将集中体现更大、更快、更安全、更方便、更可管理和更有效等特征。

下一代互联网与第一代互联网的区别不仅存在于技术层面,也存在于应用层面。例如,目前网络上的远程教育、远程医疗,在一定程度上并不是真正的网络教育和远程医疗。由于网络基础条件的原因,远程医疗更多地只是远程会诊,并不能进行远程手术。但在下一代互联网上,这些都是普通的应用。

### 3. Internet在中国的发展

Internet进入我国较晚,但发展却异常迅猛,1987年,中国科学院高能物理研究所通过国际网络线路接入Internet,Internet才进入中国。1994年我国正式进入Internet,通过国内四大骨干网联国际Internet,从而开通了Internet的全功能服务,并申请了中国的域名cn,建立DNS服务器管理cn域名,从此Internet在我国开始了不可阻挡的迅猛发展。

我国在实施国定信息基础设施CNII计划的同时,也积极参与了国际下一代互联网的研究和建设。1998年由CNRNET牵头,发现有的网络设施和技术力量为依托,建设了中国第一个IPv6试验床,两年后开始分配IP地址。2000年中国高速互联研究试验网络NSFCNET开始建设,它采用密集波分多路复用技术。

2004年12月，中国第一个下一代互联网暨中国下一代互联网示范工程核心网正式开通，标志我国下一代互联网建设全面拉开序幕。2012年6月，我国网民人数达到了5.38亿人，互联网普及率为39.9%。

## 8.4.2 IP地址和域名地址

Internet将全世界的计算机连成一个整体，可以将通信系统中任何主机与任何主机进行通信，为了识别这类通信系统上的计算机，需要建立一种普遍接受的标识方法。

### 1. IP地址

IP地址共32位，常常写成4个十进制数，相互之间以"."符号间隔开，称作点分十进制计算数法，如202.168.0.58。IP地址标明了网络上某些计算机的位置，所以在一个遵守TCP/IP协议的网络中，不应出现两个相同的IP地址。IP地址不是随意分配的，用户必须向网络中心提出申请。中国顶级的IP地址管理机构是中国互联网络信息中心。

IP有5种格式，分别为A、B、C、D、E类，其中D和E类地址用于特殊用途，一般分配给Internet服务提供商和网络用户是前三类地址。IP地址分为网络号（netid）和主机号（hostid）两部分。下面分别介绍5类IP地址的构成。

（1）A类地址

A类地址分配给少量大型网络使用，第一个最高位始终为0，随后7位netid表示网络地址，总共可表示128个网络，但有效网络数为126个，其中全部为0表示本地网络，全部为1保留作为诊断用。最后3个字节为网内主机的hostid，每个网络最多可连入224台主机。

（2）B类地址

B类地址用于中等规模网络，第一个8位组前两位始终为10，剩余的6位和第二个8位组共14位表示网络地址，其16位表示主机地址。因此，B类网络最多214个，网内主机数为28~214之间。

（3）C类地址

C类地址用于大量的小型网络，地址最高位始终为110，剩余的5 位和第二、三个8位组共21位表示网络地址，第四组共8位表示主机地址。因此C类网络最多为221个，每个网络内主机数为28台。

（4）D、E类地址

D类是多址广播地址，E类是试验地址。

各类IP地址结构如下图所示。

| | 0 | | 7 | 15 | 23 | 31 |
|---|---|---|---|---|---|---|
| A类 | 0 | 网络号 | | | | |
| B类 | 1 | 0 | 网络号 | | 主机号 | |
| C类 | 1 | 1 | 0 | 网络号 | | 主机号 |
| D类 | 1 | 1 | 1 | 0 | 多播地址 | |
| E类 | 1 | 1 | 1 | 1 | 保留为今后使用 | |

**IP地址中的网络号和主机号**

### 2. 域名地址

IP地址在网间网内提供了一种全局性的通用地址，这样网间网上任意一对主机的上层软件才能相互通信，所以IP地位为上层软件设计提供了极大的便利。IP地址很抽象也难于记忆，为了向用户提供直观的主机标识符，TCP/IP专门设计了一种字符型的主机名字机制，也就是域名系统。

每个域名地址包含几个层次，每个部分称为域，并用"."隔开。一般域名地址可表示为：主机名.单位名.网络名.顶层域名。

在域名系统中，树根是唯一的中央管理机构，称为网络信息中心，它不构成域名的一部分，除根系统外的最高层系统的域被称为顶域。顶层域中的组织机构代码一般由三个字符组成，表示了域名所属的领域和机构性质，如下表所示。

表8-2　常见的组织机构代码

| 域名代码 | 机构性质 | 域名代码 | 机构性质 |
| --- | --- | --- | --- |
| com | 商业机构 | net | 网络组织 |
| edu | 教育机构 | int | 国际机构 |
| gov | 政府部门 | org | 其它非盈利组织 |
| mil | 军事机构 | | |

随着Internet变成一个国际的网间网后，为了标识各国网络，开始采用ISO-3166标准的两字国家码作为顶层域名。世界上每个申请加入Internet的国家和地区都有自己的域名代码。由于Internet起源于美国，而且早期并没有考虑其他国家会加入该网络，所以美国的网络站点大都直接使用组织机构代码作为顶层域。下面列出一些常见的国家和地区代码，如下表所示。

表8-3　常见国家和地区代码

| 域名代码 | 国家或地区 | 域名代码 | 国家或地区 |
| --- | --- | --- | --- |
| ar | 阿根廷 | nl | 荷兰 |
| au | 澳大利亚 | nz | 新西兰 |
| at | 奥地利 | ni | 尼加拉瓜 |
| br | 巴西 | no | 挪威 |
| ca | 加拿大 | pk | 巴基斯坦 |
| fr | 法国 | ru | 俄罗斯 |
| de | 德国 | sa | 沙特阿拉伯 |
| gr | 希腊 | sg | 新加坡 |
| is | 冰岛 | se | 瑞典 |
| in | 印度 | ch | 瑞士 |
| ie | 爱尔兰 | th | 泰国 |
| il | 以色列 | tr | 土耳其 |
| it | 意大利 | uk | 英国 |
| jm | 牙买加 | us | 美国 |

(续表)

| 域名代码 | 国家或地区 | 域名代码 | 国家或地区 |
|---|---|---|---|
| jp | 日本 | vn | 越南 |
| mx | 墨西哥 | tw | 中国台湾地区 |
| cn | 中国大陆地区 | hk | 中国香港地区 |

## 8.4.3 Internet接入方法

Internet服务提供商是众多企业和个人用户接入Internet的驿站和桥梁。当计算机连接Internet时，它并不直接连接到Internet，而是采用某种方式与ISP提供的某一种服务器连接起来，通过它再接入Internet。那么如何将一台单独的计算机连入Internet呢？下面介绍几种常见的方法。

### 1. 拨号接入

拨号接入是个人用户接入Internet最早使用的方式之一，也是目前我国用户接入Internet使用最广泛的方式之一。拨号接入主要分为电话拨号、ISDN和ADSL三种方式。

电话拨号接入是早期非常流行的一种方法，是指将已有的电话线路，通过安装在计算机上的Modem，拨号连接到互联网服务提供商，从而享受互联网服务的一种上网接入方式，如下图所示。

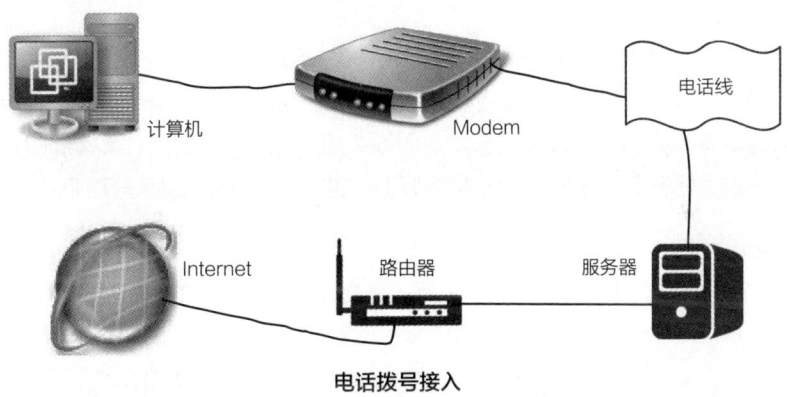

电话拨号接入

ISDN就是综合业务数字网，是一种能够同时提供多种服务的综合性公用电信网络。使用标准ISDN终端的用户需要电话线、网络终端、各类业务的专用终端等三种设备。一般家庭用户使用的是非标准ISDN终端，即在原有的设备上再添加网络终端和适配器就可以实现上网功能。

ADSL接入就是非对称数字用户线，它是数字用户线技术中最常用、最成熟的技术。所谓非对称主要体现在上行速率（最高为1Mbps）和下行速率（最高为8Mbps）的非对称性上。

### 2. 局域网接入

使用局域网方式接入Internet时，由于全部利用数字线路传输，不再受传统电话网带宽的限制，可以提供高达十兆甚至上千兆的接入速度，比拨号接入速度要快得多，因此也受用户青睐。

采用局域网接入Internet非常简单，在硬件配置上只需要一台计算机、一块以太网卡和一根双绞线，然后通过ISP的网络设备就可以连接到Internet。

### 3. 无线接入

通过无线接入Internet可以省去铺设有线网络的麻烦，用户也可以随时随地上网。目前个人无线接入的方式主要有两种，一种是使用无线局域网的方式，用户终端使用计算机和无线网卡，服务端则使用无线信号发射装置提供连接信号，如下图所示。

无线局域网接入

另一种方式是直接使用手机卡通过移动通信上网。用户需要购买一种卡式设备（PC卡），将其直接插入计算机的PCMCIA槽或USB接口，即可完现无线上网。

## 8.4.4　Internet提供的服务

Internet之所以发展如此迅猛，主要是因为它提供许多实用的、发展的、便捷的服务，下面介绍Internet提供的常用服务。

### 1. WWW服务

WWW(World Wide Web)，中文译为万维网，它是一张附着在Internet上的覆盖全球信息"蜘蛛网"，镶嵌着无数以超文本形式存在的信息。WWW除了可以浏览文本信息外，还可以通过相应的软件显示与文本内容相配合的图像、影视和声音等信息。WWW的成功在于它制定了一套标准的、易为人们掌握的超文本开发语言HTML、信息资源的统一定位格式URL和超文本传送通信协议HTTP。

### 2. 信息搜索服务

Internet上的信息资源很丰富，提供了成千上万个信息源和各种各样的信息服务，而且信息源和服务种类、数量还在不断、快速地增长。目前人们使用的著名搜索引擎包括Yahoo、Altavista、Excite和Lycos等，其中Yahoo是Internet引擎的"元老"，是WWW上最流行的搜索工具。

### 3. 电子邮件服务

电子邮件（E-mail，或Electronic mail）是指Internet上或常规计算机网络上的各个用户之间，通过电子信件的形式进行通信的一种现代邮政通信方式。电子邮件是Internet提供最早、最广泛的服务之一。在世界上不同的国家、地区的人们，都可以通过电子邮件服务在最短的时间内相互收发信件、传递信息，如下图所示。

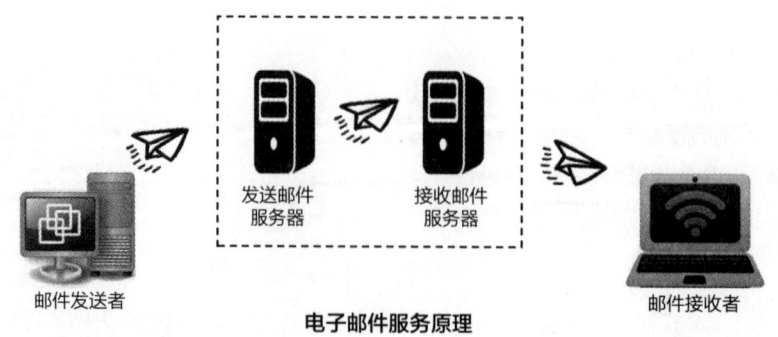

电子邮件服务原理

在Internet上发送电子邮件时需要E-mail地址，用来标识用户在邮件服务器上信箱的位置。E-mail地址由用户名、主机名、域名组成，如Wangkdong@shou.com。其中@表示"在"的意思，主机名和域名则标识了该用户所属的机构或计算网络。

### 4. 文件传输

文件传输服务可以在两台远程计算机之间传输文件，曾经是Internet中一种重要的交流形式。目前，我们常常用它来从远程主机中拷贝所需的各类软件。

与大多数Internet服务一样，文件传输也是一个客户机/服务器系统。用户通过一个支持FTP协议的客户机程序，连接到在远程主机上的FTP服务器程序。用户通过客户机程序向服务器程序发出命令，服务器程序执行用户所发出的命令，并将执行的结果返回到客户机。例如，用户发出一条命令，要求服务器向用户传送某一个文件的一份拷贝，服务器会响应这条命令，将指定文件送至用户的机器上。客户机程序代表用户接收到这个文件，将其存放在用户目录中。

### 5. 电子商务

电子商务是利用计算机技术、网络技术和远程通信技术实现整个商务过程中的电子化、数字化和网络化。电子商务通常是指在全球各地广泛的商业贸易活动中，在Internet开放的网络环境下，基于浏览器/服务器应用方式，买卖双方不谋面地进行各种商贸活动，实现消费者的网上购物、商户之间的网上交易和在线电子支付以及各种商务活动、交易活动、金融活动和相关的综合服务活动的一种新型的商业运营模式。

电子商务可提供网上交易和管理等全过程的服务，因此它具有广告宣传、咨询洽谈、网上订购、网上支付、电子账户、服务传递和交易管理等功能。

### 6. 其他服务

除了上述介绍的各种服务外，Internet还提供了远程登录、网络新闻系统、电子公告牌、即时通信等其他服务。

# 策略技能

现在，人类社会已经进入21世纪的信息化时代，计算机和互联网已经与人们的日常工作、学习和生活息息相关，人类社会目前又处于一个历史飞跃时期，正由高度的工业化时代迈向初步的计算机网络时代。网络使人们了解信息、传递信息的渠道增多、速度变快，信息的及时性和有效性也将会变的更强。下面介绍应用计算机网络进行文件传输和在线即时交流的操作方法。

## 1. 通过百度网盘上传文件

**Step 01** 打开浏览器并登录百度网盘，如果没有百度网盘的账号需要先注册。

**Step 02** 登录百度网盘后，单击界面中"上传"按钮。如果需要上传文件夹，则单击"新建文件夹"按钮。

**Step 03** 在打开的对话框中选择需要上传的文件，然后单击"确定"按钮。即可在"全部文件"选项区域中显示上传的文件，并勾选左侧的复选框，再单击"分享"按钮。

**Step 04** 此时弹出"分享文件"界面，用户根据需要选择公开或加密操作，如选择"公开"单选按钮，在下方"有效期"选项中设置期限，可以设置永久有效或者限定期限，单击"创建链接"按钮，然后会显示"成功创建公开链接"提示，再次单击"复制链接"按钮，即可完成百度网盘文件上传操作。

**Step 05** 如果需要下载上传的文件，则将复制的链接地址粘贴至浏览器中，即可查看链接地址，此时显示上传的文件，单击"下载"按钮进行下载即可。

## 2. 利用微信实现与好友实时交流

**Step 01** 首先需要在手机上下载一个微信APP，安装后打开微信。

**Step 02** 进入微信界面后，单击"注册"按钮，然后根据操作步骤注册微信帐号。

**Step 03** 注册完成后登录微信，单击右上角加号按钮➕，在打开的列表中选择"添加朋友"选项，即可跳转至"添加朋友"界面。目前，我们可以通过6种方法添加朋友，分别为"雷达加朋友"、"面对面建群"、"扫一扫"、"手机联系人"、"公众号"和"企业微信联系人"。

**Step 04** 除此之外，用户还可以通过摇一摇添加朋友，返回微信主页，在最下方切换至"发现"界面，然后选择"摇一摇"选项，最后晃动手机会显示跟你同时间摇手机的人。

**Step 05** 好友添加完成后，即可在"微信"会话界面发送文字、表情符号、图片或语言信息。用户还可以单击会话窗口右下角的加号按钮，在打开的界面选择"视频通话"选项，进行语音或视频聊天。

# Chapter 09 多媒体教学应用

为了使学生能更直观、形象地理解教学内容所使用的各种教学软件以及教师授课时使用的辅助软件统称为多媒体教学工具。本章主要介绍如何使用几何画板、Z+Z智能教育平台等软件来详细、直观地展示教学课件,从而提高学生的学习兴趣,帮助形成明确的概念。随着AR和VR技术的发展和普及,在教育行业应用这些技术,可以为学生创建直观、形象的虚拟学习氛围。

**思维导图**

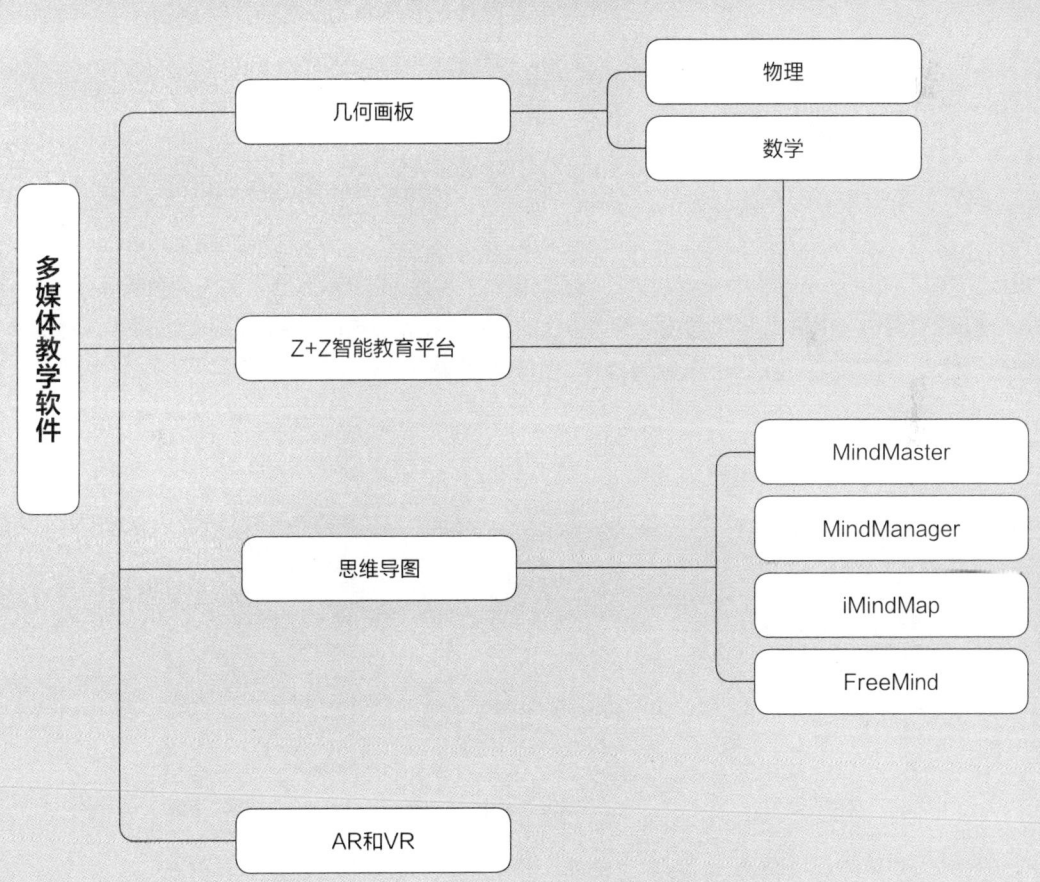

## 9.1 几何画板

几何画板是一个通用的数学和物理教学环境，提供了丰富而方便的创造功能，使用户可以随心所欲地编写出自己需要的教学课件。几何画板主要以点、线、圆为基本元素，通过对这些基本元素的变换、构造、测算、计算、动画、跟踪轨迹等，构造出其它较为复杂的图形，它是数学、物理教学中强有力的工具。该软件对系统要求很低，基本上所有计算机均可以安装使用。

### 9.1.1 几何面板的界面

打开几何面板软件后，界面如右图所示。下面对各界面的应用进行介绍，具体如下。

（1）菜单栏

几何画板的菜单栏包括"文件"、"编辑"、"显示"、"构造"、"变换"、"度量"、"数据"、"绘图"、"窗口"和"帮助"菜单。

打开不同的菜单，可以执行不同的命令，如"文件"菜单主要用于对文件进行新建、保存、打印、退出等操作，如下左图所示。

在"编辑"菜单中，可以执行剪切、粘贴、选择、撤销、重做、分离/合并等操作，在菜单中还包

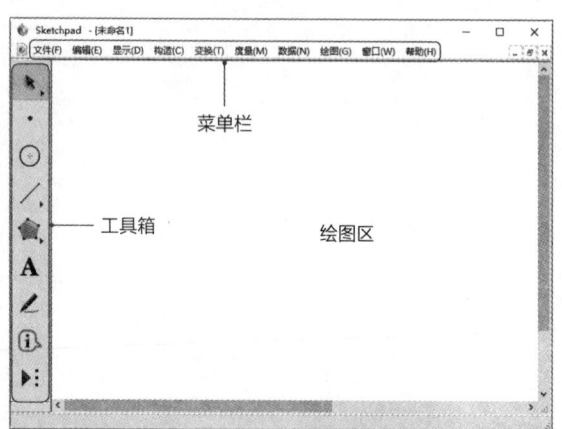

几何面析界面

含"操作类按钮"命令，在子列表中可以执行动画、移动、系列、链接等操作，如下中图所示。

在"显示"菜单中，用户可以设置绘制的点、线的格式，如设置点型的大小、线型、颜色、文本等，还可以执行隐藏点、追踪点、生成点的动画等操作，如下右图所示。

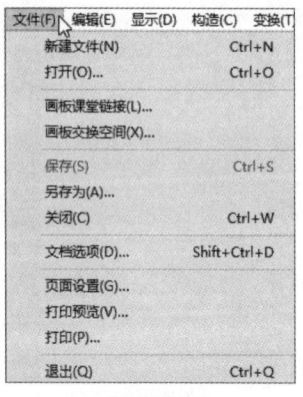
"文件"菜

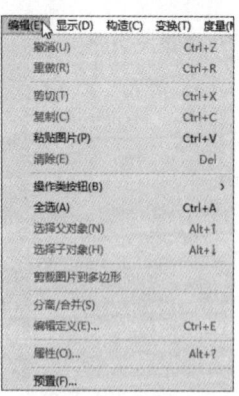
"编辑"菜单

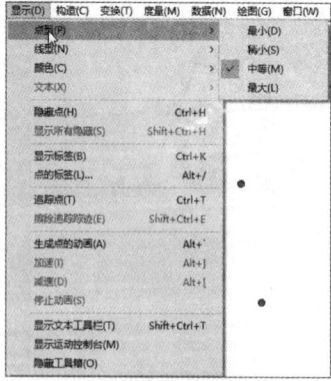
"显示"菜单

在"构造"菜单中，可以执行"对象上的点"、"中点"、"交点"、"线段"、"射线"、"直线"、"平行线"、"垂线"、"角平均线"等命令，从而对绘制的图形进行更精确的操作，如下左图所示。

在"变换"菜单中，可以执行标记中点、标记镜面、标记角度、标记向量、标记距离、平移和旋转等操作，如下中图所示。

在"度量"菜单中可以设置图形的长度、距离、周长、圆周长、角度、面积、弧度角、弧长、坐标、坐标距离等参数，如下右图所示。

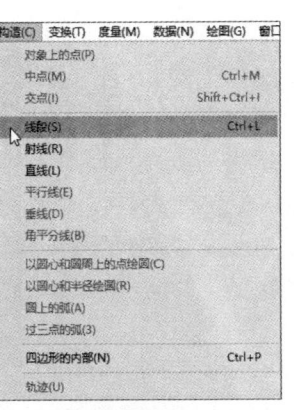
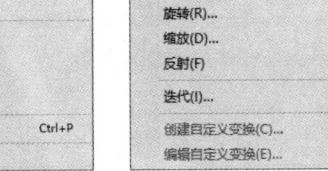
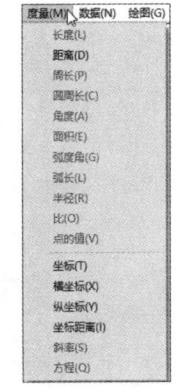

"构造"菜单　　　　　　　"变换"菜单　　　　　　　"度量"菜单

在"数据"菜单中，可以进行新建参数、计算、制表、添加表中数据、新建函数、定义导函数等操作，如下左图所示。

在"绘图"菜单中，可以执行定义坐标系、标记坐标系、网格样式、显示网格、格点、绘制点等操作，如下右图所示。

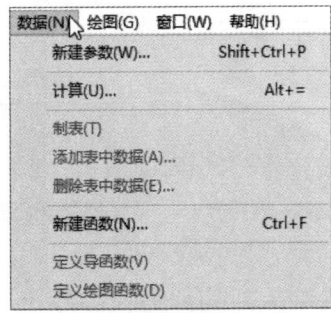
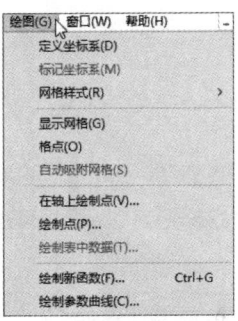

"数据"菜单　　　　　　　"绘图"菜单

（2）工具箱

几何面板的工具箱位于界面的左侧，若某工具按钮右下角显示黑色三角形，单击并按住鼠标左键可打开该按钮下的所有按钮，然后选择即可。

1）选择工具

选择工具用于对象选取、旋转和缩放。

选择选择工具，可以移动光标至某个对象上单击选中该对象；使用鼠标依次单击多个对象，可以选中若干个离散的对象；在空白处单击并按住鼠标左键进行拖曳创建矩形选区，可以选中矩形选区内所有对象。选中对象后在绘图区空白处单击，即可释放选中对象。

选择旋转工具，可以将选中的对象 围绕一个中心点进行旋转。

选择缩放工具，可以将选中的对象进行放大或缩小。

2）点工具

使用点工具 在绘图区空白处或已有对象（线段、射线、圆、圆弧、函数图像等）上需要绘制点的位置单击，即可完成点的绘制。

3）圆工具

使用圆工具 在绘图区单击创建一个点，表示圆心，然后移动光标，此时在圆心的周围出现一个圆，单击鼠标左键，即可完成圆的绘制。圆中间的小圆点表示圆心，圆上也有一个小圆点，称为确定圆半径的点，它与圆心的距离表示半径。

4）直线工具

该工具组中包含3种直线工具，分别为线段工具、射线工具和直线工具。

绘制线段时，把光标移到要画线段的一个端点处，单击鼠标左键画出一个端点，移动光标到要画线的第二个端点位置后再单击鼠标左键，一条线段就会出现在画板上。

绘制射线时，单击鼠标左键画出端点，移动鼠标到要画线的第二个端点位置后单击鼠标左键，一条射线就出现在画板上。射线可以无限延长的一端，一直画到窗口的边缘，并且当画板窗口放大或缩小时，该线也相应地延长和缩短。

绘制直线时，单击鼠标左键绘制一个点，移动光标到需要画线的第二个点处并单击，一条直线就绘制完成。该直线两端一直画到画板窗口的边缘，当画板窗口放大或缩小时，直线也随着伸长或缩短。

5）多边形工具

使用该工具组 中的工具可以绘制多边形内部、绘制多边形内部和边、绘制多边形的边。

6）文字工具

文字工具 A 主要用于显示隐藏点、线、圆的标签或者添加文本说明。

7）标记工具

使用标记工具 可以给点、线、圆、角做标记，该工具支持手写。

## 9.1.2 几何面板的基本操作

几何面板的基本工具介绍完成后，我们可以通过几个案例介绍几何面板的基本应用。

【实例9-1】张老师是中学的数学老师，需要使用几何面板绘制一个直角等腰三角形，并且将直角平分创建角平分线。

打开几何面板软件，在工具箱中选择线段工具，按住Shift键的同时在绘图区首先绘制一条水平线段。然后选择工具箱中的文本工具，此时光标变为白色的小手形状，移至线段的左侧端点，光标变为黑色小手时单击即可添加文本，根据相同的方法添加另一端文本，得到线段AB，如下左图所示。保持AB线段为选中状态❶，在工具箱中选择选择工具，再选中A点❷，接着执行"构造>垂线"命令❸，即可沿着A点创建AB线段的垂直线，如下右图所示。

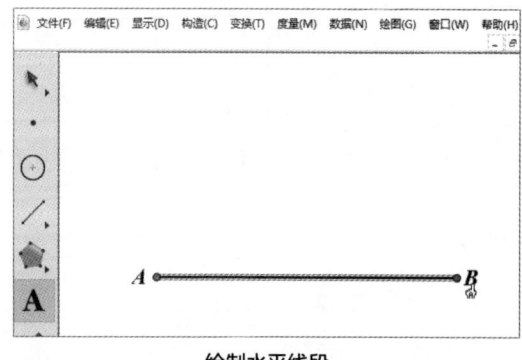
绘制水平线段

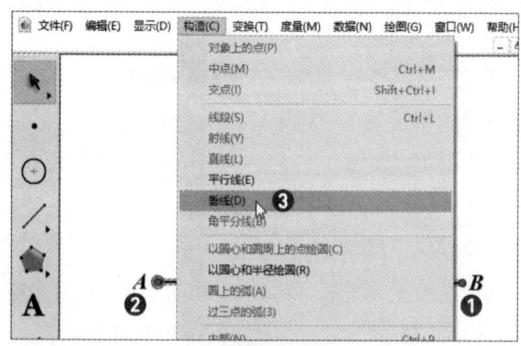
创建垂线

在工具箱中选择点工具❶，在垂线上方任意位置单击❷，即可完成在垂线上绘制点操作。使用选择工具依次选择刚创建的点、A、B点，然后执行"构造>角平分线"命令❸，即可创建A点处的角平分线，如下左图所示。使用选择工具，选中B点和刚创建的角平分线，执行"构造>垂线"命令，即可由B点向角平分线创建一条垂线，如下右图所示。

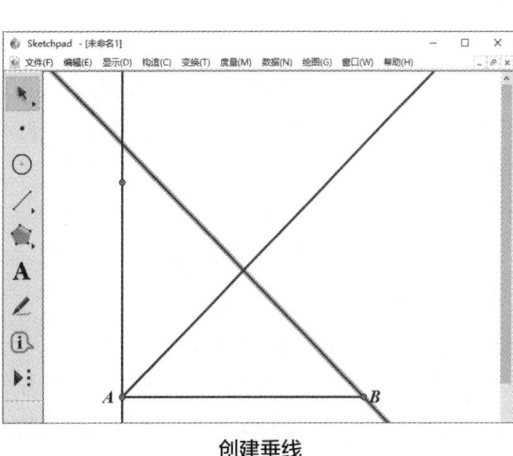

创建角平分线

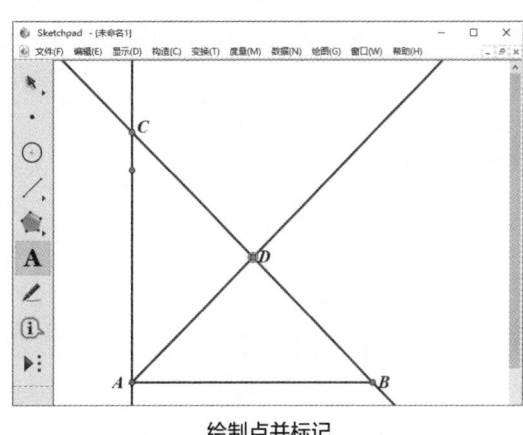

创建垂线

在工具箱中选择点工具，分别在角平分线上和A点的垂线交点处单击创建两个点，再使用文本工具标记A点垂线上交点为C、角平分线上的交点为D，如右图所示。

绘制点并标记

使用线段工具分别绘制AC、AD、BC线段，可见除了绘制的线段，延长线均为虚线，如下左图所示。最后使用选择工具，选择虚线并执行"显示>隐藏线段"命令，即可隐藏选中的线。根据相同的方法将在A点上的辅助点也进行隐藏，即可完成等腰直角三角形的绘制，如下右图所示。

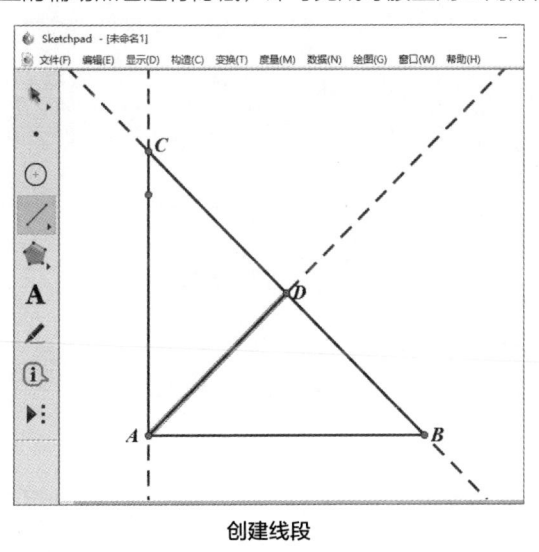

创建线段

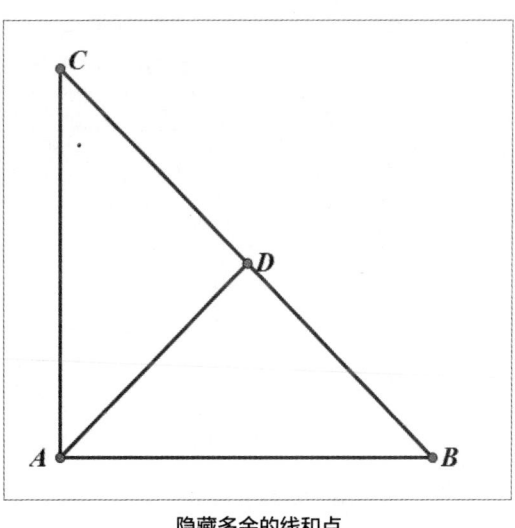

隐藏多余的线和点

【**实例9-2**】张老师现在需要创建两个圆的内公切线，左侧大圆半径为3，小圆的半径为1，两个圆的圆心距离为6。

如果一条直线和两个圆都相切，这条直线叫做两个圆的公切线，如果两圆分别在公切线的两侧，称这条公切线为两圆的内公切线。下面介绍内公切线的绘制过程。

首先确定两个圆心的位置，在工具箱中选择点工具，在绘图区任意位置创建一个点❶，然后执行"变换>平移"命令❷，如右图所示。

打开"平移"对话框，设置"固定距离"为-6厘米❶、"固定角度"为180度❷，单击"平移"按钮

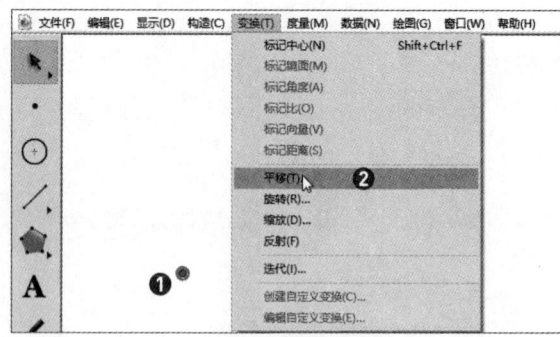

选择"平移"命令

❸，如下左图所示。在几何面板中设置平移时，默认情况下是平移至选中点的左侧，现在我们需要平移的点在右侧，所以设置平移单击前添加负号，在本案例中因为是水平移动，所以设置角度为180度。选择工具箱中的线段工具将两点连接起来，再使用文本工具标记左侧点为A、右侧点为B，如下右图所示。

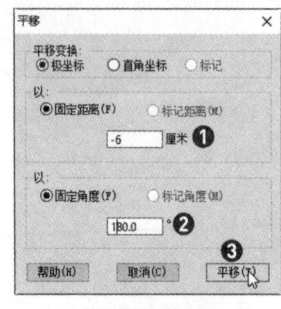
"平移"对话框

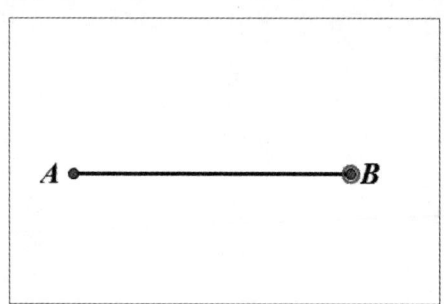
创建线段并标记点

根据相同的方法再创建出长度为3的线段，因为需要创建半径为3的圆，在创建该线段时，在"平移"对话框中设置固定距离时不需要考虑方向。选择A点和创建线段，执行"构造>以圆心和半径绘圆"命令，如下左图所示。操作完成后，即可以A点为圆心、线段3为半径创建圆。

下面再介绍绘制半径为1的圆的另外一种方法，首先执行"数据>新建参数"命令，打开"新建参数"对话框，在"名称"文本框中输入r❶，然后在"数值"数值框中输入1❷，在"单位"选项区域中选中"距离"单选按钮❸，单击"确定"按钮❹，如下右图所示。

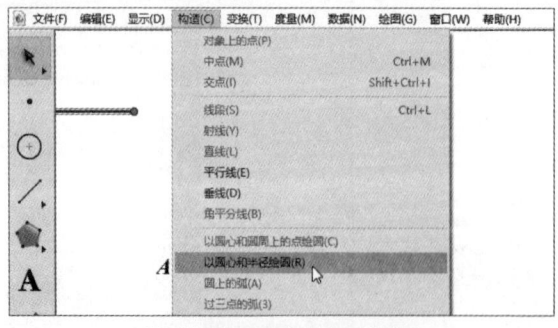
选择"以圆心和半径绘圆"命令

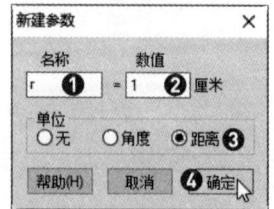
设置新建参数

在绘图区左上角显示距离参数，参数为r=1.00厘米，其背景为浅洋红色，表示为选中状态。使用选择工具选中B点，保持距离参数为选中状态，执行"构造>以圆心和半径绘圆"命令，即可以B点为圆心，创建半径为1的圆，如下左图所示。

使用点工具在半径为1的圆上任意创建一个点，并使用文本工具标记为C。使用选择工具选中B、C

点，执行"构造>线段"命令即可创建BC线段。使用选择工具选中A点和创建的BC线段，执行"构造>平行线"命令，如下右图所示。

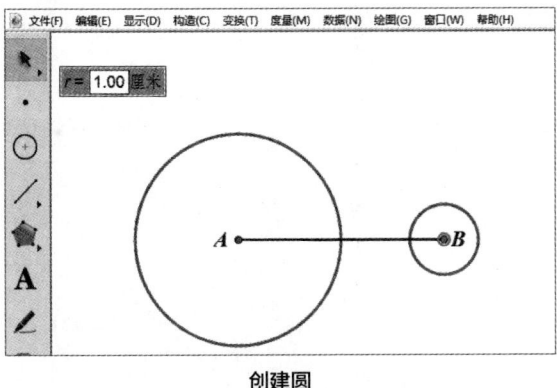

创建圆　　　　　　　　　　　　　选择"平行线"命令

即可沿着A点创建BC线段的平行线❶，该平行线与半径为3的圆的两个交点，分别标记为D点和E点❷，如下左图所示。选择E和C点并创建线段❸，使用点工具在EC线段和AB线段的交点处创建一个点，并使用文本工具标记为F❹，如下右图所示。

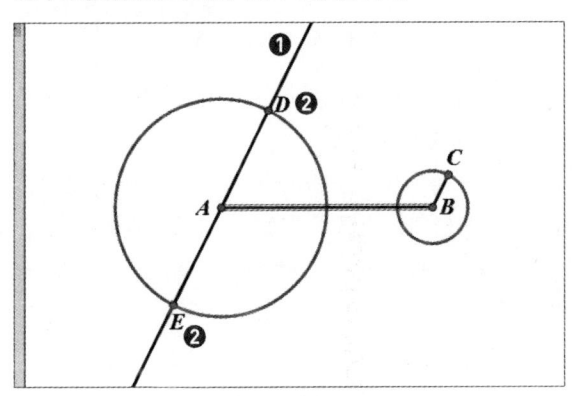 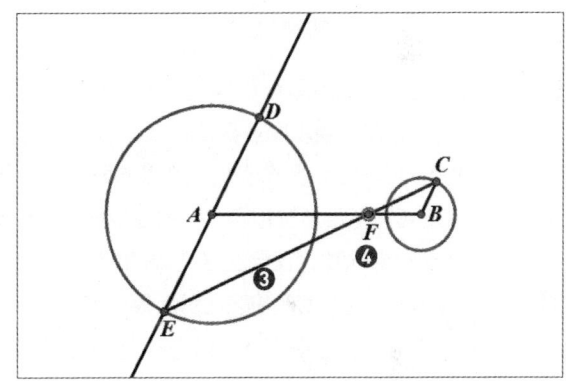

创建平行线并标记点　　　　　　　　　创建线段并标记点

使用选择工具选择A点和F点，执行"构造>线段"命令，创建AF线段，保持AF线段为选中状态，执行"构造>中点"命令，即可创建该线段的中点，并使用文本工具标记该点为G，如下左图所示。

使用选择工具先选择G点再选择A（F）点，此处需要注意选择点的顺序，切记顺序不能颠倒了。然后执行"构造>以圆心和圆周上的点绘圆"命令，即可以G点为圆心，以AG线段的长为半径创建圆，如下右图所示。

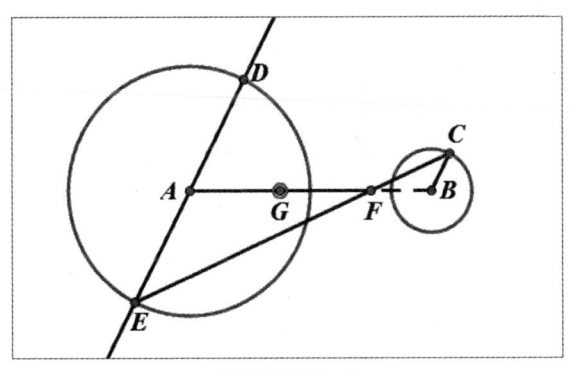 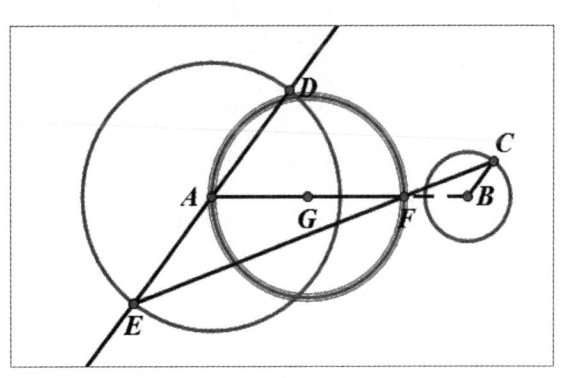

创建线段和中点　　　　　　　　　　　　创建圆

使用点工具分别标记刚创建的圆和大圆的两个交点为H和I，然后选择H点再选择F点，此处注意点选择的顺序，执行"构造>射线"命令，即可创建射线。根据相同的方法创建I点到F点的射线，如下左图所示。

使用点工具在两条射线与小圆的交点处创建点，并标记为J和K，然后分别创建HK线段和IJ线段。选择多余的射线并右击，在快捷菜单中选择"隐藏射线"命令，并根据相同的方法隐藏除HK和IJ线段之外的所有辅助线和点。此时两个圆的内公切线创建完成，如下右图所示。

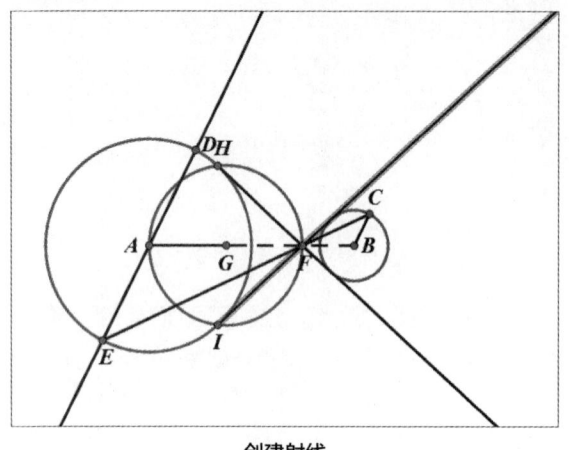

创建射线　　　　　　　　　　　　　　查看创建的内公切线

【实例9-3】张老师现在需要根据题干绘制图形，方便更形象地解题。题干中拱桥的形状是抛物线，其函数关系式为y=-1/2x2，当水面离桥顶的高度为8米时，水面的宽度为多少米？

从公式可见是一元2次方程式，所以需要创建函数公式，在创建函数之前插入坐标系，首先单击工具箱中"自定义工具"下三角按钮❶，在列表中选择"新新坐标系>新坐标系工具"选项❷，如下左图所示。

光标处显示坐标轴，在绘图区需要的位置单击，即可完成坐标轴的创建，使用选择工具在左上角单击对应文本，可以自定义坐标轴的显示元素，效果如下右图所示。

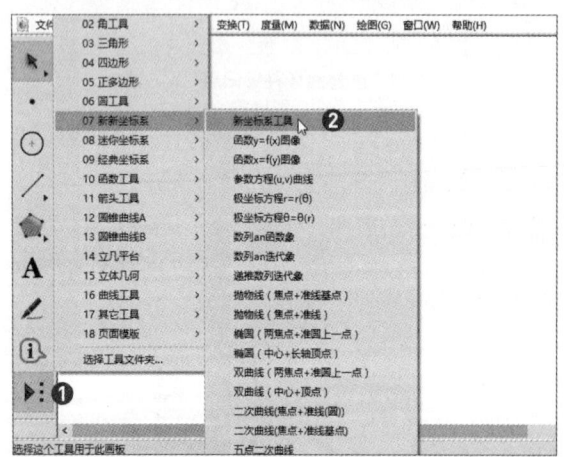 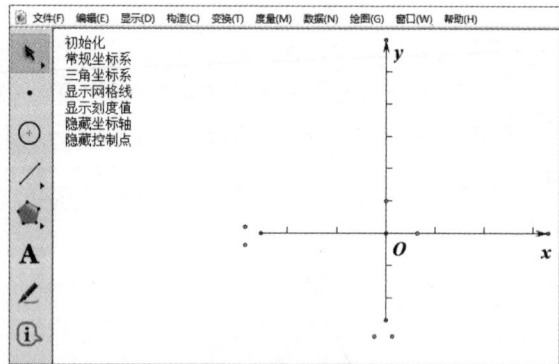

选择"新坐标系工具"选项　　　　　　　查看创建的坐标轴

坐标轴创建完成后接着创建函数，首先执行"绘图>绘制新函数"命令，如下左图所示。

打开"新建函数"对话框，单击"方程"下三角按钮，在列表中选择"符号:y="选项后，再选择y=g(x)方程公式，在对话框的键盘上单击"-"（负号），然后依次单击1、除号、2、x在文本框中显示输入的数值，在上方显示输入的方程式，如下中图所示。接着单击^符号，再单击数字2，即可完成该二次函数的输入，如下右图所示。

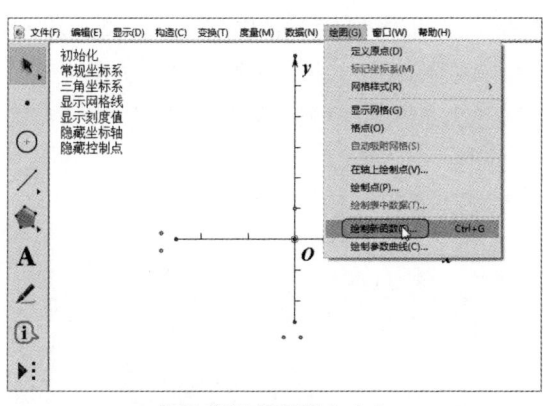
选择"绘制新函数"命令

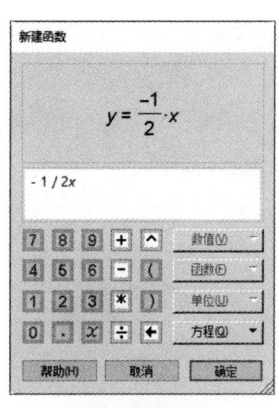
输入函数公式

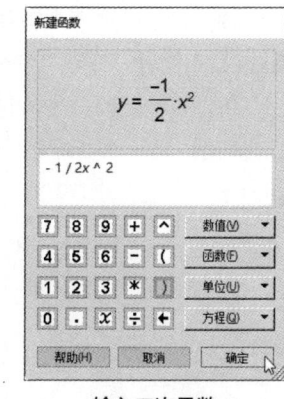
输入二次函数

二次函数公式输入完成后,单击"确定"按钮,即可在绘图区坐标轴上创建二次函数图像,在左上角显示二次函数的公式。用户根据需要拖曳坐标上的红色控制点,设置坐标轴的长度,调整坐标轴上绿色的控制点调整单位刻度,抛物线同时发生变化,如下左图所示。

选择创建的抛物线并右击,在快捷菜单中选择"中等"命令,设置线的宽度。使用线段工具在抛物线上绘制4条线段,将下方的3条抛物线设置为虚线,制作出水面的效果,操作方法是右击线段,在快捷菜单中选择"虚线"命令,该题的二次函数图像如下右图所示。

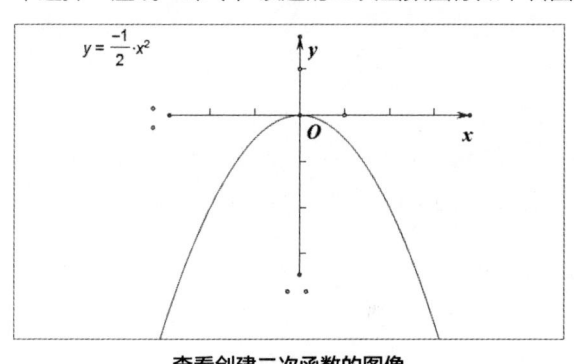
查看创建二次函数的图像

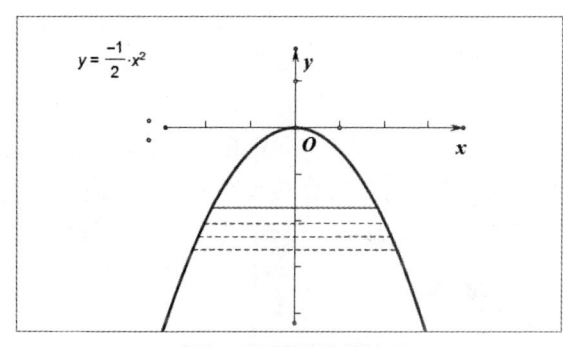
查看二次函数图像的效果

【实例9-4】张老师现在需要绘制椭圆,然后向学生讲解求椭圆焦半径的方法。下面介绍使用几何面板绘制椭圆的方法。

选择线段工具,在绘图区按住Shift键绘制水平的线段,使用文本工具标记线段的两个点为A点和B点。选中线段,执行"构造>中点"命令,即可在线段中创建中点并标记为C点,如下左图所示。使用选择工具先选择C点再选择A点,然后执行"构造>以圆心和圆周上的点绘圆"命令,即可创建以C点为圆心,经过A点和B点的圆,如下右图所示。

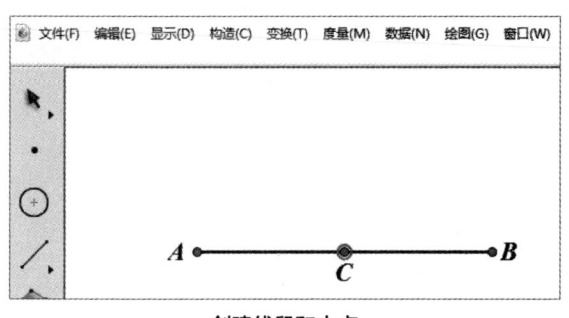
创建线段和中点

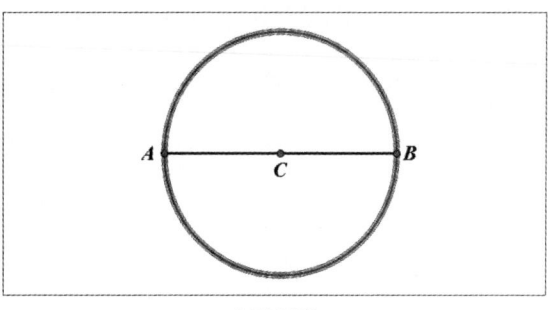
创建圆形

在工具箱中选择点工具，在圆周上任意位置单击创建点并标记为D点，使用选择工具选择D点和AB线段，选择"构造>垂线"命令，即可绘制出线段AB的垂线，垂线与线段AB的交点标记为E，如下左图所示。

将创建的圆和垂线隐藏。使用线段工具绘制出线段DE，选中该线段，执行"构造>中点"命令，创建该线段的中点，并标记为F，如下右图所示。

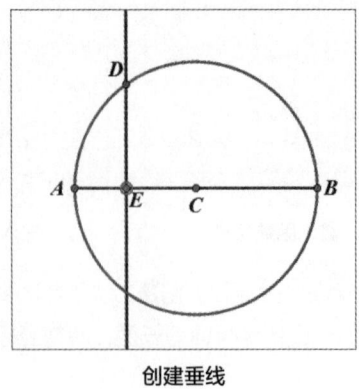 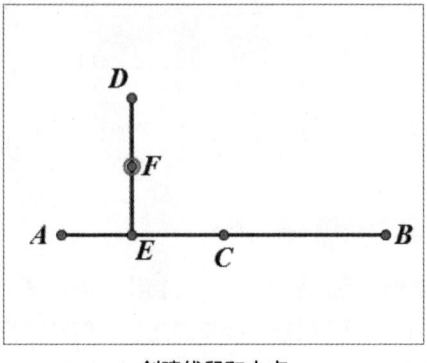

创建垂线　　　　　　　　　　　　　创建线段和中点

使用选择工具依次选择D点和F点，执行"构造>轨迹"命令，即可创建椭圆，然后只保留椭圆、AB线段和C点，其他辅助线和点全部隐藏，效果如下图所示。

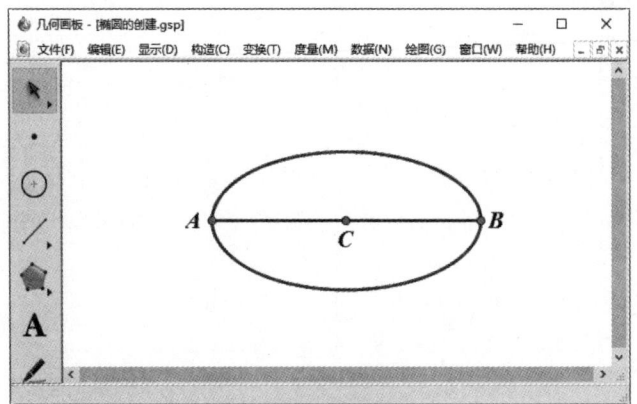

查看创建的椭圆

## 9.1.3 创建动态的图形

张老师经过遇到通过旋转图形计算面积最大值和最小值的问题，老师为了将动态的图形直观地展示给学生，现在他决定使用几何面板创建图形。

首先看一下本题的题干，正方形ABCD和CEFG的边长分别为a、b，其中b>2a。把正方形ABCD绕C点旋转一周，求在旋转过程中，△AEG的面积S的最大值和最小值，如下图所示。

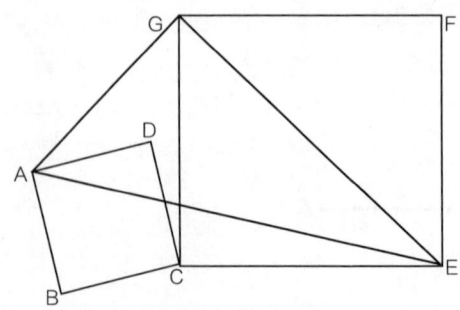

打开几何画板,在工具箱中选择点工具,在绘图区创建点,执行"变换>平移"命令,打开"平移"对话框,固定距离没有太多要求,固定角度设置为0度❶,单击"平移"按钮❷,在绘图区可以预览点平移的位置,如下左图所示。

使用选择工具依次选中第一个和第二个点,执行"构造>射线"命令,即可创建向右方向的射线,然后使用线段工具从第一个点在射线上创建线段。使用文本工具标记第一个点为C点,第三个点为E点,如下右图所示。

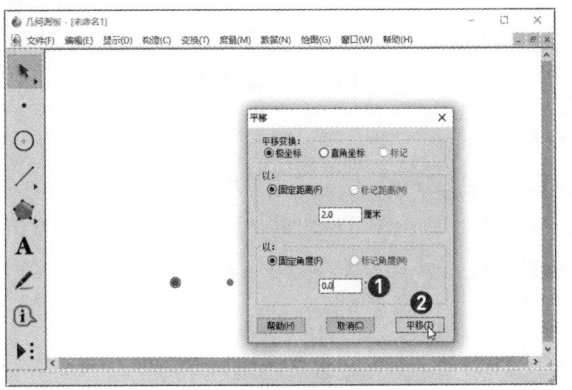
平移点

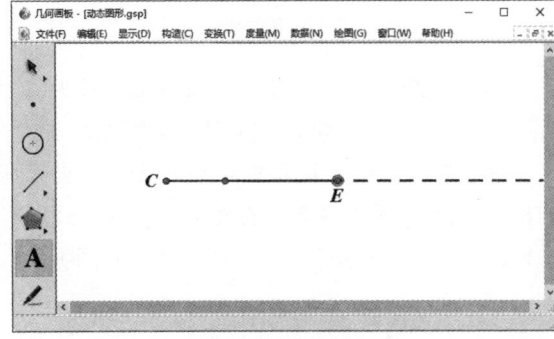
创建线段并标记点

使用选择工具,选中E点,然后再双击C点,执行"变换>旋转"命令,双击C点是将E点以C点为中心进行旋转。打开"旋转"对话框,在"固定角度"数值框中输入90❶,单击"旋转"按钮❷,即可旋转E点,如下左图所示。

根据相同的方法,将C点沿着E点旋转-90度,使用文本工具标记C点上方点为G,E点上方的点为F。使用选择工具选择C、E、F、G 4个点,执行"构造>线段"命令,即可完成正方形的创建,如下右图所示。正方形创建完成后,用户可以拖动E点在射线上滑动调整正方形的大小。

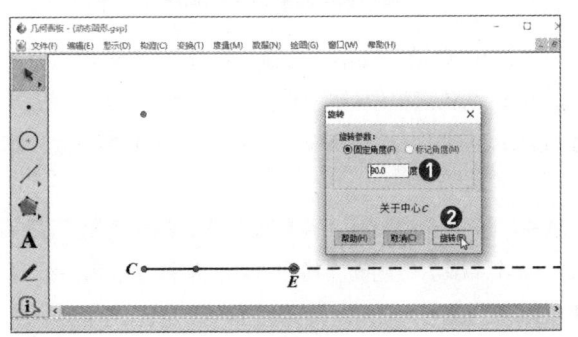
旋转点

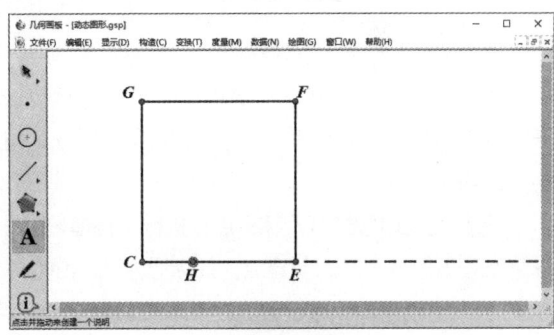
创建正方形

使用选择工具依次选中C点和H点,然后执行"构造>以圆心和圆周上的点绘圆"命令,即可创建以C点为圆心、CH线段为半径的圆。使用点工具在圆上任取一点,然后选择C点和创建的点,执行"构造>射线"命令,即可创建一条射线,如下左图所示。

使用线段工具从C点开始,在射线上创建线段,使用文本工具标记线段另一点为D点。将光标移至圆和射线的交点上时,按住鼠标左键不放沿着圆进行旋转,可见射线以C点为中心也进行相应的旋转,如下右图所示。

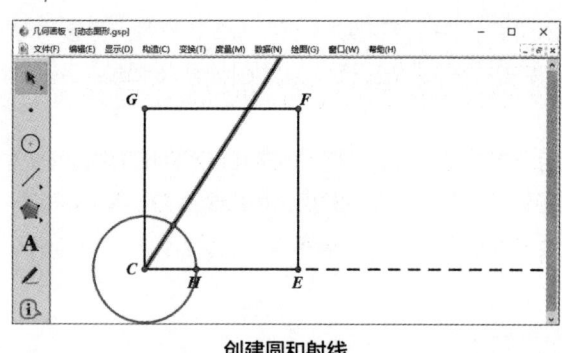
创建圆和射线

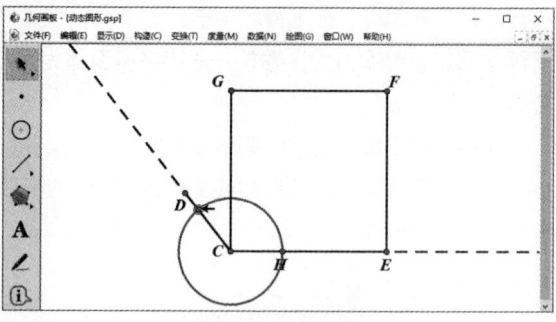
创建线段并旋转射线

根据创建大正方形的方法分别旋转C点和D点，然后创建小的正方形，使用文本工具，根据本题干依次标记各个点。同样拖动圆上的点在旋转射线的同时，小正方形也在旋转，如下左图所示。

使用选择工具选中圆和两条射线，执行"显示>隐藏对象"命令，即可将选中对象隐藏。只显示两个正方形，然后适当调整正方形的大小，使边长满足b>2a的条件。使用选择工具选中A、E和G点，执行"构造>线段"命令，即可创建△AEG，如下右图所示。

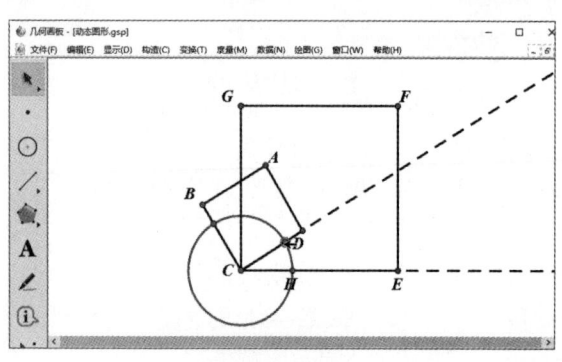
创建小正方形

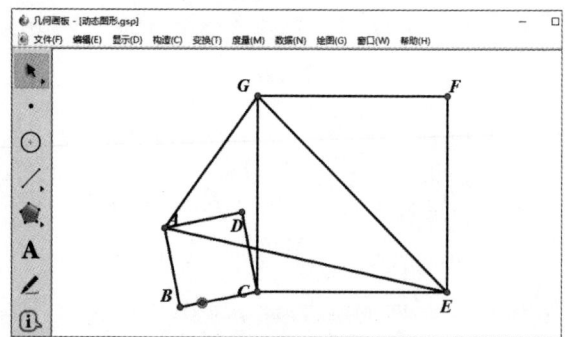
隐藏辅助对象创建三角形

选择多边形工具，选择A点、E点再双击G点，即可为△AEG填充图案，在旋转小正方形时，可以更明显展示三角形的面积。当旋转正方形时，可以发现A点的运动轨迹是以C点为圆心、AC线段为半径的圆周。使用选择工具选择C点，再选择A点，执行"构造>以圆心和圆周上的点绘圆"命令，即可创建圆，如下左图所示。

使用选择工具选择C点和F点，执行"构造>直线"命令，即可通过C点和F点创建直线，然后使用点工具在直线和圆的两个交点创建点，并标记为H点和I点，为了使效果展示更明显，将直线和圆的线型设置为细虚线。可见当A点和H点重合时，△AEG的面积最小；当A点和I点重合时，△AEG的面积最大，如下右图所示。

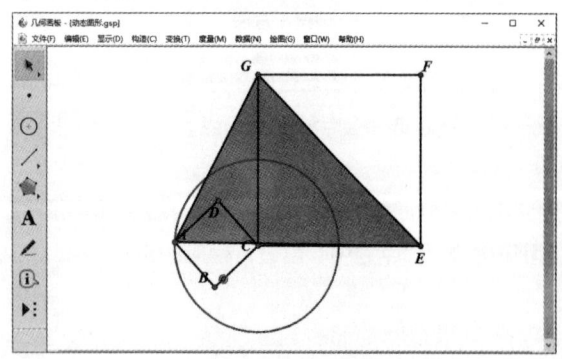
填充三角形并创建圆

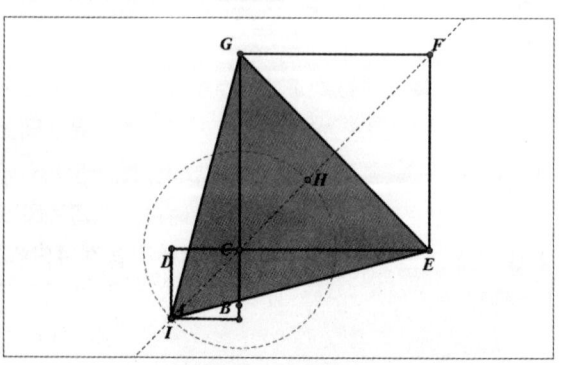
分析三角形面积的大小

## 9.2 Z+Z智能教育平台

Z+Z智能教育平台是为我国基础数学教育量身定做的数学教育软件,是知识性和智能型相结合的、多功能的教育工具平台,包括超级画板、立体几何、网络画板等软件。它是由我国著名数学家、数学教育家、计算机科学家、著名科普作家、中国科学院院士张景中教授策划,由李传中教授设计开发的一款智能教育软件。

下面介绍Z+Z智能教育平台的主要特点,具体如下。

- 把不同的学科工具整合在一起,结构合理,目前主要包括平面几何、解析几何、三角函数和高中代数等动态图形工具。
- 增加了迭代作图的功能,可以把自定义的迭代作为工具保存,其原理是单层的迭代就是通常的宏,在多层迭代中每一层的几何对象的属性可以分别定义。
- 几何变换更加丰富,在"变换"菜单中除了平移、反射和旋转外,还添加了直观定义的仿射变换和点对点的旋转放缩点。
- 具有生成表格和统计表的功能,测量数据自动填表以及统计图表的绘制功能。

### 9.2.1 Z+Z超级画板的界面

安装完Z+Z超级画板软件后,双击桌面的快捷方式图标,即可启动该软件,该软件的界面如下图所示。在Z+Z超级画板主界面中主要包括标题栏、菜单栏、工具栏、状态栏、图形对象工作区和工作区,其中在工作区中还包含一个直角坐标系。

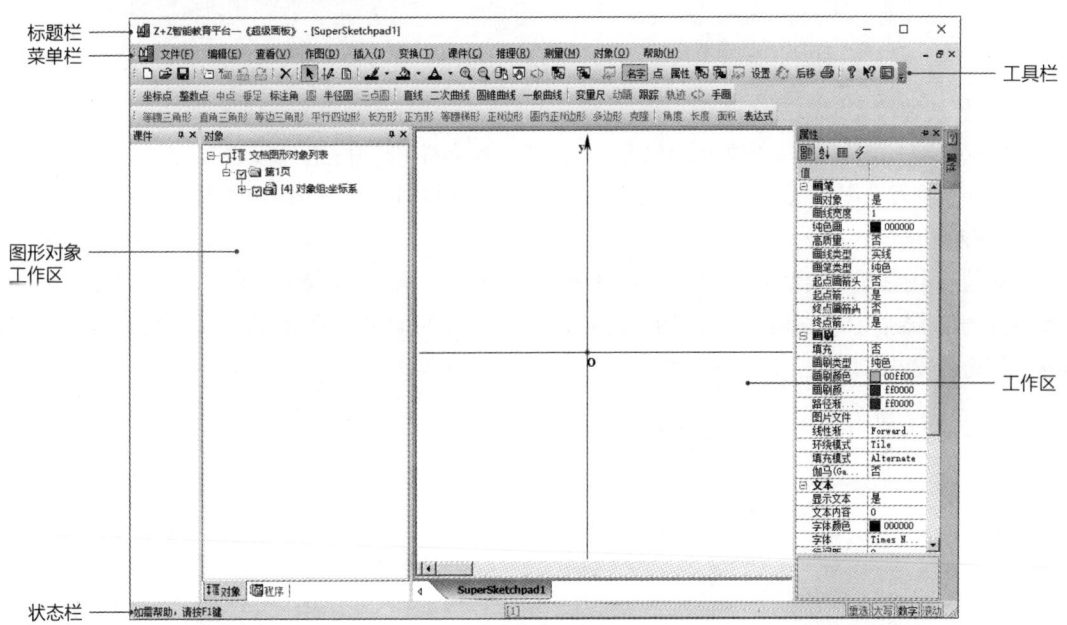

**Z+Z超级画板主界面**

### 9.2.2 智能画图

Z+Z超级画板最基本的功能就是智能作图。工具栏中 图标就是智能作图的工具,其名称为"画笔",用户只需要单击该图标,即可进入智能作图状态,此时光标在工作区变为一只拿手笔的形状 。在智能作图状态下,只需要使用鼠标即可绘制20多种几何图形。

### 1. 绘制自由点和线段

要绘制自由点,则首先单击作出一个可以任意手动的点,点是否命名和命名的初始字母可以在菜单"对象"中选择,缺省时自动从A开始命名。在"对象"菜单中可以命名字母大写+数字的形式。

要绘制线段,则首先按下鼠标左键向任意位置拖曳至合适的位置释放鼠标左键,即可绘制出线段。单击处的点和结尾的点是线段的起点和终点,如果结尾处本来就有点,就不会创建出新点,仅仅是连接两点的线段,或都作出已知一个端点的线段、射线或直线。

在工作区绘制自由点或线段后,使用选择工具选中对象并右击,在快捷菜单中选择"属性"命令,即可打开"对象的属性"对话框,可以设置画笔、填充、渐变、文本的相关属性,也可以根据选择对象不同在增加的选项卡中设置该对象的属性。若选择点,则显示"点"选项卡;若选择直线,则显示"直线"选项卡,如下图所示。

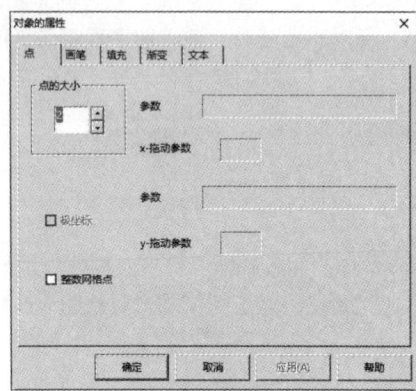
"点"选项卡

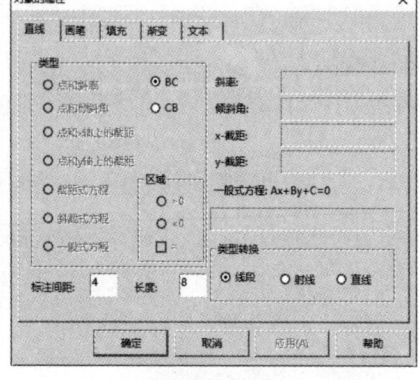
"直线"选项卡

### 2. 绘制等长线段和等边三角形

在工作区绘制一条线段后,如果拖曳鼠标绘制线段,当绘制线段和已有线段的长度相等时,在光标右侧显示"相等"文本,同时线段AB的颜色变为浅洋红色,此时释放鼠标左键即可绘制和AB线段等长的线段CD,如下左图所示。

如果先绘制AB线段,接着由B点继续绘制线段,也会出现"相等"的文本,但是这包括两种情况。第一种情况是继续绘制的BC线段和AB线段相等,但是AC线段和AB线段不是等长的,此时如果再将A和C连接起来,即可创建以AC线段为底边的等腰三角形,如下右图所示。

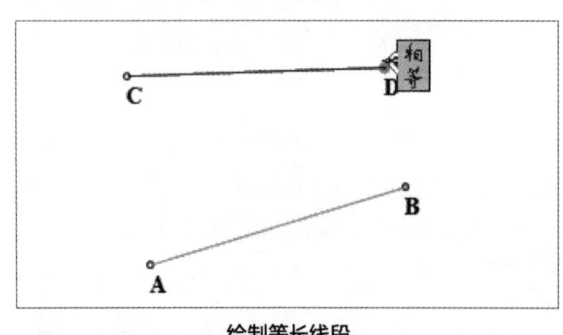
绘制等长线段

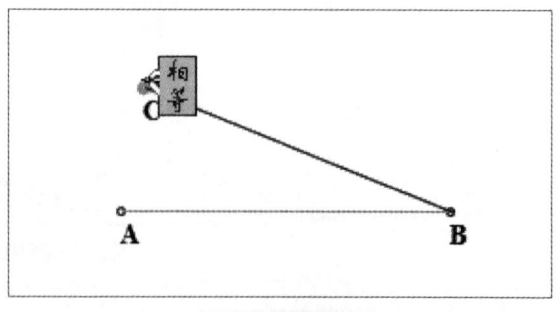
绘制等腰三角形

第二种情况是从C点到A点和B点的距离相等,此时释放鼠标左键,即可创建AB线段为底边的等腰三角形,如下左图所示。

如果需要创建等边三角形，首先绘制出线段AB，然后再从B点绘制线段，当光标右侧出现"等边"文本时，AB线段会变色，释放鼠标左键即可绘制一个等边三角形，如下右图所示。

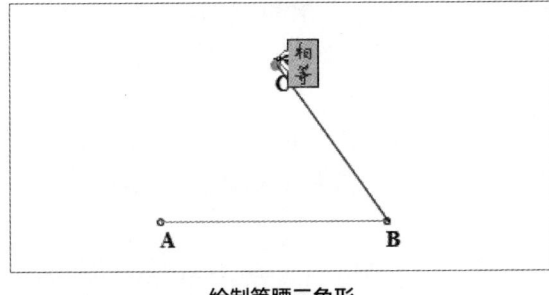
绘制等腰三角形

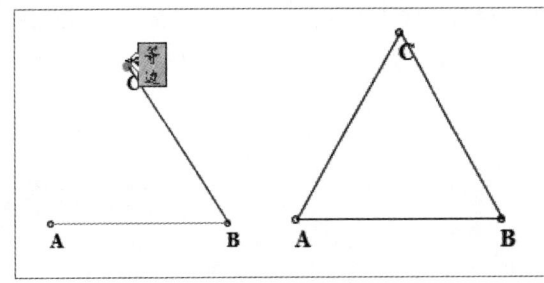
绘制等边三角形

### 3. 绘制线段的中点和垂直线

要线段的中点，则首先绘制一条线段AB，将光标移至线段中点位置，在光标右侧将显示"中点"文本，然后单击即可为AB线段创建中点，如下左图所示。

要绘制垂直线段，则首先绘制一条线段AB，从B点或A点继续绘制线段，当光标出现"垂直"文本时，AB线段变色，释放鼠标左键，即可创建AB的垂线，如下右图所示。如果将A点和C点连接，即可创建直角三角形。

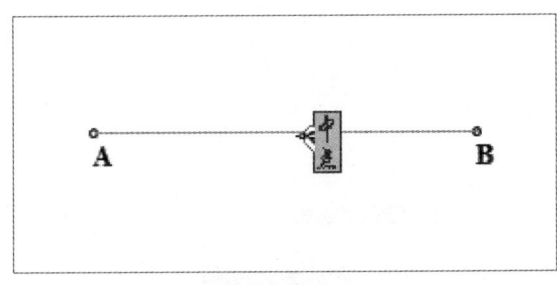
绘制线段的中点

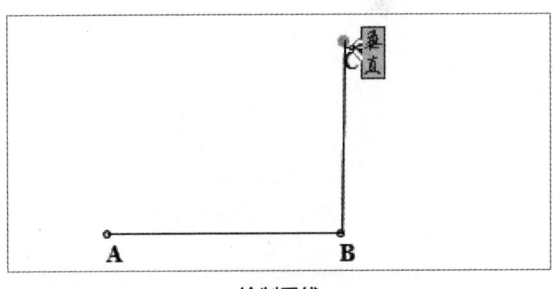
绘制垂线

### 4. 绘制圆和圆上的点

要绘制圆，则首先单击"画笔"按钮，在工作区中双击即可创建圆心，然后拖曳鼠标确定第二个点，即可确定圆周上的点，释放鼠标左键完成圆的绘制，如下左图所示。

圆创建完成后，使用选择工具可以移动A点调整圆心的位置，此时B点不动；调整B点的位置可以调整圆的大小，此时A点不动。

若要绘制圆上的点，则首先将光标移至圆周上，圆周变颜色，然后单击即可在圆上创建点，如下右图所示。

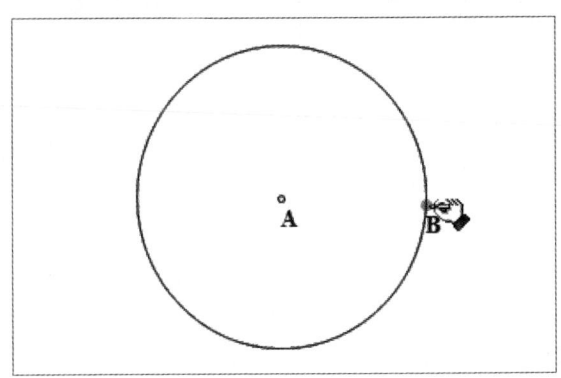
绘制圆

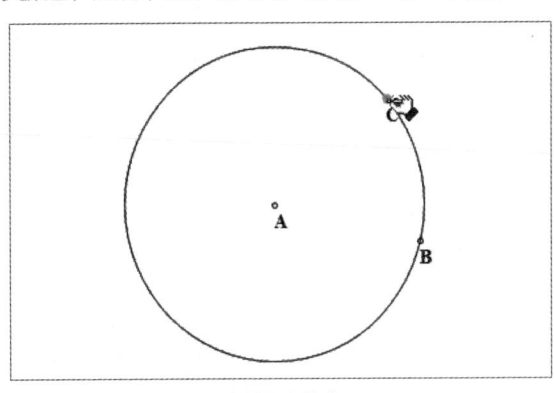
绘制圆上的点

在圆或线段上创建的点可以作为动画中的自动点,即可以在圆周上自由移动创建的点C。右击在圆周上的点,在快捷菜单中选择"动画"命令,打开"对象的属性"对话框,在"动画"选项卡中设置动画的相关参数,如参数范围默认为2*pi,表示点在圆上运动一圈作为一个周期,如果将该参数修改为pi,表示点在圆周上运动半圈作为一个周期。在对话框底部还可以设置毫秒的值,该数值设置越大,点C的运动就越慢,如下左图所示。

除了上述介绍的使用智能作图工具绘制的图形外,用户还可以绘制线段延长线上的点、圆周或线段之间的交点、点到直线的垂足、垂线与圆或直线的交点等图形。下面通过一个具体案例对之前所学知识进行巩固和应用。

【实例9-5】本实例主要利用之前所学到的知识创建圆、垂线、圆上的点以及动画,并显示跟踪的轨迹,下面介绍具体操作方法。

打开Z+Z超级画板软件,使用画笔工具,在原点O处双击,绘制一个正圆形❶,在圆周上任意位置单击创建点B❷,再从B点向X轴创建一条垂线❸,如下右图所示。

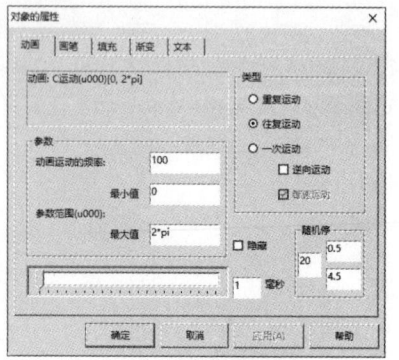
设置圆上点的动画

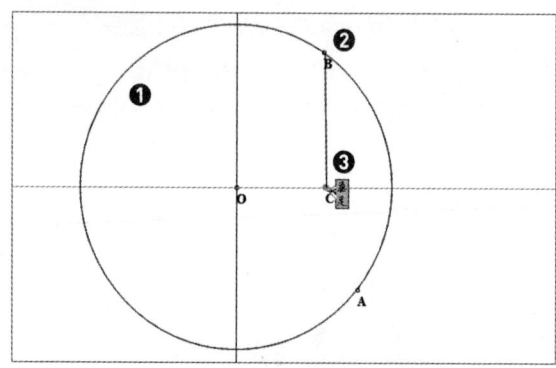
绘制圆形和垂线

根据相同的方法从B点向Y轴作垂线,垂足为D点❶。再连接D点和C点创建CD线段,将光标移至CD线段中点位置,显示"中点"文本时单击创建中点E❷,如下左图所示。

从O点向CD线段绘制垂线,交点为F点,如下右图所示。

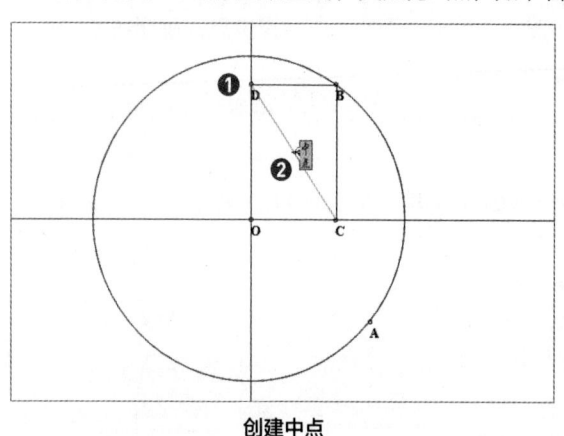
创建中点

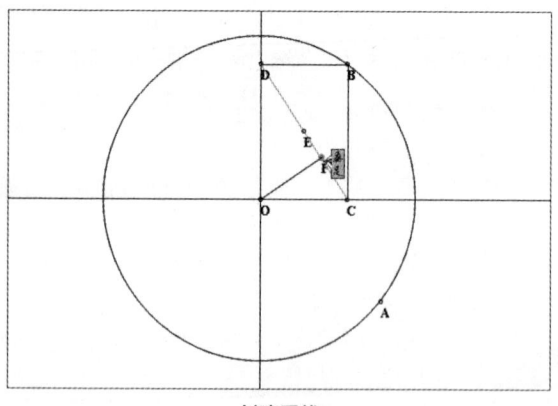
创建垂线

在工作箱中使用选择工具,选择BC线段并右击,在快捷菜单中选择"隐藏"命令,即可将BC线段隐藏,根据相同的方法将BD线段也隐藏起来。然后右击B点,在快捷菜单中选择"动画"命令,打开"对象的属性"对话框,在"动画"选项卡中设置动画运动的频率为200❶、运动为100毫秒❷,单击"确定"按钮❸,如下左图所示。

可见在工作区的左上角显示"动画:B运动"按钮❶,然后选中E点并右击,在快捷菜单中选择"跟踪"命令❷,即可创建E点随B点运动时的轨迹,如下右图所示。

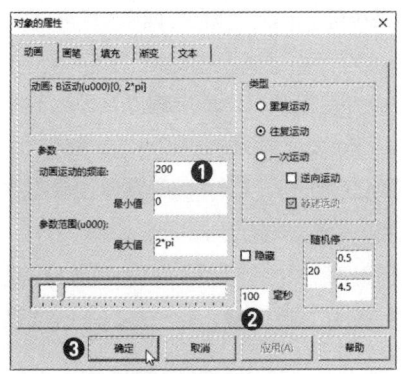

设置B点动画参数

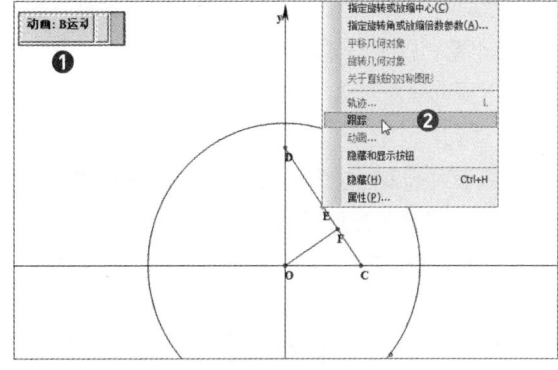

创建E点的跟踪

设置完E点的跟踪后,用户可以通过拖曳B点查看E点的运动轨迹。根据相同的方法设置F点和CD线段的跟踪,然后单击"动画:B运动"按钮,B点逆时针运动,可以查看点和线段的运动轨迹,如果需要停止,则单击右侧按钮即可,如下左图所示。

B点的运动周期为圆周长的一周,当运动到起始点时,B点变为顺时针运动,停止运动后,用户可以查看E点、F点和CD线段完整的运动轨迹,如下右图所示。

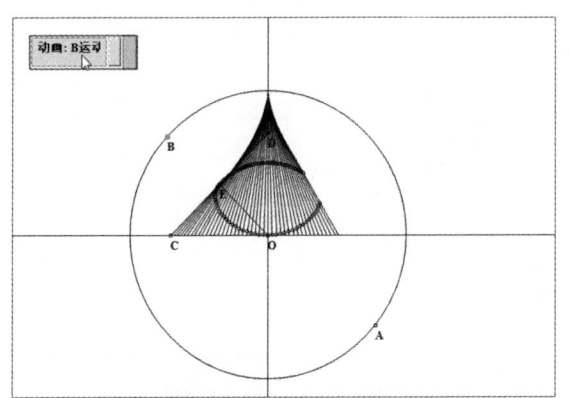

查看点和线段的运动轨迹

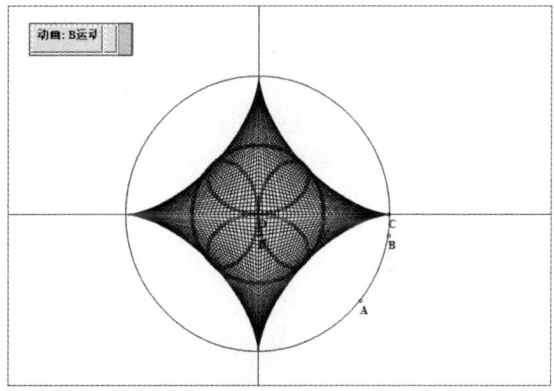

查看完整的运动轨迹

## 9.2.3 函数及图像

在平面解析几何或三角函数模块下,在"作图"菜单命令中选择"函数或参数方程曲线"命令,或右击工作区并在弹出的快捷菜单中选择"函数或参数方程曲线"命令,即可在打开的对话框中设置函数表达式,启动这项作图的功能。打开的"对象的属性"对话框,如右图所示。

下面介绍"对象的属性"对话框中各参数的含义。

- **"类型"选项区域**:在"类型"选项区域中提供了4种类型,分别为y=f(x)、x=f(y)、参数方程和极坐标方程。用户只需要选中对应的单选按钮,即可激活右侧相应的输入栏,然后填写方程表达式。

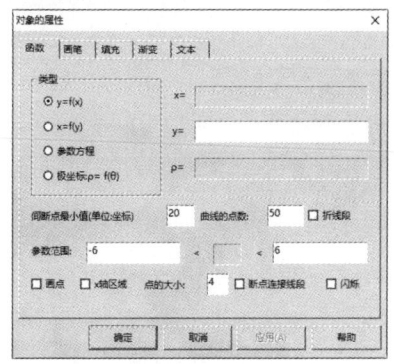

"对象的属性"对话框

- **曲线的点数：** 在制作函数曲线时，首先作出曲线上的一列样本点，再用某种特定的曲线把这些点连接起来。该数据控制点数的多少，如果样本点数据太少，绘制的曲线就不会太准确。
- **间断点最小值：** 其单位为坐标，表示通过设置间断点的最小值，确定相邻两个样本点之间的距离若大于最小值，则两点之间就不连线了。
- **"画点"复选框：** 勾选"画点"复选框，表示需要画样本点；若取消勾选该复选框，表示不需要画样本点。

【实例9-6】张老师需要向学生们展示二次函数的应用，当常量是变化时，二次函数的图像也会发生对应的变化。本次的二次函数的方程式为y=ax2+bx+c，下面介绍使用Z+Z超级画板绘制图像。

打开Z+Z超级画板应用程序，首先创建A、B和C三个变量的控制点，在工作区中绘制3条线段并垂直于y轴❶，使用选择工具依次选择B点、D点和F点，然后单击"测量"按钮❷，在打开的下拉菜单中选择"点>X-坐标"命令❸，如下图所示。

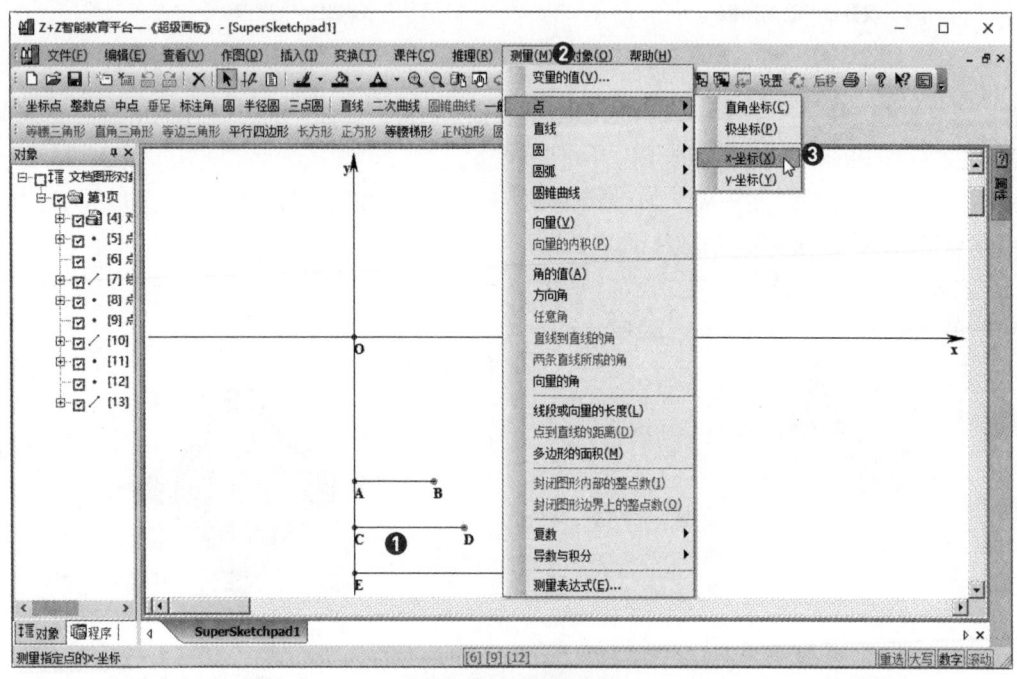

创建线段并测量点的坐标

在工作区的左上角显示3个点的测量文本，然后修改对应点的文本与a、b和C对应，即可将3个变量设置完成，如右图所示。在修改测量文本时，将%前文本修改为对应的字母并添加等号，本案例设置小数点后保留两位，用户可以设置f字母前的数字保留的位数，设置完成后只需要单击空白处即可。

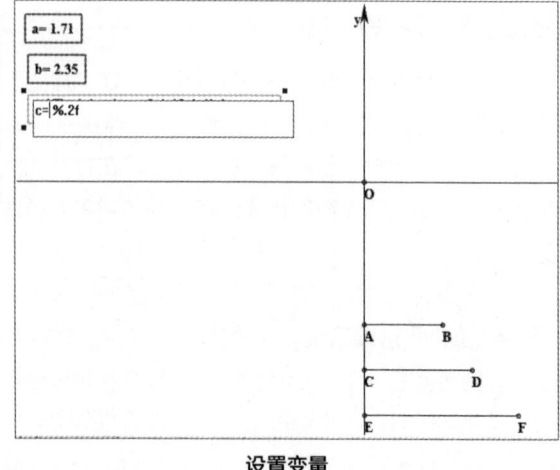

设置变量

测量文本修改完成后,选中B点和与之对应的测量文本❶,然后选择"对象"菜单选项❷,在下拉菜单中选择"点和OLE对角、文本和图片对象关联"命令❸,即可创建选中对象的关联,如下图所示。

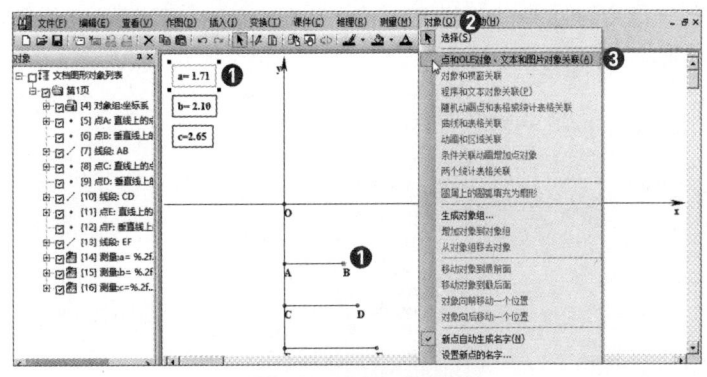

创建B点和测量文本的关联

根据相同的方法将D点和F点分别与对应的测量文本关联,然后将测量文本放在对应点的上方,然后单击工具栏中"文本边界"按钮,取消文本的边框,如下左图所示。然后隐藏A点、C点和E点,再双击B文本,此时为可编辑状态,选中文本并删除,即可删除B文本而保留B点。根据相同的方法将D点和F点的文本删除,如下右图所示。

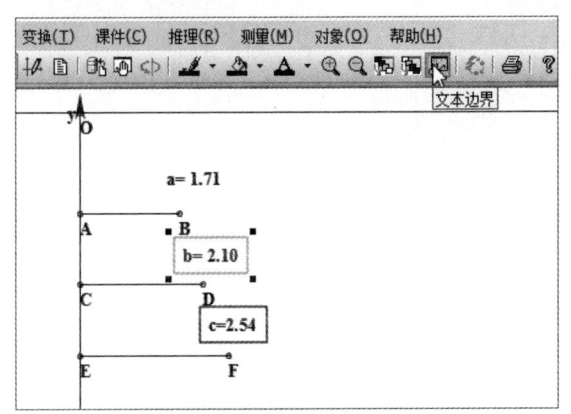

隐藏边框

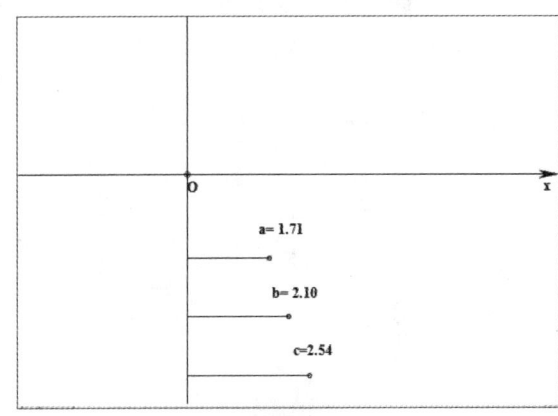

隐藏点

下面开始制作二次函数的图像,首先选择"作图"菜单选项❶,在下拉列表中选择"函数或参数方程曲线"命令❷,如下图所示。

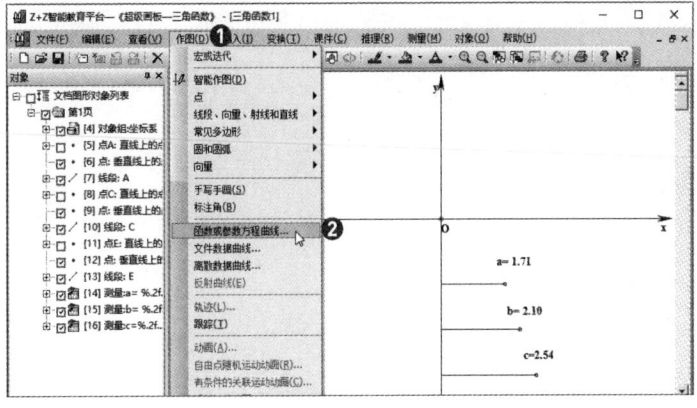

选择"函数或参数方程曲线"命令

打开"对象的属性"对话框,在"函数"选项卡中保持函数的类型不变❶,然后在右侧的y文本框中输入"m000*x^2+m001*x+m002"文本❷,其他参数保持不变,单击"确定"按钮❸,如下左图所示。

在工作区中即可创建二次函数的图像,当拖曳3条垂直线的点时,二次函数的图像会跟随变化而变化,如下右图所示。

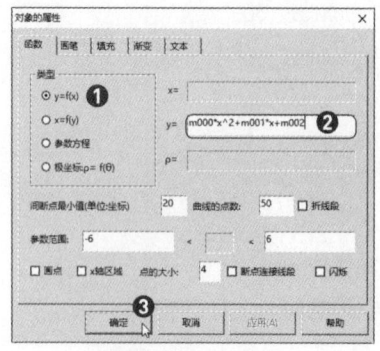
"对象的属性"对话框

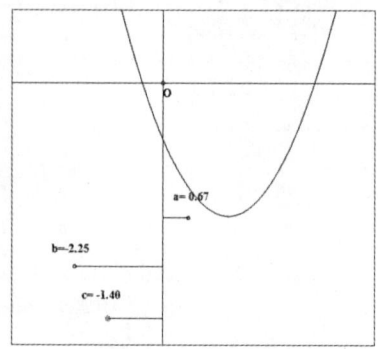
创建二次函数的图像

下面再插入动态解释文本,也就是二次函数图像对应的二次函数方程式。单击工具箱中"文本"按钮,打开"对象的属性"对话框,在"文本"选项卡的文本框中输入"y=$bl{m000,2}x^2+$bl{m001,2}x+$bl{m003,2}"❶,然后单击"确定"按钮❷,如下左图所示。在工作区中插入二次函数的动态文本,选中该文本框,单击工具箱中"放大"按钮,适当放大并放在合适的位置,如下右图所示。

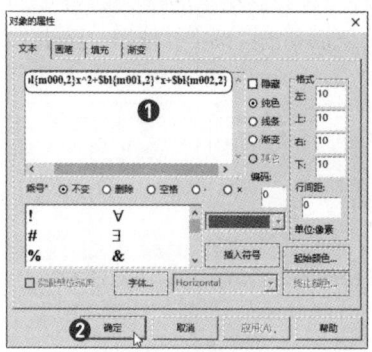
输入文本

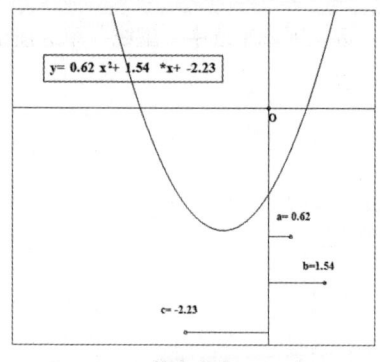
放大文本

下面创建抛物线的对称轴,首先选择"测量"菜单选项❶,在打开的菜单列表中选择"测量表达式"命令❷,如下左图所示。打开"测量表达式"对话框,在"表达式"文本框中输入"-m001/(2*m000)"文本❸,在下方文本框中显示表达式的含义❹,单击"确定"按钮❺,如下右图所示。

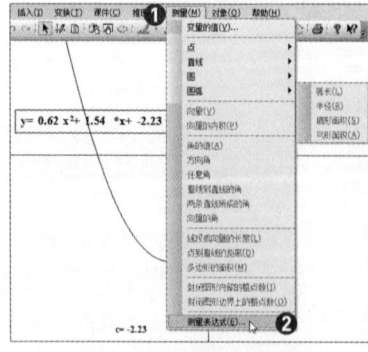
选择"测量表达式"命令

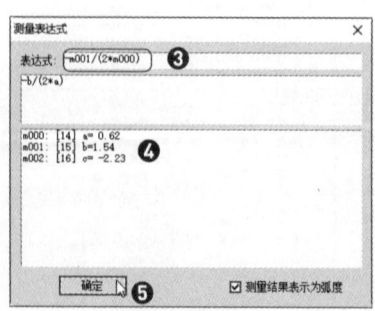
输入表达式

可见在该对话框下方文本框中显示刚创建的表达式，系统记录为m003，然后关闭该对话框，如下左图所示。再次执行"作图>函数或参数方程曲线"命令，打开"对象的属性"对话框，在"函数"选项卡的"类型"选项区域中选中"x=f(y)"单选按钮❶，然后在X文本框中输入"m003"文本❷，其他参数保持不变，单击"确定"按钮❸，如下右图所示。

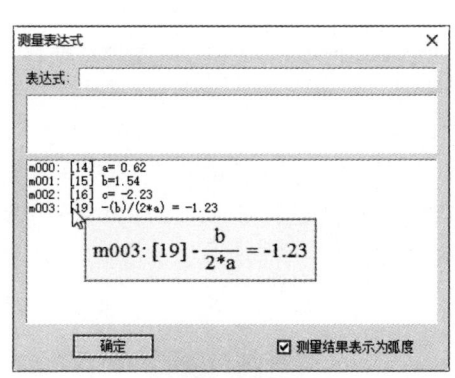

查看表达式编号　　　　　　　　　设置对称轴的函数

可见在工作区中显示抛物线的对称轴，选中该对称轴❶，单击工具栏中"画线颜色"下三角按钮❷，在列表中选择合适的颜色，如鲜绿色❸，即可为对称轴应用颜色，如下左图所示。

然后右击对称轴，在快捷菜单中选择"属性"命令，打开"对象的属性"对话框，切换至"画笔"选项卡，在"线型"选项区域中选中"虚线"单选按钮，然后单击"确定"按钮。至此二次函数的图像创建完成，如下右图所示。

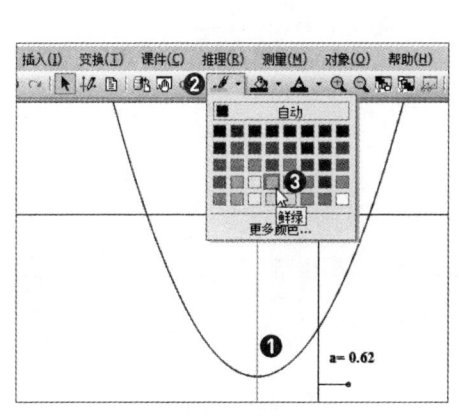
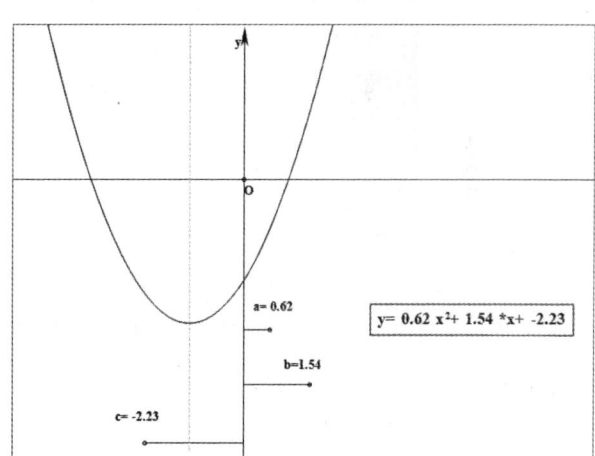

设置对称轴的颜色　　　　　　　　　查看最终效果

## 9.3 思维导图的应用

思维导图又叫心智导图，是表达发散性思维的有效图形思维工具，是一种实用性的思维工具。思维导图运用图文并重的技巧，把各级主题的关系用相互隶属与相关的层级图表现出来，把主题关键词与图像、颜色等建立记忆链接。思维导图是用一个中央关键词或想法以辐射线形连接所有的代表字词、想法、任务或其它关联项目的图解方式。

## 9.3.1 思维导图简介

思维导图的创始人是托尼·博赞（Tony Buzan），他因创建了"思维导图"而以大脑先生闻名国际，也是"世界记忆冠军协会"的创办人，发起心智奥运组织，致力于帮助有学习障碍者，同时也拥有全世界最高创造力IQ的头衔。

目前市场上常用的思维导图软件主要包括MindMaster、亿图图示、MindManager、Xmind、iMindMap和FreeMind等。不同的软件有不同的优点，MindMaster提供了智能布局、多样性的幻灯片展示模式、精美的设计元素、预置的主题样式、手绘效果思维导图、甘特图视图等功能；亿图图示可以非常容易地创建有专业水准的流程图、组织结构图、网络图、商业展示、建筑平面图、思维导图、科学插画、时尚设计、UML图、工作流程图、程序结构图、网页设计图、电气工程图、方向地图以及数据库图表等。

本节将以MindManager软件为例，介绍思维导图软件的应用方法。MindManager是一个创造、管理和交流思想的通用标准，其可视化的绘图软件有着直观、友好的用户界面和丰富的功能，可以帮助用户有序地组织思维、资源和项目进程。

安装MindManager软件后并启动，系统自动进入"新建"界面，用户可以在右侧面板中选择空白模板或在本地模板中选择预设的模板，还可以单击"模板主页"下三角按钮❶，在列表中选择需要的选项❷，然后在面板中选择模板，如下图所示。

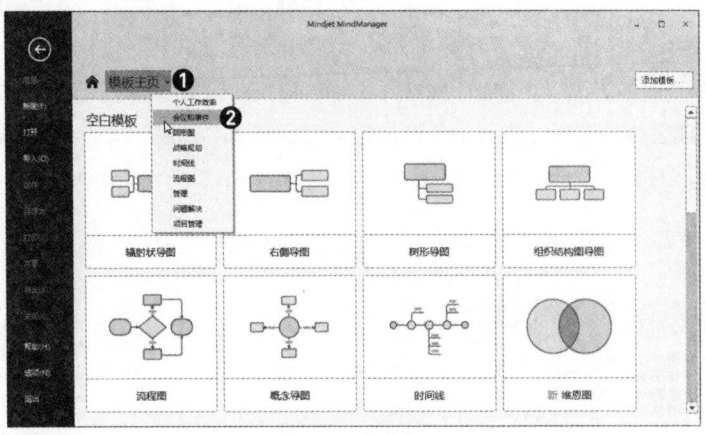

"新建"界面

此处选择"空白模板"选项区域中的"辐射状导图"模板，在"模板预览"面板中可以预览该模板的效果，如果满意，则单击右下角"创建导图"按钮，如下图所示。

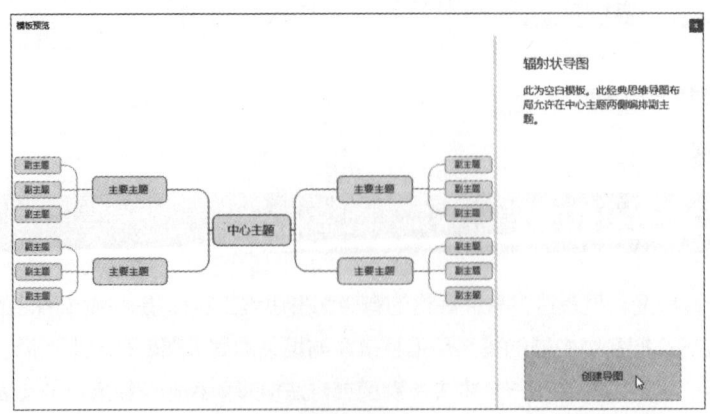

创建导图

即可创建空白的思维导图并进入工作窗口,系统自动创建"中心主题"节点。可见MindManager的工作界面主要由标题栏、菜单栏、功能区和绘制区组成,如下图所示。

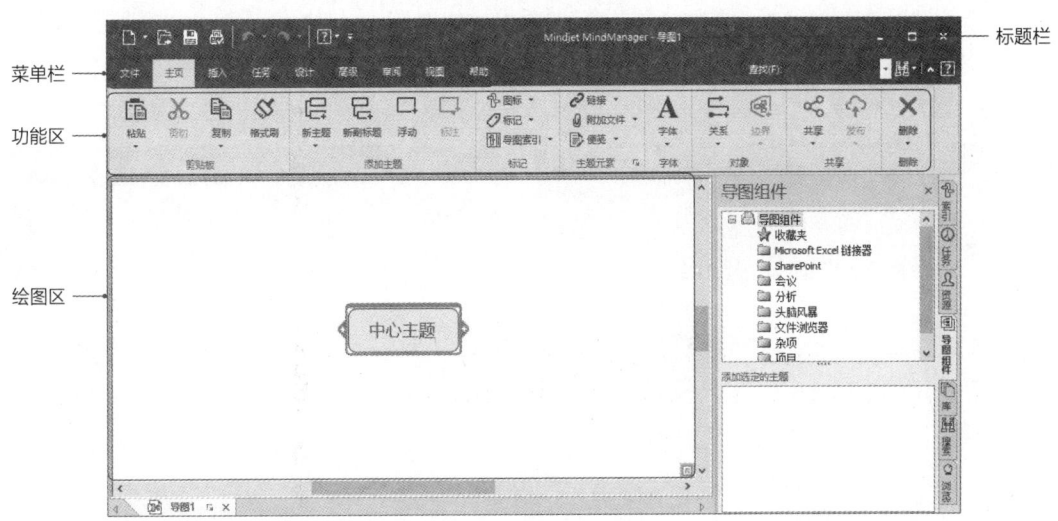

MindManager的工作界面

MindManager工作界面中的菜单栏主要包括"文件"、"主页"、"插入"、"任务"、"设计"、"高级"、"审阅"、"视图"和"帮助"菜单。切换至不同的菜单时,其功能区也会随之变化,在功能区的选项组中各按钮功能也不同。

## 9.3.2 制作思维导图

将光标移至主题文本上单击,在文本框中显示文本插入符,然后输入主题文本"演示文稿"❶。切换至"主页"选项卡❷,单击"添加主题"选项组中"新主题"下三角按钮❸,在列表中选择"添加主题"选项❹,如下左图所示。即可在主题的右上角插入"主要主题"节点,接着输入"基本操作"文本,如下右图所示。用户也可以在输入主题文本后,按Enter键来添加主要主题节点。

添加主题

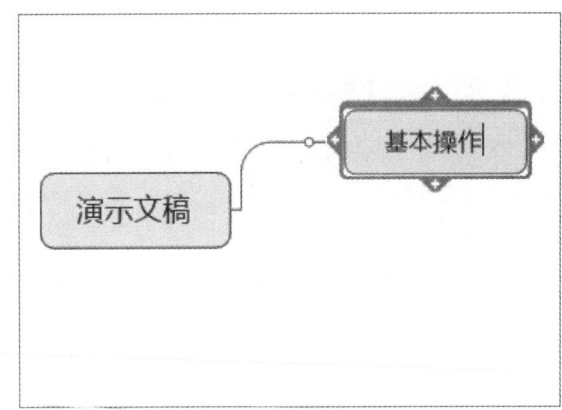

输入主要主题文本

根据相同的方法,添加其他主要主题,并输入对应的文本。本案例需要4个主要主题,并将其分散在主题的两侧,即左右两侧各两个。可是输入完成后发现在右侧显示3个主要主题,在左侧显示1个主要主题。切换至"设计"选项卡❶,单击"导图格式"选项组中"平衡导图"按钮❷,如下左图所示。

操作完成后,可见左右两侧的主要主题节点平衡了。除了此方法之外,用户还可以直接拖曳主要主题节点，并移动至合适的位置，然后释放鼠标左键即可。使用拖曳的方法还可以调整主要主题节点的顺序、离主题节点的距离等。如果需要删除某节点，可以选中该节点，然后在"主页"选项卡中单击"删除"选项组中"删除"按钮，或者按Delete键，即可完成删除节点操作。

接着再添加副主题，首先选中"基本操作"节点❶，切换至"主页"选项卡，单击"添加主题"选项组中"新副主题"按钮❷，或者按Insert键，即可在选中主题下一层次插入副主题，如下右图所示。

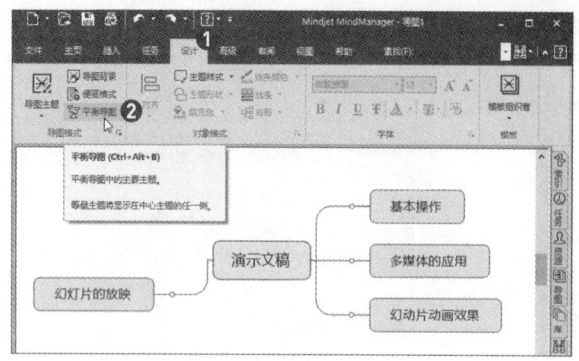

单击"平衡导图"按钮　　　　　　　　　　添加副主题

最后添加思维导图中所有的标题文本，至此，思维导图中的所有主题制作完成，如下图所示。

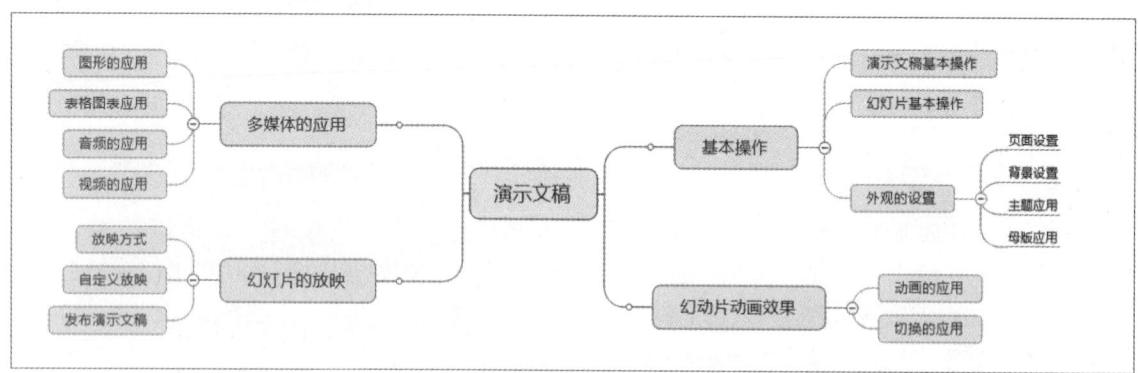

查看思维导图的效果

### 9.3.3 设计思维导图

思维导图创建完成后，用户可以应用导图主题，快速美化思维导图。首先切换至"设计"选项卡❶，单击"导图格式"选项组中"导图主题"下三角按钮❷，在列表中选择合适的主题，如选择"主题-气泡"选项❸，如右图所示。

可见思维导图应用了选中的主题样式，辐射状导图变为右侧导图，其中背景也应用了气泡的效果，主题和副主题节点填充了颜色，效果如下左图所示。用户也可以为思维导图添加背景进一步美化，单击"导图格式"选项组中"导图背景"按钮，打开"背景"对话框，在"图像"选项区域中单击"选择图像"按钮，如下右图所示。

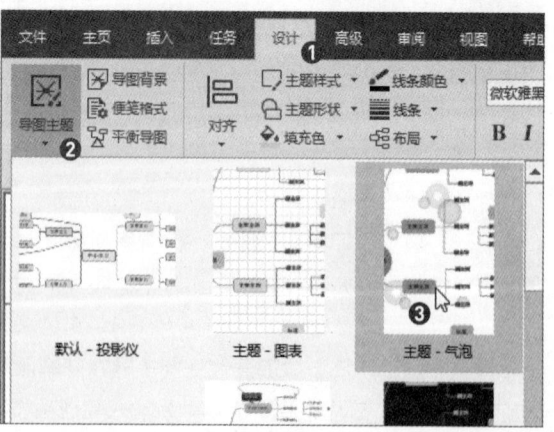

选择主题

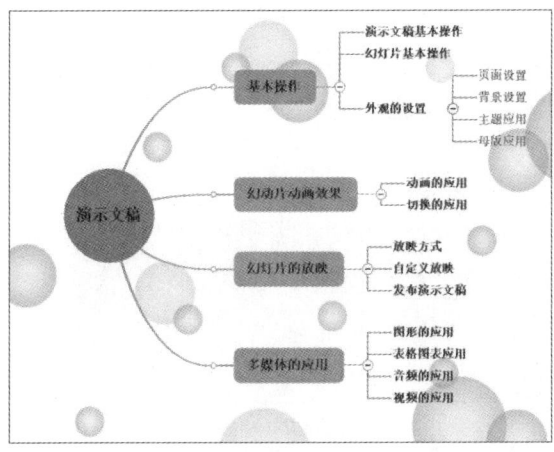

应用主题的效果

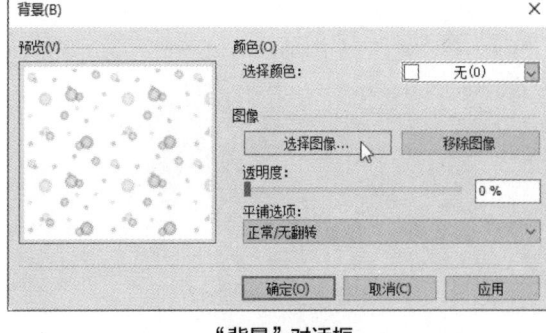

"背景"对话框

打开"选择背景图像"对话框，选择合适的背景图片，单击"选择"按钮，如下左图所示。返回"背景"对话框，在"图像"选项区域中设置透明度为40%，单击"平铺选项"下三角按钮，在列表中选择"拉伸/适应"选项，然后单击"确定"按钮，即可为思维导图添加背景，如下右图所示。

选择背景图片

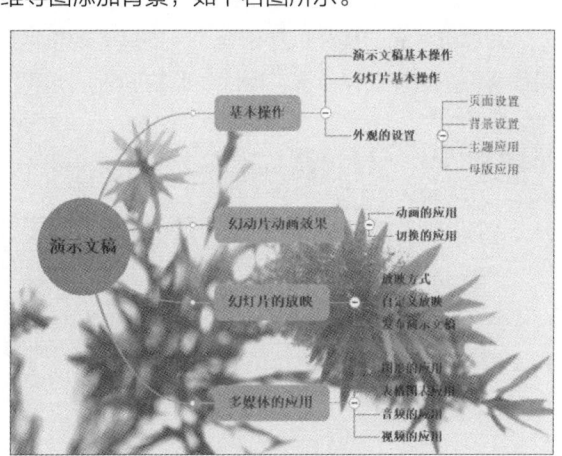

查看添加背景效果

在思维导图的每个节点中，可以插入对应的图片，进一步美化节点。首先选择主题节点❶，切换至"插入"选项卡，单击"对象"选项组中"图像"下三角按钮❷，在列表中选择"来自文件"选项❸，如右图所示。

打开"添加图像"对话框，选择合适的图标，单击"插入"按钮，即可在选中节点中插入图像，适当调整大小和位置，如下左图所示。创建思维导图时，各节点中文字的字体都是默认状态的，用户可以选择同级别的节点，切换至"设计"选项卡，在"字体"选项组中设置合适的字体、字号和字体颜色，在"对象格式"选项组中设置填充颜色，如下右图所示。

选择"来自文件"选项

在"对象"选项组中单击"形状"下三角按钮，在列表选择合适的形状，可以更改选中节点的形状。

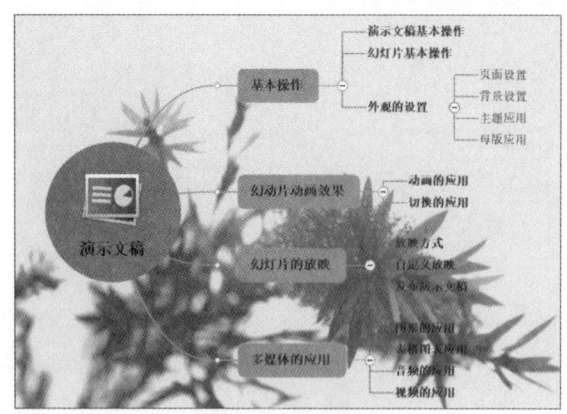

查看添加图像的效果

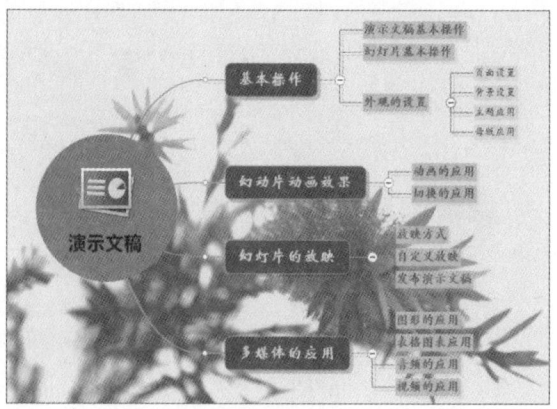

设置字体格式

用户也可以通过"设置主题格式"对话框对思维导图进行设计,首先选择思维导图并右击,在快捷菜单中选择"设置主题格式"命令,或者单击"设计"选项卡中"对象格式"选项组的对话框启动器按钮,即可打开"设置主题格式"对话框,用户可以根据需要设置"形状和颜色"、"对齐"、"大小和页边距"、"副主题布局"、"总体布局"的相关参数,如下左图所示。

对思维导图的美化操作依据个人的需要而设计,没有固定的模式,所以用户可以自行设计。本案例对思维导图的设计仅供参考,最终效果如下右图所示。

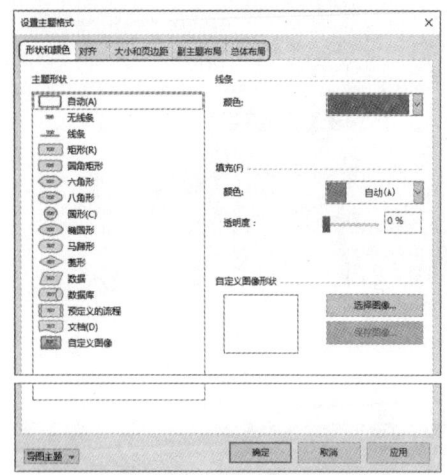

"设置主题格式"对话框

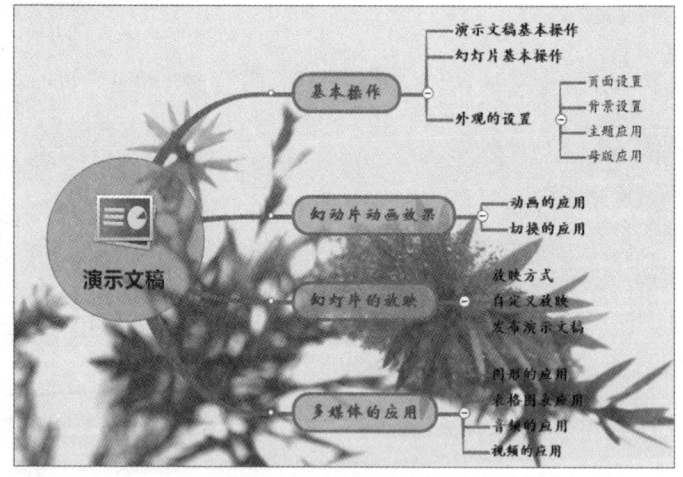

查看思维导图的效果

## 9.3.4 导出思维导图

Mindmanager与同类思维导图软件最大的优势,是软件同Microsoft软件无缝集成,用户可以快速将数据导入或导出到Microsoft Word、PowerPoint、Excel、Outlook、Project 和 Visio中,使之在职场中有极高的使用人群,也越来越多受到职场人士青睐。

### 1. 打印思维导图

若要打印思维导图,则首先单击"文件"标签,在列表中选择"打印"选项❶,在右侧"打印"选项区域中单击"页面设置"按钮❷,如下左图所示。打开"页面设置(导图)"对话框,根据需要在"纸张"和"方向"选项区域中设置大小的边距,在"页眉和页脚"选项区域中勾选"打印页眉"复选框,在文本框中输入文本,并单击 A 按钮,在打开的"格式字体"对话框中设置字体格式,单击"确定"按钮,如下右图所示。

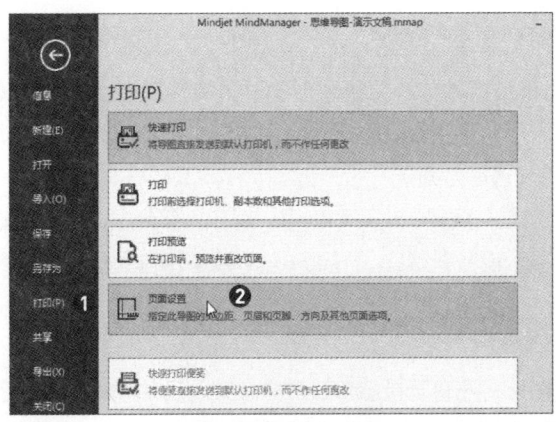

单击"页面设置"按钮

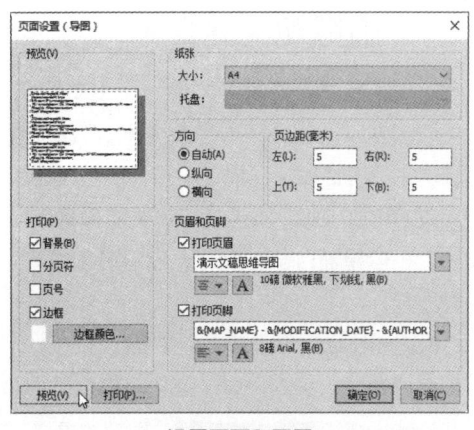

设置页面和页眉

系统进入"打印预览"状态,用户如果对打印的效果比较满意,单击"打印"选项组中"打印"按钮;如果不是很满意,则单击"关闭"选项组中"关闭打印预览"按钮,再重新设置,如右图所示。

### 2. 导出思维导图

在MindManager软件中,用户可以将制作好的思维导图导出为Word文档、PPT演示文稿或图片等,以供用户不同场合的需求。下面以将思维导图导出为图像为例,介绍具体操作方法。

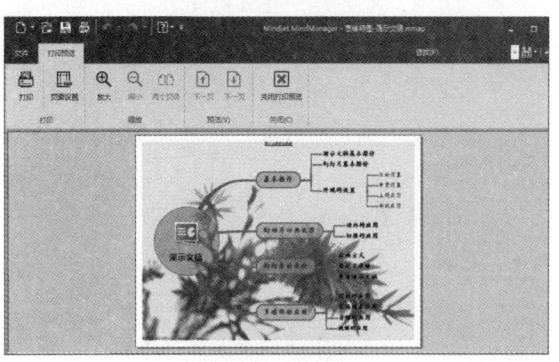

预览打印效果

单击"文件"标签,在列表中选择"导出"选项,在"导出"选项区域中单击"图像"按钮,打开"导图导出为"对话框,选择好保存的路径❶并输入文件名称❷,然后选择保存的类型❸,单击"保存"按钮❹,如下左图所示。打开"图像导出设置"对话框,用户可以根据需要设置位图导出的尺寸,单击"确定"按钮,即可将思维导图导出为图像,如下右图所示。

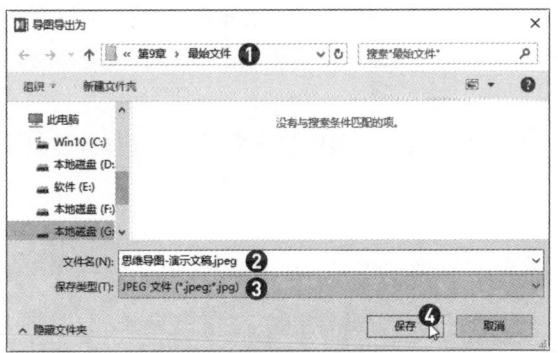

"导图导出为"对话框

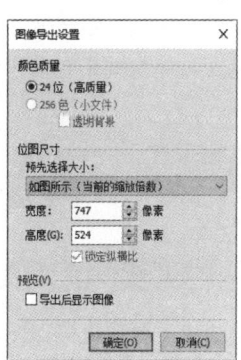

图像导出设置

## 9.4 VR应用

虚拟现实(Virtual Reality,VR)技术是利用计算机模拟产生一个多维空间的虚拟世界,提供关于视觉、听觉、触觉等感官的模拟,让操作者可以实现自由、实时地感知三维空间内的事物。

## 9.4.1 虚拟现实简介

虚拟现实技术是仿真技术的一个重要方向,是仿真技术与计算机图形学、人机接口技术、多媒体技术、传感技术以及网络技术等多种技术的集合,是一门富有挑战性的交叉技术前沿学科和研究领域。虚拟现实技术主要包括模拟环境、感知、自然技能和传感设备等方面。

从技术角度来看,虚拟现实系统应具备3个基本特征:沉侵、交互和构想。现在大部分虚拟技术都是视觉体验,一般是通过电脑屏幕、显示设备或者立体显示设备获得的,不过一些仿真中还包含虚拟系统中人的主导作用。

虚拟现实技术本质上具有以下特征:

- **多感知性:** 指除一般计算机所具有的视觉感知外,还有听觉感知、触觉感知、运动感知,甚至还包括味觉感知和嗅觉感知等。理想的虚拟现实应该具有一切人所具有的感知功能。
- **互动性:** 随着用户在模拟环境中的控制移动,虚拟世界将与用户一起移动,用户可以通过观看3D电影传送到月球、宇宙或下沉到海底。
- **交互性:** 交互性使虚拟现实系统中的人机交互成为一种更近乎自然的交互,使用者不仅可以利用电脑键盘、鼠标进行交互,而且能够通过VR眼镜、VR数据手套等用于信息输入输出的传感设备进行交互。
- **沉侵感:** 沉浸感是VR虚拟现实技术区别于三维仿真技术、3D影视、AR增强现实技术的核心特征。由于VR系统可以将使用者的视觉、听觉与外界隔离,因此,用户可排除外界干扰,全身心地投入到虚拟现实中去,获得身临其境的感觉。

虚拟现实技术至今已经发展了几十年了,但是由于受到学科的基础研究成果以及技术的限制,还存许多局限性。下面介绍虚拟现实技术存在着局限性。

首先是硬件设备的局限性,主要体现在相关设备普遍存在使用不方便、效果不是很满意等情况;虚拟现实技术所应用的设备还有待进一步扩展和提高;目前为止虚拟现实系统应用的设备价格很昂贵。

其次是软件方面的局限性,现在VR软件普遍存在语言专业较强、通用性较差等问题,同时由于硬件设备的局限性导致软件所能实现的效果不是很好,而且软件的开发费用也十分巨大。

最后是效果的局限性,由于硬件和软件的局限性,导致效果缺乏逼真的物理、行为模型;在虚拟世界的感知方面,有关视觉合成研究多,如听觉和触觉,但是在味觉和嗅觉方面研究较少,从而使感知的真实性与实时性不足。

在虚拟现实技术产业化中还存在技术的瓶颈问题上,其中最主要问题是在体验虚拟现实时存在眩晕感,所以体验者在体验时最好不要超过30分钟。

## 9.4.2 虚拟现实的应用场景

虚拟现实是先进的计算机接口技术,可适用于任何领域,主要用在工程设计、计算机辅助设计、飞行模式、多媒体教育、远程医疗、游戏娱乐等方面。目前虚拟现实技术在军事与航天、娱乐、医学、机器人等领域占主流,其次是教育和艺术商业方面,另外在可视化计算、制造业也有一定的比重,其应用的领域会越来越广泛。下面介绍几个主要的应用领域。

- **军事和航空的应用:** 军事应用是推动虚拟现实技术发展的原动力,是虚拟现实系统的最大应用领域。在军事应用中,采用虚拟现实系统不仅提高了作战能力和指挥效能,还能大大减少军费开支,节省了大量的人力、物力。美国国防部高级研究计划局DARPA自80年代起一直致力于研究称为SIMNET的虚拟战场系统,以提供坦克协同训练,该系统可联结200多台模拟器。另外利用VR技术，可模拟零重力环境，代替非标准的水下训练宇航员，其中NASA已经使用VR技术20年了。
- **医学的应用：** 在医学领域，虚拟现实技术和现代医学之间的融合使得其已开始对生物医学领域产生重大影响。在医学领域，虚拟现实应用大致可以分为两类：一类是虚拟人体模型，使医生和学生更容易了解人体的生理构造和功能；另一类是基于人体模型的虚拟手术系统，可用于验证手术方案等，还可以通过网络实现远程手术。Pieper及Satara等研究者在90年代初基于两个SGI工作站建立了一个虚拟外科手术训练器，用于腿部及腹部外科手术模拟。这个虚拟的环境包括虚拟的手术台与手术灯，虚拟的外科工具（如手术刀、注射器、手术钳等）以及虚拟的人体模型与器官等。借助于HMD及感觉手套，使用者可以对虚拟的人体模型进行手术。
- **影视和娱乐的应用：** 丰富的感觉能力与3D显示环境使得VR成为理想的视频游戏工具。由于在娱乐方面对VR的真实感要求不是太高，故近些年来VR在该方面发展最为迅猛。像Fox Searchlight Pictures和Skybound等制作公司，都利用VR摄像机制作VR中互动的电影和系列。
- **文化产业的应用：** 作为传输显示信息的媒体，VR在未来艺术领域所具有的潜在应用能力也不可低估。VR所具有的临场参与感与交互能力可以将静态的艺术（如油画、雕刻等）转化为动态的，可以使观赏者更好地欣赏作者的思想艺术。另外，VR提高了艺术表现能力，如一个虚拟的音乐家可以演奏各种各样的乐器，手足不便的人或远在外地的人可以在他生活的居室中去虚拟的音乐厅欣赏音乐会等等。
- **教育中的应用：** 基于虚拟现实技术开发的教学软件系统，可以实现对设备类、工程类对象的组成结构及其功能原理、操作流程进行真实的模拟和仿真。这样的软件系统实行二、三维结合，并辅助立体环幕的展示，从而达到高度的沉侵感和立体感，增强了培训和学习的效果。如北京航天航空大学在分布式飞行模拟方面的应用；浙江大学在建筑方面进行虚拟规划、虚拟设计的应用；哈尔滨工业大学在人机交互方面的应用；清华大学对临场感的研究等都颇具特色。

利用虚拟现实技术建立起来的虚拟实训基地，其"设备"与"部件"多是虚拟的，可以根据需要随时生成新的设备。教学内容可以不断更新，使实践训练及时跟上技术的发展。同时，虚拟现实的沉浸性和交互性，使学生能够在虚拟的学习环境中扮演一个角色，全身心地投入到学习环境中去，这非常有利于学生的技能训练。由于虚拟的训练系统无任何危险，学生可以不厌其烦地反复练习，直至掌握操作技能为止。例如：在虚拟的飞机驾驶训练系统中，学员可以反复操作控制设备，学习在各种天气情况下驾驶飞机起飞、降落，通过反复训练，达到熟练掌握驾驶技术的目的。

## 9.4.3 虚拟现实开发平台

虚拟现实技术已经有几十年的历史了，在这段时间里出现了很多优秀的开发平台和引擎，下面介绍目前常用的几种开发平台。

- **Quest 3D：** Quest 3D是由Act-3D公司开发的实时3D构建工具。比起其它的可视化建构工具，如网页、动画、图形编辑工具，Quest 3D能在实时编辑环境中与对象互动。
- **VR-Platform：** VR-Platform即虚拟现实仿真平台，它是由中视角数字科技有限公司独立开发的具有完全自主知识产权的面向三维美工的一款虚拟现实软件。经历了多年的研发与探索，已经在VRP引擎为核心的基础上，衍生出了九个相关三维产品的软件平台。其中VRP-BUILDER虚拟现实编辑器和VRPIE3D互联网平台软件已经成为目前国内应用最为广泛的VR和WEB3D制作工具。
- **Unity3D：** Unity3D是由Unity Technologies开发的一个让玩家轻松创建诸如三维视频游戏、建筑可视化、实时三维动画等类型互动内容的多平台综合型游戏开发工具，是一个全面整合的专业游戏引擎。因简洁易上手、丰富的游戏资源和对多款AR/VR/MR设备的支持，使得Unity3D成为该领域的首选工具。
- **Unreal Engine 4：** Unreal Engine是由Epic Games开发的一款商用游戏引擎，使用虚幻引擎开发的游戏画面表现力惊人，而且开发商在Github上开放了引擎的所有源代码。

使用 Unreal Engine 4开发是很简单的。通过蓝图可视化脚本系统，用户可以不写一行代码就创建出整个游戏。再加上一个易于使用的界面，就可以获得一个可以运行的游戏原型。

除了上述介绍的虚拟现实开发平台外，还有Leap Motion、Intel实感技术、Project Tango、AR SDK和ARKit等。

## 9.5 AR应用

增强现实（Augmented Reality，AR），是一种实时地计算摄影机影像的位置及角度并加上相应图像的技术。最早于1990年提出，随着随身电子产品运算能力的提升，增强现实技术的用途越来越广。增强现实技术不仅展现了真实世界的信息，而且将虚拟的信息同时显示出来，两种信息相互补充、叠加。

### 9.5.1 增强现实技术简介

增强现实技术一般指的是将计算机产生的虚拟信息或物体叠加到现实场景中，从而产生出一个虚实结合的混合场景技术。在视觉化的增强现实中，用户利用头盔显示器，把真实世界与电脑图形多重合成在一起，便可以看到真实的世界围绕着它。增强现实技术提供一种半侵入式的环境，强调真实场景与虚拟信息之间的准确对应关系。增强现实系统一般由头戴式显示器、位置跟踪系统、交互设备以及计算机硬件和软件组成。增强现实技术包含了多媒体、三维建模、实时视频显示及控制、多传感器融合、实时跟踪及注册、场景融合等新技术与新手段。增强现实技术提供了在一般情况下，不同于人类可以感知的信息。

AR系统具有三个突出的特点，具体如下。
- 真实世界和虚拟世界的信息集成。
- 具有实时交互性。
- 在三维尺度空间中增添定位虚拟物体。AR技术可广泛应用到军事、医疗、建筑、教育、工程、影视、娱乐等领域。

### 9.5.2 增强现实系统的组成形式

一个完整的增强现实系统是由一组紧密联结、实时工作的硬件部件与相关的软件系统协同实现的，常用的有以下三种组成形式。

#### 1. 基于计算机显示器的增强现实系统

基于计算机显示器的增强现实方案中，将摄像机摄取的真实世界图像输入到计算机中，与计算机图形系统产生的虚拟景象合成，并输出到屏幕显示器。用户从屏幕上看到最终的增强场景图片。该增强系统是一套最简单的增强现实系统方案，但是它不能给操作者带来强烈的沉侵感。基于计算机显示器的增强现实系统原理如下图所示。

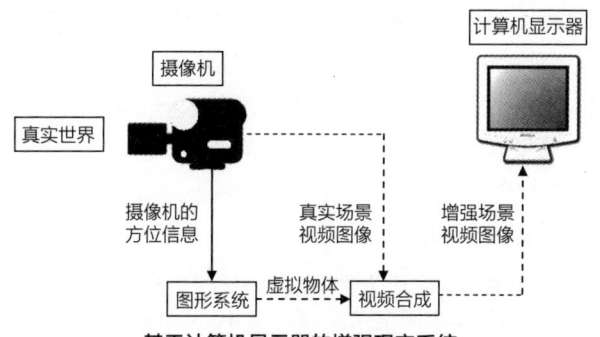

**基于计算机显示器的增强现实系统**

### 2. 光学透视式增强现实系统

增强现实技术的研究者们采用了头盔式显示器的显示技术，用于增强操作者的视觉沉浸感，这就是在AR中广泛应用的穿透式HMD。根据具体实现原理又划分为两大类，分别是基于光学原理的穿透式HMD（Optical See-through HMD）和基于视频合成技术的穿透式HMD（Video See-through HMD）。

光学透视式增强现实系统具有简单、分辨率高、没有视觉偏差等优点，但它同时也存在着定位精度要求高、延迟匹配难、视野相对较窄和价格高等不足。

光学透视式增强现实系统实现原理，如下图所示。

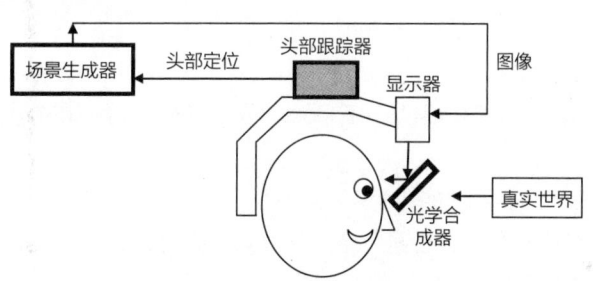

**光学透视式增强现实系统实现原理**

### 3. 视频透视式增强现实系统

视频透视式增强现实系统采用的是基于视频合成技术的穿透式HMD（Video See-through HMD），其原理如下图所示。

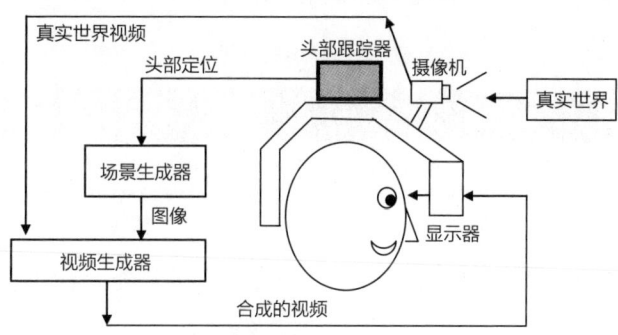

**视频透视式增强现实系统原理**

## 9.5.3 增强现实系统的软件平台

增强现实技术发展至今，在软件方面已经有了很大的发展，目前正在应用的有多种软件开发工具包和API（应用程序接口），如苹果的ARToolKit、Google的ARCore等，在国内也有很多增强现实的引擎，如视辰信息科技（上海）有限公司开发的EasyAR。下面介绍几款常用的增强现实系统软件。

- **D'Fusion：** D'Fusion是Total Immersion公司开发的一款AR（增强现实）软件产品。该增强现实软件是一种图像跟踪识别软件，只需通过标准的电脑接收一个或多个视频输入，即可创造出高效能及高品质的增强现实，使现实环境和虚拟环境进行实时的互动。

  D'Fusion的应用范围非常广泛，虚拟的场景可以是电视、电影的制作，也可以是维修、维护的过程指导，或者是文化遗址的虚拟重建。

- **ARToolKit：** ARToolkit是一个开源的增强现实工具包，它是一个C/C++ 语言编写库，通过它可以让我们很容易的编写增强现实应用程序。ARToolKit受到华盛顿大学人机界面实验室和新西兰坎特伯雷大学人机界面实验室支持，已成为在AR领域使用最为广泛的开发包。ARToolKit图像识别库可以计算摄像机的位置，并且实时定位物理标识的相对位置，这使ARToolKit广泛应用于增强现实技术中。

- **EasyAR：** EasyAR是Easy Augmented Reality的缩写，是上海视辰信息在AWE增强现实国际博览会发布的国内首个投入应用的免费AR引擎。其意义是：让增强现实变得简单易实施，让客户都能将该技术广泛应用到广告、展馆、活动、APP之中。

- **ARCore：** ARCore是谷歌推出的搭建增强现实应用程序的软件平台，利用云软件和设备硬件的进步，将数字对象放到现实世界中。软件开发者现在就可以下载并开发 Android 平台上的增强现实应用，或者为他们的 APP 增加增强现实功能。

ARCore具有以下3大主要功能：

- **动作捕捉：** 使用手机的传感器和相机，ARCore 可以准确感知手机的位置和姿态，并改变显示虚拟物体的位置和姿态。
- **环境感知：** 感知平面，比如用户面前的桌子、地面，在虚拟空间中准确复现这个平面。
- **光源感知：** 使用手机的环境光传感器，感知环境光照情况，对应调整虚拟物体的亮度、阴影和材质，让它看起来更融入环境。

## 9.5.4 AR与VR的区别

增强现实技术是随着虚拟现实技术的发展而产生的，两者之间存在不可分割的密切关系，同时两者也存在显著的区别。下面以表格形式展示AR与VR的区别，如下表所示。

表 AR与VR的区别

| 区别 | VR | AR |
| --- | --- | --- |
| 应用 | 主要在于虚拟，看到的场景和人物都是虚拟的，只是把用户的意识带入一个虚拟的环境，是纯虚拟的数字画面 | 用户看到的场景和人物一部分是真实的，一部分是虚拟的，把虚拟的信息仿真模拟并呈现在真实的环境中。AR 是虚拟数字加上裸眼现实 |
| 功能 | 创建和体验虚拟环境的计算机仿真系统 | 自动跟踪识别物体，并且对周围真实场景进行 3D 建模 |
| 交互区别 | 不需要摄像头 | 需要摄像头 |
| 设备 | 采用浸没式关盖显示器 | 需要借助能够将虚拟环境与真实环境融合的显示设备 |
| 沉侵感 | 完全沉侵 | 不完全沉侵 |
| 技术 | 创作出一个虚拟场景供人体验，通过隔绝式的视/音频内容带来沉侵感，对画面要求比较高 | 强调复原人类的视觉功能，自动跟踪并且对周围真实场景进行 3D 建模，强调虚实无缝融合，对感知交互要求高 |

# Chapter 10 信息安全基础

我们在使用计算机时，经常需要在网络上下载、查找信息资料，此时就需要考虑到网络上信息的安全问题。计算机信息安全包含很多内容，也是一门专业的学科，平时我们所说的信息安全主是指防止黑客的入侵、防范计算病毒以及各种信息的泄露。本章主要介绍关于计算机犯罪、黑客及防御、防火墙、计算机病毒、Windows7的安全设置以及网络社会责任和计算机职业道德规范的相关知识。

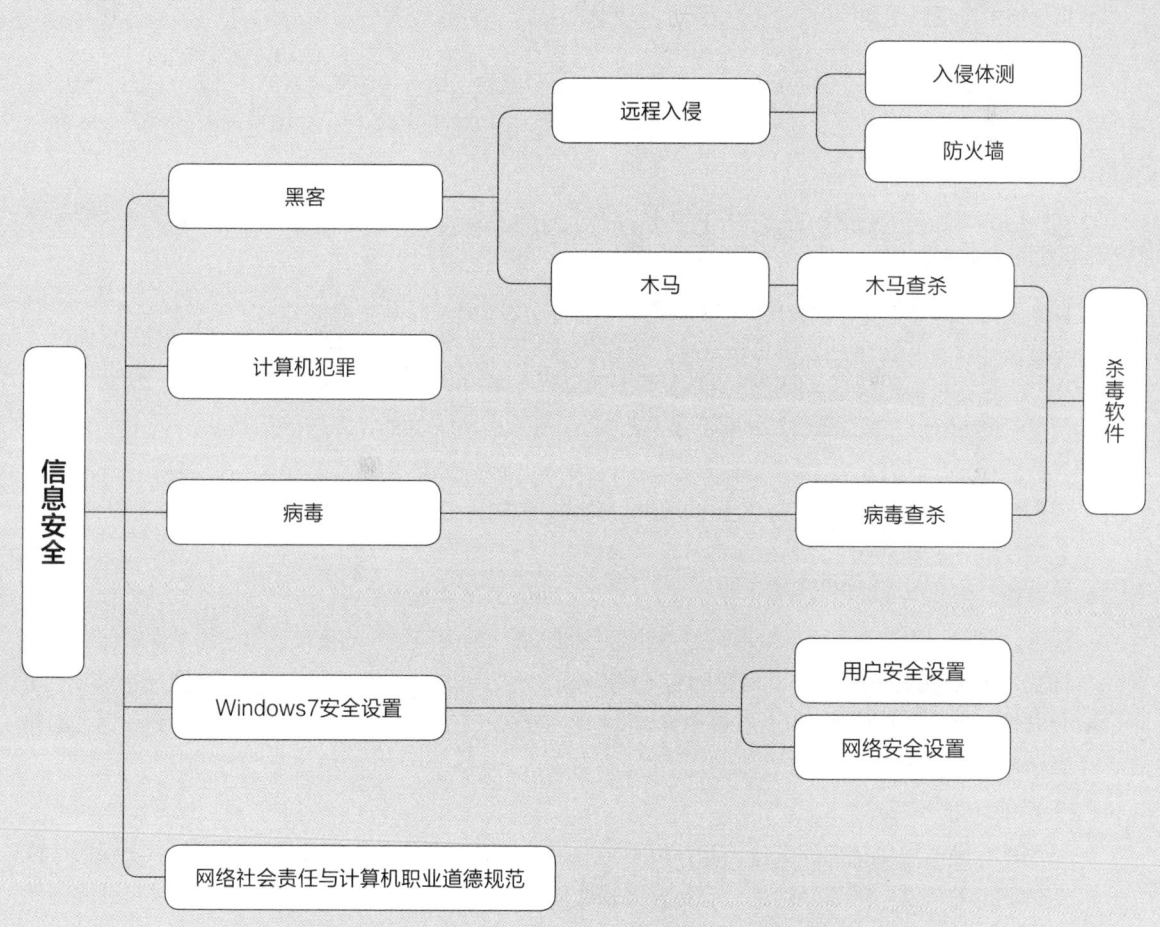

思维导图

## 10.1 信息安全简介

人们对信息安全的认识是一个由浅入深、由表及里的过程，随着计算机技术的飞速发展，计算机信息安全问题也越来越受关注。目前，计算机信息安全已经确立了独立的学科体系，初步制定了相关法律、法规和标准，建立了评估认证准则和安全管理机制。

### 10.1.1 信息安全和信息系统安全

计算机信息系统是指由计算机及其相关的配套设备、设施构成，按照一定的应用目标和规则对信息进行采集、加工、存储、传输和检索等处理的人机系统。

计算机信息系统的开发涉及到计算机技术基础与运行环境，包括计算机硬件技术、计算机软件技术、计算机网络技术和数据库技术。计算机系统实体本身是有价的，而信息系统是无价的，信息的损坏往往是无法弥补、难以挽回的。

**1. 信息安全**

信息安全主要涉及信息存储的安全、信息传输的安全以及对网络传输信息内容的审计3个方面。从广义来说，只要涉及信息的完整性、保密性、真实性、可用性和可控性的相关技术和理论都是信息安全所要研究的领域。

计算机信息安全是指计算机信息系统的硬件、软件、网络及系统中的数据受到保护，不受偶然的或者恶意原因而遭到破坏、更改、泄露，系统连续可靠地运行，信息服务不中断。

信息安全之所以引起人们的普遍关注，是因为信息安全问题已经涉及人们日常生活的方方面面。随着计算机网络的快速发展，人们的日常生活和工作都越来越依赖网络，人们对信息财产的使用主要是通过网络来实现的。在计算机和网络上信息是以数据的形式进行传输和处理的，此时信息就是数据，从这个角度来说，信息安全可以分为数据安全和系统安全两方面，下面对这两方面的特点进行介绍。

（1）数据层面

- **保密性**：指信息不被泄露给非授权的用户、实体，即防止信息泄漏给非授权的个人或实体，信息只为授权用户使用的特性。
- **完整性**：是信息未经授权不能进行改变的特性，即信息在存储或传输过程中保持不被偶然或蓄意地删除、修改、伪造、插入或破坏等的特性。完整性是一种面向信息的安全性，它要求保持信息原本样式，即信息的正确生成、正确存储和完整传输。
- **真实性**：也称为不可否认性。在信息系统的信息交互作用过程中，确信参与者的真实同一性，即所有参与者都不可能否认或抵赖曾经完成的操作和承诺。

（2）系统层面

- **可用性**：是信息可被授权实体访问并按需求使用的特性，即信息服务在需要时，允许授权用户或实体使用的特性，或者是信息系统部分受损或需要降级使用时，仍能为授权用户提供有效服务的特性。
- **可控性**：是对通过网络传输的信息内容是可以控制的，防止非法的数据传输，对系统的使用操作是可以控制的，防止非法的操作。

概括地说，计算机信息安全的核心是通过计算机、网络、密码的安全技术，保护在信息系统及公用网络中传输、交换和存储信息的完整性、保密性、真实性、可用性和可控性等。

### 2. 信息系统安全

信息社会化与社会信息化使计算机信息系统在推动社会发展的同时，也面临各种各样的危险。计算机信息系统本身，无论是存取、运行的基本原理，还是系统本身的设计、技术和结构等方面都存在待完善的缺陷。

对信息系统的安全性可通过4个方面的完善程度来衡量，即用户身份验证、授权、审计和保证。对用户身份进行验证，是指在用户获取信息、访问系统资源之前对其身份的标识进行确定和验证，保证用户自身的合法性；授权可使用户能够以合适的权限合法地访问各种不同的信息及系统资源；审计是对各种安全性事件的检查、跟踪和记录，它提供信息系统安全事件的全部证明和根据；保证在于确保系统的安全策略和信息被完整、准确地理解和解释，以及在意外故障甚至灾难中，信息资源不被破坏或丢失。

计算机信息系统安全主要分为硬件和软件两个层面。从硬件层面来看，包括自然灾害、人为破坏、操作失误、硬件故障、丢失等。从软件层面来看，包括软件数据或资料泄漏、黑客病毒等。

## 10.1.2 计算机犯罪

随着计算机和网络技术的发展与普及，利用计算机的犯罪行为也随之发生，而且越来越严重，美国等西方国家的电脑网络经常遭到电脑黑客的侵扰。

公安部计算机管理监察司定义计算机犯罪，是指在信息活动领域中，利用计算机信息系统或计算机信息知识作为手段，或者针对计算机信息系统，对国家、团体或个人造成危害，依据法律规定，应当予以刑罚处罚的行为。

计算机犯罪分为三大类，具体如下。

- 以计算机为犯罪对象的犯罪，如行为人针对个人电脑或网络发动攻击，这些攻击包括"非法访问存储在目标计算机或网络上的信息，或非法破坏这些信息；窃取他人的电子身份等"。
- 以计算机作为攻击主体的犯罪，如当计算机是犯罪现场、财产损失的源头、原因或特定形式时，常见的有黑客、特洛伊木马、蠕虫、传播病毒和逻辑炸弹等。
- 以计算机作为犯罪工具的传统犯罪，如使用计算机系统盗窃他人信用卡信息，或者通过连接互联网的计算机存储、传播淫秽物品、传播儿童色情等。

下面介绍计算机犯罪常用技术，具体如下。

- **欺骗**：非法篡改数据或输入假数据，如克隆银行网站，当用户登录虚假网站时，窃取用户账号和密码，或者利用互联网发布广告、散布虚假信息等。
- **木马**：是一种黑客工具，具有计算机病毒传播和隐藏的特征，木马控制者利用它获取被入侵用户的信息，通常计算机病毒是不受控制的，而木马是受控制的。
- **香肠术**：利用计算机从金融银行信息系统上一点一点窃取存款，如窃取各户头上的利息尾数，积少成多。
- **黑客**：英文为Hacker，原意为热衷于电脑程序设计者，但是这些人不是普通的电脑迷，他们利用所掌握的高科技，专门窥视别人在网络上的秘密，如政府或军队的核心机密、企业的商业秘密等，并利用窥视到的信息进行各种犯罪活动。
- **陷阱术**：利用程序中用于调试或修改、增加程序功能而特设的断点，插入犯罪指令，或在硬件中相应的地方增设某种供犯罪用的装置，总之是利用软件和硬件的某些断点或接口插入犯罪指令或装置。
- **电脑病毒**：将具有破坏系统功能和系统服务与破坏或抹除数据文卷的犯罪程序装入系统某个功能程序中，让系统在运行期间将犯罪程序自动拷贝给其他系统，这就好像传染性病毒一样四处蔓延。
- **伪造证件**：利用计算机伪造他人的信用卡、磁卡、存折等。

## 10.1.3 黑客及防御策略

本节将对黑客的概念、黑客常用的攻击方式以及防御策略进行介绍。

**1. 黑客**

黑客是一个中文词语,源自英文hacker,最初曾指热心于计算机技术、水平高超的电脑专家,尤其是程序设计人员。现在专指那些利用系统安全漏洞进行攻击破坏或窃取资料的人,甚至有些黑客并不了解计算机技术,只是会使用黑客软件工具,从而实施计算机犯罪。由于黑客的成员不只是局限于专家和技术人员,所以犯罪的目的也各不相同。

黑客入侵系统的常用步骤,如下图所示。

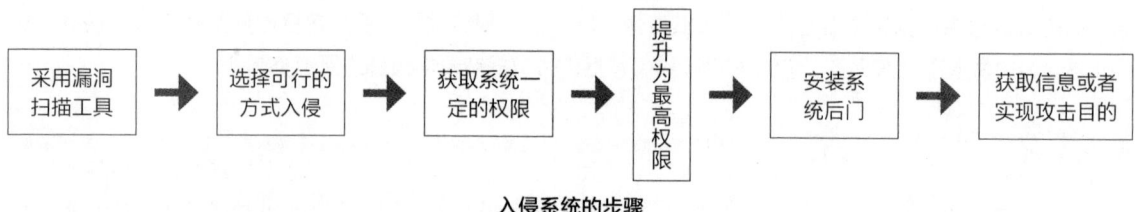

入侵系统的步骤

黑客攻击手段可分为非破坏性攻击和破坏性攻击两类。非破坏性攻击一般是为了扰乱系统的运行,并不盗窃系统资料,通常采用拒绝服务攻击或信息炸弹;破坏性攻击是以侵入他人电脑系统、盗窃系统保密信息、破坏目标系统的数据为目的。

黑客攻击通常采用以下几种典型的攻击方式。

(1)密码破解

通常采用的攻击方式有字典攻击、假登录程序、密码探测程序等,主要获取系统或用户的口令文件。下面详细介绍几种密码破解方式。

字典攻击是一种被动攻击,黑客先获取系统的口令文件,然后用黑客字典中的单词一个一个地进行匹配比较,由于计算机速度的显著提高,这种匹配速度也很快,而且由于大部分用户的口令是以人名、常见的单词或数字的组合,所以字典攻击成功率比较高。

假登录程序需要设计一个与系统登录页面一样的程序并嵌入到相关的网页上,以骗取用户的账号和密码。

密码控测是在Windows NT系统内保存或传送的密码都经过单向散列函数(Hash)进行编码处理,并存放到SAM数据库中。网上出现LophtCrack专门控测Windows NT密码的程序,它利用各种可能的密码反复模拟Windows NT的编码过程,并将所编出来的密码与SAM数据库中密码进行比较,若两者相同表示密码是正确的。

(2)后门程序

程序员在设计一些功能复杂的程序时,一般采用模块化的程序设计思想,将整个项目分割为多个功能模块,分别进行设计、调试,这时的后门就是一个模块的秘密入口。在完成设计之后需要去掉各个模块的后门,不过有时由于疏忽或者其他原因后门没有去掉,一些别有用心的人会利用穷举搜索法发现并利用这些后门,然后进入系统并发动攻击。

(3)信息炸弹

信息炸弹是指使用一些特殊的工具软件,短时间内向目标服务器发送大量超出系统负荷的信息,造成目标服务器超负荷、网络堵塞、系统崩溃的攻击手段。目前常见的信息炸弹有邮件炸弹、逻辑炸弹等。

(4)拒绝服务

拒绝服务也叫分布式D.O.S攻击,它是使用超出被攻击目标处理能力的大量数据包,来消耗可用系统、带宽资源,最后致使网络服务瘫痪的一种攻击手段。分布式拒绝服务攻击大多出现在服务器被大量来自攻击者或僵尸网络通信的要求。比如1999年美国明尼苏达大学遭到的黑客攻击,就属于这种方式。

(5)网络监听

网络监听是一种监视网络状态、数据流以及网络上传输信息的管理工具,它可以将网络接口设置在监听模式,并且可以截获网上传输的信息。当黑客登录网络主机并取得超级用户权限后,若要登录其他主机,使用网络监听可以有效地截获网上的数据,这是黑客使用最多的方法。但是,网络监听只能应用于物理上连接于同一网段的主机,通常被用来获取用户口令。

(6)DDoS

分布式拒绝服务(Distributed Denial of Service,DDoS)攻击是指借助于客户/服务器技术,将多台计算机联合起来作为攻击平台,对一个或多个目标发动DDoS攻击,从而成倍地提高拒绝服务攻击的威力。DDoS攻击是通过合法的请求来占用网络资源,以达到瘫痪网络的目的。

**2. 防御策略**

为了消除网络上不安定的因素,遏止黑客肆无忌惮地攻击,网络安全技术逐渐发展并形成了完整的体系。针对系统及数据安全,密码学技术应用逐渐成熟起来;针对网络入侵,防火墙技术和入侵检测系统得以发展和完善;为了消除隐患,人们采用了各种主动审核技术,包括漏洞扫描技术、动态响应技术等。

(1)数据加密

加密的目的是保护信息内系统的数据、文件、口令和控制信息等,同时也可以提高网上传输数据的可靠性,这样即使黑客截获传输的信息包,也无法得到正确的信息。

(2)身份认证

通过密码或特征信息等来确认用户身份的真实性,从而只对确认通过的用户授权访问的权限。

(3)审计

把系统中和安全有关的事件记录下来,保存在相应的日志文件中,例如,记录网络上用户的注册信息,包括注册来源、注册失败的次数等;记录用户访问的网络资源等各种相关信息,当遭到黑客攻击时,记录的数据信息可以用来帮助调查黑客的来源,并作为证据来追踪黑客。

(4)入侵检测

入侵检测技术是近年出来的新型网络安全技术,目的是提供实时的入侵检测及采取相应的防护手段,如记录证据用于跟踪和恢复、断开网络连接等。入侵检测通过对计算机网络或计算机系统中的若干关键点来收集信息并对其进行分析,确认网络或系统中是否存在违反安全策略的行为和被攻击的迹象。

入侵检测的主要功能有,以下几个方面。

- 监测、分析用户和系统的日常活动。
- 审查系统配置,分析可能出现的漏洞。
- 评估系统资源和数据的完整性。
- 识别攻击行为并报警。
- 统计、分析异常行为。
- 识别违反安全策略的用户活动。

## 10.1.4 防火墙

防火墙也称防护墙,是由Check Point创立者Gil Shwed于1993年发明并引入国际互联网(US5606668(A)1993-12-15)。防火墙是位于内部网和外部网之间的屏障,它是按照系统管理员预先定义好的规则来控制数据包的进出。防火墙是系统安全的第一道防线,其作用是防止非法用户的进入。

防火墙是一种重要的网络防护设备,是一种保护计算机网络、防止网络入侵的有效机制。防火墙是控制从外部网络访问网络内部信息的设备,通用于内网与外网的连接处,充当访问网络的唯一入口。防火墙用于加强内网和外网间的访问控制,防止外网用户以非法手段通过网络进入内网并访问内网资源,保护内网硬件设备不被破坏和信息不被窃取。

一个好的防火墙系统应该有以下四方面的特性。
- 所有的内网和外网之间传输的数据必须通过防火墙。
- 只有被授权的合法数据及防火墙系统中安全策略允许的数据可以通过防火墙。
- 防火墙本身不受各种攻击的影响。
- 人机界面良好,用户配置使用方便,易管理。

从实现原理上分,防火墙的技术包括四大类:网络级防火墙(也叫包过滤型防火墙)、应用级网关、电路级网关和规则检查防火墙。

(1)网络级防火墙

网络级防火墙也称为包过滤防火墙,一般是基于源地址和目的地址、应用、协议以及每个IP包的端口来作出通过与否的判断。一个路由器便是一个"传统"的网络级防火墙,大多数的路由器都能通过检查这些信息来决定是否将所收到的包转发,但它不能判断出一个IP包来自何方、去向何处。防火墙检查每一条规则直至发现包中的信息与某规则相符。如果没有一条规则能符合,防火墙就会使用默认规则,就是要求防火墙丢弃该包。

数据包过滤防火墙的优点是速度快、逻辑简单、成本低、易于安装和使用,网络性能和通明度好,广泛地用于Cisco和Sonic System等公司的路由器上。缺点是配置困难,容易出现漏洞,而且为特定服务开放的端口存在着潜在的危险。

(2)应用级网关

应用级网关主要工作在应用层,也被称为应用级防火墙。它能够检查所有进出的数据包,通过网关复制传递数据,防止在受信任服务器和客户机与不受信任的主机间直接建立联系。应用级网关能够理解应用层上的协议,能够做复杂一些的访问控制,并做精细的注册和稽核。

(3)电路级网关

电路级网关用来监控受信任的客户或服务器与不受信任的主机间的TCP握手信息,从而决定该会话(Session)是否合法。电路级网关是在OSI模型中会话层上过滤数据包,这样比包过滤防火墙要高两层。电路级网关对外部客户端被盗用、利用其被信任的身份建立TCP连接,进而进行攻击的非法行为无能为力。

电路级网关还提供一个重要的安全功能:代理服务器(Proxy Server)。代理服务器是设置在Internet防火墙网关的专用应用级代码。这种代理服务准许网管员允许或拒绝特定的应用程序或一个应用的特定功能。包过滤技术和应用网关是通过特定的逻辑判断来决定是否允许特定的数据包通过,一旦判断条件满足,防火墙内部网络的结构和运行状态便"暴露"在外来用户面前,这就引入了代理服务的概念,即防火墙内外计算机系统应用层的"链接"由两个终止于代理服务的"链接"来实现,这就成功地实现了防火墙内外计算机系统的隔离。同时,代理服务还可用于实施较强的数据流监控、过滤、记录和报告等功能。代理服务技术主要通过专用计算机硬件(如工作站)来承担。

(4)规则检查防火墙

该防火墙结合了包过滤防火墙、电路级网关和应用级网关的特点。它同包过滤防火墙一样,规则检查防火墙能够在OSI网络层上通过IP地址和端口号,过滤进出的数据包。它也像电路级网关一样,能够检查SYN和ACK标记和序列数字是否逻辑有序。当然和应用级网关一样,可以在OSI应用层上检查数据包的内容，查看这些内容是否能符合企业网络的安全规则。规则检查防火墙虽然集成前三者的特点，但是不同于一个应用级网关的是，它并不打破客户机/服务器模式来分析应用层的数据，它允许受信任的客户机和不受信任的主机建立直接连接。规则检查防火墙不依靠与应用层有关的代理，而是依靠某种算法来识别进出的应用层数据，这些算法通过已知合法数据包的模式来比较进出数据包，这样从理论上就能比应用级代理在过滤数据包上更有效。

## 10.2 计算机病毒及防范

随着计算机的不断普及和网络的发展，伴随而来的计算机病毒传播问题也越来越引起人们的关注。目前，计算机病毒已经成为计算机应用领域的一大公害，因此我们在使用计算机时，应该对计算机病毒的知识和防治有一定的了解。

### 10.2.1 计算机病毒的定义

计算机病毒在《中华人民共和国计算机信息系统安全保护条例》中被明确定义，是指"编制者在计算机程序中插入的破坏计算机功能或者破坏数据，影响计算机使用并且能够自我复制的一组计算机指令或者程序代码"。

计算机病毒具有以下几个特征。

- **传染性**：计算机病毒可以将自身代码主动复制到其他文件或存储区域中，而且整个过程不需要人为干预。它就像生物病毒一样进行繁殖，当正常程序运行时，它也进行运行自身复制，是否具有繁殖、感染的特征是判断某段程序为计算机病毒的首要条件。
- **破坏性**：计算机中毒后，可能会导致正常的程序无法运行，把计算机内的文件删除或受到不同程度的损坏，破坏引导扇区及BIOS，或是窃取私密的信息等。
- **传染性**：计算机病毒传染性是指计算机病毒通过修改别的程序将自身的复制品或其变体传染到其它无毒的对象上，这些对象可以是一个程序也可以是系统中的某一个部件。
- **潜伏性**：计算机病毒不是单独、完整的程序，它往往是一段程序代码，附着在其他程序中，就像生物界的寄生虫。
- **隐蔽性**：计算机病毒具有很强的隐蔽性，会通过一些技术手段来防止被发现或被删除，因此通过病毒软件检查出来少数。隐蔽性计算机病毒时隐时现、变化无常，这类病毒处理起来非常困难，计算机病毒传染后，一般不会立即发作，而是潜伏一定时间，并进行复制传染，而计算机并不知道已经感染病毒了。通常情况下潜伏期越长的病毒传播的范围越广，意味着可能造成的破坏范围也越大。
- **可触发性**：编制计算机病毒的人，一般都为病毒程序设定了一些触发条件，例如，系统时钟的某个时间或日期、系统运行了某些程序等。一旦条件满足，计算机病毒就会"发作"，使系统遭到破坏。
- **不可预见性**：随着防毒杀毒软件的广泛应用，计算机病毒为了达到目的也在不断地更新，导致我们永远无法预测下一次在什么时候出现什么样的病毒、会造成什么样的破坏。

### 10.2.2 计算机病毒的分类

按照计算机病毒的特点及特性，计算机病毒的分类方法有许多种。因此，同一种病毒可能有多种不同的分类方法。下面介绍几种常见的分类。

### 1. 按被传染的操作系统分类

- **DOS系统病毒：** 这类病毒出现最早、最多，变种也最多，目前我国出现的计算机病毒基本上都是这类病毒，此类病毒占病毒总数的99%。
- **Windows系统病毒：** 由于Windows的图形用户界面（GUI）和多任务操作系统深受用户的欢迎，Windows正逐渐取代DOS，从而成为病毒攻击的主要对象。目前发现的首例破坏计算机硬件的CIH病毒就是一个Windows 95/98病毒。
- **UNIX系统病毒：** 当前，UNIX系统应用非常广泛，并且许多大型的操作系统均采用UNIX作为其主要的操作系统，所以UNIX病毒的出现，对人类的信息处理也是一个严重的威胁。
- **OS/2系统病毒：** 世界上已经发现第一个攻击OS/2系统的病毒，它虽然简单，但也是一个不祥之兆。

### 2. 按传播媒介分类

- **单机病毒：** 单机病毒的载体是磁盘，常见的是病毒从软盘传入硬盘，感染系统，然后再传染其他软盘，软盘又传染其他系统。
- **网络病毒：** 网络病毒的传播媒介不再是移动式载体，而是网络通道，这种病毒的传染能力更强、破坏力更大。

### 3. 按危害性分类

- **良性计算机病毒：** 这类病毒为了表现其存在，只是不停地进行扩散，从一台计算机传染到另一台，并不破坏计算机内的数据。但是该类病毒也会驻留、占用内存、占用CPU空间，造成系统资源减少，影响系统正常运行。
- **恶性计算机病毒：** 恶性病毒就是指在其代码中包含有损伤和破坏计算机系统的操作，在其传染或发作时会对系统产生直接的破坏作用。这类病毒是很多的，如米开朗基罗病毒。

### 4. 按链接方式分类

- **源码型病毒：** 该病毒攻击高级语言编写的程序，是在高级语言所编写的程序编译前插入到原程序中，经编译成为合法程序的一部分。
- **嵌入型病毒：** 这种病毒是将自身嵌入到现有程序中，把计算机病毒的主体程序与其攻击的对象以插入的方式链接。这种计算机病毒是难以编写的，一旦侵入程序体后也较难消除。如果同时采用多态性病毒技术、超级病毒技术和隐蔽性病毒技术，将给当前的反病毒技术带来严峻的挑战。
- **外壳型病毒：** 外壳型病毒是将其自身包围在主程序的四周，对原来的程序不作修改。这种病毒最为常见，易于编写，也易于发现，一般测试文件的大小即可知。
- **操作系统型病毒：** 这种病毒用它自己的程序意图加入或取代部分操作系统进行工作，具有很强的破坏力，可以导致整个系统的瘫痪。圆点病毒和大麻病毒就是典型的操作系统型病毒。

## 10.2.3 常用的杀毒软件

杀毒软件分为单机版和网络版，现在使用网络版的居多，可以在网络上自动升级病毒库，更好地掌握最新出现的病毒特征，进行查杀和防护。

杀毒软件可以有效地预防计算机病毒的入侵，及时提醒用户当前计算机的安全状况。当出现传染病毒时，可以对计算机内的所有文件进行查杀，从而有效地保护计算机内的数据安全性。

杀毒软件有很多，国内的有百度杀毒、腾讯电脑管家、360杀毒、瑞星、金山毒霸等，国外的有卡巴斯基、迈克菲、诺顿、小红伞等。

下面以国内常用的360杀毒软件为例，介绍其使用方法。

360杀毒是360安全中心出品的一款免费的云安全杀毒软件。它创新性地整合了五大领先查杀引擎，包括国际知名的BitDefender病毒查杀引擎、Avira(小红伞)病毒查杀引擎、360云查杀引擎、360主动防御引擎以及360第二代QVM人工智能引擎。

在电脑装机时，需要下载360杀毒软件并安装，然后双击桌面上的360杀毒快捷键即可启动该软件，打开360杀毒的首页，如下左图所示。

如果用户时间比较充足，可以单击"全盘扫描"按钮，对病毒进行全盘扫描。也可以使用推荐的"快速扫描"功能，则360杀毒软件进入快速扫描状态，并对系统设置、常用软件、内存等进行逐个扫描，如下右图所示。

360杀毒首页

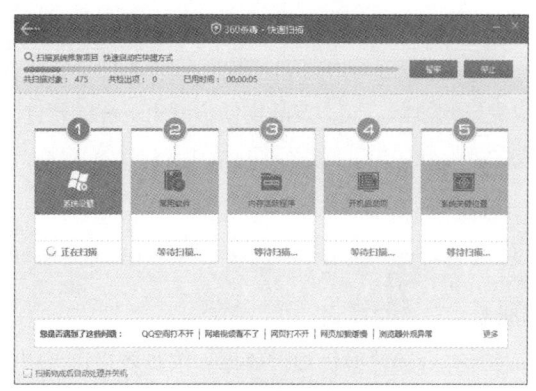
快速扫描状态

用户也可以单击"功能大全"按钮，然后根据需要在"系统安全"、"系统优化"、"系统急救"选项区域中针对各功能进行操作，如下左图所示。

除了杀毒软件外，360还提供了电脑体检、木马查杀、电脑清理、系统修复等功能。用户只需要下载360安全卫士，然后启动该软件，默认在"电脑体检"选项，该界面显示上次体检的分数，单击"立即体检"按钮，即可对电脑进行体检，如下右图所示。

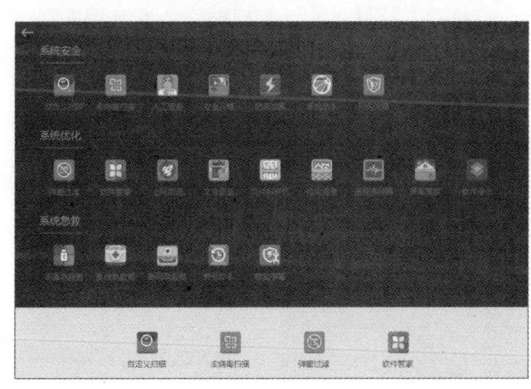
360功能大全

360安全卫士

体检结束后，360安全卫士显示体检的结果，用户只需单击"一键修复"按钮，即可对所有问题的项目进行修复，如下左图所示。

如果用户需要对木马进行查杀，则切换至"木马查杀"界面，根据需要单击对应的按钮，如"快速查杀"、"全盘查杀"、"按位置查杀"，如下右图所示。除此之外，用户还可以根据需要进行电脑清理、系统修复，也可以通过"软件管家"对安装的软件进行管理，如卸载、升级等。

电脑体检结果

木马查杀

计算机病毒的防护不能完全依赖杀毒软件,任何杀毒软件都不可能查杀所有病毒,主要还需要靠用户养成良好的习惯,如不要随便使用网上下载的软件;不要随便打开邮件的附件;也不要在网上聊天时接收文档后就打开,需要先查杀病毒后再打开。

## 10.3 Windows 7基本安全设置

操作系统是管理计算机软硬件资料源,并对计算机用户提供友好界面的计算机软件,操作系统的安全关系到软件安全和系统安全,本节将对Windows7的基本安全设置进行介绍。

### 10.3.1 用户安全设置

在计算机上安装Windows7后,会自动提供两个用户名,分别为Administrator(管理员)和Guest(来宾),用户还可以创建标准用户账户。Administrator账户属于系统保留账户,拥有最高权限,黑客入侵计算机的常用手段是获取Administrator账户密码,以管理员身份入侵电脑,所以更改管理员账户的名称和密码很重要。Guest账户在默认情况下是禁用的,该账户只能进行基本的计算机操作。标准用户账户是用户自建的账户。

单击桌面左下角"开始"按钮❶,在列表中选择"控制面板"选项❷,如下图所示。

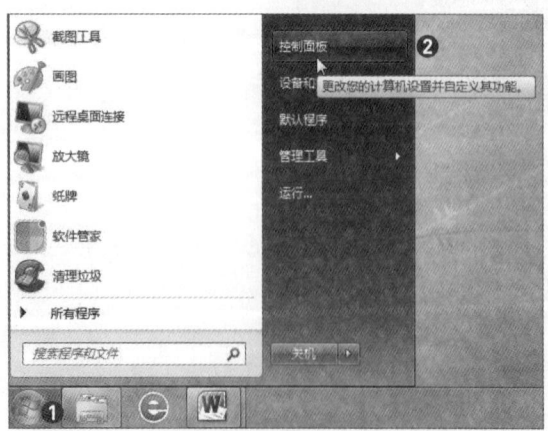
选择"控制面板"选项

打开"控制面板"窗口,然后单击"用户帐户和家族安全"超链接,如下左图所示。接着单击"用户帐户"选项区域中"添加或删除用户帐户"超链接,在打开的"管理帐户"窗口中选择帐户,如下右图所示。用户如果需要新建用户,则单击下方"创建一个新帐户"超链接,然后根据操作提示输入新帐户的名称。

"控制面板"窗口

选择帐户

即可打开"更改帐户"窗口,用户可以对该帐户进行编辑操作,如更改帐户名称、更改图片等。为了用户的安全,还可以设置密码,则单击"创建密码"超链接❶,如下左图所示。即可打开"创建密码"窗口,然后根据要求设置用户的密码即可❷,如下右图所示。

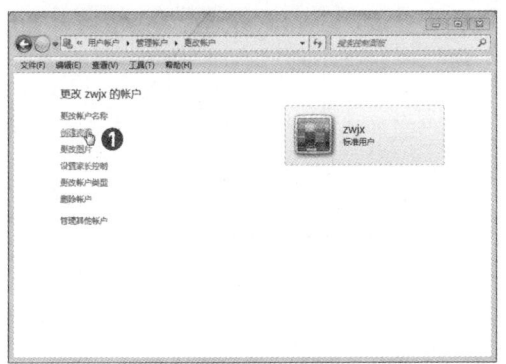
"更改帐户"窗口

设置密码

Windows7还提供了管理员的家长控制功能,在"更改帐户"窗口中单击"设置家长控制"超链接,然后在"家长控制"窗口中选择需要控制的用户,如选择标准用户❶,如下左图所示。弹出"家长控制"对话框,提示是否为该帐户设置密码,此处根据用户需要而设置。若不设置密码了,则单击"否"按钮即可。在"用户控制"窗口中选中"启用,应用当前设置"单选按钮❷,即可在"Windows设置"选项区域中对该用户进行控制,如下右图所示。

"家长控制"窗口

"用户控制"窗口

单击"时间限制"超链接,打开"时间限制"窗口,用户可以限制该用户一周使用计算机的时间,如右图所示。

单击"游戏"超链接,在"游戏控制"窗口中设置游戏的分级,如下左图所示。不过在我国没有严格的游戏分级制度,所以游戏分级没有什么实际的作用。单击"允许和阻止特定程序"超链接,在"应用程序限制"窗口中可以选择允许操作的文件,当然也包括游戏的程序,如下右图所示。

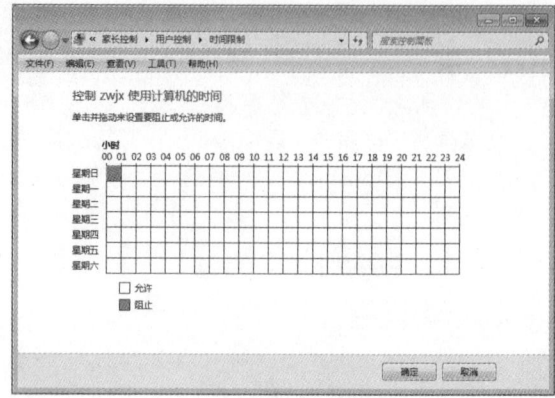

"时间限制"窗口

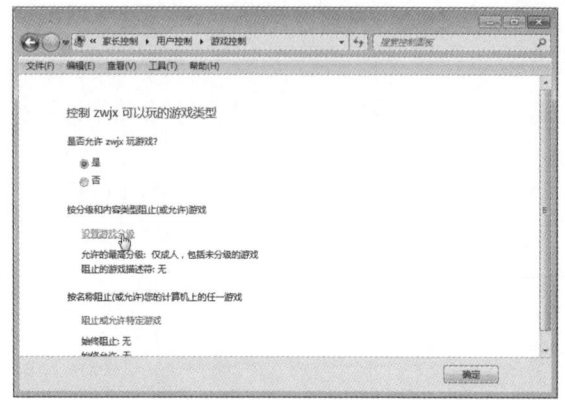

"游戏控制"窗口

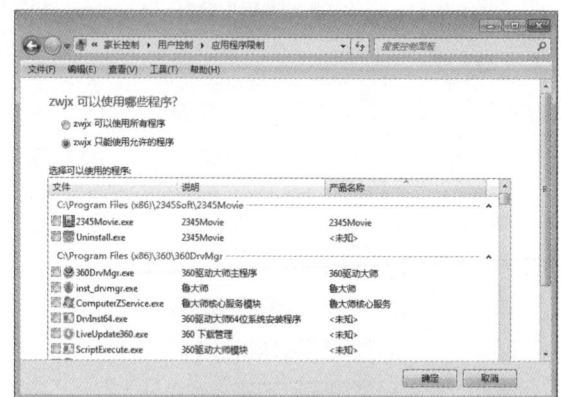

"应用程序限制"窗口

## 10.3.2 网络安全设置

网络中不安定因素很多,其中远程连接是很多病毒和黑客攻击的入口,下面以禁止远程连接功能为例,介绍网络安全的设置。

打开"控制面板"窗口,单击"系统和安全"超链接,在"系统和安全"窗口的"系统"选项区域中单击"允许远程访问"超链接,如下左图所示。打开"系统属性"对话框,自动切换至"远程"选项卡,选中"不允许连接到这台计算机"单选按钮,单击"确定"按钮,即可完成禁止远程连接的操作,如下右图所示。

"系统和安全"窗口

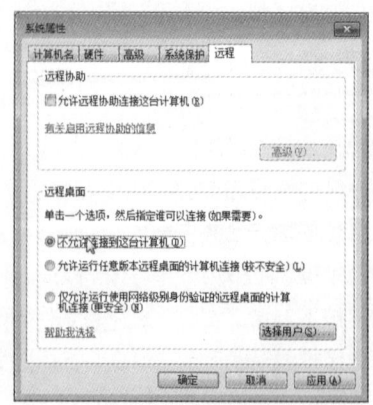

"系统属性"对话框

# 10.4 网络社会责任与计算机职业道德规范

之前介绍了很多关于网络信息安全防御的相关知识,但是仍会存在一些信息安全的隐患,究其根本还是人的作为。本节将介绍网络社会责任和网络道德的相关内容,以帮助计算机使用者树立良好的责任感。

## 10.4.1 网络社会责任

随着计算机网络的迅速普及,Internet的应用已经遍及全球每个角落,由于Internet的开放性和自由性,导致一些不负责任的网站在网上发布虚假信息,或者传播不健康的信息,从而严重影响青少年的成长。因此,国家颁布了多个关于信息安全的行政法规来规范人们一般的行为准则,下面将从法律、行政法规和标准规范几个层面介绍信息系统的国家法规。

### 1. 法律

信息安全相关的国家法律主要有:
- 《中华人民共和国宪法》
- 《中华人民共和国刑法》
- 《中华人民共和国专利法》
- 《中华人民共和国保守国家秘密法》
- 《中华人民共和国国家安全法》
- 《中华人民共和国著作权法》
- 《中华人民共和国反不正当竞争法》
- 《中华人民共和国科学技术进步法》

### 2. 行政法规

行政法规是国务院为执行宪法和法律而制定的法律规范,其中与信息网络安全有关的行政法规有:
- 《中华人民共和国计算机信息系统安全保护条例》
- 《中华人民共和国计算机信息网络国际联网管理暂行规定》
- 《中华人民共和国电信条例》
- 《互联网信息服务管理办法》
- 《计算机软件保护条例》

### 3. 标准规范

- 计算机信息系统安全保护等级划分准则GB17859-1999
- 信息处理系统开放系统互联基本参考模型第2部分:安全体系结构GB/T9387.2-1995
- 信息技术软件产品评价质量特性及其使用指南GB/T16260-1996
- 信息技术设备的安全GB4943-1995
- 计算机场地安全要求GB9361-88
- 信息处理64位块加密算法操作方式GB/T15277-1994
- 信息技术安全技术用块密码算法作密码校验函数的数据完整性机制GB15852-1995
- 信息技术设备的安全GB4943-2001
- 信息技术安全性评估准则GB/T18336-2001

- 计算机信息系统安全专用产品分类原则GA163-1997
- 计算机信息系统安全等级保护通用技术要求GA/T390-2002
- 计算病毒防治产品评级准则GA243-2000

### 10.4.2 计算机职业道德规范

计算机已经使人类的生产和生活发生了深刻的变化，网络为人们带来很多方便和利润，但是计算机犯罪也不断地给人们带来巨大的损失，所以要保证计算机领域的正常秩序必须建立计算机从业人员应遵循的道德规范。从事计算机行业的人们应遵守以下职业规范。

（1）自觉遵守公民道德规范标准和中国软件行业基本公约，作为使用计算机的工作人员应该遵守单位计算机使用规则，保证计算机系统资源和网络资源实施有效地管理。

（2）应从正规渠道获得计算机硬件与软件资源，不得用不正当手段侵犯他人知识产权。树立良好的知识产权保护观念，自觉抵制各种违反知识产权保护的行为，在自己开发的产品中不复制未取得使用许可的他人内容。

（3）讲诚信，坚决反对各种弄虚作假现象，忠实做好各种作业记录，不隐瞒、不虚构，对提交的软件产品及其功能，在有关文档上不作夸大不实的说明。

（4）树立正确的技能观，努力提高自己的技能，为社会和人民造福，绝不利用自己的技能从事危害公众利益的活动，如构造虚假信息、制造电脑病毒、非法解密存取等。对利用自己的电脑知识，积极参与社会科学普及活动和应用推广活动的，应大力鼓励和提倡。

（5）认真履行合同和协议规定，有良好的工作责任感。不能以追求个人利益为目的，不顾协议合同规定，甚至以携带原企业的资料提高自己的身份。自觉遵守保密规定，不随意向他人泄露工作和客户的机密。

（6）努力提高自己的技术和职业道德素质，力争做到与国际接轨，提交的软件和文档资料技术上能符合国际和国家的有关标准。在职业道德规范上，也能符合国际软件职业道德规范标准。

（7）对网络技术本身进行攻击、利用网络或其他形式进行的犯罪活动等，都属于计算机行业中不道德的行为，应该加以制止。